미 적 분 학

충북대학교 수학교재편찬위원회

敎友社

머리말

이 책은 대학의 자연계열 1학년 학생이 한 학기 동안 이수하도록 만든 미분학과 적분학에 관한 교과서이다. 미분학의 역사는 뉴턴과 라이프니츠 시대부터 시작하였으며, 적분학의 역사는 이보다 먼저 아르키메데스 당시에 시작되었다. 최근의 연구에 의하면, 아르키메데스는 미분과 적분의 개념을 사용하여 여러 결과를 얻은 것으로 알려지고 있다. 이러한 미분과 적분법에 관한 학문, 즉 미적분학(Calculus)은 이제 대학의 필수적인 교양과목으로 자리 잡고 있다.

고등학교에서 수학 Ⅱ 및 미분과 적분을 이수한 학생을 대상으로 미적분학의 기초적인 내용부터 다변수함수의 편미분, 다중적분에 이르기까지 대학 1학년에서 배우는 미적분학 전체의 내용을 다루었고, 여기에 벡터장의 적분론을 첨가하였다. 따라서 수강 학생은 초월함수의 의미나 이들의 미분, 적분에 익숙하여야 학습하기가 쉽다. 이 책의 전반부는 고등학교 자연계 수학과 교과과정의 내용과 중복되는 부분이 많이 있다. 그러나 함수의 극한이나 수열의 극한의 정의는 고등학교에서의 직관적인 도입 방법과 달리 엄밀한 이론을 전개한 부분이 있다.

이 책은 미분과 적분법의 다양한 내용으로 구성되어 있어 한 학기 동안 이수하도록 만들었기 때문에 학과의 성격에 따라 필요한 내용을 선택하여 학습할 수 있다. 다음 그림은 각 장 사이의 관련성을 나타낸 것으로, 학과에 따라 내용을 적절히 선택하고 재구성하여 강사들은 과감히 부수적인 내용을 생략하고 중요하고 핵심적인 내용을 바로 이끌어 설명하여야만 학생들이 쉽게 학습할 수 있다.

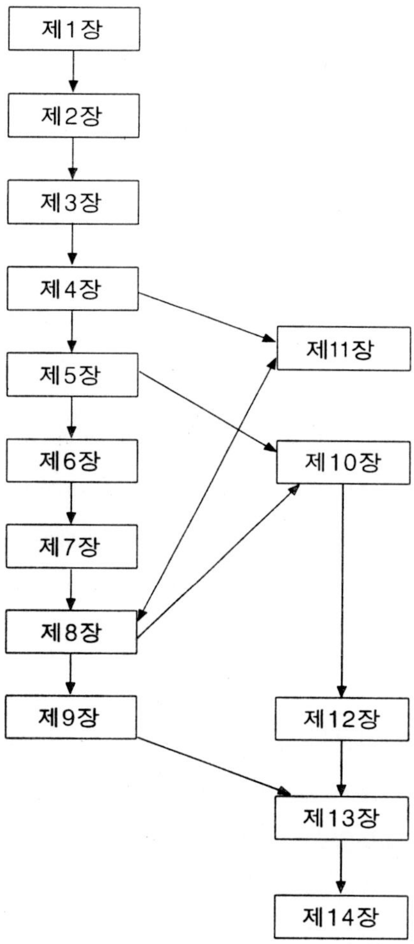

이 책은 학생들의 이해를 돕기 위하여 많은 예제와 연습문제를 수록하였으며, 연습문제의 해답을 첨부하여 학습에 도움을 주도록 하였다. 실제로 학생들이 이 책의 내용을 얼마나 잘 이해하였는가는 연습문제를 통하여 알 수 있으며, 학생 스스로 부단히 노력하여 연습문제를 꾸준히 풀어나가기 바란다. 이 책을 통하여 자연과학 및 이공학 분야의 학생들이 자기 전공 학문에 입문하기 위하여 필요한 미적분학의 기본 지식과 응용방법을 효율적으로 습득하기를 바란다.

끝으로 이 책이 나오기까지 수고한 여러분께 깊이 감사드린다.

2006년 3월

지은이 일동

차 례

그리스 문자

대 문 자	소 문 자	명 칭
A	α	alpha
B	β	beta
Γ	γ	gamma
Δ	δ	delta
E	ϵ	epsilon
Z	ζ	zeta
H	η	eta
Θ	$\theta(\vartheta)$	theta
I	ι	iota
K	κ	kappa
Λ	λ	lambda
M	μ	mu
N	ν	nu
Ξ	ξ	xi
O	o	omicron
Π	π	pi
P	ρ	rho
Σ	$\sigma(\varsigma)$	sigma
T	τ	tau
Υ	υ	upsilon
Φ	$\phi(\varphi)$	phi
X	χ	chi
Ψ	ψ	psi
Ω	ω	omega

수학공식

다음 수학공식과 그래프는 초등수학에 있어서 계산에 관한 것을 요약하여 장차의 공부에 참고가 되도록 수록한 것이다.

기 하

다음 공식에서 r은 반경, h는 높이, l은 빗높이, b는 밑변, B는 밑면의 넓이, θ는 호도(라디안)법으로 잰 중심각을 나타낸다.

1. 삼각형 넓이 $= \frac{1}{2}bh$
2. 직사각형 넓이 $= bh$, 대각선 $= \sqrt{b^2 + h^2}$
3. 사다리꼴 넓이 $= \frac{1}{2}h(b_1 + b_2)$
4. 원 호 $= r\theta$, 원주 $= 2\pi r$, 넓이 $= \pi r^2$

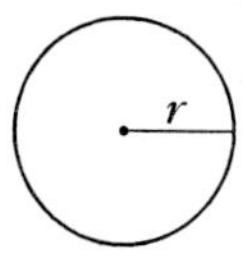

4.

5. 부채꼴 넓이 $= \frac{1}{2}r^2\theta$

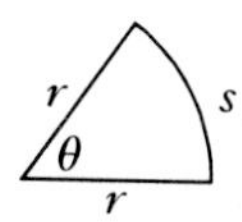

5.

6. 활꼴 넓이 $= \frac{1}{2}r^2(\theta - \sin\theta)$
7. 직육면체 세 모서리를 a, b, c라 하면
   부피 $= abc$, 대각선 $= \sqrt{a^2 + b^2 + c^2}$
8. 기둥 부피 $= Bh$
9. 각뿔 부피 $= \frac{1}{3}Bh$

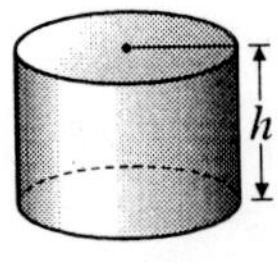

10.

10. 직원기둥 옆넓이 $= 2\pi rh$, 부피 $= \pi r^2 h$
11. 직원뿔 옆넓이 $= \pi rl$, 부피 $= \frac{1}{3}\pi r^2 h$

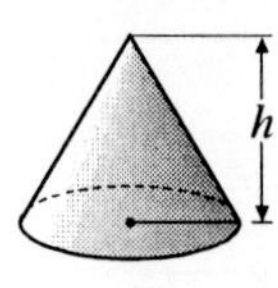

11.

12. 구 넓이 $= 4\pi r^2$, 부피 $= \frac{4}{3}\pi r^3$

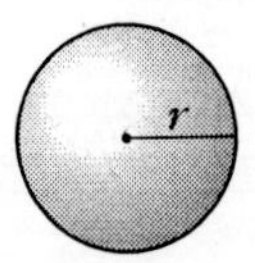

12.

13. 구대 부피 $= \frac{1}{3}\pi h^2(3r - h)$
14. 각뿔대 부피 $= \frac{1}{3}h(B_1 + B_2 + \sqrt{B_1 B_2})$

15. 직원뿔대 옆넓이 $= \pi l(r_1 + r_2)$, 부피 $= \frac{1}{3}\pi h(r_1^2 + r_2^2 + r_1 r_2)$

16. 다면대 부피 $= \frac{1}{6}h(B_1 + 4B_m + B_2)$

대 수

17. 이차방정식의 근의 공식 $ax^2 + bx + c = 0,\ a \neq 0$이면

$$x = \frac{-b \pm \sqrt{b^2 - 4ac}}{2a}$$

18. log의 성질

(a) $\log(MN) = \log M + \log N$ (b) $\log(M/N) = \log M - \log N$

(c) $\log M^n = n \log M$ (d) $\log \sqrt[n]{M} = (1/n) \log M$

(e) $\log_b b = 1$ (f) $\log_b 1 = 0$

19. 계승 $n! = 1 \cdot 2 \cdot 3 \cdots (n-1) \cdot n,\ 0! = 1$

20. 이항전개

$$(a + b)^n = a^n + {}_nC_1 a^{n-1} b + {}_nC_2 a^{n-2} b^2 + \cdots + {}_nC_r a^{n-r} b^r + \cdots + b^n$$

여기서

$${}_nC_1 = \frac{n}{1},\ {}_nC_2 = \frac{n(n-1)}{1 \cdot 2},\ {}_nC_r = \frac{n!}{r!(n-r)!}$$

21. 등차급수 a를 초항, d를 공차, n을 항수, l을 말항, S를 총합이라 하면

$$l = a + (n-1)d,\quad S = \frac{1}{2}n(a + l),\quad S = \frac{1}{2}n[2a + (n-1)d]$$

22. 등비급수 a를 초항, r을 공비, n을 항수, l을 말항, S를 총합이라면

$$l = ar^{n-1},\quad S = a\frac{1 - r^n}{1 - r},\quad S = \frac{a - rl}{1 - r}$$

23. 무한등비급수 $r^2 < 1$이면, $S = a/(1 - r)$

삼 각 법

24. 호도와 도수 $360^\circ = 2\pi$ 라디안= 1회전

1라디안 = 57.2957…도, 1도 = 0.0174532…라디안

25. 특수각에 관한 삼각함수치

각 (도수)	sin	cos	tan	cot	sec	csc	각 (라디안)
0°	0	1	0	∞	1	∞	0
30°	$\frac{1}{2}$	$\frac{1}{2}\sqrt{3}$	$\frac{1}{2}\sqrt{3}$	$\sqrt{3}$	$\frac{2}{3}\sqrt{3}$	2	$\frac{1}{6}\pi$
45°	$\frac{1}{2}\sqrt{2}$	$\frac{1}{2}\sqrt{2}$	1	1	$\sqrt{2}$	$\sqrt{2}$	$\frac{1}{4}\pi$
60°	$\frac{1}{2}\sqrt{3}$	1/2	$\sqrt{3}$	$\frac{1}{3}\sqrt{3}$	2	$\frac{2}{3}\sqrt{3}$	$\frac{1}{3}\pi$
90°	1	0	∞	0	∞	1	$\frac{1}{2}\pi$
180°	0	-1	0	∞	-1	∞	π
270°	-1	0	∞	0	∞	-1	$\frac{3}{2}\pi$
360°	0	1	0	∞	1	∞	2π

26. 기본항등식

$\csc x = 1/\sin x,$ $\sec x = 1/\cos x,$ $\cot x = 1/\tan x,$

$\tan x = \sin x/\cos x,$ $\cot x = \cos x/\sin x,$ $\sin^2 x + \cos^2 x = 1,$

$1 + \tan^2 x = \sec^2 x,$ $1 + \cot^2 x = \csc^2 x.$

27. 환원관계

각	Sine	Cosine	Tangent	Cotangent	Secant	Cosecant
$-x$	$-\sin x$	$\cot x$	$-\tan x$	$-\cot x$	$\sec x$	$-\cos x$
$90^\circ - x$	$\cos x$	$\sin x$	$\cot x$	$\tan x$	$\csc x$	$\sec x$
$90^\circ + x$	$\cos x$	$-\sin x$	$-\cot x$	$-\tan x$	$-\csc x$	$\sec x$
$180^\circ - x$	$\sin x$	$-\cos x$	$-\tan x$	$-\cot x$	$-\sec x$	$\csc x$
$180^\circ + x$	$-\sin x$	$-\cos x$	$\tan x$	$\cot x$	$-\sec x$	$-\csc x$
$270^\circ - x$	$-\cos x$	$-\sin x$	$\cot x$	$\tan x$	$-\csc x$	$-\sec x$
$270^\circ + x$	$-\cos x$	$\sin x$	$-\cot x$	$-\tan x$	$\csc x$	$-\sec x$
$360^\circ - x$	$-\sin x$	$\cos x$	$-\tan x$	$-\cot x$	$\sec x$	$-\csc x$

28. 두 각의 합과 차에 관한 공식

$$\sin(x \pm y) = \sin x \cos y \pm \cos x \sin y,$$

$$\cos(x \pm y) = \cos x \cos y \mp \sin x \sin y,$$

$$\tan(x \pm y) = \frac{\tan x \pm \tan y}{1 \mp \tan x \tan y}.$$

29. 배각의 공식

$$\sin 2x = 2 \sin x \cos x, \quad \cos 2x = \cos^2 x - \sin^2 x,$$

$$\tan 2x = \frac{2 \tan x}{1 - \tan^2 x}$$

30. 반각의 공식

$$\sin \frac{x}{2} = \pm \sqrt{\frac{1 - \cos x}{2}}, \quad \cos \frac{x}{2} = \pm \sqrt{\frac{1 - \cos x}{2}}$$

$$\tan \frac{x}{2} = \pm \sqrt{\frac{1 - \cos x}{1 + \cos x}} = \frac{1 - \cos x}{\sin x} = \frac{\sin x}{1 + \cos x}$$

31. 합의 공식

$$\sin x + \sin y = 2 \sin \frac{1}{2}(x + y) \cos \frac{1}{2}(x - y),$$

$$\sin x - \sin y = 2 \cos \frac{1}{2}(x + y) \sin \frac{1}{2}(x - y),$$

$$\cos x + \cos y = 2 \cos \frac{1}{2}(x + y) \cos \frac{1}{2}(x - y),$$

$$\cos x - \cos y = -2 \sin \frac{1}{2}(x + y) \sin \frac{1}{2}(x - y).$$

32. 곱의 공식

$$\sin x \sin y = \frac{1}{2}\cos(x - y) - \frac{1}{2}\cos(x + y),$$

$$\sin x - \cos y = \frac{1}{2}\sin(x - y) + \frac{1}{2}\sin(x + y),$$

$$\cos x \cos y = \frac{1}{2}\cos(x - y) + \frac{1}{2}\cos(x + y).$$

33. 역삼각함수의 공식

$a > 0$이면

$\mathrm{Sin}^{-1}(-a) = -\mathrm{Sin}^{-1}a,$ $\quad$ $\mathrm{Cot}^{-1}(-a) = \pi - \mathrm{Tan}^{-1}(1/a),$

$\mathrm{Cos}^{-1}(-a) = \pi - \mathrm{Cos}^{-1}a,$ $\quad$ $\mathrm{Sec}^{-1}(-a) = \mathrm{Cos}^{-1}(1/a) - \pi,$

$\mathrm{Tan}^{-1}(-a) = -\mathrm{Tan}^{-1}a$, $\mathrm{Csc}^{-1}(-a) = \mathrm{Sin}^{-1}(1/a) - \pi$,

$\mathrm{Sin}^{-1}a = \mathrm{Cos}^{-1}\sqrt{1-a^2}$, $\mathrm{Cos}^{-1}a = \mathrm{Sin}^{-1}\sqrt{1-a^2}$

$a > 0,\ b > 0$이면

$\mathrm{Sin}^{-1}a - \mathrm{Sin}^{-1}b = \mathrm{Sin}^{-1}(a\sqrt{1-b^2} - b\sqrt{1-a^2})$,

$\mathrm{Tan}^{-1}a - \mathrm{Tan}^{-1}b = \mathrm{Tan}^{-1}(a-b)/(1+ab)$.

$$\mathrm{Cos}^{-1}a+\mathrm{Cos}^{-1}b=\begin{cases}\mathrm{Cos}^{-1}[ab-\sqrt{(1-a^2)(1-b^2)}\,] & (a^2+b^2>1\text{일 때})\\ \pi/2 & (a^2+b^2=1\text{일 때})\\ \pi-\mathrm{Cos}^{-1}[\sqrt{(1-a^2)(1-b^2)}-ab] & (a^2+b^2<1\text{일 때})\end{cases}$$

$$\mathrm{Tan}^{-1}a+\mathrm{Tan}^{-1}b=\begin{cases}\mathrm{Tan}^{-1}(a+b)/(1-ab) & (ab<1\text{일 때})\\ \pi/2 & (a=b\text{일 때})\\ \pi-\mathrm{Tan}^{-1}(a+b)/(ab-1) & (ab>1\text{일 때})\end{cases}$$

34. 임의의 삼각형에 관한 공식 변의 길이를 a, b, c; 그 대각을 A, B, C; $s=\frac{1}{2}(a+b+c)$; 외접원의 반경을 R; 내접원의 반경을 r이라 하면

싸인법칙 $\dfrac{a}{\sin A}=\dfrac{b}{\sin B}=\dfrac{c}{\sin C}=2R.$

코싸인법칙 $a^2=b^2+c^2-2bc\cos A$,

$$r=\sqrt{\frac{(s-a)(s-b)(s-c)}{S}}$$

$$\text{면적}=\frac{1}{2}ab\sin C$$

$$=\frac{a^2\sin B\sin C}{2\sin(B+C)}$$

$$=\sqrt{s(s-a)(s-b)(s-c)}.$$

평면해석기하

35. 두 점 $P_1(x_1, y_1)$과 $P_2(x_2, y_2)$에 관하여

거리 P_1P_2 $d=\sqrt{(x_1-x_2)^2+(y_1-y_2)^2}$.

P_1P_2의 기울기 $m=\dfrac{y_1-y_2}{x_1-x_2}$.

P_1P_2의 중점 $x=\frac{1}{2}(x_1+x_2),\ y=\frac{1}{2}(y_1+y_2)$

36. 기울기가 m_1, m_2인 두 직선 사이의 각

$$\tan\theta = \frac{m_1 - m_2}{1 + m_1 m_2}$$

평행인 직선에 대해서는 $m_1 = m_2$, 수직인 직선에 대해서는 $m_1 = -\frac{1}{m_2}$이다.

37. 직선의 방정식

점-기울기형 $y - y_1 = m(x - x_1)$

기울기-절편형 $y = mx + b$

두 점형 $\frac{y - y_1}{x - x_1} = \frac{y_2 - y_1}{x_2 - x_1}$

절편형 $\frac{x}{a} + \frac{y}{b} = 1$

수평선 $y = b$

수직선 $x = a$

38. $P(x_1, y_1)$에서 직선 $Ax + By + C = 0$에 이르는 거리

$$d = \frac{Ax_1 + By_1 + C}{\pm\sqrt{A^2 + B^2}}$$

39. 직교좌표와 극좌표와의 관계

$$x = r\cos\theta, \qquad r = \pm\sqrt{x^2 + y^2}$$

$$y = r\sin\theta, \qquad \theta = \tan^{-1}(y/x)$$

40. 원의 방정식 중심이 (h, k), 반경이 r

$$(x - h)^2 + (y - k)^2 = r^2$$

41. 타원의 방정식 중심이 (h, k), 반장축이 a, 반단축이 b

$$\frac{(x - h)^2}{a^2} + \frac{(y - k)^2}{b^2} = 1 \text{ 혹은 } \frac{(y - k)^2}{a^2} + \frac{(x - h)^2}{b^2} = 1$$

42. 쌍곡선의 방정식 중심이 (h, k), 반관축이 a, 반공액축이 b

$$\frac{(x - h)^2}{a^2} - \frac{(y - h)^2}{b^2} = 1 \text{ 혹은 } \frac{(y - k)^2}{a^2} - \frac{(x - h)^2}{b^2} = 1$$

원점을 중심으로 가지는 직교쌍곡선. $xy = C$

43. 포물선의 방정식 정점이 (h, k), 초점거리가 p

$$(y - k)^2 = 4p(x - h) \text{ 혹은 } (x - h)^2 = 4p(y - k).$$

입체해석기하

44. 두 점 $P_1(x_1,\ y_1,\ z_1)$, $P_2(x_2,\ y_2,\ z_2)$에 대하여

거리 P_1P_2 $d = \sqrt{(x_1 - x_2)^2 + (y_1 - y_2)^2 + (z_1 - z_2)^2}$

P_1P_2의 방향수 $[x_1 - x_2,\ y_1 - y_2,\ z_1 - z_2]$

P_1P_2의 중점 $x = \frac{1}{2}(x_1 + x_2),\quad y = \frac{1}{2}(y_1 + y_2),\ z = \frac{1}{2}(z_1 + z_2)$

45. 방향수가 $[a_1,\ b_1,\ c_1]$, $[a_2,\ b_2\ ,c_2]$인 두 직선 사이의 각

$$\cos\theta = \pm\frac{a_1a_2 + b_1b_2 + c_1c_2}{\sqrt{a_1^2 + b_1^2 + c_1^2}\ \sqrt{a_2^2 + b_2^2 + c_2^2}}$$

평행인 직선 $\frac{a_1}{a_2} = \frac{b_1}{b_2} = \frac{c_1}{c_2}$

수직인 직선 $a_1a_2 + b_1b_2 + c_1c_2 = 0$

46. 점 $P(x_1, y_1, z_1)$을 지나고 방향수가 $[A, B, C]$인 직선과 수직인 평면의 방정식

$$A(x - x_1) + B(y - y_1) + C(z - z_1) = 0$$

47. $P(x_1,\ y_1,\ z_1)$을 지나고 방향수가 $[a,\ b,\ c]$인 직선의 방정식

$$\frac{x - x_1}{a} = \frac{y - y_1}{b} = \frac{z - z}{c}$$

48. $P(x_1,\ y_1,\ z_1)$에서 평면 $Ax + By + Cz + D = 0$에 이르는 거리

$$d = \frac{Ax_1 + By_1 + Cz_1 + D}{\pm\sqrt{A^2 + B^2 + C^2}}$$

49. 직교좌표와 주면좌표와의 관계

$$x = r\cos\theta,\qquad y = r\sin\theta,\qquad z = z;$$
$$r = \sqrt{x^2 + y^2},\qquad \theta = \tan^{-1}(y/x),\qquad z = z$$

50. 직교좌표와 구면좌표와의 관계

$$x = \sin\theta\cos\phi,\qquad y = r\sin\theta\sin\phi,\qquad z = r\cos\theta,$$
$$r = \sqrt{x^2 + y^2 + z^2}\qquad \phi = \tan^{-1}(y/x),\qquad \theta = \tan^{-1}(\sqrt{x^2 + y^2}/z)$$

51. Sine 곡선

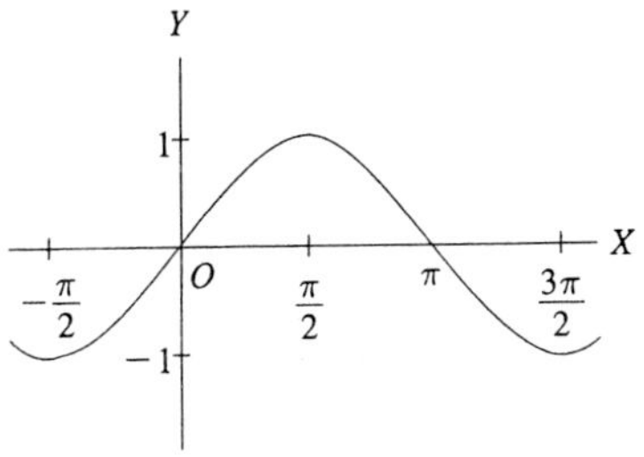

$y = \sin x$

52. Cosine 곡선

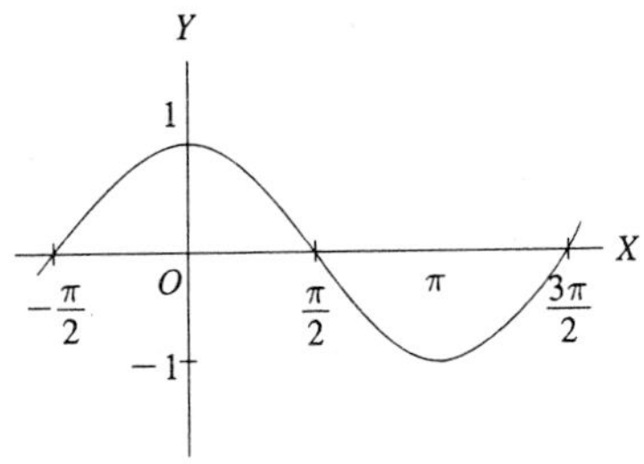

$y = \cos x$

53. Tangent 곡선

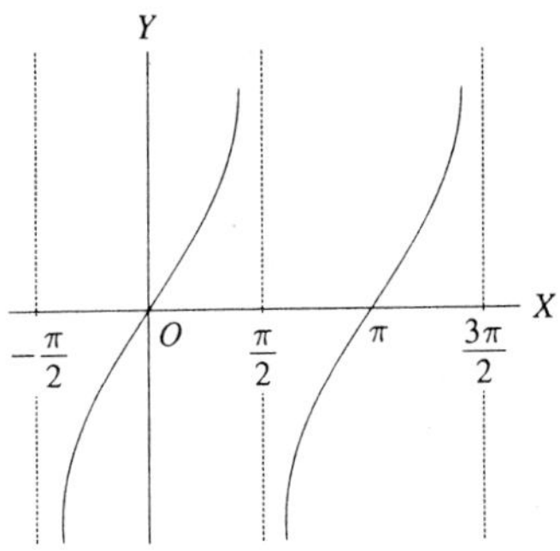

$y = \tan x$

54. Secant 곡선

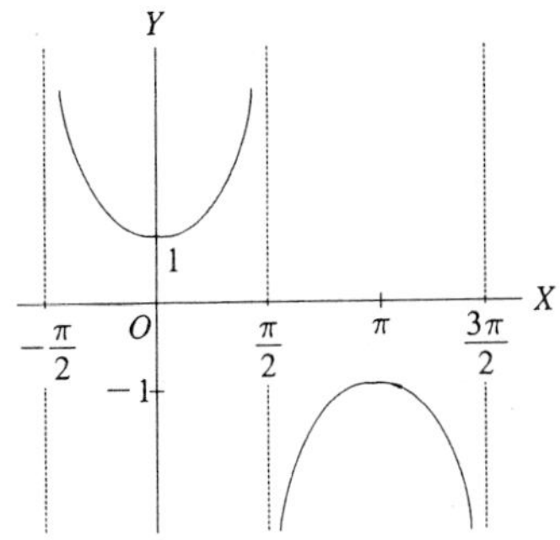

$y = \sec x$

55. Inverse sine 곡선

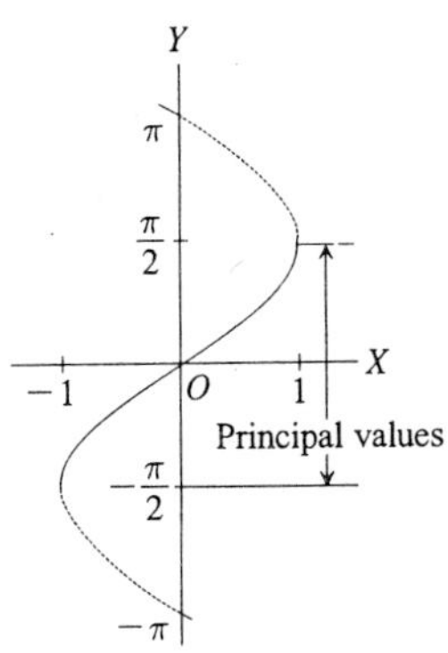

$y = \sin^{-1} x$

56. Inverse cosine 곡선

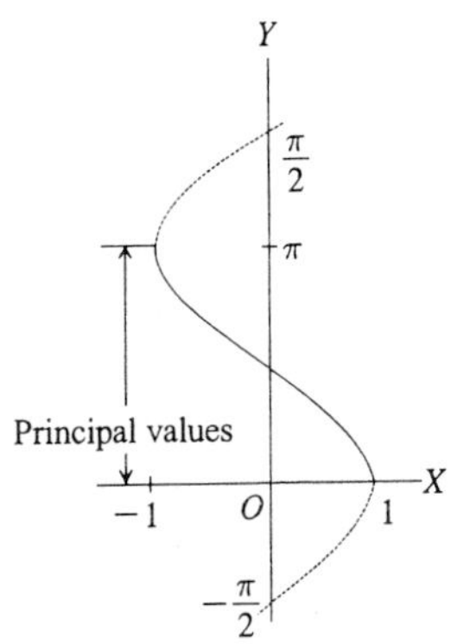

$y = \cos^{-1} x$

57. Inverse tangent 곡선

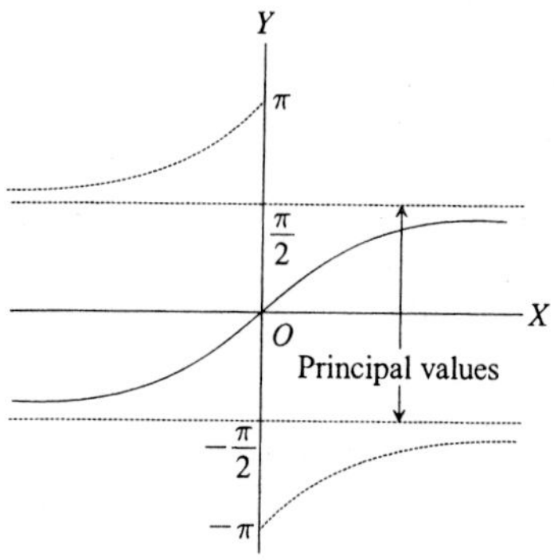

$y = \tan^{-1} x$

58. Inverse secant 곡선

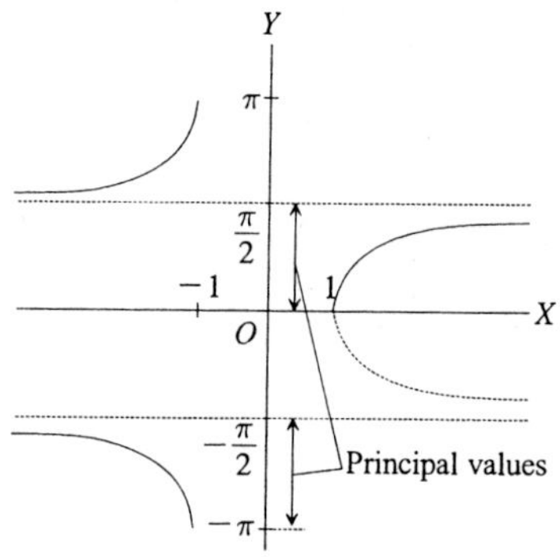

$y = \sec^{-1} x$

59. Log 곡선

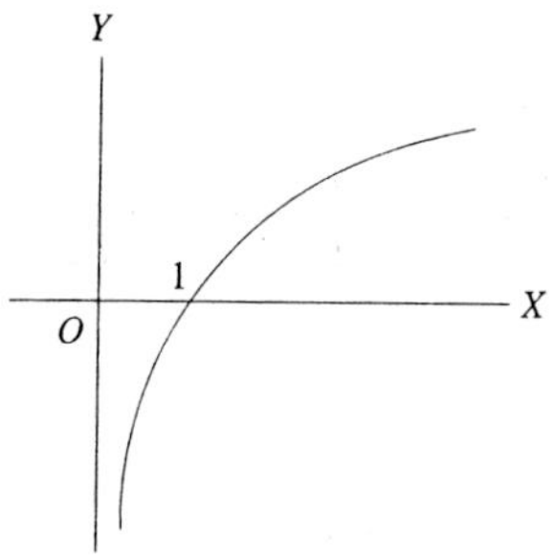

$y = \log_b x, \ (b > 1)$

60. 지수곡선

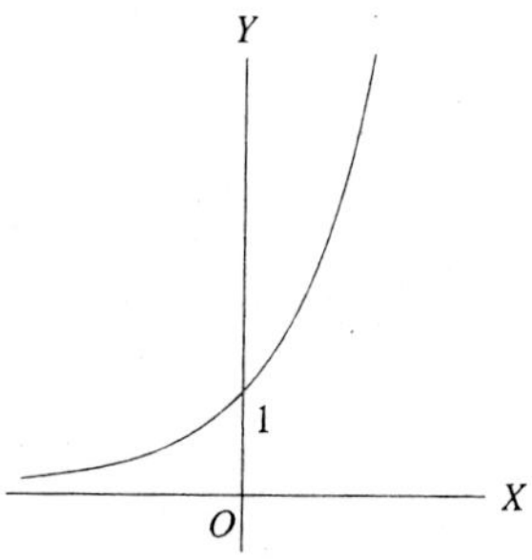

$y = e^x$

61. Hyperbolic sine 곡선

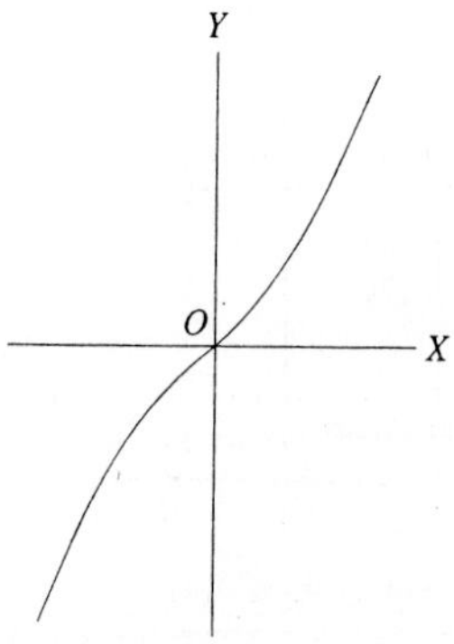

$y = \sinh x$

62. Hypervolic cosine 곡선

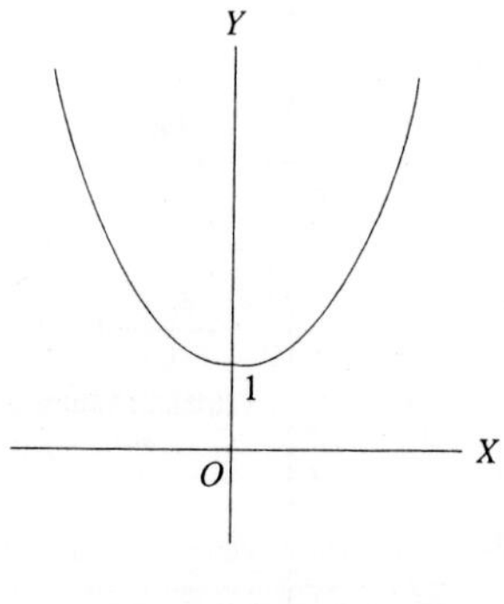

$y = \cosh x$

63. 삼차 포물선

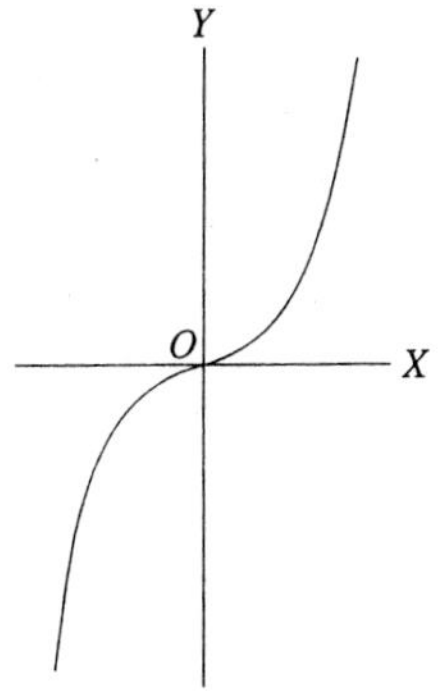

$y = ax^3,\ (a > 0)$

62. 반삼차 포물선

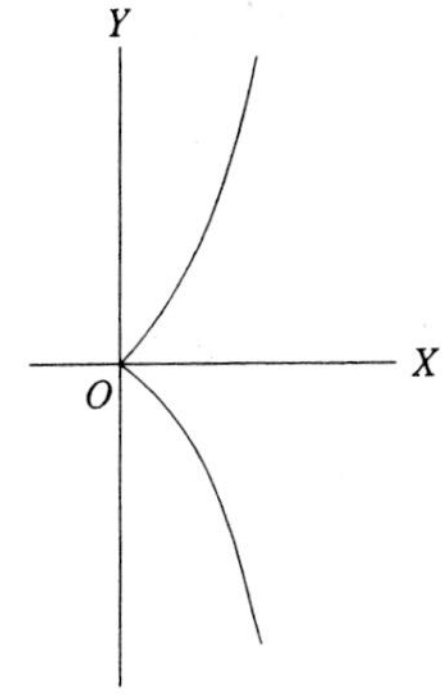

$y^2 = ax^3,\ (a > 0)$

65. 확률곡선

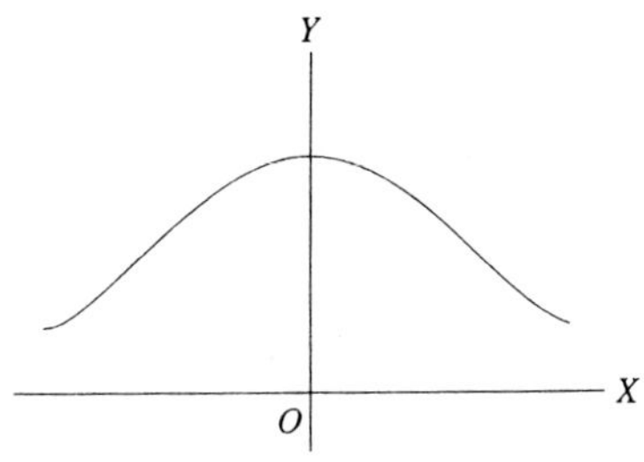

$y = e^{-x^2}$

66. 포물호

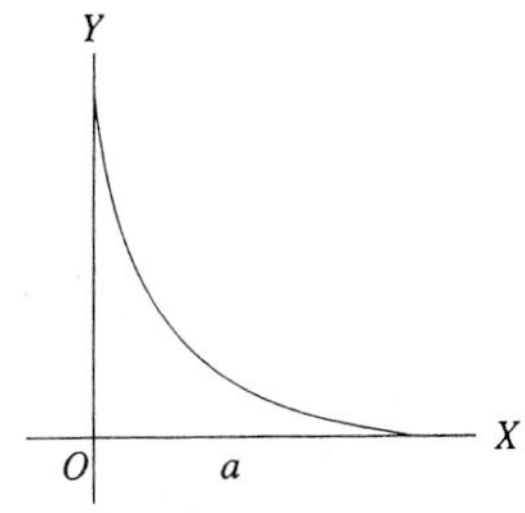

$x^{\frac{1}{2}} + y^{\frac{1}{2}} = a^{\frac{1}{2}}$

67. Descartes의 Folium

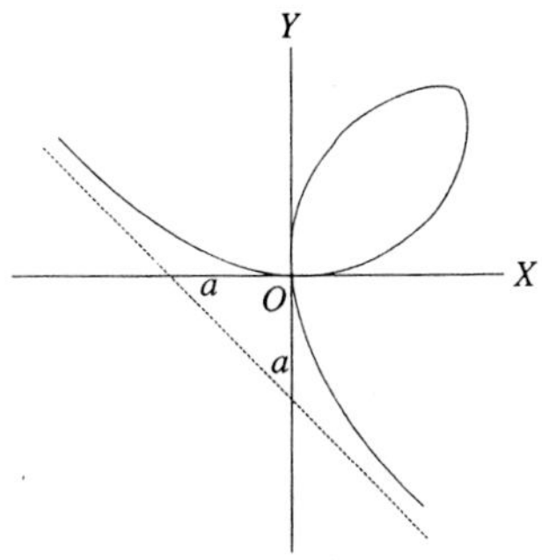

$x^3 + y^3 - 3axy = 0$

68. The cissoid of Diocles

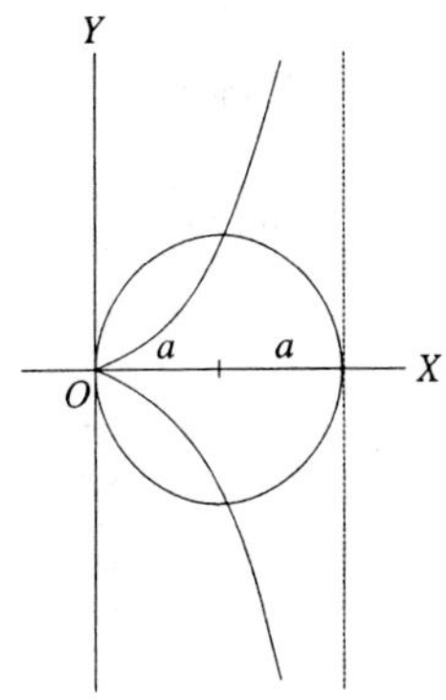

$y^2 = x^2/(2a - x)$

69. Astroid

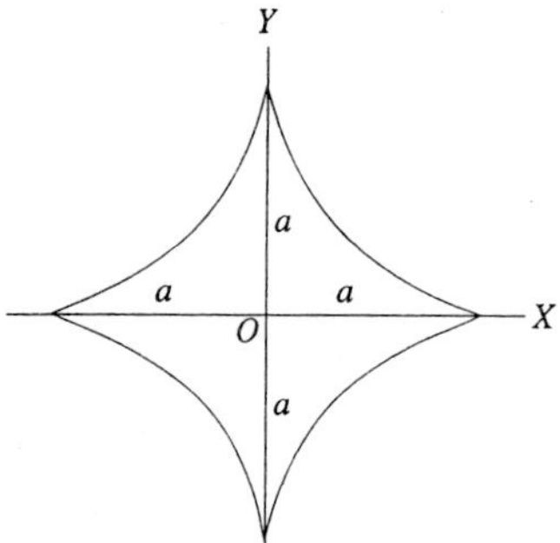

$$x^{\frac{2}{3}}+y^{\frac{2}{3}}=a^{\frac{2}{3}}$$

70. The witch of Agnesi

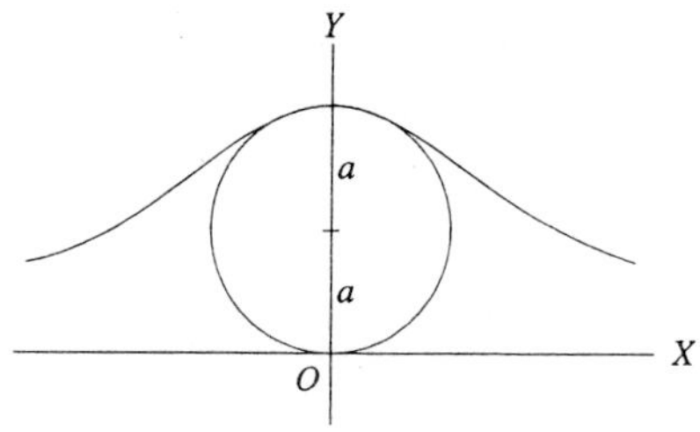

$$x^2y=4a^2(2a-y)$$

71. Strophoid

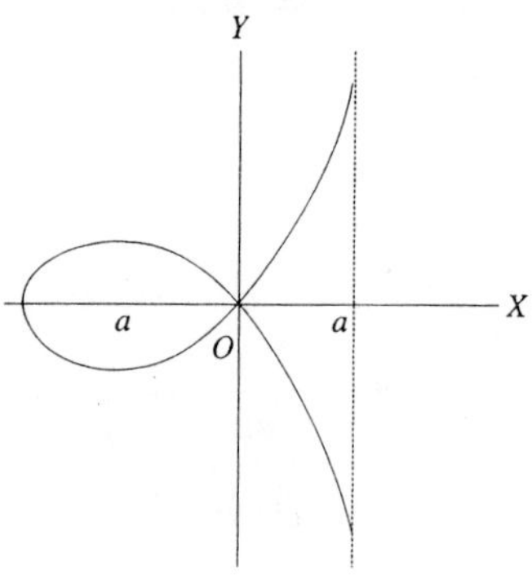

$$y^2=x^2\frac{a+x}{a-x}$$

72. Tractrix

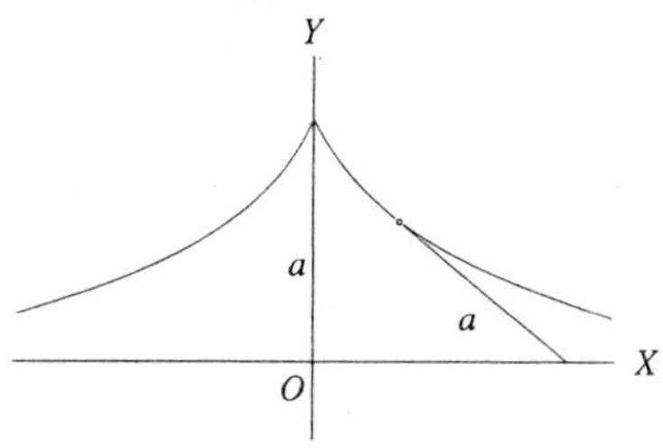

$$\frac{a}{2}\ln\frac{a+\sqrt{a^2-y^2}}{a-\sqrt{a^2-y^2}}\sqrt{a^2-y^2}$$

73. Cardioidi

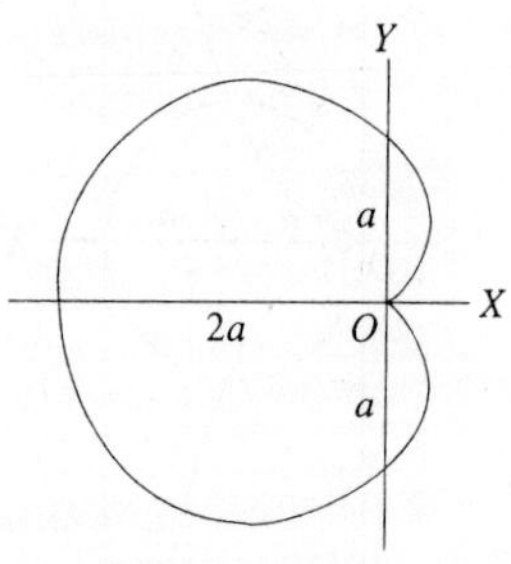

$$r=a(1-\cos\theta)$$

74. Limacon

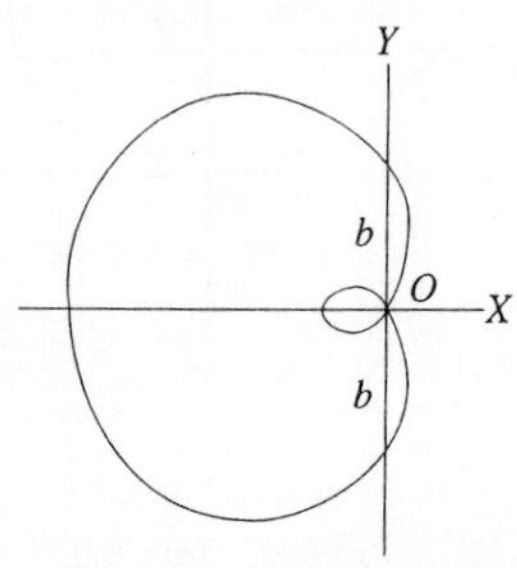

$$r=b-a\cos\theta,\ (b<a)$$

75. Spiral of Archimedes

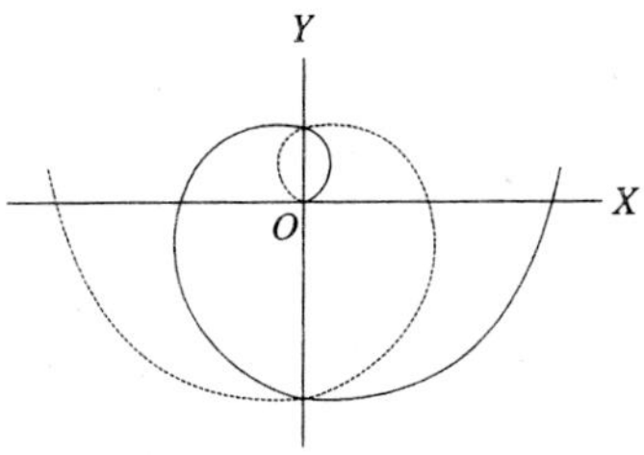

$r = a\theta$

76. Hyperbolic spiral

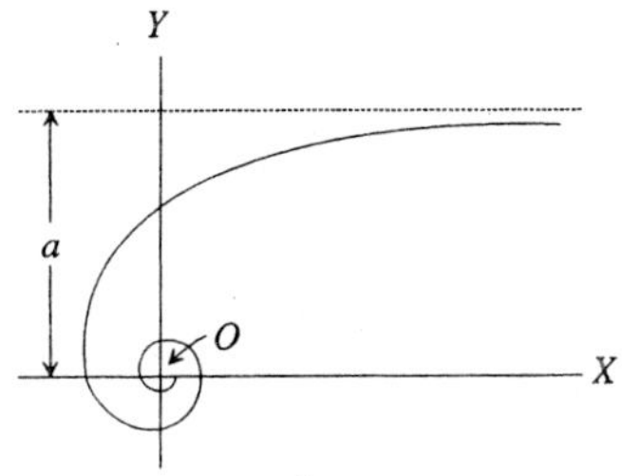

$r\theta = a$

77. Bernoulli lemniscate

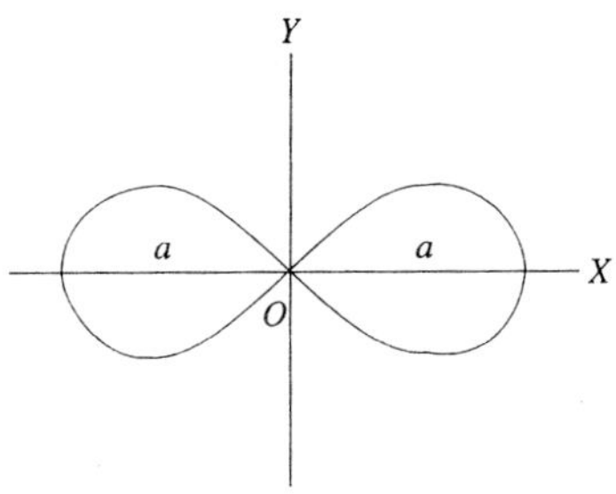

$r^2 = a^2 \cos 2\theta$

78. The conchoid of Nicomedes

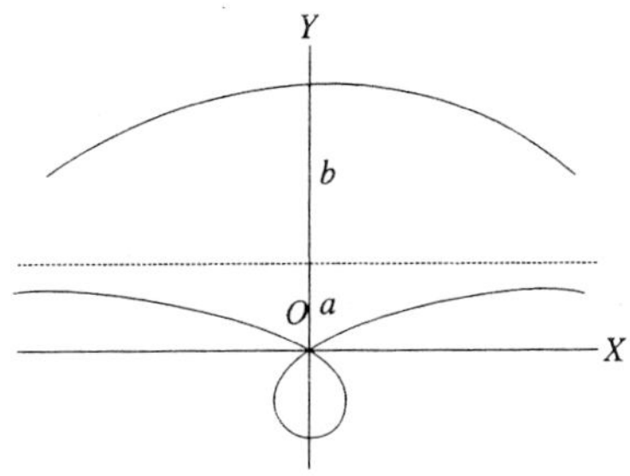

$r = a \csc \theta + b (a < b)$

79. 삼엽장미선

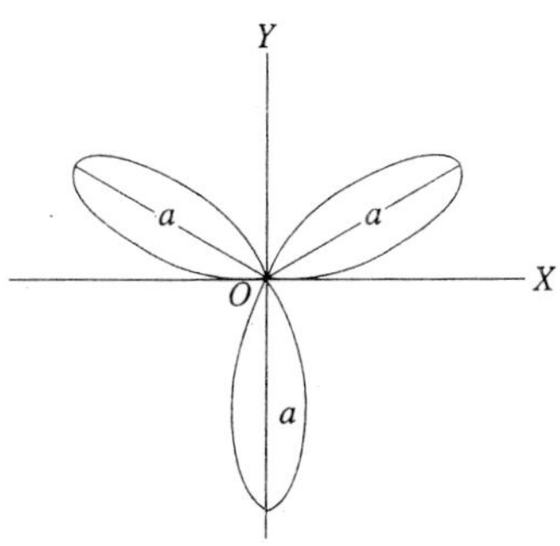

$r = a \sin 3\theta$

80. 사엽장미선

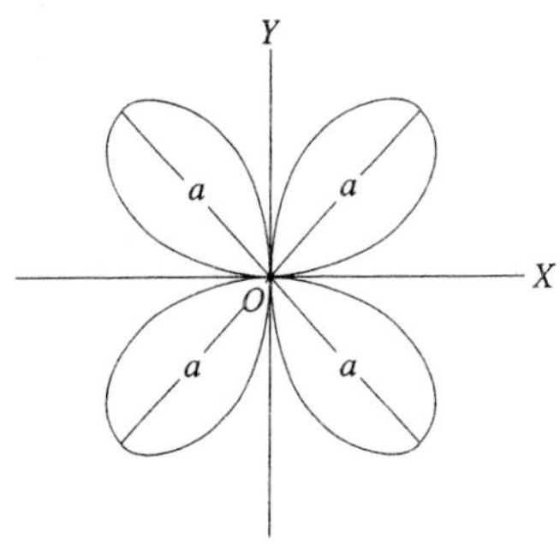

$r = a \sin 2\theta$

81. Cycloid

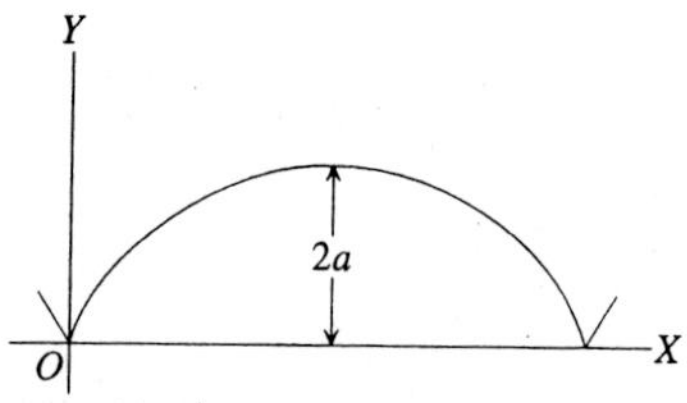

$$\begin{cases} x = a(\theta - \sin\theta) \\ y = a(1 - \cos\theta) \end{cases}$$

82. Trochoid

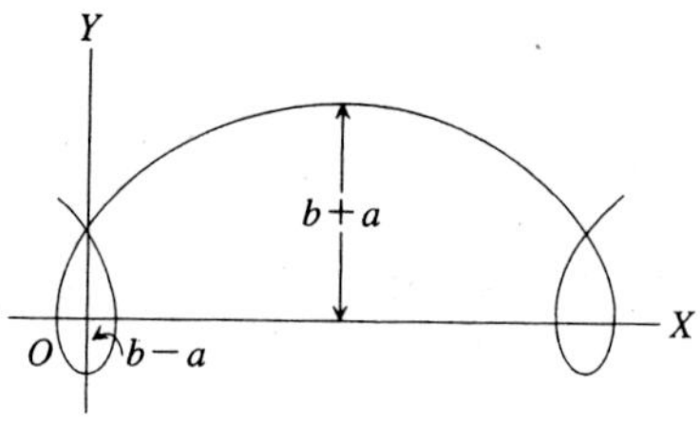

$$\begin{cases} x = a\,\theta - b\sin\theta \\ y = a - b\cos\theta, \ (a < b) \end{cases}$$

1장

함　　수

1.1 함　　수

함수의 개념은 수학의 각 분야에서 가장 기초적인 내용중의 하나이다. 우리는 지금까지 다음과 같은 함수의 정의를 사용하여 왔다.

> "함수란 집합의 각 원소 x에 다른 집합의 원소 y를 하나씩 대응하는 규칙을 말한다."

그러나 이러한 정의는 애매하다. 여기서 언급된 "규칙"의 뜻은 정확히 무엇인가? 수학자들은 집합의 용어를 이용하여 함수의 정의를 정확히 내리도록 힘써왔다.

임의의 두 대상 a, b에 대하여 (a, b)를 a, b의 **순서쌍**이라 하자. 그리고 두 순서쌍 (a, b), (c, d)에 대하여

$$(a, b)=(c, d) \Leftrightarrow a=c, \ b=d$$

로 정의한다. 두 집합 X, Y에 대하여

$$X \times Y=\{(x, y) : x \in X, \ y \in Y\}$$

를 X와 Y의 **곱집합**이라 부른다.

〈**정의 1.1**〉

두 집합 X, Y에 대하여, 다음의 성질을 만족하는 $X\times Y$의 부분집합 f를 X에서 Y로의 **함수**라 한다.

(i) 모든 $x\in X$에 대하여, $(x, y)\in f$인 $y\in Y$가 존재한다.

(ii) $(x, y), (x, z)\in f$이면 $y=z$이다.

편의상 함수 f를 $f:X\to Y$로 나타내고 $(x, y)\in f$ 대신으로 $y=f(x)$로 표시하고, y를 f에 의한 x의 **상** 그리고 x를 f에 의한 y의 **원상**이라고 한다. 그리고 X를 함수 f의 **정의역**, Y를 함수 f의 **공역**, $f[X]=\{f(x):x\in X\}$를 함수 f의 **치역**이라 한다.

함수 $f:X\to Y$는 정의역 X, 공역 Y와 모든 $x\in X$에 유일하게 대응되는 $f(x)$가 결정되면 함수 $f:X\to Y$의 모든 정보를 나타낼 수 있다. 따라서 우리는 앞으로 함수를 다음과 같이 나타내기로 한다.

$$f:X\to Y,\ x\mapsto f(x)$$

〈**정의 1.2**〉

두 함수 $f:X\to Y$, $g:A\to B$에 대하여, $f=g\Leftrightarrow X=A$, $Y=B$이고, 모든 $x\in X$에 대하여, $f(x)=g(x)$이다.

〈**정의 1.3**〉

함수 $f:X\to Y$에 대하여, $X\times Y$의 부분집합

$$\{(x, y)\in X\times Y:x\in X,\ y=f(x)\}$$

를 함수 f의 **그래프**라 부른다.

【예제 1】 (1) 집합 X에 대하여, $1_X:X\to X$, $x\mapsto x$는 함수이고, 이를 X의 **항등함수**라 부른다.

(2) $A\subseteq X$에 대하여, $j_A:A\to X$, $x\mapsto x$는 함수이고, 이를 A의 X로의 **포함함수**라

부른다. 특히, $j_X = 1_X$이고, $j_\phi : \phi \to X$도 함수이다.

(3) $f : X \to \phi$가 함수이려면, $X = \phi$일 수 밖에 없고, 이 때 $f = 1_\phi$로 된다.

(4) $A \subseteq X$에 대하여, $\chi_A : X \to \{0, 1\}$을 다음과 같이 정의한다.

$$\chi_A(x) = 1 \Leftrightarrow x \in A, \text{ 즉, } \chi_A(x) = 0 \Leftrightarrow x \notin A$$

이 때 χ_A를 A의 **특성함수**라 부른다.

(5) 집합 X, Y와 $y_0 \in Y$에 대하여, $f : X \to Y$, $x \mapsto y_0$가 함수이고 이 함수를 y_0를 함수값으로 가지는 **상수함수**라 부른다.

(6) 집합 X, Y에 대하여

$$\pi_1 : X \times Y \to X \quad (x, y) \mapsto x$$
$$\pi_2 : X \times Y \to Y \quad (x, y) \mapsto y$$

는 각각 함수들이고, 이를 **제 1 정사영 함수**, **제 2 정사영 함수**라 한다.

연습문제 (1.1)

1. 집합 A, B, C에 대하여, 다음이 성립함을 보여라.

(1) $A\times(B\cap C)=(A\times B)\cap(A\times C)$ (2) $A\times(B\cup C)=(A\times B)\cup(A\times C)$

(3) $A\times(B-C)=(A\times B)-(A\times C)$ (4) $A\times\phi=\phi\times A=\phi$

2. 다음과 같이 정의된 함수 $f:\mathbb{R}\to\mathbb{R}$가 있다.

$$f(x)=\begin{cases} 4x+3, & x>5 \\ x^2-3, & -6\le x\le 5 \\ 4-5x, & x<-6 \end{cases}$$

아래의 함수값을 구하여라.

$$f(-7),\ f(3),\ f(6),\ f(\pi),\ f(0),\ f\left(-\frac{1}{5}\right)$$

3. 각 $x\in\mathbb{R}$에 대한 $[x]$는 x보다 크지 않은 실수 중에 가장 큰 정수를 나타내는 기호이다. 이를테면

$$[\sqrt{2}]=1,\ \left[-\frac{1}{2}\right]=-1,\ [-5]=-5,\ [0]=0,\ [9.5]=9$$

여기서 $f(x)=[x]$로 정의된 함수 $f:\mathbb{R}\to\mathbb{R}$의 치역과 그래프를 구하여라.

4. 집합 X, Y의 원소의 개수가 각각 m, n이면 X에서 Y로의 함수는 몇 개 있는가?

5. 주어진 두 함수 $f:A\to C$, $g:B\to D$에 대하여 $A\cap B$의 임의의 원소 x에 대하여 $f(x)=g(x)$일 때 f와 g의 합 $f\cup g$은 다음과 같이 정의된다.

$$f\cup g:A\cup C\to B\cup D$$

여기서

$$f\cup g(x)=\begin{cases} f(x), & x\in A\text{일 때} \\ g(x), & x\in C\text{일 때} \end{cases}$$

합 $f\cup g$이 함수가 됨을 증명하여라.

1.2 함수의 상과 역상

함수 $f: X \to Y$에 대하여 x, y가 각각 집합 X, Y의 원소로서 $y=f(x)$일 때 y는 f에 따른 x의 상이고 x는 f에 따른 y의 역상임을 알고 있다. 원소에 관한 이 개념을 다음과 같이 자연스럽게 부분집합으로 확장할 수 있다.

〈정의 2.1〉

함수 $f: X \to Y$에 대하여 $A \subseteq X$, $B \subseteq Y$일 때

(1) $f[A]=\{f(x): x \in A\}$이고, 이를 A의 f에 의한 **상**이라 한다.

(2) $f^{-1}[B]=\{x \in X: f(x) \in B\}$이고, 이를 B의 f에 의한 **역상**이라 한다.

【예제 1】 $A \subseteq X$에 대하여, $\chi_A: X \to \{0, 1\}$을 A의 특성함수라 하자. 그러면 임의의 부분집합 $C \subseteq X$에 대하여

$$\chi_A[C]=\begin{cases} \phi, & C=\phi\text{일 때} \\ \{1\}, & \phi \subsetneq C \subseteq A\text{일 때} \\ \{0, 1\}, & A \subsetneq C \subseteq X\text{일 때} \end{cases}$$

그리고 $\chi_A^{-1}[\{0\}]=X-A$, $\chi_A^{-1}[\{1\}]=A$이다.

정리 2.2 함수 $f: X \to Y$에서 Y의 부분집합 B, C에 대하여

(1) $f^{-1}[B \cup C]=f^{-1}[B] \cup f^{-1}[C]$

(2) $f^{-1}[B \cap C]=f^{-1}[B] \cap f^{-1}[C]$

(3) $f^{-1}[B-C]=f^{-1}[B]-f^{-1}[C]$

증명 (1) 임의의 $x \in X$에 대하여

$$\begin{aligned} x \in f^{-1}[B \cup C] &\Leftrightarrow f(x) \in B \cup C \\ &\Leftrightarrow f(x) \in B \text{ 또는 } f(x) \in C \\ &\Leftrightarrow x \in f^{-1}[B] \text{ 또는 } x \in f^{-1}[C] \\ &\Leftrightarrow x \in f^{-1}[B] \cup f^{-1}[C]. \end{aligned}$$

따라서 $f^{-1}[B \cup C] = f^{-1}[B] \cup f^{-1}[C]$.

(2) (1)의 증명에서 기호 $\cup$을 $\cap$로, "또는"을 "그리고"로 각각 바꿔 놓음으로써 (2)의 증명을 얻는다.

(3) 임의의 $x \in X$에 대하여,

$$\begin{aligned} x \in f^{-1}[B-C] &\Leftrightarrow f(x) \in B-C \\ &\Leftrightarrow f(x) \in B \text{ 그리고 } f(x) \notin C \\ &\Leftrightarrow x \in f^{-1}[B] \text{ 그리고 } x \notin f^{-1}[C] \\ &\Leftrightarrow x \in f^{-1}[B] - f^{-1}[C]. \end{aligned}$$

따라서 $f^{-1}[B-C] = f^{-1}[B] - f^{-1}[C]$. □

함수 $f: X \to Y$에서 X의 부분집합 A, B에 대하여 $f(A \cup B) = f(A) \cup f(B)$는 성립한다. 그러나 $f(A \cap B) = f(A) \cap f(B)$은 일반적으로 성립하지 않는다. 예를 들면, $X = \{a, b\}$, $Y = \{c\}$, $A = \{a\}$, $B = \{b\}$, 상수함수 $f: X \to Y$, $f(a) = f(b) = c$에 대하여 $f(A \cap B) = f(\phi) = \phi$이고 $f(A) \cap f(B) = \{c\} \cap \{c\} = \{c\}$이다. 따라서 $f(A \cap B) \neq f(A) \cap f(B)$이다.

연습문제 (1.2)

1. **연습문제 (1.1)**, 문제 2의 함수 f에 대하여 다음을 구하여라.

(1) $f[\{-7, 3, 6\}]$, $f[\{-8, 2, 7\}]$, $f[\{-9, 1, 8\}]$

(2) $f^{-1}[\{0, 1\}]$, $f^{-1}[\{-3, 3\}]$, $f^{-1}[\{1, 2, 3\}]$

2. 함수 $f:X \to Y$에서 X의 부분집합 A, B에 대하여

$$f[A \cup B]=f[A] \cup f[B]$$

이 성립함을 증명하여라.

3. 함수 $f:X \to Y$에 대하여 $A \subseteq X$, $B \subseteq Y$일 때 다음이 성립함을 증명하여라.

(1) $A \subseteq f^{-1}[f[A]]$ (2) $f[f^{-1}[B]] \subseteq B$

4. 함수 $f:X \to Y$에 대하여 $A \subseteq X$, $B \subseteq Y$일때 다음 명제에 대한 반례를 하나씩 들어라.

(1) $B \neq \phi$이면 $f^{-1}[B] \neq \phi$ (2) $f^{-1}[f[A]]=A$

(3) $f[f^{-1}[B]]=B$ (4) $f[X]=Y$

5. 함수 $f:X \to Y$에 대하여 $A \subseteq X$, $B \subseteq Y$일 때 다음이 성립함을 증명하여라.

(1) $f[A \cap f^{-1}[B]]=f[A] \cap B$ (2) $f[f^{-1}[B]]=f[X] \cap B$

6. 함수 $f:X \to Y$에 대하여 $B \subseteq Y$일 때 다음이 성립함을 증명하여라.

$$f^{-1}[Y-B]=X-f^{-1}[B]$$

1.3 단사, 전사, 전단사 함수

〈정의 3.1〉

함수 $f:X\to Y$가 임의의 $x_1,\ x_2\in X$에 대하여 $x_1\neq x_2 \Rightarrow f(x_1)\neq f(x_2)$일 때, 이 함수를 **단사함수(일대일 함수)**라고 한다.

위 정의의 대우명제를 취하면 임의의 $x_1, x_2\in X$에 대하여 $f(x_1)=f(x_2)\Rightarrow x_1=x_2$일 때, 함수 $f:X\to Y$는 단사함수이다.

예를 들면, 1.1절의 예제 1에서 항등함수, 포함함수는 단사함수들이다. 그러나 상수함수, 정사영 함수들은 일반적으로 단사함수가 아니다.

〈정의 3.2〉

함수 $f:X\to Y$가 임의의 $y\in Y$에 대하여 $y=f(x)$인 $x\in X$가 적어도 하나 존재할 때, 이 함수를 **전사함수**라 한다. 즉, $f[X]=Y$이면 함수 f는 전사함수이다.

예를 들면, 1.1절의 예제 1에서 항등함수, 정사영 함수들는 전사함수들이다. 그러나 포함함수, 상수함수는 일반적으로 전사함수가 아니다.

〈정의 3.3〉

함수 $f:X\to Y$가 단사함수이고 전사함수일 때 이 함수를 **전단사 함수** 또는 **일대일 대응**이라 한다.

함수 $f:X\to Y$가 단사함수일 때, 공역 Y를 $f[X]$로 바꾸면 함수 $f:X\to f[X]$는 전단사 함수가 된다.

정리 3.4 함수 $f:X \to Y$가 단사함수이면 X의 부분집합 A, B에 대하여 다음이 성립한다.

$$f(A \cap B) = f(A) \cap f(B)$$

증명 임의의 $y \in Y$에 대하여

$$\begin{aligned} y \in f(A) \cap f(B) &\Leftrightarrow y \in f(A) \text{ 그리고 } y \in f(B) \\ &\Leftrightarrow \text{적당한 } x_1 \in A,\ x_2 \in B\text{에 대하여 } y = f(x_1),\ y = f(x_2). \end{aligned}$$

가정에서 함수 $f:X \to Y$가 단사함수이므로 $x_1 = x_2$이다. 이것을 x라 하면

$$\begin{aligned} y \in f(A) \cap f(B) &\Leftrightarrow \text{적당한 } x \in A \cap B\text{에 대하여 } y = f(x) \\ &\Leftrightarrow y \in f(A \cap B). \end{aligned}$$

따라서 $f(A \cap B) = f(A) \cap f(B)$. □

연습문제 (1.3)

1. 함수 $f:X\to Y$에 대하여 다음이 성립함을 증명하여라.

(1) f가 단사함수 $\Leftrightarrow$ 임의의 $y\in Y$에 대하여, $|f^{-1}[\{y\}]|\le 1$

(2) f가 전사함수 $\Leftrightarrow$ 임의의 $y\in Y$에 대하여, $|f^{-1}[\{y\}]|\ge 1$

(여기서, $|f^{-1}[\{y\}]|$는 집합 $f^{-1}[\{y\}]$의 원소의 개수를 나타낸다)

2. 함수 $f:\mathbb{R}\to\mathbb{R}$, $x\mapsto 3x-2$가 전단사 함수임을 보여라.

3. $A\subseteq X$일 때, 특성함수 $\chi_A:X\to\{0, 1\}$가 단사함수, 전사함수가 될 조건을 구하여라.

4. 자연수의 집합 $\mathbb{N}$과 짝수의 집합 $\mathbb{N}_e$ 사이에 일대일 대응이 존재함을 증명하여라.

5. 집합 X, Y는 각각 m, n개의 원소를 가진 유한집합일 때 다음을 증명하여라.

(1) $m>n$이면 단사함수 $f:X\to Y$가 존재하지 않는다.

(2) $m\le n$이면 $n!(n-m)!$개의 단사함수 $f:X\to Y$가 존재한다.

1.4 함수의 합성과 역함수

〈정의 4.1〉

두 함수 $f:X\to Y$, $g:Y\to Z$에 대하여, 함수

$$g\circ f:X\to Z,\ x\mapsto g(f(x))$$

를 함수 f와 g의 **합성함수**라 한다.

【예제 1】 임의의 $x\in\mathbb{R}$에 대하여

$$f(x)=x^2,\ g(x)=x+1$$

으로 정의된 함수 $f:\mathbb{R}\to\mathbb{R}$, $g:\mathbb{R}\to\mathbb{R}$에 대하여

$$g\circ f(x)=g(x^2)=x^2+1,\ f\circ g(x)=f(x+1)=(x+1)^2.$$

이때 $g\circ f(1)=2\neq 4=f\circ g(1)$이므로, $g\circ f\neq f\circ g$이다.

정리 4.2 (항등법칙) 함수 $f:X\to Y$에 대하여 다음이 성립한다.

$$f\circ 1_X=f=1_Y\circ f$$

증명 임의의 $x\in X$에 대하여

$$f\circ 1_X(x)=f(1_X(x))=f(x),\ 1_Y\circ f(x)=1_Y(f(x))=f(x)$$

따라서 $f\circ 1_X=f=1_Y\circ f$이 성립한다. □

정리 4.3 결합법칙 함수 $f:X\to Y$, $g:Y\to Z$, $h:Z\to W$에 대하여 다음이 성립한다.

$$h\circ(g\circ f)=(h\circ g)\circ f$$

증명 임의의 $x \in X$에 대하여

$$h \circ (g \circ f)(x) = h(g \circ f(x)) = h(g(f(x)))$$
$$(h \circ g) \circ f(x) = h \circ g(f(x)) = h(g(f(x)))$$

따라서 $h \circ (g \circ f) = (h \circ g) \circ f$이 성립한다. □

앞으로, $h \circ (g \circ f) = (h \circ g) \circ f$를 $h \circ g \circ f$와 같이 나타내기로 한다.

【예제 2】 함수 $f : \mathbb{R} \to \mathbb{R},\ x \mapsto \sin^3(x^2+1)$에서

$$g : \mathbb{R} \to \mathbb{R},\ x \mapsto x^2+1$$
$$h : \mathbb{R} \to \mathbb{R},\ x \mapsto \sin x$$
$$k : \mathbb{R} \to \mathbb{R},\ x \mapsto x^3$$

으로 놓으면, $f = k \circ h \circ g$이다.

위와 같이 복잡한 함수를 간단한 함수들의 합성함수로 고쳐서 생각하는 것은 대단히 중요하다. 이를 **함수의 분해**라 부른다. 위의 예는 f의 g, h, k로의 분해이다.

정리 2.2 함수 $f : X \to Y$에 대하여 다음이 성립한다.

(1) f가 단사함수 $\Leftrightarrow g \circ f = 1_X$를 만족하는 함수 $g : Y \to X$가 존재

(2) f가 전사함수 $\Leftrightarrow f \circ g = 1_Y$를 만족하는 함수 $g : Y \to X$가 존재

(3) f가 전단사함수 $\Leftrightarrow g \circ f = 1_X$, $f \circ g = 1_Y$를 만족하는 함수 $g : Y \to X$가 존재 (이러한 함수 $g : Y \to X$는 유일하게 존재한다)

증명 (1) ($\Rightarrow$) 임의의 $y \in Y$에 대하여, $y \in f[X]$이면 $y = f(x)$인 $x \in X$가 유일하게 존재하고 (f가 단사함수이므로) $y \notin f[X]$이면 그러한 x가 존재하지 않는다. 적당한 $x_0 \in X$를 선택하자. 함수 $g : Y \to X$를 다음과 같이 정의하자. 임의의 $y \in Y$에 대하여, $y \in f[X]$인 경우에는 $y = f(x)$를 만족하는 x를 $g(y)$로 정의하고 $y \notin f[X]$인 경우에는 $g(y) = x_0$로 정의하자. 그러면 임의의 $x \in X$에 대하여 $g(f(x)) = x$이 된다. 따라서 $g \circ f = 1_X$이 성립한다.

($\Leftarrow$) 임의의 $x_1, x_2 \in X$에 대하여 $f(x_1) = f(x_2)$라고 가정하면

$$x_1=1_X(x_1)=g(f(x_1))=g(f(x_2))=1_X(x_2)=x_2.$$

따라서 f는 단사함수이다.

(2) ($\Rightarrow$) 각각의 $y\in Y$에 대하여 $y=f(x_y)$인 $x_y\in X$를 하나 선택하자. 함수 $g:Y\to X$를 다음과 같이 정의하자.

$$g:Y\to X,\ y\mapsto g(y)=x_y.$$

그러면 임의의 $y\in Y$에 대하여

$$f\circ g(y)=f(g(y))=f(x_y)=y.$$

따라서 $f\circ g=1_Y$이 성립한다.

($\Leftarrow$) 임의의 $y\in Y$에 대하여

$$y=1_Y(y)=f\circ g(y)=f(g(y)).$$

즉 $y\in f[X]$이다. 따라서 f는 전사함수이다.

(3) ($\Rightarrow$) (2)의 증명에서 정의된 함수 $g:Y\to X$에 대하여 $g\circ f=1_X$이 성립함을 보이면 충분하다. 임의의 $y\in Y$에 대하여 $y=f(x)$를 만족하는 x는 유일하게 존재한다. 따라서 임의의 $x\in X$에 대하여 $g(f(x))=x_{f(x)}=x$이 성립한다.

($\Leftarrow$) (1), (2)에 의하여 f는 전단사함수가 된다.

(유일성) 함수 $h:Y\to X$가 $h\circ f=1_X$, $f\circ h=1_Y$를 만족한다고 하자. 임의의 $y\in Y$에 대하여

$$\begin{aligned}h(y)&=h\circ 1_Y(y)=h\circ(f\circ g)(y)\\&=(h\circ f)\circ g(y)=1_X\circ g(y)=g(y)\end{aligned}$$

따라서 $h=g$이다. 즉, (3)을 만족하는 함수 $g:Y\to X$는 유일하다. □

〈정의 4.5〉

$f:X\to Y$가 전단사함수일 때, $g\circ f=1_X$, $f\circ g=1_Y$를 만족하는 유일한 함수 $g:Y\to X$를 f의 **역함수**라 하고, 이를 $f^{-1}:Y\to X$로 나타낸다. 그러면 $f^{-1}\circ f=1_X$, $f\circ f^{-1}=1_Y$이 성립한다.

정리 4.6 (1) 집합 X에 대하여, 항등함수 $1_X:X\to X$는 전단사함수이고 $(1_X)^{-1}=1_X$이다.

(2) 함수 $f:X\to Y$가 전단사함수이면, $f^{-1}:Y\to X$도 전단사함수이고, $(f^{-1})^{-1}=f$이다.

(3) 함수 $f:X\to Y$와 $g:Y\to Z$가 전단사함수이면, $g\circ f:X\to Z$도 전단사함수이고, $(g\circ f)^{-1}=f^{-1}\circ g^{-1}$이다.

증명 (1) $1_X\circ 1_X=1_X$이므로, 1_X는 전단사함수이고, $(1_X)^{-1}=1_X$이다.

(2) $f^{-1}\circ f=1_X$, $f\circ f^{-1}=1_Y$이므로, $f^{-1}:Y\to X$도 전단사함수이고, $(f^{-1})^{-1}=f$이다.

(3) 함수 $f:X\to Y$, $g:Y\to Z$에 대하여

$$(f^{-1}\circ g^{-1})\circ(g\circ f)=f^{-1}\circ(g^{-1}\circ g)\circ f=f^{-1}\circ 1_Y\circ f=f^{-1}\circ f=1_X$$
$$(g\circ f)\circ(f^{-1}\circ g^{-1})=g\circ(f\circ f^{-1})\circ g^{-1}=g\circ 1_Y\circ g^{-1}=g\circ g^{-1}=1_Z$$

이므로, $g\circ f$도 전단사함수이고, $(g\circ f)^{-1}=f^{-1}\circ g^{-1}$이다. □

연습문제 (1.4)

1. 각 $x \in \mathbb{R}$에 대하여 $f(x)=2x^3+1$, $g(x)=\sin x$로 각각 정의된 함수

$$f:\mathbb{R} \to \mathbb{R},\ g:\mathbb{R} \to \mathbb{R}$$

에 대하여 합성함수 $g \circ f$와 $f \circ g$를 구하여라.

2. 함수 $f,\ g,\ h:\mathbb{R} \to \mathbb{R}$가 다음과 같이 주어질 때

$$f(x)=3x^3+4,\ g(x)=\sin x,\ h(x)=x^2-1$$

다음 합성함수 (1)-(4)를 구하고 (5)에 답하여라.

(1) $g \circ f$　　(2) $h \circ g$　　(3) $h \circ (g \circ f)$　　(4) $(h \circ g) \circ f$

(5) 두 합성함수 $h \circ (g \circ f)$, $(h \circ g) \circ f$는 같은가?

3. 함수 $f:X \to Y$에 대하여 $A \subseteq X$, $B \subseteq Y$일때 다음이 성립함을 증명하여라.

(1) f가 단사함수이면 $A=f^{-1}(f(A))$이다.

(2) f가 전사함수이면 $B=f(f^{-1}(B))$이다.

4. 두 함수 $f:X \to Y$, $g:Y \to Z$에 대하여 다음을 증명하여라.

(1) $f,\ g$가 단사함수이면 $g \circ f$도 단사함수이다.

(2) $f,\ g$가 전사함수이면 $g \circ f$도 전사함수이다.

(3) $f,\ g$가 전단사함수이면 $g \circ f$도 전단사함수이다.

2 장

삼각함수

2.1 삼각함수

XY-평면에서 단위원 $X^2+Y^2=1$ 위의 점 P의 좌표는 $(\cos x, \sin x)$로 주어진다. 여기서 x는 원점과 P를 연결한 선분이 양의 X-축과 이루는 각(라디안 단위)이다. 그리고 $\tan x=\dfrac{\sin x}{\cos x}$로 정의되고 나머지 삼각함수들은 다음과 같이 정의된다.

$$\csc x=\frac{1}{\sin x},\quad \sec x=\frac{1}{\cos x},\quad \cot x=\frac{1}{\tan x}=\frac{\cos x}{\sin x}.$$

정리 1.1 (제곱공식)

(1) $\sin^2 x+\cos^2 x=1$

(2) $1+\tan^2 x=\sec^2 x$

(3) $1+\cot^2 x=\csc^2 x$

증명 $(\cos x, \sin x)$가 단위원 $X^2+Y^2=1$ 위의 점이므로 (1)을 얻는다. (1)에서 양변을 $\cos^2 x$으로 나누면 (2)를 얻는다. (1)에서 양변을 $\sin^2 x$으로 나누면 (3)을 얻는다. □

【예제 1】 x가 제 3 사분면의 각으로 $\sin x = -\frac{4}{5}$일 때, $\cos x$와 $\tan x$를 구하여라.

$\sin^2 x + \cos^2 x = 1$로부터

$$\cos^2 x = 1 - \sin^2 x = 1 - \left(-\frac{4}{5}\right)^2 = \frac{9}{25}$$

즉, $\cos x = \pm\frac{3}{5}$이다. x가 제 3 사분면의 각이므로 $\cos x < 0$이다. 따라서

$$\cos x = -\frac{3}{5}$$

정의에 의하여

$$\tan x = \frac{\sin x}{\cos x} = \frac{-\frac{4}{5}}{-\frac{3}{5}} = \frac{4}{3}$$

정리 1.2 (합의 공식)

(1) $\sin(x \pm y) = \sin x \cos y \pm \cos x \sin y$

(2) $\cos(x \pm y) = \cos x \cos y \mp \sin x \sin y$

(3) $\tan(x \pm y) = \dfrac{\tan x \pm \tan y}{1 \mp \tan x \tan y}$ (부호는 복호동순)

증명 XY-평면에서 원점을 중심으로 점 P를 각 x만큼 회전이동하여 점 P'로 옮기는 회전이동과 점 P'를 각 y만큼 회전이동하여 점 P''로 옮기는 회전이동을 합성하면, 점 P를 각 $x+y$만큼 회전이동하여 점 P''로 옮기는 회전이동이 된다. 이것을 행렬로 나타내면,

$$\begin{pmatrix} \cos y & -\sin y \\ \sin y & \cos y \end{pmatrix} \begin{pmatrix} \cos x & -\sin x \\ \sin x & \cos x \end{pmatrix} = \begin{pmatrix} \cos(x+y) & -\sin(x+y) \\ \sin(x+y) & \cos(x+y) \end{pmatrix}$$

따라서

$$\sin(x+y) = \sin x \cos y + \cos x \sin y$$
$$\cos(x+y) = \cos x \cos y - \sin x \sin y$$

를 얻는다. 그리고 $\sin(-x) = -\sin x$, $\cos(-x) = \cos x$이므로, 위의 공식들에서 y를 $-y$로 바꾸면,

$$\sin(x-y)=\sin x\cos y-\cos x\sin y$$
$$\cos(x-y)=\cos x\cos y+\sin x\sin y$$

를 얻는다. $\tan x=\dfrac{\sin x}{\cos x}$이므로 다음을 얻는다.

$$\tan(x\pm y)=\frac{\sin(x\pm y)}{\cos(x\pm y)}=\frac{\sin x\cos y\pm\cos x\sin y}{\cos x\cos y\mp\sin x\sin y}=\frac{\tan x\pm\tan y}{1\mp\tan x\tan y} \quad \square$$

【예제 2】 $\sin 75°=\sin(30°+45°)$

$$=\sin 30°\cos 45°+\cos 30°\sin 45°$$
$$=\frac{1}{2}\cdot\frac{1}{\sqrt{2}}+\frac{\sqrt{3}}{2}\cdot\frac{1}{\sqrt{2}}$$
$$=\frac{\sqrt{2}+\sqrt{6}}{4}$$

정리 1.3 (이배각공식)

(1) $\sin 2x=2\sin x\cos x$

(2) $\cos 2x=\cos^2 x-\sin^2 x=1-2\sin^2 x=2\cos^2 x-1$

(3) $\tan 2x=\dfrac{2\tan x}{1-\tan^2 x}$

증명 정리 1.2(덧셈정리)에서 $y=x$로 두면

$$\sin 2x=\sin x\cos x+\cos x\sin x=2\sin x\cos x$$
$$\cos 2x=\cos^2 x-\sin^2 x=2\cos^2 x-1=1-2\sin^2 x$$
$$\tan 2x=\frac{2\tan x}{1-\tan^2 x} \quad \square$$

【예제 3】 $\cos x=\dfrac{3}{5}\left(0<x<\dfrac{\pi}{2}\right)$일 때, $\sin x=\dfrac{4}{5}$. 따라서

$$\sin 2x=2\sin x\cos x=2\cdot\frac{4}{5}\cdot\frac{3}{5}=\frac{24}{25}$$

정리 1.4 (반각공식)

(1) $\sin^2\frac{x}{2}=\frac{1-\cos x}{2}$

(2) $\cos^2\frac{x}{2}=\frac{1+\cos x}{2}$

(3) $\tan^2\frac{x}{2}=\frac{1-\cos x}{1+\cos x}$

증명 정리 1.3(이배각공식)에서

$$\cos^2 x=\frac{1+\cos 2x}{2},\ \sin^2 x=\frac{1-\cos 2x}{2}$$

이므로, x 대신 $\frac{x}{2}$을 대입하면 공식 (1), (2)를 얻는다. 그리고

$$\tan^2\frac{x}{2}=\frac{\sin^2\frac{x}{2}}{\cos^2\frac{x}{2}}=\frac{1-\cos x}{1+\cos x}$$ □

【예제 4】

$$\sin^2 22.5^\circ=\frac{1-\cos 45^\circ}{2}=\frac{2-\sqrt{2}}{4}$$

$$\therefore\ \sin 22.5^\circ=\frac{\sqrt{2-\sqrt{2}}}{2}$$

【예제 5】 $\tan\frac{x}{2}=t$일 때,

$$\begin{aligned}\cos x&=\cos 2\cdot\frac{x}{2}=\cos^2\frac{x}{2}-\sin^2\frac{x}{2}\\&=\cos^2\frac{x}{2}\left(1-\tan^2\frac{x}{2}\right)=\frac{1}{\sec^2\frac{x}{2}}\left(1-\tan^2\frac{x}{2}\right)\\&=\frac{1-\tan^2\frac{x}{2}}{1+\tan^2\frac{x}{2}}=\frac{1-t^2}{1+t^2}\end{aligned}$$

비슷한 방법으로 다음을 얻는다.

$$\sin x=\frac{2t}{1+t^2},\ \tan x=\frac{2t}{1-t^2}$$

정리 1.5 (곱의 공식)

(1) $\sin x\cos y=\frac{1}{2}[\sin(x+y)+\sin(x-y)]$

(2) $\cos x\sin y=\frac{1}{2}[\sin(x+y)-\sin(x-y)]$

(3) $\cos x\cos y=\frac{1}{2}[\cos(x+y)+\cos(x-y)]$

(4) $\sin x\sin y=-\frac{1}{2}[\cos(x+y)-\cos(x-y)]$

증명 정리 1.2(합의공식)

$$\sin(x+y)=\sin x\cos y+\cos x\sin y$$
$$\sin(x-y)=\sin x\cos y-\cos x\sin y$$

에서 두 변끼리 각각 더하면,

$$\sin(x+y)+\sin(x-y)=2\sin x\cos y$$
$$\therefore\ \sin x\cos y=\frac{1}{2}[\sin(x+y)+\sin(x-y)]$$

비슷한 방법으로 다른 공식을 얻는다. □

【예제 6】

$$\sin 15^\circ\cos 75^\circ=\frac{1}{2}[\sin(15^\circ+75^\circ)+\sin(15^\circ-75^\circ)]$$
$$=\frac{1}{2}[\sin 90^\circ-\sin 60^\circ]=\frac{2-\sqrt{3}}{4}$$

정리 1.6 (분해공식)

(1) $\sin x+\sin y=2\sin\frac{x+y}{2}\cos\frac{x-y}{2}$

(2) $\sin x-\sin y=2\cos\frac{x+y}{2}\sin\frac{x-y}{2}$

(3) $\cos x+\cos y=2\cos\dfrac{x+y}{2}\cos\dfrac{x-y}{2}$

(4) $\cos x-\cos y=-2\sin\dfrac{x+y}{2}\sin\dfrac{x-y}{2}$

증명 정리 1.5(곱의 공식)에서 $x+y=A$, $x-y=B$로 놓으면,

$$x=\frac{A+B}{2},\ y=\frac{A-B}{2}$$

가 되므로

$$\sin A+\sin B=2\sin\frac{A+B}{2}\cos\frac{A-B}{2}$$

$$\sin A-\sin B=2\cos\frac{A+B}{2}\sin\frac{A-B}{2}$$

$$\cos A+\cos B=2\cos\frac{A+B}{2}\cos\frac{A-B}{2}$$

$$\cos A-\cos B=-2\sin\frac{A+B}{2}\sin\frac{A-B}{2}$$

을 얻는다. □

【예제 7】

$$\sin 3x+\sin 2x=2\sin\frac{3x+2x}{2}\cos\frac{3x-2x}{2}=2\sin\frac{5x}{2}\cos\frac{x}{2}$$

$$\cos 4x-\cos 2x=-2\sin\frac{4x+2x}{2}\sin\frac{4x-2x}{2}=-2\sin 3x\sin x$$

연습문제 (2.1)

1. 두 각 x와 y에 대하여 $\csc x=\frac{5}{3}$이고 $\cos y=\frac{8}{17}$일 때, 다음을 구하여라.

(1) $\sin(x+y)$　　(2) $\cos(x+y)$　　(3) $\sin 2y$

(4) $\cos 2y$　　(5) $\sin\frac{x}{2}$　　(6) $\tan\frac{x}{2}$

2. 다음을 간단히 하여라.

(1) $\frac{\cos x}{1+\sin x}+\frac{\cos x}{1-\sin x}$　　(2) $(1-\tan^4 x)\cos^2 x+\tan x^2$

3. $\sin x+\cos x=\frac{1}{2}$일 때, 다음의 값을 구하여라.

(1) $\sin 2x$　　(2) $\sin^3 x+\cos^3 x$

4. 삼각함수의 기본성질들을 이용하여 다음 등식을 증명하여라.

(1) $(1-\sin x)(1+\sin x)=\frac{1}{\sec^2 x}$

(2) $(\sec x-1)(\sec x+1)=\tan^2 x$

(3) $\sec x-\sin x\tan x=\cos x$

(4) $\frac{\sec^2 x-1}{\sec^2 x}=\sin^2 x$

(5) $\cos x(\tan x+\cot x)=\csc x$

2.2 역삼각함수

$y=\sin x$는 구간 $\left[-\frac{\pi}{2}, \frac{\pi}{2}\right]$에서 단사함수이고 치역은 $[-1, 1]$이므로 $\left[-\frac{\pi}{2}, \frac{\pi}{2}\right]$에서 $[-1, 1]$으로의 전단사 함수가 된다. 따라서 $y=\sin x$는 이 구간에서 역함수 $y=\sin^{-1}x$를 가진다. 마찬가지로 $y=\cos x$는 $[0, \pi]$에서 $[-1, 1]$으로의 전단사 함수이며 $y=\tan x$은 $\left(-\frac{\pi}{2}, \frac{\pi}{2}\right)$에서 $(-\infty, \infty)$으로의 전단사 함수이다. 따라서 이 함수들은 역함수가 있고 다음과 같이 정의한다.

〈정의 2.1〉

다음과 같이 정의된 함수 y를 각각 **역사인**(arc sine), **역코사인**(arc cosine), **역탄젠트**(arc tangent)라고 한다.

(1) $y=\sin^{-1}x,\ x\in[-1, 1] \Leftrightarrow x=\sin y,\ y\in\left[-\frac{\pi}{2}, \frac{\pi}{2}\right]$

(2) $y=\cos^{-1}x,\ x\in[-1, 1] \Leftrightarrow x=\cos y,\ y\in[0, \pi]$

(3) $y=\tan^{-1}x,\ x\in(-\infty, \infty) \Leftrightarrow x=\sin y,\ y\in\left(-\frac{\pi}{2}, \frac{\pi}{2}\right)$

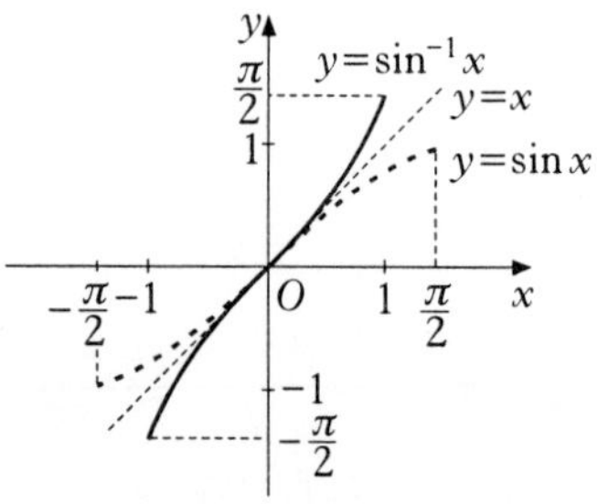

$y=\sin x$와 $y=\sin^{-1}x$의 그래프

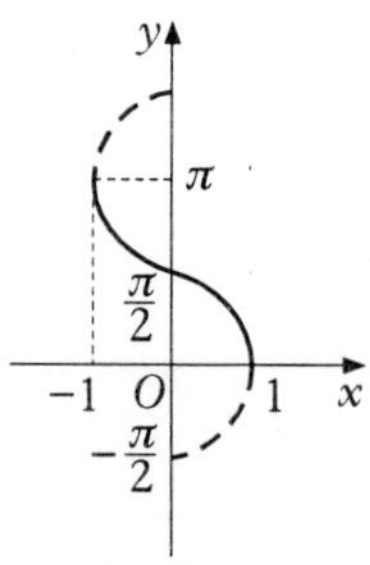

$y=\cos^{-1}x$의 그래프

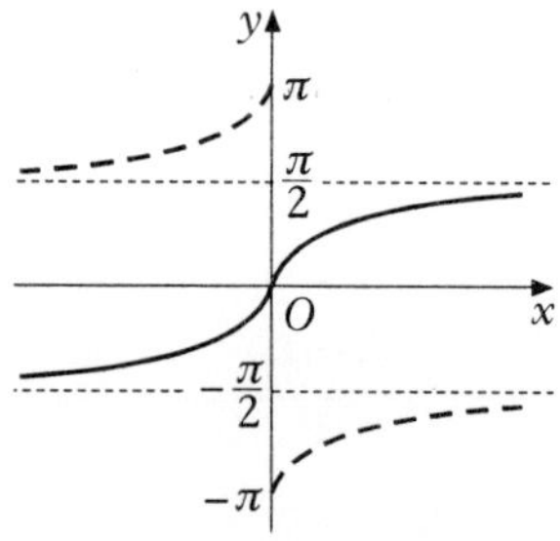

$y=\tan^{-1}x$의 그래프

[그림 2.1]

【예제 1】 $\sin\frac{\pi}{4}=\frac{1}{\sqrt{2}},\qquad \sin^{-1}\frac{1}{\sqrt{2}}=\frac{\pi}{4}$

$\sin\frac{\pi}{6}=\frac{1}{2},\qquad \sin^{-1}\frac{1}{2}=\frac{\pi}{6}$

$$\sin^{-1}(\sin x)=x\ \left(-\frac{\pi}{2}\le x\le\frac{\pi}{2}\right),\qquad \sin(\sin^{-1}x)=x\ \ (-1\le x\le 1)$$

$y=\sec x$, $y=\csc x$ 그리고 $y=\cot x$에 대해서도 적당히 정의역과 공역을 제한하면 전단사 함수들이 되고 역함수를 정의할 수 있다.

〈정의 2.2〉

다음과 같이 정의된 함수 y를 각각 **역섹크**(arc sec), **역코섹크**(arc cosec), **역코탄젠트**(arc cotangent)라고 한다.

(1) $y=\sec^{-1}x,\ x\in\mathbb{R}-(-1,\ 1)\Leftrightarrow x=\sec y,\ y\in[0,\ \pi]-\left\{\frac{\pi}{2}\right\}$

(2) $y=\csc^{-1}x,\ x\in\mathbb{R}-(-1,\ 1)\Leftrightarrow x=\csc y,\ y\in\left[-\frac{\pi}{2},\ \frac{\pi}{2}\right]-\{0\}$

(3) $y=\cot^{-1}x,\ x\in\mathbb{R}\Leftrightarrow x=\cot y,\ y\in(0,\ \pi)$

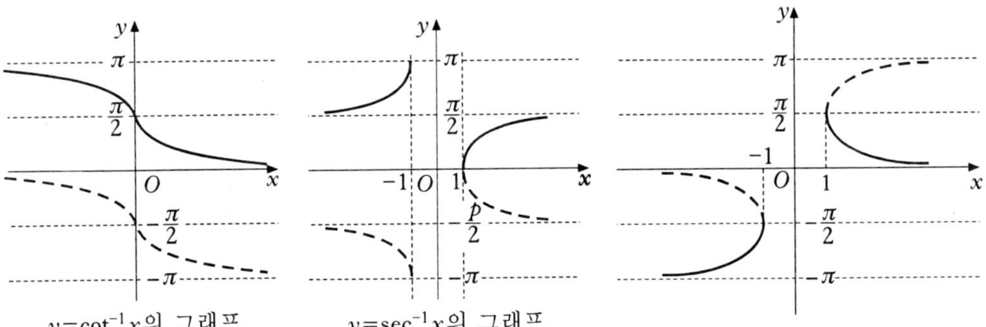

$y=\cot^{-1}x$의 그래프　　$y=\sec^{-1}x$의 그래프　　$y=\csc^{-1}x$의 그래프

[그림 2.2]

【예제 2】 (1) $\cos^{-1}\frac{1}{2}=\frac{\pi}{3}$, $\tan^{-1}(-1)=-\frac{\pi}{4}$

(2) $\tan^{-1}\frac{1}{2}+\tan^{-1}\left(-\frac{1}{3}\right)=\tan^{-1}\frac{1}{2}-\tan^{-1}\frac{1}{3}=\tan^{-1}\dfrac{\frac{1}{2}-\frac{1}{3}}{1+\frac{1}{2}\cdot\frac{1}{3}}=\tan^{-1}\frac{1}{7}$

(3) $\sin(\cos^{-1}x)=\sqrt{1-x^2}$ 임을 증명하여라.

증명 (3) $\cos^{-1}x=\theta$라 하면 $\cos\theta=x$이고 $0\le\theta\le\pi$일 때, $\sin\theta\ge 0$이므로 $\sin\theta=\sqrt{1-\cos^2\theta}$ 이다. 따라서 $\sin(\cos^{-1}x)=\sin\theta=\sqrt{1-x^2}$. □

연습문제 (2.2)

1. 다음의 값을 구하여라.

(1) $\sin^{-1}\left(-\frac{1}{2}\right)$ (2) $\cos^{-1}\left(\frac{1}{2}\right)$ (3) $\tan^{-1}(-\sqrt{3})$

(4) $\cot^{-1}(-\sqrt{3})$ (5) $\csc^{-1}(\sqrt{2})$ (6) $\sec^{-1}(-\sqrt{2})$

(7) $\sin\left(\cos^{-1}\frac{\sqrt{3}}{2}\right)$ (8) $\cos\left(2\sin^{-1}\frac{5}{13}\right)$ (9) $\tan(\sec^{-1}\sqrt{2})$

(10) $\sin^{-1}\frac{5}{13}+\cos^{-1}\frac{5}{13}$ (11) $\cos^{-1}\frac{3}{5}+\cos^{-1}\frac{4}{5}$ (12) $\tan^{-1}2-\tan^{-1}(-3)$

2. 다음 항등식을 증명하여라.

(1) $\sin^{-1}x+\cos^{-1}x=\frac{\pi}{2}$ (2) $\tan^{-1}x+\cot^{-1}x=\frac{\pi}{2}$

3. $\theta=\sin^{-1}\frac{3}{5}$일 때, $\cos\theta$, $\tan\theta$, $\sec\theta$ 및 $\csc\theta$를 구하여라.

3 장

지수함수와 쌍곡선함수

3.1 지수함수와 로그함수

〈정의 1.1〉

$a > 0$, $a \neq 1$인 실수 a에 대하여, 함수 $f(x) = a^x$을 a를 밑으로 하는 **지수함수**라고 한다.

지수함수 $f(x) = a^x$는 $(-\infty, \infty)$에서 함수값이 존재하고, $f(x) = a^x > 0$이다. 따라서 정의구역은 실수 전체의 집합 $(-\infty, \infty)$이며 치역은 양수의 집합 $(0, \infty)$이 된다. 밑수가 $a > 1$인 경우 x가 커지면 $f(x) = a^x$도 커지므로 증가함수이고 $\lim_{x \to \infty} a^x = \infty$, $\lim_{x \to -\infty} a^x = 0$이 된다. 밑수가 $0 < a < 1$인 경우 x가 커지면 $f(x) = a^x$는 작아지므로 감소함수이고 $\lim_{x \to \infty} a^x = 0$, $\lim_{x \to -\infty} a^x = \infty$이 된다. 이 함수의 그래프는 다음과 같다.

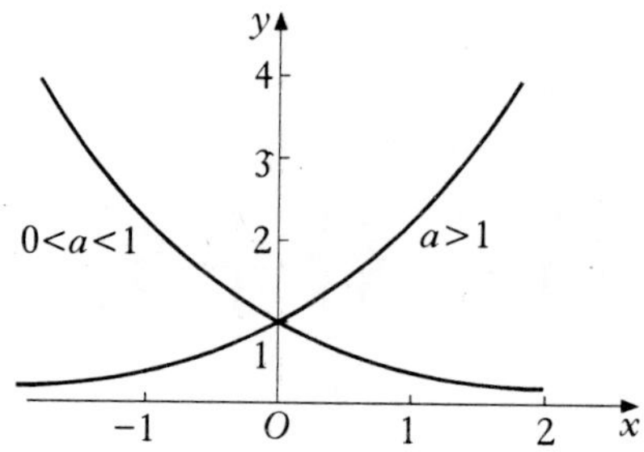

[그림 3.1]

정리 1.2 지수함수는 다음을 만족한다.

(1) $a^0=1$ (2) $a^{x+y}=a^x a^y$

(3) $(a^x)^y=a^{xy}$ (4) $a^{-x}=\dfrac{1}{a^x}$

지수함수 $y=a^x$는 증가 또는 감소함수이고 일대일 함수가 된다. $a^x>0$이므로 임의의 양수 y에 대하여 $y=a^x$를 만족하는 실수 x는 단 하나 있으므로 실수 전체에서 양수 위로의 함수가 된다. 따라서 $y=a^x$는 역함수를 가지며 이 역함수의 정의구역은 양수 전체의 집합이고 치역은 실수 전체의 집합이 된다.

〈정의 1.3〉

지수함수 $y=a^x$의 역함수를 밑수가 a인 **로그함수**라고 하며 다음과 같이 나타낸다.

$$y=\log_a x$$

로그함수 $y=\log_a x$는 지수함수 $y=a^x$와 $y=x$에 관하여 대칭이므로 로그함수의 정의구역은 양수전체의 집합 $(0, \infty)$이고 치역은 실수 전체의 집합 $(-\infty, \infty)$이 된다. 밑수가 $a>1$일 경우 $y=\log_a x$는 증가함수이고 $\lim_{x\to\infty}\log_a x=\infty$, $\lim_{x\to 0+}\log_a x=-\infty$이 된다. 밑수가 $0<a<1$일 경우 $y=\log_a x$는 감소함수이고 $\lim_{x\to\infty}\log_a x=-\infty$, $\lim_{x\to 0+}\log_a x=\infty$이 된다. 따라서 로그함수 $y=\log_a x$의 그래프는 다음과 같다.

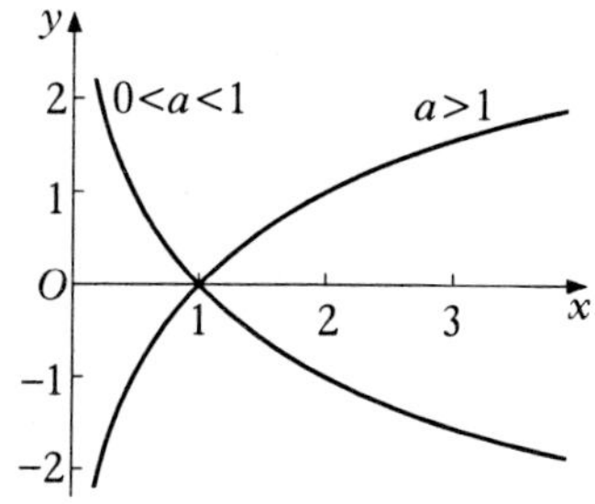

[그림 3.2]

정리 1.4 a는 양수이고 $a \neq 1$이라 하자. 양수 x, y에 대하여 다음이 성립한다.

(1) $\log_a a = 1,\ \log_a 1 = 0$ (2) $\log_a(xy) = \log_a x + \log_a y$

(3) $\log_a \frac{x}{y} = \log_a x - \log_a y$ (4) $\log_a x^n = n \log_a x$

(5) $\log_a x = \frac{\log_c x}{\log_c a}$ (단, $c > 0,\ c \neq 1$) (6) $\log_a x = \frac{1}{\log_x a}$ (단, $x \neq 1$)

(7) $a^{\log_a x} = x$

밑수가 e인 로그함수를 **자연로그함수**라 하며 $y = \ln x$로 나타낸다. $\ln x$의 값은 $f(t) = \frac{1}{t}$의 $t=1$에서 $t=x$로 둘러싸인 부분의 면적과 같다. 따라서 무리수 e는 $\ln x = 1$을 만족하는 유일한 양의 실수이다.

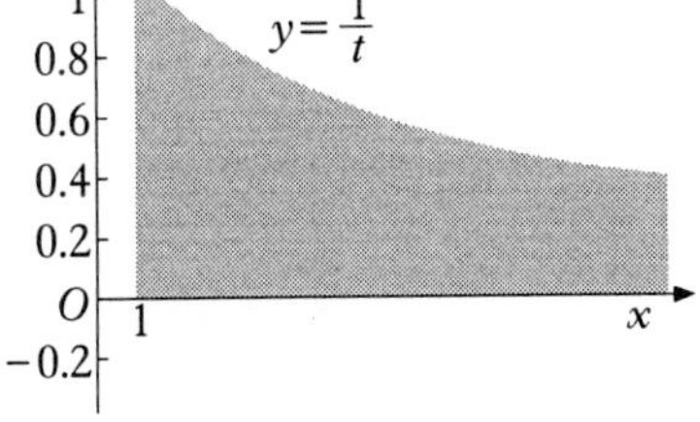

[그림 3.3]

연습문제 (3.1)

1. 다음에서 함수 f의 정의역을 구하여라.

(1) $f(x)=\ln(x^2-1)$ (2) $f(x)=\ln(\sin x)$

(3) $f(x)=\ln\dfrac{1}{1+x^3}$ (4) $f(x)=\sin(e^x)$

2. 다음 표현을 간단히 하여라.

(1) $\ln e^3$ (2) $e^{\ln 6x}$ (3) $\ln(e^{\ln e^2})$

(4) $5^{\log_5 7x+1}$ (5) $\log_9 3$ (6) $\log_{1/25}5$

3. $y=\log_2|-x|$의 그래프를 그려라.

4. 다음 방정식의 해를 구하여라.

(1) $xe^x+e^x=0$ (2) $x^2(3e^{3x})+3xe^{3x}=0$ (3) $4^x=9$

(4) $4^{x+3}=7^{x+2}$ (5) $\left(\dfrac{1}{4}\right)^x=100$ (6) $\ln(5x+1)=2+\ln(2x-3)$

5. a와 b가 양수이고, $A=\ln a$, $B=\ln b$라 할 때 다음을 A와 B로 나타내어라.

(1) $\ln a^2b^3$ (2) $\ln \sqrt[3]{b}$ (3) $\ln b^{\pi^2}$

(4) $\ln b^{a^2+a+1}$ (5) $\ln a^b$ (6) $\ln\dfrac{b^3}{a^2}$

3.2 쌍곡선함수와 역쌍곡선함수

$x=\cos t$, $y=\sin t$일 때 $x^2+y^2=1$이 되므로 사인함수와 코사인함수는 원의 그래프와 밀접한 관계가 있다. 따라서 삼각함수는 가끔 **원 함수**라고 불리운다. 이제 우리는 삼각함수와 흡사한 **쌍곡선함수**와 **역쌍곡선함수**를 정의하고, 그 특성에 대하여 공부한다.

함수 $x=\dfrac{e^t+e^{-t}}{2}$와 $y=\dfrac{e^t-e^{-t}}{2}$는 $x^2-y^2=1$이 되므로 쌍곡선함수라 부른다. 이들 쌍곡선함수들은 다음과 같이 정의된다.

〈정의 2.1〉

$$\cosh x=\frac{1}{2}(e^x+e^{-x}) \qquad \sinh x=\frac{1}{2}(e^x-e^{-x})$$

$$\tanh x=\frac{\sinh x}{\cosh x}=\frac{e^x-e^{-x}}{e^x+e^{-x}} \qquad \coth x=\frac{\cosh x}{\sinh x}=\frac{e^x+e^{-x}}{e^x-e^{-x}}$$

$$\text{sech}\, x=\frac{1}{\cosh x}=\frac{2}{e^x+e^{-x}} \qquad \text{csch}\, x=\frac{1}{\sinh x}=\frac{2}{e^x-e^{-x}}$$

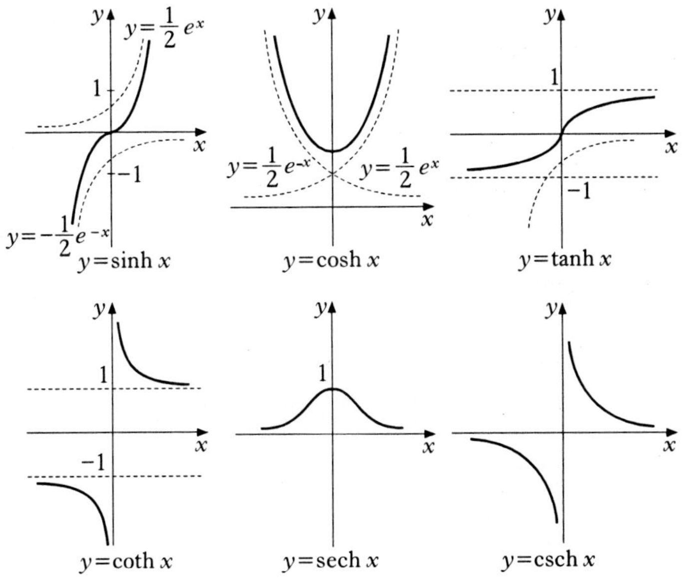

[그림 3.4]

정의에 따라 $\cosh(-x)=\cosh x$, $\sinh(-x)=-\sinh(x)$ 그리고 $\tanh(-x)=-\tanh(x)$임을 쉽게 알 수 있다. 다음은 삼각함수에 관한 2.1절의 정리 1.1의 쌍곡선함수에서의 공식이다.

정리 2.2 쌍곡선함수들은 다음을 만족한다.

(1) $\cosh^2 x-\sinh^2 x=1$ (2) $1-\tanh^2 x=\operatorname{sech}^2 x$

(3) $\coth^2 x-1=\operatorname{csch}^2 x$

증명 정의에 의하여

$$\cosh^2 x-\sinh^2 x=\frac{(e^x+e^{-x})^2}{4}-\frac{(e^x-e^{-x})^2}{4}=1$$

이므로 (1)을 얻는다. (1)에서 양변을 $\cosh^2 x$으로 나누면 (2)를 얻는다. (1)에서 양변을 $\sinh^2 x$으로 나누면 (3)을 얻는다. □

다음은 쌍곡선함수들에 관한 합의 공식이다.

정리 2.3

(1) $\cosh(x\pm y)=\cosh x\cosh y\pm\sinh x\sinh y$

(2) $\sinh(x\pm y)=\sinh x\cosh y\pm\cosh x\sinh y$

(3) $\tanh(x\pm y)=\dfrac{\tanh x\pm\tanh y}{1\pm\tanh x\tanh y}$

증명 정의에 의하여

$$\begin{aligned}&\cosh x\cosh y+\sinh x\sinh y\\&=\frac{(e^x+e^{-x})}{2}\frac{(e^y+e^{-y})}{2}+\frac{(e^x-e^{-x})}{2}\frac{(e^y-e^{-y})}{2}\\&=\frac{e^{x+y}+e^{x-y}+e^{-x+y}+e^{-x-y}}{4}+\frac{e^{x+y}-e^{x-y}-e^{-x+y}+e^{-x-y}}{4}\\&=\frac{e^{x+y}+e^{-x-y}}{2}=\cosh(x+y)\end{aligned}$$

을 얻는다. 비슷하게

$$\sinh(x+y)=\sinh x\cosh y+\cosh x\sinh y$$

을 얻는다. $\cosh(-x)=\cosh x$, $\sinh(-x)=-\sinh(x)$이므로 위의 공식들에서 y를 $-y$로 바꾸면,

$$\cosh(x-y)=\cosh x\cosh y-\sinh x\sinh y$$
$$\sinh(x-y)=\sinh x\cosh y-\cosh x\sinh y$$

을 얻는다. $\tanh x=\dfrac{\sinh x}{\cosh x}$이므로 다음을 얻는다.

$$\tanh(x\pm y)=\frac{\sinh(x\pm y)}{\cosh(x\pm y)}=\frac{\sinh x\cosh y\pm\cosh x\sinh y}{\cosh x\cosh y\pm\sinh x\sinh y}$$
$$=\frac{\tanh x\pm\tanh y}{1\pm\tanh x\tanh y}$$ □

삼각함수에서 (합의 공식)을 이용하여 (이배각공식), (반각공식) 등을 유도한다. 쌍곡선함수에서도 정리 2.3을 이용하여 여러 가지 공식들을 유도할 수 있다.

정리 2.4

(1) $\cosh 2x=\cosh^2 x+\sinh^2 x=1+2\sinh^2 x=2\cosh^2 x-1$

(2) $\sinh 2x=2\sinh x\cosh x$

(3) $\tanh 2x=\dfrac{2\tanh x}{1+\tanh^2 x}$

(4) $\cosh^2\dfrac{x}{2}=\dfrac{\cosh x+1}{2}$

(5) $\sinh^2\dfrac{x}{2}=\dfrac{\cosh x-1}{2}$

(6) $\tanh^2\dfrac{x}{2}=\dfrac{\cosh x-1}{\cosh x+1}$

함수 $y=\sinh x$는 실수 전체의 집합에서 전단사 함수이므로 역함수를 갖는다. 그 역함수를 $y=\sinh^{-1}x$로 나타낸다. $y=\sinh^{-1}x$를 x의 양함수로 나타내 보자.

$$y=\sinh^{-1}x \Leftrightarrow \sinh y=x$$

$\Leftrightarrow \dfrac{e^y-e^{-y}}{2}=x$, $e^y=t$로 치환한다.

$$\Leftrightarrow t^2-2xt-1=0$$
$$\Leftrightarrow t=e^y=x+\sqrt{x^2+1}\ (e^y>0)$$

따라서 $y=\sinh^{-1}x=\ln(x+\sqrt{x^2+1})$이다.

$y=\cosh^{-1}x$는 실수구간에서 전단사가 아니므로 정의역을 $\{x|x \geq 0\}$으로, 공변역을 $\{y|y \geq 1\}$로 제한하여 전단사 함수가 되게 하면 역함수가 존재한다. 마찬가지로 다른 쌍곡선 함수들의 정의역과 치역을 제한시켜서 다음의 역쌍곡선 함수들을 정의한다.

〈정의 2.5〉

역쌍곡선함수는 다음과 같이 정의한다.

(1) $y=\sinh^{-1}x,\ x \in \mathbb{R} \Leftrightarrow x=\sinh y,\ y \in \mathbb{R}$

(2) $y=\cosh^{-1}x,\ x \geq 1 \Leftrightarrow x=\cosh y,\ y \geq 0$

(3) $y=\tanh^{-1}x, -1 < x < 1 \Leftrightarrow x=\tanh y,\ y \in \mathbb{R}$

(4) $y=\text{sech}^{-1}x,\ 0 < x \leq 1 \Leftrightarrow x=\text{sech}\, y,\ y \geq 0$

(5) $y=\text{csch}^{-1}x,\ x \neq 0 \Leftrightarrow x=\text{csch}\, y,\ y \neq 0$

(6) $y=\coth^{-1}x,\ x < -1$ 또는 $x > 1 \Leftrightarrow x=\coth y,\ y \neq 0$

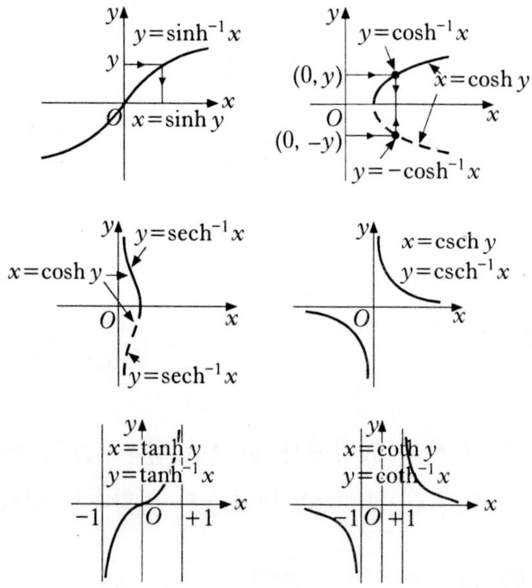

[그림 3.5]

역쌍곡선함수들을 x의 양함수로 나타내면 다음과 같다.

정리 2.6

(1) $\sinh^{-1}x=\ln(x+\sqrt{x^2+1})$, $x \in \mathbb{R}$

(2) $\cosh^{-1}x=\ln(x+\sqrt{x^2-1})$, $x \geq 1$

(3) $\tanh^{-1}x=\dfrac{1}{2}\ln\left(\dfrac{1+x}{1-x}\right)$, $-1 < x < 1$

(4) $\operatorname{sech}^{-1}x=\ln\left(\dfrac{1+\sqrt{1-x^2}}{x}\right)$, $0 < x \leq 1$

(5) $\operatorname{csch}^{-1}x=\ln\left(\dfrac{1}{x}+\dfrac{\sqrt{1-x^2}}{|x|}\right)$, $x \neq 0$

(6) $\coth^{-1}x=\dfrac{1}{2}\ln\left(\dfrac{x+1}{x-1}\right)$, $x < -1$ 또는 $x > 1$

증명 (2) $y=\cosh^{-1}x$라고 하면 $x=\cosh y=\dfrac{e^y+e^{-y}}{2}$

$$(e^y)^2-2xe^y+1=0$$
$$\therefore\ e^y=x \pm \sqrt{x^2-1}$$

$e^y > 0$이므로 $y=\ln(x+\sqrt{x^2-1})$

(3) $y=\tanh^{-1}x$라고 하면 $x=\tanh y=\dfrac{e^y-e^{-y}}{e^y+e^{-y}}$

$$(1-x)e^{2y}=1+x$$

$|x| < 1$이므로 $y=\dfrac{1}{2}\ln\left(\dfrac{1+x}{1-x}\right)$

(4) $y=\operatorname{sech}^{-1}x$라고 하면 $\operatorname{sech}^{-1}x=\cosh^{-1}\left(\dfrac{1}{x}\right)$이므로

$$\operatorname{sech}^{-1}x=\ln\left(\frac{1}{x}+\sqrt{\left(\frac{1}{x}\right)^2-1}\right)=\ln\left(\frac{1}{x}+\frac{\sqrt{1-x^2}}{|x|}\right)$$

$0 < x \leq 1$이므로 $y=\ln\left(\dfrac{1+\sqrt{1-x^2}}{x}\right)$

(5) $y=\operatorname{csch}^{-1}x$라고 하면 $\operatorname{csch}^{-1}x=\sinh^{-1}\left(\dfrac{1}{x}\right)$이므로

$$\operatorname{csch}^{-1}x=\ln\left(\frac{1}{x}+\sqrt{\left(\frac{1}{x}\right)^2+1}\right)=\ln\left(\frac{1}{x}+\frac{\sqrt{1-x^2}}{|x|}\right)$$

(6) $y=\coth^{-1}x$라고 하면 $\coth^{-1}x=\tanh^{-1}\left(\frac{1}{x}\right)$이므로

$$y=\frac{1}{2}\ln\left(\frac{x+1}{x-1}\right)$$ □

연습문제 (3.2)

1. 다음의 값을 구하여라.

(1) $\sinh 0$ (2) $\tanh 1$ (3) $\sinh(\ln 2)$

(4) $\cosh 3$ (5) $\cosh^{-1}1$ (6) $\sinh^{-1}1$

2. $\sinh x=\frac{4}{3}$일 때, $\cosh x$, $\tanh x$, $\operatorname{sech} x$, $\operatorname{csch} x$ 그리고 $\coth x$의 값을 구하여라.

3. 다음을 지수함수를 써서 나타내고 그 결과를 가능한데까지 간단히 하여라.

(1) $2\cosh(\ln x)$ (2) $\sinh(2\ln x)$ (3) $\cosh 5x+\sinh 5x$

(4) $(\cosh x+\sinh x)^5$ (5) $\cosh 3x-\sinh 3x$

(6) $\ln(\cosh x+\sinh x)+\ln(\cosh x-\sinh x)$

4. 임의의 정수 n에 대하여 다음이 성립함을 보여라.

$$(\cosh x+\sinh x)^n=\cosh nx+\sinh nx$$

5. 정리 2.3을 이용하여 정리 2.4를 증명하여라.

4장

함수의 극한과 연속

4.1 함수의 극한

$f(x)=\dfrac{x^3-x}{x-1}$로 정의된 함수 f는 $x=1$에서는 정의될 수 없지만 그 근방(neighborhood)에서는 정의된다. $x=1+h(h\neq 0)$일 때,

$$f(x)=f(1+h)=\frac{(1+h)^3-(1+h)}{h}=2+3h+h^2$$

이므로 $|h|$를 충분히 작은 값으로 택하면, $f(x)$는 2에 매우 가깝다. 실제로 $|f(x)-2|$

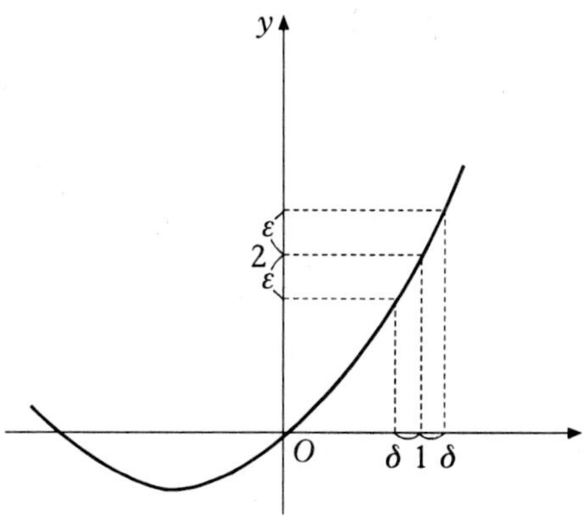

[그림 4.1]

를 0.1보다 작게 하고 싶으면 $|h|=|x-1|$을 0.01보다 작게하면 된다.

또, $|f(x)-2|<0.001$이 되게 하고 싶으면, $|x-1|<0.0001$로 하면 된다. 이는 그림 4.1을 참고로 할 때 y축에서 $y=2$와의 거리가 ε보다 작게되는 범위를 잡으면 그 ε에 대응하는 양수 δ가 정해져서, x축의 $x=1$과의 거리가 δ보다 작은 범위 안의 $x\neq 1$인 모든 x에 대한 함수값 $f(x)$가 $(2-\varepsilon,\ 2+\varepsilon)$ 안에 있다는 것을 의미한다.

이를 이용하여 극한의 엄밀한 정의를 다음과 같이 한다.

〈정의 1.1〉

점 a를 제외한 a의 근방에서 정의된 함수 f에 대하여

$$\lim_{x\to a} f(x)=l$$

이라 함은 다음을 의미한다. 임의의 $\varepsilon>0$에 대하여 적당한 $\delta>0$가 존재하여

$$0<|x-a|<\delta\text{이면 } |f(x)-l|<\varepsilon\text{이다.}$$

$\lim_{x\to a} f(x)=l$인 경우, l을 $x=a$에서의 극한값이라 하고, $x\to a$일 때 $f(x)\to l$($f(x)$는 l로 수렴)이라 한다.

앞으로는 위 정의를 다음과 같이 기호로 간단히 표시한다.

$$\forall\varepsilon>0,\ \exists\delta>0 \text{ s.t. } 0<|x-a|<\delta \Rightarrow |f(x)-b|<\varepsilon$$

【예제 1】 $\lim_{x\to 4}(3x-7)=5$임을 증명하여라.

풀이 주어진 $\varepsilon>0$에 대하여

$$0<|x-4|<\delta \Rightarrow |3x-7-5|<\varepsilon$$

인 $\delta>0$를 찾자.

$$|(3x-7)-5|=|3x-12|=3|x-4|$$

이므로 $\delta=\dfrac{\varepsilon}{3}$를 택하면 된다. 즉 다음을 만족한다.

$$\forall\varepsilon>0,\ \exists\delta=\frac{\varepsilon}{3}>0 \text{ s.t. } 0<|x-4|<\delta \Rightarrow |3x-7-5|<3\frac{\varepsilon}{3}=\varepsilon$$ □

【예제 2】 $\lim_{x \to 4} \sqrt{x} = 2$를 증명하여라.

풀이 주어진 $\varepsilon > 0$에 대하여 $0 < |x-4| < \delta$이면 $|\sqrt{x} - 2| < \varepsilon$이 성립하는 $\delta > 0$를 찾자. $x \geq 0$이므로 $\delta \leq 4$이어야 한다. 한편

$$|x-4| = |\sqrt{x}+2||\sqrt{x}-2| > |\sqrt{x}-2|$$

이므로 $\delta = \varepsilon$으로 놓는다. 그런데 $\delta \leq 4$이므로

$$\delta = \min\ \{4,\ \varepsilon\}$$

으로 택한다. □

정리 1.2 (극한의 일의성)

$\lim_{x \to a} f(x) = l$이고 $\lim_{x \to a} f(x) = m$이면 $l = m$이다.

풀이 $l \neq m$이라고 가정하자. 이러한 가정으로부터 모순을 얻고자 한다.
$|l-m|/2 > 0$이고, $\lim_{x \to a} f(x) = l$이므로 다음과 같은 $\delta_1 > 0$이 존재한다.

$$0 < |x-a| < \delta_1 \text{이면 } |f(x)-l| < |l-m|/2 \text{이 성립한다.}$$

또한 $\lim_{x \to a} f(x) = m$이므로 다음과 같은 $\delta_2 > 0$가 존재한다.

$$0 < |x-a| < \delta_2 \text{이면 } |f(x)-m| < |l-m|/2 \text{이 성립한다.}$$

따라서 $\delta = \min(\delta_1,\ \delta_2)$라고 놓고, $0 < |x-a| < \delta$이면

$$\begin{aligned} |l-m| &\leq |l-f(x)| + |f(x)-m| \\ &= |f(x)-l| + |f(x)-m| \\ &< |l-m| \end{aligned}$$

이므로 모순이다. □

정리 1.3 $x \to a$일 때, $f(x)$, $g(x)$가 수렴하면 다음 등식이 성립한다.

(1) $\lim_{x \to a} (f(x) \pm g(x)) = \lim_{x \to a} f(x) \pm \lim_{x \to a} g(x)$

(2) $\lim_{x\to a}(f(x)g(x)) = \lim_{x\to a} f(x) \lim_{x\to a} g(x)$

(3) $\lim_{x\to a} g(x) \neq 0$일 때, $\lim_{x\to a}\frac{f(x)}{g(x)} = \frac{\lim_{x\to a} f(x)}{\lim_{x\to a} g(x)}$

증명 $\lim_{x\to a} f(x) = \alpha$, $\lim_{x\to a} g(x) = \beta$라고 하고, $\varepsilon > 0$을 주어진 수라고 하자.

(1) $\lim_{x\to a} f(x) = \alpha$, $\lim_{x\to a} g(x) = \beta$이므로

$$\exists \delta_1 > 0 \text{ s.t. } 0 < |x-a| < \delta_1 \Rightarrow |f(x)-\alpha| < \frac{\varepsilon}{2}$$

$$\exists \delta_2 > 0 \text{ s.t. } 0 < |x-a| < \delta_2 \Rightarrow |g(x)-\beta| < \frac{\varepsilon}{2}$$

$\delta = \min(\delta_1,\ \delta_2)$로 놓으면

$$\begin{aligned} 0 < |x-a| < \delta \Rightarrow & |\{f(x)+g(x)\} - (\alpha+\beta)| \\ & \leq |f(x)-\alpha| + |g(x)-\beta| < \frac{\varepsilon}{2} + \frac{\varepsilon}{2} = \varepsilon \end{aligned}$$

(2) $\lim_{x\to a} f(x) = \alpha$, $\lim_{x\to a} g(x) = \beta$이므로

$$\exists \delta_1 > 0 \text{ s.t. } 0 < |x-a| < \delta_1 \Rightarrow |f(x)-\alpha| < \min\left(1,\ \frac{\varepsilon}{2(1+|\beta|)}\right)$$

$$\exists \delta_2 > 0 \text{ s.t. } 0 < |x-a| < \delta_2 \Rightarrow |g(x)-\beta| < \frac{\varepsilon}{2(1+|\alpha|)}$$

$\delta = \min(\delta_1,\ \delta_2)$로 취하고 $0 < |x-a| < \delta$이면

$$\begin{aligned} |f(x)g(x) - \alpha\beta| &= |f(x)(g(x)-\beta) + \beta(f(x)-\alpha)| \\ &\leq |f(x)||g(x)-\beta| + |\beta||f(x)-\alpha| \\ &< (1+|\alpha|)\frac{\varepsilon}{2(1+|\alpha|)} + (|\beta|+1)\frac{\varepsilon}{2(1+|\beta|)} \\ &< \frac{\varepsilon}{2} + \frac{\varepsilon}{2} \\ &= \varepsilon \end{aligned}$$

(3) $\lim_{x\to a}\frac{1}{g(x)} = \frac{1}{\beta}$임을 증명하면 (2)에 의하여 (3)이 증명되므로 이 식만을 증명하자.

$\lim_{x \to a} g(x) = \beta$이므로

$$\exists \delta > 0 \text{ s.t. } 0 < |x-a| < \delta \Rightarrow |g(x)-\beta| < \min\left(\frac{|\beta|}{2}, \frac{|\beta|^2}{2}\varepsilon\right)$$

위의 식에서 $0 < |x-a| < \delta$일 때 $|g(x)-\beta| < \frac{|\beta|}{2}$이므로

$$|\beta| - |g(x)| < |g(x)-\beta| < \frac{|\beta|}{2}$$

$$\text{즉, } |g(x)| > \frac{|\beta|}{2}$$

따라서, $0 < |x-a| < \delta$이면

$$\left|\frac{1}{g(x)} - \frac{1}{\beta}\right| = \frac{|g(x)-\beta|}{|g(x)||\beta|} < \frac{2}{|\beta|} \cdot \frac{1}{|\beta|} \cdot \frac{|\beta|^2}{2} \cdot \varepsilon = \varepsilon$$ □

정리 1.4 (스퀴즈 정리(Squeeze theovem))

점 a를 제외한 a의 근방의 임의의 x에 대하여 $g(x) \le f(x) \le h(x)$이고 $\lim_{x \to a} g(x) = \lim_{x \to a} h(x) = l$이면,

$$\lim_{x \to a} f(x) = l$$

이다.

증명 주어진 ε에 대하여 적당한 양의 수 δ_1, δ_2가 존재하여 다음이 성립한다.

$$0 < |x-a| < \delta_1 \text{이면 } |g(x)-l| < \varepsilon,$$
$$0 < |x-a| < \delta_2 \text{이면 } |h(x)-l| < \varepsilon.$$

따라서, $\delta = \min(\delta_1, \delta_2)$로 두면, $0 < |x-a| < \delta$인 임의의 x에 대하여

$$-\varepsilon < g(x)-l \le f(x)-l \le h(x)-l < \varepsilon.$$

즉, $|f(x)-l| < \varepsilon$.

그러므로

$$\lim_{x \to a} f(x) = l$$

이다. □

【예제 3】 $\lim_{x\to 0} x \sin\frac{1}{x}$을 구하여라.

풀이 $0 \le \left| x \sin\frac{1}{x} \right| = |x| \left| \sin\frac{1}{x} \right| \le |x| \quad (x \ne 0)$

이고,

$$\lim_{x\to 0} |x| = 0$$

이므로, 스퀴즈 정리에 의하여

$$\lim_{x\to 0} x \sin\frac{1}{x} = 0.$$ □

연습문제 (4.1)

1. $\varepsilon-\delta$ 방법을 이용하여 다음을 증명하라.

(1) $\lim_{x\to a} x = a$

(2) $f(x) = c$일 때, $\lim_{x\to a} f(x) = c$

(3) $\lim_{x\to a} \sqrt{x} = \sqrt{a}$ (단, $a > 0$)

(4) $\lim_{x\to 1} x^2 = 1$

2. 정리 1.3을 이용하여 다음 값을 구하여라.

(1) $\lim_{x\to a} x^n$

(2) $\lim_{x\to a} \frac{x^3+7x^2}{x^2+1}$

(3) $\lim_{x\to a} \frac{x^2-1}{x-1}$

3. 임의의 x에 대하여 $|f(x)| \le M$(M은 일정한 상수)이고, $\lim_{x\to a} g(x) = 0$일 때,

$$\lim_{x\to a} f(x)g(x) = 0$$

임을 보여라.

4.2 여러 가지 형태의 극한

지금까지 보았던 극한과는 다른 형태의 극한에 대해 알아보자.

먼저 한쪽 방향으로의 극한에 대한 엄밀한 정의는 극한의 정의를 조금 변형시킨 형태로서 정의된다. 아래에서 점 a를 제외한 a의 왼쪽 근방이라 함은 적당한 개구간 $(c,\ a)$를 의미한다. 오른쪽 근방도 비슷한 의미를 가진다.

〈정의 2.1〉 (한쪽 방향으로의 극한의 정의)

(1) 함수 f가 점 a를 제외한 a의 왼쪽 근방에서 정의되어 있을 때,

$$\lim_{x \to a-} f(x) = l$$

이라 함은 다음을 뜻한다.

$$\forall \varepsilon > 0,\ \exists \delta > 0 \text{ s.t. } -\delta < x-a < 0 \Rightarrow |f(x)-l| < \varepsilon$$

(2) 함수 f가 점 a를 제외한 a의 오른쪽 근방에서 정의되어 있을 때,

$$\lim_{x \to a+} f(x) = l$$

이라 함은 다음을 뜻한다.

$$\forall \varepsilon > 0,\ \exists \delta > 0 \text{ s.t. } 0 < x-a < \delta \Rightarrow |f(x)-l| < \varepsilon$$

$\lim_{x \to a-} f(x) = l$인 경우, l을 $x=a$에서의 f의 **좌극한값**이라 하고, $x \to a-$일 때, $f(x) \to l$이라 쓴다. 또, $\lim_{x \to a+} f(x) = l$인 경우, l을 $x=a$에서의 f의 **우극한값**이라 하고, $x \to a+$일 때, $f(x) \to l$이라 쓴다.

【예제 1】 함수 $h(u) = \dfrac{\sqrt{(u-1)^2}}{u^2-u}$에 대하여, $u=1$에서의 좌극한값과 우극한값을 구하여라.

풀이 $u > 1$일 때, $h(u) = \dfrac{1-u}{u^2-u} = \dfrac{1}{u}$이므로,

$$\lim_{u\to 1+} h(u) = \lim_{u\to 1+} \frac{1}{u} = 1.$$

$u < 1$일 때, $h(u) = \dfrac{1-u}{u^2-u} = -\dfrac{1}{u}$이므로,

$$\lim_{u\to 1-} h(u) = \lim_{u\to 1-} -\frac{1}{u} = -1. \qquad \square$$

【예제 2】 $\lim_{x\to 0+} \sqrt{x} = 0$임을 보여라.

풀이 임의의 양수 ε에 대하여

$$|\sqrt{x} - 0| < \varepsilon \Leftrightarrow x < \varepsilon^2$$

이므로 $\delta = \varepsilon^2$을 택하면

$$0 < x - 0 < \delta \Rightarrow |\sqrt{x} - 0| = \sqrt{x} < \varepsilon$$

이 된다. $\square$

정리 2.2 $\lim_{x\to a} f(x)$가 존재하기 위한 필요충분조건은

$$\lim_{x\to a+} f(x) = \lim_{x\to a-} f(x)$$

이다. 이 때,

$$\lim_{x\to a} f(x) = \lim_{x\to a+} f(x) = \lim_{x\to a-} f(x)$$

를 만족한다.

증명 $\lim_{x\to a} f(x) = l$이면 극한값의 정의에 의하여

$$\lim_{x\to a+} f(x) = l = \lim_{x\to a-} f(x)$$

이다.

역으로, $\lim_{x\to a+} f(x) = \lim_{x\to a-} f(x) = l$임을 가정하자. 좌, 우극한값의 정의에 의하여 주어진 $\varepsilon > 0$에 대하여

$$\exists \delta_1 > 0 \text{ s.t. } 0 < x - a < \delta_1 \Rightarrow |f(x) - l| < \varepsilon$$
$$\exists \delta_2 > 0 \text{ s.t. } -\delta_2 < x - a < 0 \Rightarrow |f(x) - l| < \varepsilon$$

이다. $\delta=\min\{\delta_1, \delta_2\}$로 취하면

$$0<|x-a|<\delta \Rightarrow |f(x)-l|<\varepsilon. \qquad \square$$

〈정의 2.3〉 (무한대에서의 극한의 정의)

(1) 함수 $f(x)$가 구간 $x \geq a$에서 정의되어 있을 때

$$\lim_{x\to\infty} f(x)=l$$

이라 함은 다음이 성립함을 의미한다.

$$\forall\varepsilon>0,\ \exists M>0 \text{ s.t. } x>M \Rightarrow |f(x)-l|<\varepsilon.$$

(2) 함수 f가 구간 $x \leq a$에 정의되어 있을 때

$$\lim_{x\to-\infty} f(x)=l$$

이라 함은 다음이 성립함을 의미한다.

$$\forall\varepsilon>0,\ \exists M<0 \text{ s.t. } x<M \Rightarrow |f(x)-l|<\varepsilon$$

【예제 3】 $\lim_{x\to\infty}\frac{1}{x}=0$임을 보여라.

풀이 주어진 $\varepsilon>0$에 대하여 다음이 성립하는 $M>0$을 찾아야 한다. 즉,

$$x>M\text{이면 } \left|\frac{1}{x}\right|<\varepsilon.$$

따라서, $M=\frac{1}{\varepsilon}$로 택하면 된다. $\square$

【예제 4】 $\lim_{x\to\infty}\frac{3x^3-x-2}{2x^3+4}$를 구하여라.

풀이

$$\lim_{x\to\infty}\frac{3x^3-x-2}{2x^3+4}=\lim_{x\to\infty}\frac{3-\frac{1}{x^2}-\frac{2}{x^3}}{2+\frac{4}{x^3}}=\frac{3}{2} \qquad \square$$

〈정의 2.4〉 (무한극한의 정의)

함수 f가 a를 제외한 a의 근방에서 정의되어 있다고 하자. 이때,

$$\lim_{x \to a} f(x) = \infty$$

라 함은 다음을 의미한다.

$$\forall M > 0,\ \exists \delta > 0 \text{ s.t. } 0 < |x-a| < \delta \Rightarrow f(x) > M$$

또,

$$\lim_{x \to a} f(x) = -\infty$$

이라 함은 다음을 의미한다.

$$\forall M < 0,\ \exists \delta > 0 \text{ s.t. } 0 < |x-a| < \delta \Rightarrow f(x) < M.$$

【예제 5】 $\lim_{x \to 0} \frac{1}{|x|} = \infty$임을 보여라.

풀이 주어진 $M > 0$에 대하여 다음이 성립하는 $\delta > 0$을 찾아야 한다.

$$0 < |x| < \delta \text{이면 } \frac{1}{|x|} > M.$$

따라서, $\delta = \frac{1}{M}$로 택하면 된다. □

연습문제 (4.2)

1. $f(x)=\begin{cases} 2x+1 & (x<2) \\ x+3 & (x \geq 2) \end{cases}$ 일 때, 다음을 구하여라.

   (1) $\lim\limits_{x \to 2-} f(x)$
   (2) $\lim\limits_{x \to 2+} f(x)$
   (3) $\lim\limits_{x \to 2} f(x)$

2. 함수 $f(x)$가 다음과 같이 정의되어 있다.

$$f(x)=\begin{cases} x^2-3, & x \leq 2 \\ x^2-6x+9, & x>2 \end{cases}$$

   $\lim\limits_{x \to 2} f(x)$가 존재함을 밝히고, 극한값을 구하여라.

3. 함수 $g(x)=\dfrac{x-1}{(x-2)^3(x-3)^2}$에 대해서 나타날 수 있는 여러 가지 형태의 극한을 모두 구하여라.

4. $\lim\limits_{x \to 1} \dfrac{1}{(x-1)^2}=\infty$임을 보여라.

4.3 함수의 연속

함수의 연속성은 수학을 실생활에 응용함에 있어서 매우 큰 의미를 갖는다.

수학의 목적중의 하나가 과거를 이용하여 미래를 추측하는데 있다는 점에서 미지수의 근사값을 찾는 일은 수학에서 빈번히 행해지고 있다. 근사값과 참값 사이의 오차를 최소화하는 일이 큰 과제이고, 실제로 수치해석에서는 컴퓨터를 이용하여 오차를 줄이는 실험들을 행하고 있다. 실험에 의하여 관측된 자료가 연속함수로 나타났을 경우, 우리는 원하는 오차의 범위내에서 근사값을 구할 수 있으나, 불연속적으로 나타날 경우는 최적의 근사값을 구하기가 매우 힘들다. 그런 의미에서 함수의 연속성은 실제로 수학에서 다루는 성질 중 가장 중요한 것일 수 있다.

정리 3.1 함수 f가 $x \to a$일 때 $\lim_{x\to a} f(x)$가 존재하여

$$\lim_{x\to a} f(x) = f(a)$$

일 때, f는 $x=a$에서 **연속**(continuous)이라고 한다. 즉,

$$\forall \varepsilon > 0,\ \exists \delta > 0 \text{ s.t. } |x-a| < \delta \Rightarrow |f(x)-f(a)| < \varepsilon$$

일 때, f는 $x=a$에서 연속이다. $x=a$에서 연속이 아닐 때, f는 $x=a$에서 **불연속**이라고 한다. 함수 f의 정의역 안의 임의의 점에서 f가 연속이면, f는 **연속함수**라고 한다.

【예제 1】 함수 $f(x)=\begin{cases} 1+x^2, & x \neq 0 \\ 0, & x=0 \end{cases}$는 $\lim_{x\to 0} f(x) = \lim_{x\to 0}(1+x^2) = 1 \neq 0 = f(0)$이다.

따라서, 함수 f는 $x=0$에서 불연속이다.

정리 3.2 함수 f와 g가 $x=a$에서 연속이면 다음 함수들도 $x=a$에서 연속이다.

(1) $f+g$ (2) $f\times g$ (3) $\dfrac{f}{g}$ (단, $g(a) \neq 0$)

증명 가정에서

$$\lim_{x \to a} f(x) = f(a), \ \lim_{x \to a} g(x) = g(a)$$

이므로, 극한의 성질에 의하여

(1) $\lim_{x \to a} \{f(x) + g(x)\} = \lim_{x \to a} f(x) + \lim_{x \to a} g(x) = f(a) + g(a)$

(2) $\lim_{x \to a} f(x)g(x) = \lim_{x \to a} f(x) \lim_{x \to a} g(x) = f(a)g(a)$

(3) $\lim_{x \to a} \dfrac{f(x)}{g(x)} = \dfrac{\lim_{x \to a} f(x)}{\lim_{x \to a} g(x)} = \dfrac{f(a)}{g(a)}$ (단, $g(a) \neq 0$) □

【예제 2】 $f(x) = c$, $f(x) = x$는 모든 점에서 연속이다. 따라서

$$f(x) = a_n x^n + a_{n-1} x^{n-1} + \cdots + a_1 x + a_0$$

는 모든 점에서 연속이다. 따라서 유리함수

$$g(x) = \frac{a_n x^n + a_{n-1} x^{n-1} + \cdots + a_1 x + a_0}{b_m x^m + b_{m-1} x^{m-1} + \cdots + b_1 x + b_0}$$

도 분모가 0이 되는 점을 제외하고는 연속이다.

한쪽 방향으로의 극한과 마찬가지로, 한쪽 방향으로의 연속성을 정의할 수 있다.

〈정의 3.3〉

함수 f가 점 a의 왼쪽 근방에서 정의되어 있고

$$\lim_{x \to a-} f(x) = f(a)$$

일 때, "f는 a에서 **왼쪽으로부터 연속**(continuous from the left)이다"라고 한다.

또, 함수 f가 점 a의 오른쪽 근방에서 정의되어 있고,

$$\lim_{x \to a+} f(x) = f(a)$$

일때, "f는 a에서 **오른쪽으로부터 연속**(continuous from the right)이다"라고 한다. 왼쪽으로부터의 연속과 오른쪽으로부터의 연속을 통틀어 **한쪽 방향으로의 연속**이라 한다.

다음 정리는 가끔 '연속함수의 합성함수는 연속함수이다'와 같이 비공식적으로 표현된다.

정리 3.4 함수 g가 $x=a$에서 연속이고, 함수 f가 $u=g(a)$에서 연속이면 합성함수 $f\circ g$는 $x=a$에서 연속이다.

증명 $\varepsilon>0$을 주어진 수라고 하자. $f(u)$는 $u=g(a)$에서 연속이므로,

$$\exists\delta'>0 \text{ s.t. } |u-g(a)|<\delta' \Rightarrow |f(u)-f(g(a))|<\varepsilon. \quad (1)$$

또, $g(x)$는 $x=a$에서 연속이므로, 위의 δ'에 대하여

$$\exists\delta>0 \text{ s.t. } |x-a|<\delta \Rightarrow |g(x)-g(a)|<\delta'. \quad (2)$$

따라서,

$$\forall\varepsilon>0, \exists\delta>0 \text{ s.t. } |x-a|<\delta \Rightarrow |f(g(x))-f(g(a))|<\varepsilon.$$

이다. □

【예제 3】 양수 a에 대하여 $a^x=e^{x\ln a}$이고, e^u와 $u=e^{x\ln a}$는 각각 연속함수이므로 a^x도 연속함수이다.

폐구간에서 연속인 함수는 매우 중요한 두 성질을 가지는데 하나는 **중간값정리**(intermediate value theorem)이고, 또 하나는 **최대최소 정리**(minimax theorem)이다. 이에 대한 증명은 좀 더 높은 수학을 요하므로 여기서는 정리 내용만 소개하기로 한다.

정리 3.5 (중간값 정리)

폐구간 $[a, b]$에서 f가 연속이고, k가 $f(a)$와 $f(b)$ 사이의 값이면, 적당한 $c\in[a, b]$가 존재하여 $f(c)=k$이다.

정리 3.6 (최대최소 정리)

폐구간 $[a, b]$에서 f가 연속이면, 적당한 $c \in [a, b]$와 $d \in [a, b]$가 존재하여, 임의의 $x \in [a, b]$에 대하여

$$f(c) \leq f(x) \leq f(d)$$

이다. 이때, $f(c)$와 $f(d)$를 각각 f의 구간 $[a, b]$에서의 **최소값**과 **최대값**이라 한다.

위 두 정리에 대한 직관적인 의미는 그림 3.1과 그림 3.2를 참고하기 바란다.

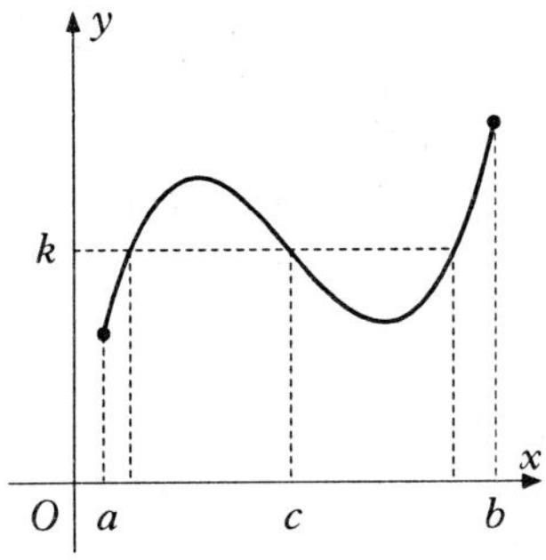

[그림 4.2]

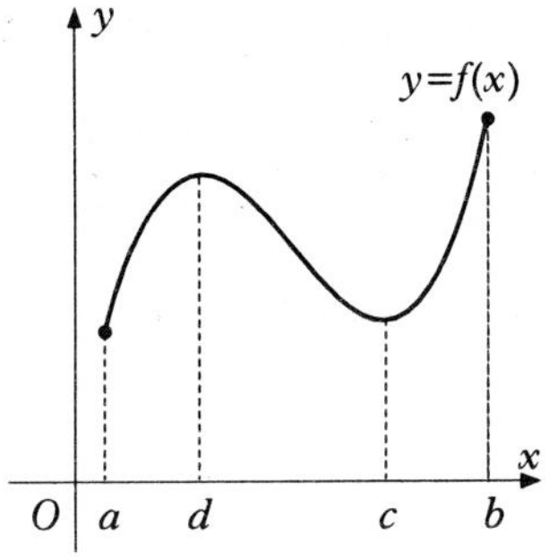

[그림 4.3]

위 두 정리에서 공통된 두 가지 중요한 가정은 폐구간과 연속성이다. 이들 중 어느 하나만이라도 빠지는 경우, 각 정리는 성립하지 않게 된다. 그러한 함수의 예는 쉽게 찾을 수 있으므로, 각자 시도해보기 바란다.

연습문제 (3.3)

1. (1) $f(x)=\begin{cases} x\sin\dfrac{1}{x} & (x\neq 0) \\ a & (x=0) \end{cases}$ 로 주어진 함수 f의 연속성을 조사하라.

(2) $f(x)=\sin x$로 주어진 함수가 모든 점에서 연속임을 증명하라.

2. 다음 함수가 연속함수임을 설명하라.

(1) $f(x)=\sin^2 x$

(2) $f(x)=-\dfrac{1}{\sqrt{1-x^2}}$ $(|x|<1)$

(3) $f(x)=\cosh x=\dfrac{e^x+e^{-x}}{2}$

3. 다음의 각 함수가 실수 전체에서 연속이 되도록 상수 A의 값을 정하여라.

(1) $f(x)=\begin{cases} Ax^2, & x\leq 2 \\ (1-A)x, & x>2 \end{cases}$

(2) $f(x)=\begin{cases} x^2, & x<1 \\ Ax-3, & x\geq 1 \end{cases}$

4. 어떤 값 x에 대하여 함수

$$f(x)=\begin{cases} 0, & x\text{가 유리수} \\ 1, & x\text{가 무리수} \end{cases}$$

가 연속인가?

5. 방정식

$$4x^3-6x^2+3x-2=0$$

의 근이 1과 2 사이에 존재함을 보여라.

5장

미 분 법

5.1 접선과 도함수

함수 $y=f(x)$의 그래프 위의 한 점 $(a, f(a))$에서의 접선을 정의하기로 하자. $h \neq 0$인 충분히 작은 h에 관하여 점 $(a+h, f(a+h))$와 $(a, f(a))$를 연결하는 직선의 **기울기**(slope)는

$$\frac{f(a+h)-f(a)}{h}$$

로 주어진다.

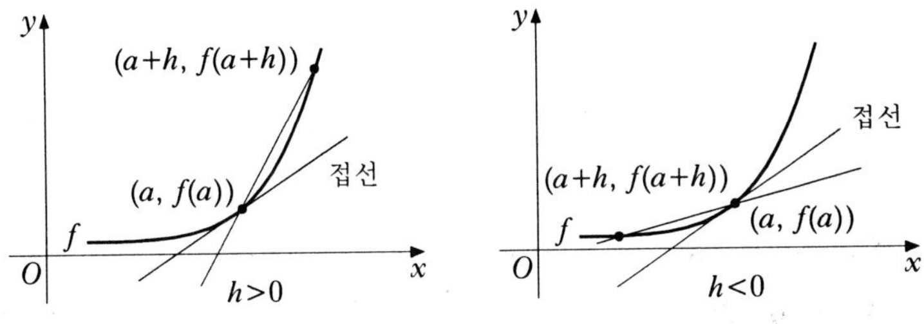

[그림 5.1]

따라서 $h \to 0$이면 윗 그림과 같이 $(a, f(a))$와 $(a+h, f(a+h))$를 연결하는 직선은

접선에 가까워진다. 그러므로

$$\lim_{h \to 0} \frac{f(a+h)-f(a)}{h}$$

이 존재하면 이 값을 점 $(a, f(a))$에서 **접선의 기울기**(slope of the tangent line)라고 정의한다.

〈**정의 1.1**〉

극한값 $\lim_{h \to 0} \frac{f(a+h)-f(a)}{h}$ 이 존재하면 f는 $x=a$에서 **미분가능**(differentiable)인 함수라 하며 이 극한값을 $x=a$에서 함수 $y=f(x)$의 **도함수**(derived function)라 하고

$$f'(a)=\lim_{h \to 0} \frac{f(a+h)-f(a)}{h}$$

로 나타낸다. 또한,

$$f'(a)=\lim_{h \to 0} \frac{f(a+h)-f(a)}{h}$$

을 점 $(a, f(a))$에서 접선의 **기울기**(slope)라 하고 점 $(a, f(a))$를 지나고 기울기 $f'(a)$를 갖는 직선을 점$(a, f(a))$에서 **접선**(tangent line)이라 한다.

따라서, **접선의 방정식**(equation of the tangent line)은

$$y-f(a)=f'(a)(x-a)$$

이고 $f'(a)\neq 0$이면 점 $(a, f(a))$에서 **법선의 방정식**(equation of normal line)은

$$y-f(a)=-\frac{1}{f'(a)}(x-a)$$

이다.

위의 정의에서 $x=a+h$로 놓으면 $h=x-a$이고 $h \to 0$일 필요충분조건은 $x \to a$인 것이다. 따라서 $x=a$에서 도함수는

$$f'(a)=\lim_{x \to a} \frac{f(x)-f(a)}{x-a}$$

와 같이 나타낼 수 있다.

한 점에서 연속이나 그 점에서 미분가능이 아닌 함수의 예를 들기 전에 오른쪽 도함수, 왼쪽 도함수의 개념을 소개하기로 한다.

〈정의 1.2〉

극한값 $\lim_{h\to 0^+}\frac{f(a+h)-f(a)}{h}$ 가 존재하면 이 극한값을 $f'_+(a)$로 나타내고 이 극한값을 $x=a$에서 f의 **오른쪽 도함수**(right-hand derivative)라 하고

$$f'_+(a)=\lim_{h\to 0^+}\frac{f(a+h)-f(a)}{h}$$

로 정의한다.

〈정의 1.3〉

극한값 $\lim_{h\to 0^-}\frac{f(a+h)-f(a)}{h}$ 가 존재하면 이 극한값을 $f'_-(a)$로 나타내고 이 극한값을 $x=a$에서 f의 **왼쪽 도함수**(left-hand derivative)라 하고

$$f'_-(a)=\lim_{h\to 0^-}\frac{f(a+h)-f(a)}{h}$$

로 정의한다.

위의 정의를 살펴보면 a를 포함한 개구간 위에서 정의된 함수가 $x=a$에서 미분가능일 필요충분조건은 $f'_+(a)=f'_-(a)$이다.

【예제 1】 다음과 같이 주어진 함수는 $x=0$에서 미분가능하지 않음을 보여라.

$$f(x)=\begin{cases} x\ \sin\left(\frac{1}{x}\right), & x\neq 0 \\ 0, & x=0 \end{cases}$$

풀이 $f'(0)=\lim_{h\to 0}\frac{f(0+h)-f(0)}{h}$

$$=\lim_{h\to 0}\frac{h\sin\left(\frac{1}{h}\right)-0}{h}$$

$$=\lim_{h\to 0}\sin\left(\frac{1}{h}\right)$$

그런데 $\lim_{h\to 0}\sin\frac{1}{h}$의 값이 존재하지 않으므로 주어진 함수 f는 $x=0$에서 미분가능이 아니다. □

【예제 2】 함수 $f:R\to R$가 $f(x)=|x|$로 정의되었을 때 $f'_+(0)$ 및 $f'_-(0)$을 구하고 $x=0$에서의 f의 미분가능성을 조사하여라.

풀이 주어진 함수 $f:R\to R$은

$$f(x)=\begin{cases} x, & x\geq 0 \\ -x, & x<0 \end{cases}$$

으로 고쳐 쓸 수 있으므로 $x=0$에서의 f의 오른쪽 및 왼쪽 도함수는 각각

$$f'_+(0)=\lim_{x\to 0^+}\frac{x-0}{x}=1,\quad f'_-(0)=\lim_{x\to 0^-}\frac{-x-0}{x}=-1$$

이다. 따라서, $f'_+(0)\neq f'_-(0)$이므로 $x=0$에서 f는 미분불가능하다. □

독립변수가 x이고 종속변수가 y임을 나타내는 함수 $y=f(x)$의 도함수를

$$f'(x),\ y',\ \frac{dy}{dx},\ \frac{df}{dx},\ \frac{d}{dx}f(x),\ Df(x),\ D_xf(x)$$

등으로 나타내며 도함수를 구하는 것을 **미분한다**(differentiate)고 말한다.

> **정리 1.4** 함수 f가 a에서 미분가능하면 함수 f는 a에서 연속이다.

증명 f가 a에서 연속임을 보이기 위하여 $\lim_{x\to a}f(x)=f(a)$임을 보이면 된다. $x\neq a$에 대하여

$$f(x)-f(a)=\frac{f(x)-f(a)}{x-a}(x-a)$$

이다. 그러면

$$\begin{aligned}\lim_{x\to a}[f(x)-f(a)]&=\lim_{x\to a}\frac{f(x)-f(a)}{x-a}(x-a)\\&=\lim_{x\to a}\frac{f(x)-f(a)}{x-a}\lim_{x\to a}(x-a)\end{aligned}$$

$$= f'(a) \cdot 0$$
$$= 0$$

이고, 따라서

$$\begin{aligned}\lim_{x\to a} f(x) &= \lim_{x\to a}[f(a) + (f(x) - f(a))] \\ &= \lim_{x\to a} f(a) + \lim_{x\to a}[f(x) - f(a)] \\ &= f(a) + 0 \\ &= f(a)\end{aligned}$$

이 성립한다. 그러므로 f는 a에서 연속이다. □

다음과 같은 함수 f로부터 위의 정리의 역은 성립하지 않음을 알 수 있다. 다음과 같이 주어진 함수

$$f(x) = \begin{cases} x^2, & x \le 1 \\ x, & x > 1 \end{cases}$$

는 모든 점에서 연속이지만 $x=1$에서 미분가능하지 않다. 즉

$$f'_+(1) = \lim_{h\to 0^+}\frac{f(1+h)-f(1)}{h} = \lim_{h\to 0^+}\frac{(1+h)-1}{h} = 1$$
$$f'_-(1) = \lim_{h\to 0^-}\frac{f(1+h)-f(1)}{h} = \lim_{h\to 0^-}\frac{(1+h)^2-1}{h} = 2$$

이므로 $f'(1)$은 존재하지 않는다. 따라서 주어진 함수는 $x=1$에서 연속이나 미분가능하지 않다.

정리 1.5 c를 상수라 하고 $f'(x)$와 $g'(x)$가 존재한다고 하자. 그러면 다음이 성립한다.

(1) $(f(x)+g(x))' = f'(x) + g'(x)$

(2) $(cf(x))' = cf'(x)$

(3) $(f(x)g(x))' = f'(x)g(x) + f(x)g'(x)$

(4) $g(x) \neq 0$이면, $\left(\frac{f(x)}{g(x)}\right)' = \frac{g(x)f'(x) - f(x)g'(x)}{(g(x)^2)}$

증명 (1) $(f(x)+g(x))'=\lim_{h\to0}\frac{[f(x+h)+g(x+h)]-[f(x)+g(x)]}{h}$

$$=\lim_{h\to0}\left[\frac{[f(x+h)-f(x)}{h}+\frac{[g(x+h)-g(x)}{h}\right]$$

$$=\lim_{h\to0}\frac{f(x+h)-f(x)}{h}+\lim_{h\to0}\frac{g(x+h)-g(x)}{h}$$

$$=f'(x)+g'(x)$$

(2) $(cf(x))'=\lim_{h\to0}\frac{cf(x+h)-cf(x)}{h}$

$$=\lim_{h\to0}c\left[\frac{f(x+h)-f(x)}{h}\right]$$

$$=c\lim_{h\to0}\frac{f(x+h)-f(x)}{h}$$

$$=cf'(x)$$

(3) $(f(x)g(x))'$

$$=\lim_{h\to0}\frac{f(x+h)g(x+h)-f(x+h)g(x)+f(x+h)g(x)-f(x)g(x)}{h}$$

$$=\lim_{h\to0}\left[f(x+h)\frac{g(x+h)-g(x)}{h}+g(x)\frac{f(x+h)-f(x)}{h}\right]$$

$$=\lim_{h\to0}f(x+h)\cdot\lim_{h\to0}\frac{g(x+h)-g(x)}{h}+\lim_{h\to0}g(x)\cdot\lim_{h\to0}\frac{f(x+h)-f(x)}{h}$$

$$=f(x)g'(x)+g(x)f'(x)$$

(4) $\left(\frac{f(x)}{g(x)}\right)'=\lim_{h\to0}\frac{\frac{f(x+h)}{g(x+h)}-\frac{f(x)}{g(x)}}{h}$

$$=\lim_{h\to0}\frac{f(x+h)g(x)-f(x)g(x+h)}{hg(x+h)g(x)}$$

$$=\lim_{h\to0}\frac{f(x+h)g(x)-f(x)g(x)+f(x)g(x)-f(x)g(x+h)}{hg(x+h)g(x)}$$

$$=\lim_{h\to0}\frac{g(x)\frac{f(x+h)-f(x)}{h}-f(x)\frac{g(x+h)-g(x)}{h}}{g(x+h)g(x)}$$

$$=\frac{\lim_{h\to0}g(x)\cdot\lim_{h\to0}\frac{f(x+h)-f(x)}{h}-\lim_{h\to0}f(x)\cdot\lim_{h\to0}\frac{g(x+h)-g(x)}{h}}{\lim_{h\to0}g(x+h)\cdot\lim_{h\to0}g(x)}$$

$$=\frac{g(x)f'(x)-f(x)g'(x)}{(g(x))^2}$$

□

연습문제 (5.1)

1. $E=(0,\ \infty)$일 때 $f(x)=\sin\dfrac{1}{x}$, $x\in E$ 이면 $\lim\limits_{h\to 0^+}\sin\dfrac{1}{x}$이 존재하지 않음을 보여라.

2. 다음 함수의 도함수를 구하여라.

   (1) $y=-2x^3+8x+5$ (2) $y=\dfrac{x^3}{3}+\dfrac{3}{x^3}$

3. 함수 $f(x)=\begin{cases}\dfrac{x}{1+e^{\frac{1}{x}}}, & x\neq 0\\ 0, & x=0\end{cases}$ 에서 $f'_+(0)$, $f'_-(0)$을 구하여라.

4. 함수 $f(x)=\begin{cases}x^2\sin\dfrac{1}{x}, & x\neq 0\\ 0, & x=0\end{cases}$ 일 때 $f(x)$는 $x=0$에서 미분가능함을 보여라.

5. 다음 함수 $y=f(x)$의 $x=0$에서의 미분계수를 구하여라.

   (1) $y=\sqrt{x^2+x^4}$ (2) $y=x^{\frac{2}{3}}$

6. 다음 함수에 주어지는 곡선 위의 지정된 점에서의 접선의 기울기를 구하여라.

   (1) $y=x^2+2x-6$, (2, 2) (2) $y=\sqrt{x}$, (9, 3)

   (3) $xy=16$, (4, 4) (4) $y=x^3-4x$, (1, −3)

7. $f(x)=\begin{cases}\sin\dfrac{1}{x}, & x\neq 0\\ 0, & x=0\end{cases}$ 에서 미분가능하지 않은 점들을 구하여라.

8. 어떤 공의 지면으로부터의 높이 s피트가 시간 t초의 함수로서, $s=-16t^2+40t+100$으로 주어졌다.

   (1) t=2일 때 순간속도는?

   (2) 순간속도가 0이 되는 때는?

9. 다음 주어진 점에서의 법선의 방정식을 구하여라.

   (1) $f(x)=\sqrt{x}$, ($x=4$) (2) $f(x)=\dfrac{1}{x-1}$, ($x=3$)

5.2 삼각함수와 역삼각함수의 도함수

함수 $f(x)=\sin x$는 라디안으로 주어지는 각 x에 대한 sine을 나타내는 것으로 한다. 그리고 이 절에서 취급하는 다른 삼각함수들의 주어진 각도 특별한 설명이 없는 한 라디안으로 간주한다.

정리 2.1 $\lim_{x\to 0}\dfrac{\sin x}{x}=1$

증명 먼저 $0<x<\dfrac{\pi}{2}$라고 하자. 그리고 그림 5.2와 같이 중심이 O, 중심각이 x, 반지름이 1인 부채꼴을 생각하면

$$\begin{aligned} x &= \widehat{AB} \\ &< |AE|+|EB| \\ &< |AE|+|ED| \\ &< |AD| \\ &= |OA|\tan x \end{aligned}$$

이므로

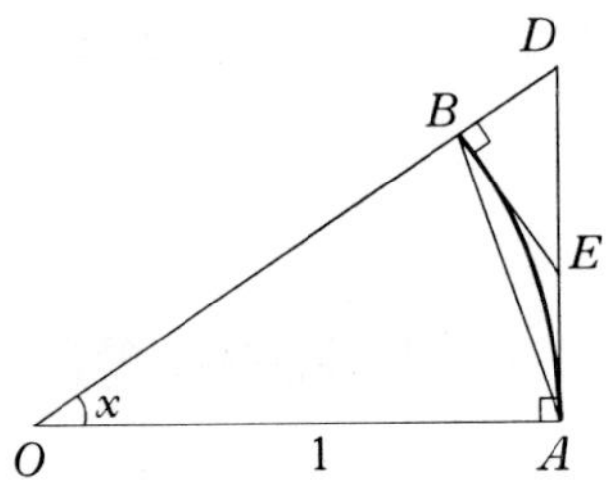

[그림 5.2]

$x<\dfrac{\sin x}{\cos x}$ 즉, $\cos x<\dfrac{\sin x}{x}$이다. 또 $\sin x<x$이므로

$$\cos x<\frac{\sin x}{x}<1$$

을 얻는다. 그리고 $\lim_{x\to 0^+}1=1$, $\lim_{x\to 0^+}\cos x=1$이므로 압축정리에 의하여

$$\lim_{x\to 0^+}\frac{\sin x}{x}=1$$

이다. 또 x가 $-\dfrac{\pi}{2}<x<0$일 때 $x=-\theta$로 놓으면

$$\lim_{x\to 0^-}\frac{\sin x}{x}=\lim_{\theta\to 0^+}\frac{\sin(-\theta)}{-\theta}=\lim_{\theta\to 0^+}\frac{\sin\theta}{\theta}=1.$$ □

정리 2.2 $\displaystyle\lim_{x\to 0}\frac{\cos x-1}{x}=0$

증명 $$\lim_{x\to 0}\frac{\cos x-1}{x}=\lim_{x\to 0}\left[\frac{\cos x-1}{x}\cdot\frac{\cos x+1}{\cos x+1}\right]$$

$$\begin{aligned}\lim_{x\to 0}\frac{\cos^2 x-1}{x(\cos x+1)}&=\lim_{x\to 0}\frac{-\sin^2 x}{x(\cos x+1)}\\&=-\lim_{x\to 0}\frac{\sin x}{x}\cdot\frac{\sin x}{\cos x+1}=-\lim_{x\to 0}\frac{\sin x}{x}\cdot\lim_{x\to 0}\frac{\sin x}{\cos x+1}\\&=-1\cdot\left(\frac{0}{1+1}\right)\\&=0.\end{aligned}$$ □

【예제 1】 $\displaystyle\lim_{x\to 0}\frac{\sin 3x}{2x}$를 구하여라.

풀이 $$\lim_{x\to 0}\frac{\sin 3x}{2x}=\lim_{x\to 0}\frac{\sin 3x}{3x}\cdot\frac{3}{2}=\frac{3}{2}\lim_{3x\to 0}\frac{\sin 3x}{3x}=\frac{3}{2}\cdot 1=\frac{3}{2}$$ □

정리 2.3

(1) $\dfrac{d}{dx}(\sin x)=\cos x$ (2) $\dfrac{d}{dx}(\cos x)=-\sin x$

(3) $\dfrac{d}{dx}(\tan x)=\sec^2 x$ (4) $\dfrac{d}{dx}(\cot x)=-\csc^2 x$

(5) $\dfrac{d}{dx}(\sec x)=\sec x\tan x$ (6) $\dfrac{d}{dx}(\csc x)=-\csc x\cot x$

증명 (1) $$\begin{aligned}\frac{d}{dx}(\sin x)&=\lim_{h\to 0}\frac{\sin(x+h)-\sin x}{h}\\&=\lim_{h\to 0}\frac{[\sin x\cos h+\cos x\sin h]-\sin x}{h}\\&=\lim_{h\to 0}\sin x\cdot\frac{\cos h-1}{h}+\lim_{h\to 0}\cos x\cdot\frac{\sin h}{h}\end{aligned}$$

이고 위 식에 정리 2.1과 정리 2.2를 적용하면

$$\frac{d}{dx}(\sin x)=\cos x$$

(2) $\dfrac{d}{dx}(\cos x) = \lim\limits_{h \to 0} \dfrac{\cos(x+h) - \cos x}{h}$

$$= \lim_{h \to 0} \frac{\cos x \cos h - \sin x \sin h - \cos x}{h}$$

$$= \lim_{h \to 0} \cos x \cdot \frac{\cos h - 1}{h} - \lim_{h \to 0} \sin x \cdot \frac{\sin h}{h}$$

$$= -\sin x$$

(3) $\dfrac{d}{dx}(\tan x) = \dfrac{d}{dx}\left(\dfrac{\sin x}{\cos x}\right)$

$$= \frac{(\cos x)(\cos x) - (\sin x)(-\sin x)}{\cos^2 x}$$

$$= \frac{1}{\cos^2 x} = \sec^2 x$$

다른 삼각함수의 도함수도 유사한 방법으로 구한다. □

【예제 2】 $\sin x + \sin y = xy$에서 $\dfrac{dy}{dx}$를 구하여라.

풀이 $\cos x + \cos y \dfrac{dy}{dx} = y + x \dfrac{dy}{dx}$

$$\therefore \frac{dy}{dx} = \frac{\cos x - y}{x - \cos y}$$ □

【예제 3】 $y = 3\sin 2x$의 그래프와 점 $\left(\dfrac{\pi}{2}, 0\right)$에서 접하는 접선의 방정식을 구하여라.

풀이 $\dfrac{d}{dx}(3\sin 2x) = 6\cos 2x$이므로 $x = \dfrac{\pi}{2}$인 곳에서 이 미분의 값은 -6이며, 이것이 바로 접선의 기울기이다.

그러므로 점 $\left(\dfrac{\pi}{2}, 0\right)$에서 접선의 방정식은 다음과 같다.

$$y - 0 = -6\left(x - \frac{\pi}{2}\right)$$

즉

$$y = -6x + 3\pi$$ □

역함수의 도함수를 알아보자. 역삼각함수의 도함수는 그 **주치**만을 나타내는 범위에서만 취급한다.

정리 2.4

(1) $\dfrac{d}{dx}(\sin^{-1}x)=\dfrac{1}{\sqrt{1-x^2}}\left(-1<x<1,\ -\dfrac{\pi}{2}<\sin^{-1}x<\dfrac{\pi}{2}\right)$

(2) $\dfrac{d}{dx}(\cos^{-1}x)=-\dfrac{1}{\sqrt{1-x^2}}\ (-1<x<1,\ 0<\cos^{-1}x<\pi)$

(3) $\dfrac{d}{dx}(\tan^{-1}x)=\dfrac{1}{1+x^2}\left(-\infty<x<\infty,\ -\dfrac{\pi}{2}<\tan^{-1}x<\dfrac{\pi}{2}\right)$

(4) $\dfrac{d}{dx}(\cot^{-1}x)=-\dfrac{1}{1+x^2}\ (-\infty<x<\infty,\ 0<\cot^{-1}x<\pi)$

(5) $\dfrac{d}{dx}(\sec^{-1}x)=\dfrac{1}{|x|\sqrt{x^2-1}}\left(0\le\sec^{-1}x<\dfrac{\pi}{2},\ \pi\le\sec^{-1}x<\dfrac{3}{2}\pi\right)$

(6) $\dfrac{d}{dx}(\csc^{-1}x)=\dfrac{-1}{|x|\sqrt{x^2-1}}\left(|x|>1,\ 0<\csc^{-1}\le\dfrac{\pi}{2},\ -\pi<\csc^{-1}\le-\dfrac{\pi}{2}\right)$

증명 (1) $y=\sin^{-1}x\left(-\dfrac{\pi}{2}<y<\dfrac{\pi}{2}\right)$로 놓으면

$$x=\sin y$$

양변을 x에 관하여 미분하면

$$1=\cos y\frac{dy}{dx}$$

따라서

$$\frac{dy}{dx}=\frac{1}{\cos y}$$

그런데 $-\dfrac{\pi}{2}<y<\dfrac{\pi}{2}$이므로 $\cos y>0$에서

$$\cos y=\sqrt{1-\sin^2 y}=\sqrt{1-x^2}$$

따라서

$$\frac{dy}{dx}=\frac{1}{\sqrt{1-x^2}}$$

그러므로

$$\frac{d}{dx}(\sin^{-1}x)=\frac{1}{\sqrt{1-x^2}}$$

(2) $y=\cos^{-1}x(0<y<\pi)$에서

$$x=\cos y$$

따라서

$$\frac{dx}{dy}=-\sin y$$

그러므로

$$\frac{dy}{dx}=-\frac{1}{\sin y}$$

그런데 $0<y<\pi$이므로 $\sin y>0$에서

$$\sin y=\sqrt{1-\cos^2 y}=\sqrt{1-x^2}$$

따라서

$$\frac{dy}{dx}=-\frac{1}{\sqrt{1-x^2}}$$

그러므로

$$\frac{d}{dx}(\cos^{-1}x)=-\frac{1}{\sqrt{1-x^2}}$$

(3) $y=\tan^{-1}x\left(-\frac{\pi}{2}<y<\frac{\pi}{2}\right)$에서 $x=\tan y$의 양변을 x에 관하여 미분하면

$$1=\sec^2 y\frac{dy}{dx}$$

이므로

$$\frac{dy}{dx}=\frac{1}{\sec^2 y}=\frac{1}{1+\tan^2 y}=\frac{1}{1+x^2}$$

이고 따라서

$$\frac{d}{dx}(\tan^{-1}x)=\frac{1}{1+x^2}$$

다른 역삼각함수의 도함수도 유사한 방법으로 구한다. □

【예제 4】 $y=x^3\cot^{-1}\frac{1}{3}x$을 미분하여라.

풀이 $$\frac{dy}{dx}=3x^2\cot^{-1}\frac{1}{3}x+x^3\cdot\frac{-1}{1+\frac{1}{9}x^2}\cdot\frac{1}{3}$$

$$=3x^2\cot^{-1}\frac{1}{3}x-\frac{3x^2}{9+x^2}$$ □

【예제 5】 $\tan^{-1}\frac{2x}{1-x^2}$를 미분하여라.

풀이 $x=\tan\theta$라 놓고 삼각함수의 2배각의 공식에서

$$\tan 2\theta=\frac{2\tan\theta}{1-\tan^2\theta}$$

이므로

$$\tan^{-1}\frac{2x}{1-x^2}=\tan^{-1}\tan 2\theta=2\theta$$

이다. 따라서 구하려는 도함수는

$$\frac{d}{dx}(2\theta)=\frac{d}{dx}(2\tan^{-1}x)=2\frac{d}{dx}(\tan^{-1}x)=\frac{2}{1+x^2}$$

그러므로

$$\frac{d}{dx}\left(\tan^{-1}\frac{2x}{1-x^2}\right)=\frac{2}{1+x^2}$$ □

연습문제 (5.2)

1. 다음 함수에서 $\frac{dy}{dx}$를 구하여라.

(1) $y=x^2\cos x-2x\sin x-2\cos x$

(2) $y=4\cos(\sin 3x)$

(3) $y=3\sec x\tan x$

(4) $y=\sec^2 x\tan^2 x$

(5) $y=\frac{1+\sin x}{1-\sin x}$

(6) $y=\sqrt{a^2-x^2}-a\cos^{-1}\frac{x}{a}$

2. 다음에서 $\frac{dy}{dx}$를 구하여라.

(1) $\sin(x+y)+\sin(x-y)=1$

(2) $\sqrt{x^2-y^2}+\sin^{-1}\frac{y}{x}=0$

3. 다음 (a), (b) 두 함수의 도함수는 서로 같음을 보여라.

(1) (a) $y=\cos^2 x-\sin^2 x$ (b) $y=\cos 2x$

(2) (a) $y=2\sin x\cos x$ (b) $y=\sin 2x$

4. 다음 주어진 식들의 도함수를 구하여라.

(1) $f(x)=\tan(\sec^{-1}x)$

(2) $f(x)=\cot^{-1}\sqrt{x-1}$

(3) $f(x)=\tan^{-1}(\ln x)$

(4) $f(x)=\sin^{-1}(\cos x)$

(5) $f(x)=\sin^{-1}(\sqrt{\sin x})$

(6) $f(x)=\sqrt{a^2-x^2}+a\sin^{-1}\frac{x}{a}$

5.3 합성함수와 역함수의 미분법

두 함수 $y=g(u)$, $u=f(x)$가 각각 미분가능이고 합성함수 $y=g(f(x))$가 정의될 때 그 도함수를 구하여 보자.

정리 3.1 연쇄법칙(chain rule)
함수 $f(x)$가 a에서 미분가능하고 함수 $g(f(x))$가 $f(a)$에서 미분가능하면 합성함수 $g\circ f$는 a에서 미분가능하고

$$(g\circ f)'(a)=g'(f(a))f'(a)$$

이다.

증명 극한에 대한 곱의 정리와 주어진 조건을 이용하면

$$\begin{aligned}(g\circ f)'(a)&=\lim_{x\to a}\frac{(g\circ f)(x)-(g\circ f)(a)}{x-a}\\&=\lim_{x\to a}\left(\frac{g(f(x))-g(f(a))}{f(x)-f(a)}\cdot\frac{f(x)-f(a)}{x-a}\right)\\&=\lim_{x\to a}\frac{g(f(x))-g(f(a))}{f(x)-f(a)}\lim_{x\to a}\frac{f(x)-f(a)}{x-a}\\&=\lim_{y\to f(a)}\frac{g(y)-g(f(a))}{y-f(a)}\lim_{x\to a}\frac{f(x)-f(a)}{x-a}\\&=g'(f(a))f'(a).\end{aligned}$$

따라서 $(g\circ f)'(a)=g'(f(a))f'(a)$이다. □

연쇄법칙을 미분기호 ′을 사용하여 나타내면

$$(g\circ f)'(x)=g'(f(x))f'(x)$$

로 나타낼 수 있고 함수 $y=g(u)$와 $u=f(x)$에 대하여 Leibniz 기호를 사용하면

$$\frac{dy}{dx}=\frac{dy}{du}\frac{du}{dx}$$

이다.

【예제 1】 $\frac{d}{dx}\sin[\cos(x^2)]$을 구하여라.

풀이 $$\frac{d}{dx}\sin[\cos(x^2)]=\cos[\cos(x^2)]\cdot[-\sin(x^2)]\cdot 2x$$
$$=-2x\sin(x^2)\cos[\cos(x^2)]$$ □

정리 3.2 (연쇄법칙과 관련된 멱공식)

n이 임의의 실수이고, $u=g(x)$가 미분가능하면

$$\frac{d}{dx}(u^n)=nu^{n-1}\frac{du}{dx}$$

또는

$$\frac{d}{dx}[g(x)]^n=n[g(x)]^{n-1}\cdot g'(x)$$

이다.

【예제 2】 함수 $y=\sin^8 x$일 때 $\frac{dy}{dx}$를 구하여라.

풀이 $u=\sin x$라 놓으면 $y=u^8$이다. 따라서

$$\frac{dy}{dx}=\frac{dy}{du}\frac{du}{dx}=(8u^7)(\cos x)=8\sin^7 x\cos x$$ □

【예제 3】 함수 $y=\sin(x^8)$일 때 $\frac{dy}{dx}$를 구하여라.

풀이 $u=x^8$로 놓으면 $y=\sin u$이고 연쇄법칙에 의하여

$$\frac{dy}{dx}=\frac{dy}{du}\frac{du}{dx}=\cos u\cdot 8x^7=8x^7\cos(x^8)$$ □

여러개의 함수로 이루어진 합성함수를 미분하는 경우에 연쇄법칙이 마치 고리모양으로 적용하게 되는데 이러한 이유로 이 법칙을 연쇄법칙이라 부르게 된 것이다. 이를테면 미분가능한 함수 f, g, h에 대하여 $y=f(u)$, $u=g(x)$, $x=h(t)$라고 하자. t에 대한 y의 미분을 계산하기 위하여 연쇄법칙을 두 번 사용하게 되면

$$\frac{dy}{dt}=\frac{dy}{dx}\frac{dx}{dt}=\frac{dy}{du}\frac{du}{dx}\frac{dx}{dt}$$

이 된다.

【예제 4】 $f(x)=\sin(\cos(\tan^5 x))$일 때 $\dfrac{df}{dx}$를 구하여라.

풀이 연쇄법칙을 두 번 사용하면

$$\begin{aligned}&\frac{d}{dx}[\sin(\cos(\tan^5 x))]\\&=[\cos(\cos(\tan^5 x))][-\sin(\tan^5 x)](5\tan^4 x)(\sec^2 x)\end{aligned}$$

이다. □

정리 3.3 점 a의 근방 I 에서 정의된 연속함수 f가 $J=f(\mathrm{I})$에서 정의되는 연속인 역함수 f^{-1}를 갖는다고 하자. 만약 f가 a에서 미분가능하고 $f'(a)\neq 0$, $f(a)=c$이면

$$(f^{-1})'(c)=\frac{1}{f'(a)}=\frac{1}{f'(f^{-1}(c))}$$

증명 $f^{-1}(c)=a$와 미분의 정의를 이용하면

$$(f^{-1})'(c)=\lim_{y\to c}\frac{f^{-1}(y)-f^{-1}(c)}{y-c}=\lim_{y\to c}\frac{f^{-1}(y)-a}{f(f^{-1}(y))-f(a)}$$

그런데 f^{-1}이 c에서 연속이므로

$$\lim_{y\to c}f^{-1}(y)=f^{-1}(c)=a$$

따라서 만약 $x=f^{-1}(y)$이면 $y\to c$이므로 $x\to a$

$$\begin{aligned}\therefore\ (f^{-1})'(c)&=\lim_{y\to c}\frac{f^{-1}(y)-a}{f(f^{-1}(y))-f(a)}=\lim_{x\to a}\frac{x-a}{f(x)-f(a)}\\&=\lim_{x\to a}\frac{1}{\dfrac{f(x)-f(a)}{x-a}}=\frac{1}{f'(a)}\end{aligned}$$

$$\therefore\ (f^{-1})'(c)=\frac{1}{f'(a)}=\frac{1}{f'(f^{-1}(c))}$$

□

【예제 5】 $f(x)=x^7+8x^3+4x-2$에서 $(f^{-1})'(-2)$의 값을 구하여라.

풀이 주어진 함수는 정리 3.3의 조건을 모두 만족하므로 정리 3.3을 이용하기 위하여 먼저 $f(a)=-2$인 a의 값을 구하면 $a=0$이다. 그런데 $f'(x)=7x^6+24x^2+4$이므로 $f'(0)=4$이다. 따라서 정리 3.3에 의하여

$$(f^{-1})'(-2)=\frac{1}{f'(f^{-1}(-2))}=\frac{1}{f'(0)}=\frac{1}{4}$$ □

【예제 6】 $f(x)=2x+\cos x$에서 $(f^{-1})'(1)$의 값을 구하여라.

풀이 주어진 함수는 정리 3.3의 조건을 만족하므로 먼저 $f(0)=1$이므로 $f^{-1}(1)=0$이다. 그런데 $f'(x)=2-\sin x$이므로 $f'(0)=2$이다. 따라서 정리 3.3에 의하여

$$(f^{-1})'(1)=\frac{1}{f'(f^{-1}(1))}=\frac{1}{f'(0)}=\frac{1}{2}$$

이다. □

역함수의 미분법을 사용하여 $x^{\frac{1}{n}}$의 도함수를 구하자. $x>0$이면 x^n은 1-1이고, 도함수 nx^{n-1}은 0의 값을 취하지 않으므로 역함수 $x^{\frac{1}{n}}$은 미분가능하고 다음과 같이 도함수를 구할 수 있다. $f(x)=x^n$이라 하면 $f^{-1}(x)=x^{\frac{1}{n}}$이고 $f'(x)=nx^{n-1}$이므로

$$f'(f^{-1}(x))=n(x^{\frac{1}{n}})^{n-1}$$

이다. 따라서 정리 3.3에 의하여

$$n(x^{\frac{1}{n}})^{n-1}\frac{d}{dx}(x^{\frac{1}{n}})=1$$

$$\frac{d}{dx}(x^{\frac{1}{n}})=\frac{1}{n}x^{\frac{1}{n}-1}$$

n이 홀수이면 $x<0$일 때도 위의 공식은 성립한다. 이를 이용하여 유리수 $\frac{p}{q}$에 대하여 $x^{\frac{p}{q}}$의 미분이 가능하다. $q>0$라 놓으면

$$\begin{aligned}\frac{d}{dx}\left[x^{\frac{p}{q}}\right]&=\frac{d}{dx}\left[(x^{\frac{1}{q}})^p\right]=p(x^{\frac{1}{q}})^{p-1}\frac{d}{dx}(x^{\frac{1}{q}})\\&=p(x^{\frac{1}{q}})^{p-1}\frac{1}{q}x^{\frac{1}{q}-1}=\frac{p}{q}x^{\frac{p}{q}-1}\end{aligned}$$

연습문제 (5.3)

1. 합성함수의 도함수 공식을 사용하여 $D_x w$를 구하여라.

(1) $w=\sin^4(x^2+3x)$

(2) $w=\sin^3(\cos x)$

(3) $w=\cos^4(\sin x^2)$

(4) $w=\sin[\cos(\sin 2x)]$

2. 함수 f와 g가 1:1이고 연속함수라고 하자. $f(0)=2$, $g(1)=2$, $f'(0)=\pi$, $g'(1)=e$일 때 $(f^{-1})'(2)$, $(g^{-1})'(2)$, $(f^{-1}\circ g^{-1})'(2)$를 구하여라.

3. $f'(3)=-1$, $g(3)=3$, $g'(3)=-4$일 때 $(f\circ g)'(3)$의 값을 구하여라.

4. 다음을 미분하여라.

(1) $y=\sec^2 x\tan^2 x$

(2) $y=\cot^4 x-\csc^4 x$

(3) $y=\dfrac{3\sin x}{\cos^2 2x+1}$

(4) $y=4\cos(\sin 3x)$

5. 다음 식에서 $(f^{-1})'(c)$의 값을 구하여라.

(1) $f(x)=\sqrt{3x+1}$, $c=1$

(2) $f(x)=x^3+5$, $c=-3$

(3) $f(x)=3x^5+2x^3$, $c=5$

(4) $f(x)=\dfrac{1}{2}\cos^2 x$, $0\le x\le\dfrac{1}{2}\pi$, $e=\dfrac{1}{4}$

(5) $f(x)=2\cot x$, $0<x<\pi$, $c=2$

(6) $f(x)=2x^2+8x+7$, $x\le -2$, $c=1$

6. 함수 f가 역함수를 갖는다고 하자. 만일 $f'(a)=0$이라면 f^{-1}는 $f(a)$에서 미분가능하지 않음을 보여라(힌트: $(f^{-1}\circ f)(x)=x$).

7. $f(x)=x^5+5x^3+2x-4$에서 $(f^{-1})'(4)$의 값을 구하여라.

5.4 지수함수와 로그함수의 도함수

지수함수와 로그함수는 서로 역함수 관계에 있다. 밑수를 10으로 하는 로그를 상용로그라 하고 밑수를 e로 하는 로그를 자연로그라 하는데 두 경우에 있어서 혼돈의 우려가 없을 경우에 생략하고 쓸 수 있다. 자연과학이나 공학분야에서는 자연로그를 많이 취급하므로 앞으로 밑수를 생략하고 쓴 것은 자연로그를 의미하는 것으로 약속하자. 자연로그라는 것은 명백히 하기 위하여 log 대신 ln을 쓰기도 한다.

정리 4.1 함수 $f(x)=a^x(a>0)$는 모든 점 x에서 미분가능하며 그 도함수는 다음과 같다.

$$\frac{d}{dx}a^x=a^x\ln a$$

증명 $\frac{d}{dx}a^x=\lim_{h\to0}\frac{f(x+h)-f(x)}{h}=\lim_{h\to0}\frac{a^{x+h}-a^x}{h}=\lim_{h\to0}\frac{a^x(a^h-1)}{h}$

여기서 $a^h-1=t$라 놓으면 $a^h=1+t$이므로 $h=\log_a(1+t)$이고, $h\to0$일 때 $t\to0$이다.

따라서,

$$\begin{aligned}\lim_{h\to0}\frac{a^x(a^h-1)}{h}&=\lim_{t\to0}a^x\frac{t}{\log_a(1+t)}\\&=a^x\lim_{t\to0}\frac{1}{\log_a(1+t)^{\frac{1}{t}}}\\&=a^x\frac{1}{\log_a e}\\&=a^x\ln a.\end{aligned}$$

그러므로

$$\frac{d}{dx}a^x=a^x\ln a$$ □

위의 정리 4.1에서 특별히 $a=e$인 경우를 생각하면 다음의 결과를 얻는다.

따름정리 4.2 함수 $f(x)=e^x$는 모든 점에서 미분가능하며 그 도함수는 다음과 같다.

$$\frac{d}{dx}e^x=e^x$$

【예제 1】 함수 $y=3^{\sqrt{x}}$의 도함수를 구하여라.

풀이 $\frac{dy}{dx}=3^{\sqrt{x}}\ln 3\frac{d}{dx}\sqrt{x}=3^{\sqrt{x}}\ln 3\cdot\frac{1}{2\sqrt{x}}=\frac{3^{\sqrt{x}}\ln 3}{2\sqrt{x}}$ □

【예제 2】 함수 $y=3^{x^2}$의 도함수를 구하여라.

풀이 $\frac{dy}{dx}=3^{x^2}(\ln 3)\frac{d}{dx}x^2=2(\ln 3)x3^{x^2}$ □

정리 4.3 함수 $f(x)=\log_a x$ $(a>0,\ a\neq 1,\ x>0)$는 정의역의 모든 점에서 미분가능하며 그 도함수는 다음과 같다.

$$\frac{d}{dx}\log_a x=\frac{1}{x\ln a}\quad(x>0)$$

증명

$$\begin{aligned}\frac{d}{dx}\log_a x&=\lim_{h\to 0}\frac{f(x+h)-f(x)}{h}\\&=\lim_{h\to 0}\frac{\log_a(x+h)-\log_a x}{h}\\&=\lim_{h\to 0}\frac{\log_a\frac{x+h}{x}}{h}\\&=\lim_{h\to 0}\frac{1}{h}\log_a\left(1+\frac{h}{x}\right)\\&=\lim_{h\to 0}\frac{1}{x}\log_a\left(1+\frac{h}{x}\right)^{\frac{x}{h}}\\&=\frac{1}{x}\log_a e\\&=\frac{1}{x\ln a}\quad(x>0).\end{aligned}$$

그러므로

$$\frac{d}{dx}\log_a x = \frac{1}{x \ln a} \quad (x > 0)$$ □

정리 4.3에서 특별히 $a=e$인 경우를 생각하면 다음 결과를 얻는다.

따름정리 4.4 함수 $f(x)=\ln x (x>0)$는 정의역의 모든 점에서 미분가능하며 그 도함수는 다음과 같다.

$$\frac{d}{dx}\ln x = \frac{1}{x}$$

【예제 3】 $y=\log_2(x^4+3)$일 때 $\frac{dy}{dx}$를 구하여라.

풀이 $u=x^4+3$으로 놓고 연쇄법칙을 이용하면

$$\frac{dy}{dx} = \frac{1}{(x^4+3)\ln 2} \cdot 4x^3 = \frac{4x^3}{(x^4+3)\ln 2}$$ □

미분하려고 하는 함수가 여러 인수의 곱으로 되어 있거나 $y=[f(x)]^{g(x)}$꼴의 함수로 되어 있을 때 로그 미분법을 이용하면 그 도함수가 간단하게 구해지는 경우가 많다.

【예제 4】 $y=\dfrac{x^{\frac{3}{4}}\sqrt{x^2+1}}{(3x+2)^5}$을 미분하여라.

풀이 주어진 함수의 양변에 자연로그를 취하면

$$\ln y = \frac{3}{4}\ln x + \frac{1}{2}\ln(x^2+1) - 5\ln(3x+2)$$

양변을 x에 관하여 미분하면

$$\frac{1}{y}\frac{dy}{dx} = \frac{3}{4}\frac{1}{x} + \frac{1}{2}\frac{2x}{x^2+1} - 5\frac{3}{3x+2}.$$

$\frac{dy}{dx}$로 정리하면

$$\begin{aligned}\frac{dy}{dx} &= y\left(\frac{3}{4x} + \frac{x}{x^2+1} - \frac{15}{3x+2}\right)\\ &= \frac{x^{\frac{3}{4}}\sqrt{x^2+1}}{(3x+2)^5}\left(\frac{3}{4x} + \frac{x}{x^2+1} - \frac{15}{3x+2}\right).\end{aligned}$$ □

【예제 5】 $y=x^{\sqrt{x}}$, $x>0$일 때 $\dfrac{dy}{dx}$를 구하여라.

풀이 주어진 함수의 양변에 자연로그를 취하고 x에 관하여 미분하면

$$
\begin{aligned}
\ln y &= \ln x^{\sqrt{x}} = \sqrt{x}\ln x \\
\frac{1}{y}\frac{dy}{dx} &= \frac{1}{2\sqrt{x}}\ln x + \sqrt{x}\cdot\frac{1}{x} \\
\frac{dy}{dx} &= y\left(\frac{1}{2\sqrt{x}}\ln x + \frac{1}{\sqrt{x}}\right) \\
&= x^{\sqrt{x}}\left(\frac{\ln x + 2}{2\sqrt{x}}\right).
\end{aligned}
$$

□

연습문제 (5.4)

1. 다음 함수의 도함수를 구하여라.

(1) $y=5^x$　　(2) $y=3^{5x-7}$

(3) $y=a^x \sin bx$　　(4) $y=(\cos x)^{\cos x}$

2. 다음의 함수를 미분하여라.

(1) $y=5\ln x^3$　　(2) $y=x^2 \ln x$

(3) $y=\ln \csc^2 x$　　(4) $y=(\ln x)^3$

(5) $y=\log_2(x^2+6)$　　(6) $y=\log_3(x+\sqrt{x^2+a^2})$

3. 다음 문제에서 로그함수의 미분법을 이용하여 주어진 함수의 도함수를 구하여라.

(1) $y=x^x$　　(2) $y=x^{\frac{2}{x}}$

(3) $y=(2x)^{\sqrt{2}}$　　(4) $y=2^x+3^x$

4. $f(x)=x^{\sin x}$일 때 $f'(1)$을 구하여라.

5. $f(x)=(2x)^{\sin x}$일 때 $\dfrac{df(x)}{dx}$를 구하여라.

6. $e^x+e^y=e^{x+y}$이면 $\dfrac{dy}{dx}=-e^{y-x}$임을 증명하여라.

5.5 쌍곡선함수와 역쌍곡선함수의 도함수

이 쌍곡선함수는 공학 분야에서 많이 응용되어 쓰이고 있는데 쌍곡선함수의 도함수는 지수함수의 미분법에 의하여 구할 수 있다.

> **정리 5.1** 쌍곡선함수 $y=\sinh x$와 $y=\cosh x$는 모든 점에서 미분가능하며 그 도함수는 다음과 같다.
>
> (1) $\dfrac{d}{dx}(\sinh x)=\cosh x$ (2) $\dfrac{d}{dx}(\cosh x)=\sinh x$

증명 정의에 의하여 $\sinh x=\dfrac{1}{2}(e^x-e^{-x})$, $\cosh x=\dfrac{1}{2}(e^x+e^{-x})$이다. 그런데 e^x와 e^{-x}는 모든 점에서 미분가능하므로 $\sinh x$와 $\cosh x$는 모든 점에서 미분가능하다. 또

$$(1)\ \frac{d}{dx}(\sinh x)=\frac{d}{dx}\left[\frac{1}{2}(e^x-e^{-x})\right]=\frac{1}{2}(e^x+e^{-x})=\cosh x$$

$$(2)\ \frac{d}{dx}(\cosh x)=\frac{d}{dx}\left[\frac{1}{2}(e^x+e^{-x})\right]=\frac{1}{2}(e^x-e^{-x})=\sinh x$$

□

【예제 1】 $y=\ln(\sinh x)$일 때 $\dfrac{dy}{dx}$를 구하여라.

풀이 로그함수의 도함수를 구하는 공식을 이용하면

$$\frac{dy}{dx}=\frac{1}{\sinh x}\frac{d}{dx}(\sinh x)=\frac{\cosh x}{\sinh x}=\coth x.$$

□

【예제 2】 $y=\sinh^2\sqrt{1-x^2}$일 때 $\dfrac{dy}{dx}$를 구하여라.

풀이

$$\begin{aligned}\frac{dy}{dx}&=2\sinh\sqrt{1-x^2}\,\frac{d}{dx}(\sinh\sqrt{1-x^2})\\&=2\sinh\sqrt{1-x^2}\cdot\cosh\sqrt{1-x^2}\,\frac{d}{dx}(\sqrt{1-x^2})\\&=-\frac{2x}{\sqrt{1-x^2}}(\sinh\sqrt{1-x^2})(\cosh\sqrt{1-x^2})\end{aligned}$$

□

정리 5.2 쌍곡선함수 $y=\tanh x$와 $y=\coth x$ $(x\neq 0)$는 정의역 안의 모든 점에서 미분가능하고 그 도함수는 다음과 같다.

(1) $\dfrac{d}{dx}(\tanh x)=\text{sech}^2 x$ (2) $\dfrac{d}{dx}(\coth x)=-\text{csch}^2 x$ $(x\neq 0)$

증명 $\tanh x=\dfrac{e^x-e^{-x}}{e^x+e^{-x}}$, $\coth x=\dfrac{e^x+e^{-x}}{e^x-e^{-x}}$ $(x\neq 0)$이므로 e^x와 e^{-x}가 모든 점에서 미분가능하고 $e^x+e^{-x}>0$이며 $x\neq 0$이면 $e^x-e^{-x}\neq 0$인 점을 이용하면 $y=\tanh x$는 모든 점에서 미분가능하고 $y=\coth x$도 $x\neq 0$인 모든 점에서 미분가능하다.

(1)
$$\begin{aligned}\frac{d}{dx}(\tanh x)&=\frac{d}{dx}\left(\frac{\sinh x}{\cosh x}\right)\\&=\frac{(\sinh x)'\cosh x-\sinh x(\cosh x)'}{\cosh^2 x}\\&=\frac{\cosh^2 x-\sinh^2 x}{\cosh^2 x}\\&=\frac{1}{\cosh^2 x}\\&=\text{sech}^2 x\end{aligned}$$

(2) $x\neq 0$에 대해
$$\begin{aligned}\frac{d}{dx}(\coth x)&=\frac{d}{dx}\left(\frac{\cosh x}{\sinh x}\right)\\&=\frac{(\cosh x)'\sinh x-\cosh x(\sinh x)'}{\sinh^2 x}\\&=\frac{\sinh^2 x-\cosh^2 x}{\sinh^2 x}\\&=\frac{-1}{\sinh^2 x}\\&=-\text{csch}^2 x\end{aligned}$$
□

【예제 3】 $y=\tanh(\sin x)$일 때, $\dfrac{dy}{dx}$를 구하여라.

풀이 $y'=\text{sech}^2(\sin x)\dfrac{d}{dx}(\sin x)=\cos x\,\text{sech}^2(\sin x)$ □

【예제 4】 $y=\cosh^2(3x-1)$일 때, $\dfrac{dy}{dx}$를 구하여라.

풀이 연쇄법칙을 사용하면

$$\frac{dy}{dx}=\frac{d}{dx}\cosh^2(3x-1)=2\cosh(3x-1)\frac{d}{dx}(\cosh(3x-1)$$
$$=6\cosh(3x-1)\sinh(3x-1)$$ □

같은 방법으로 다음의 결과를 얻을 수 있다. 그 증명은 생략한다.

> **정리 5.3** 쌍곡선 함수 $y=\text{sech}\,x$와 $y=\text{csch}\,x(x\neq 0)$는 각각의 정의역에서 미분가능하며 그 도함수는 다음과 같다.
>
> (1) $\frac{d}{dx}(\text{sech}\,x)=-\text{sech}\,x\tanh x$
>
> (2) $\frac{d}{dx}(\text{csch}\,x)=-\text{csch}\,x\coth x$

【예제 5】 $y=\text{sech}(\ln 3x)$를 미분하여라.

풀이 $y'=-\text{sech}(\ln 3x)\tanh(\ln 3x)\frac{d}{dx}(\ln 3x)$
$$=-\frac{1}{x}\text{sech}(\ln 3x)\tanh(\ln 3x)$$ □

다음은 역쌍곡선함수의 미분에 관하여 설명하기로 한다. 삼각함수와 마찬가지로 쌍곡선 함수도 정의역을 적절히 제한하면 각각의 역함수를 갖는다.

여기서는 $y=\sinh^{-1}x$와 $y=\cosh^{-1}x$의 도함수를 구하는 법만을 다루기로 한다. 다른 역쌍곡선 함수에 대한 미분법도 같은 방법으로 증명할 수 있다.

> **정리 5.4** 역쌍곡선함수 $f(x)=\sinh^{-1}x(-\infty<x<\infty)$와 $g(x)=\cosh^{-1}x(x\geq 1)$는 각각 $-\infty<x<\infty$와 $x>1$에서 미분가능하며 그 도함수는 다음과 같다.
>
> (1) $\frac{d}{dx}(\sinh^{-1}x)=\frac{1}{\sqrt{1+x^2}}$ $(-\infty<x<\infty)$
>
> (2) $\frac{d}{dx}(\cosh^{-1}x)=\frac{1}{\sqrt{x^2-1}}$ $(x>1)$

증명 (1) 역쌍곡선함수 $f(x)=\sinh^{-1}x(-\infty<x<\infty)$는 연속함수 $f_1(x)=\sinh x$ $(-\infty<x<\infty)$의 역함수이고 또 $f_1(x)=\sinh x$는 모든 점에서 미분가능

하고 $f_1'(x)=\cosh x > 0$이다. 따라서 그 역함수 $f(x)=\sinh^{-1}x$는 모든 점에서 미분가능하다. 지금 $y=\sinh^{-1}x(-\infty < x < \infty)$라 하자.

그러면 $x=\sinh y(-\infty < x < \infty)$이다. 따라서

$$\frac{dy}{dx}=\frac{1}{\frac{dx}{dy}}=\frac{1}{\cosh y}$$

이다. 그런데 $\cosh^2 y-\sinh^2 y=1$이므로 $\cosh y=\pm\sqrt{1+\sinh^2 y}$ 이고 $\cosh y > 0$이므로 $\cosh y=\sqrt{1+\sinh^2 y}$이다.

그러므로 다음 결과를 얻는다.

$$\frac{dy}{dx}=\frac{1}{\sqrt{1+\sinh^2 y}}=\frac{1}{\sqrt{1+x^2}}$$

$$\frac{d}{dx}\sinh^{-1}x=\frac{1}{\sqrt{1+x^2}},\ (-\infty < x < \infty)$$

(2) 쌍곡선함수 $g(x)=\cosh^{-1}x$도 (1)에서와 같은 방법으로 생각하면 미분가능임을 알 수 있다. 지금 $y=\cosh^{-1}x(x > 1)$이라 하면 $x=\cosh\ y\ (y > 0)$이다. 따라서,

$$\frac{dy}{dx}=\frac{1}{\frac{dx}{dy}}=\frac{1}{\sinh y}$$

그런데 $\sinh y=\pm\sqrt{\cosh^2 y-1}$이고 $\sinh y > 0$이므로

$$\sinh y=\sqrt{\cosh^2 y-1}=\sqrt{x^2-1}$$

이다. 그러므로

$$\frac{d}{dx}\cosh^{-1}x=\frac{1}{\sqrt{x^2-1}}\ (x > 1)$$ □

같은 방법으로 증명하면 정리 5.5와 정리 5.6을 얻는다.

정리 5.5 역쌍곡선함수 $f(x)=\tanh^{-1}x\ (|x| < 1)$과 $g(x)=\coth^{-1}x\ (|x| > 1)$는 각각 그의 정의역의 모든 점에서 미분가능하며 그 도함수는

(1) $\frac{d}{dx}(\tanh^{-1}x)=\frac{1}{1-x^2}\ (|x| < 1)$

(2) $\frac{d}{dx}(\coth^{-1}x)=\frac{1}{1-x^2}\ (|x| > 1)$

정리 5.6 역쌍곡선함수 $f(x)=\text{sech}^{-1}x\ (0 < x \leq 1)$과 $g(x)=\text{csch}^{-1}x\ (x \neq 0)$는 각각 $0 < x < 1$과 $x \neq 0$에서 미분가능하며 그 도함수는

(1) $\dfrac{d}{dx}(\text{sech}^{-1}x)=-\dfrac{1}{x\sqrt{1-x^2}}\ (0 < x < 1)$

(2) $\dfrac{d}{dx}(\text{csch}^{-1}x)=-\dfrac{1}{|x|\sqrt{1+x^2}}\ (x\neq 0)$

【예제 6】 $y=\sinh^{-1}3x$에서 $\dfrac{dy}{dx}$를 구하여라.

풀이 정리 5.4를 이용하여 $\dfrac{dy}{dx}$를 구하면

$$\frac{dy}{dx}=\frac{1}{\sqrt{(3x)^2+1}}\frac{d}{dx}(3x)=\frac{3}{\sqrt{9x^2+1}} \qquad \square$$

【예제 7】 $y=\tanh^{-1}(\cos 2x)$에서 $\dfrac{dy}{dx}$를 구하여라.

풀이 정리 5.5를 이용하여 $\dfrac{dy}{dx}$를 구하면

$$\begin{aligned}\frac{dy}{dx}&=\frac{1}{1-\cos^2 2x}\ (-2\sin 2x)\\&=\frac{-2\sin 2x}{\sin^2 2x}=\frac{-2}{\sin 2x}\\&=-2\csc 2x\end{aligned} \qquad \square$$

【예제 8】 $y=\tanh^{-1}(\sin x)$에서 $\dfrac{dy}{dx}$를 구하여라.

풀이 정리 5.5를 이용하여 $\dfrac{dy}{dx}$를 구하면

$$\begin{aligned}\frac{dy}{dx}&=\frac{1}{1-\sin^2 x}\frac{d}{dx}(\sin x)=\frac{\cos x}{1-\sin^2 x}\\&=\frac{\cos x}{\cos^2 x}=\frac{1}{\cos x}\end{aligned} \qquad \square$$

연습문제 (5.5)

1. 다음 함수의 도함수를 구하여라.

(1) $f(x)=\sinh^{-1}x^2$ (2) $f(x)=\tanh^{-1}4x$

(3) $f(x)=x^2\cosh^{-1}x^2$ (4) $f(x)=\tanh^{-1}(\cos e^x)$

2. $y=\dfrac{\sinh^{-1}x}{\sqrt{1+x^2}}$일 때 $(1+x^2)\dfrac{dy}{dx}+xy=1$임을 증명하여라.

3. 다음 함수의 도함수를 구하여라.

(1) $h(w)=w^2\sinh^{-1}2w$ (2) $f(x)=\tanh^{-1}(\sin\sqrt{x})$

(3) $f(x)=\operatorname{sech}^{-1}e^{-2x}$ (4) $g(t)=\cosh^{-1}\sqrt{t^2+1}$

4. 다음을 증명하여라.

(1) $\lim\limits_{x\to+\infty}\coth x=1$ (2) $\lim\limits_{x\to+\infty}\operatorname{csch} x=0$

5. $\cosh(\ln x)=\dfrac{x^2+1}{2x}$임을 증명하여라.

6. 임의의 수 u에 대하여 $\cosh u+\sinh u=e^u$임을 보이고, 이 사실을 이용하여 항등

$$(\cosh x+\sinh x)^n=\cosh nx+\sinh nx$$

식가 성립함을 증명하여라.

7. $b>1$이면 $\sinh^{-1}\sqrt{b^2-1}=\cosh^{-1}b$ 임을 증명하여라.

8. 극한값 $\lim\limits_{h\to0}\dfrac{\sinh^{-1}h}{h}$를 구하여라.

9. $\dfrac{d}{dx}(x\cosh^{-1}x-\sqrt{x^2-1})=\cosh^{-1}x$임을 확인하여라.

10. $\dfrac{d}{dx}(x\sinh^{-1}x-\sqrt{1+x^2})=\sinh^{-1}x$임을 확인하여라.

5.6 미분공식

이 절에서는 이제까지 학습한 미분연산의 공식을 정리하여 열거한다.

함 수		도 함 수	주 의 사 항
대수함수	$\log_a x$	$\frac{1}{x}\log_a e$	$x>0$ $1\neq a>0$
	$\log_{10} x$	$\frac{M}{x}(M=\log_{10} e)$	
	$\ln x$	$\frac{1}{x}$	
지수함수	a^x	$a^x \ln a$	$a>0$
	e^x	e^x	
삼각함수	$\sin x$	$\cos x$	
	$\cos x$	$-\sin x$	
	$\tan x$	$\sec^2 x$	
	$\cot x$	$-\csc^2 x$	
	$\sec x$	$\sec x \tan x$	
	$\csc x$	$-\csc x \cot x$	
역삼각함수	$\sin^{-1} x$	$\frac{1}{\sqrt{1-x^2}}$	$-\frac{\pi}{2}\leq\sin^{-1}x\leq\frac{\pi}{2}$
	$\cos^{-1} x$	$\frac{-1}{\sqrt{1-x^2}}$	$0\leq\cos^{-1}x\leq\pi$
	$\tan^{-1} x$	$\frac{1}{1+x^2}$	$\frac{\pi}{2}<\tan^{-1}x<\frac{\pi}{2}$
	$\cot^{-1} x$	$\frac{-1}{1+x^2}$	$0<\cot^{-1}x<\pi$
역삼각함수	$\sec^{-1} x$	$\frac{1}{\lvert x\rvert\sqrt{x^2-1}}$	$0\leq\sec^{-1}x\leq\pi$
	$\csc^{-1} x$	$\frac{-1}{\lvert x\rvert\sqrt{x^2-1}}$	$-\frac{\pi}{2}\leq\csc^{-1}x\leq\frac{\pi}{2}$

쌍곡선함수	$\cosh x$	$\sinh x$	
	$\sinh x$	$\cosh x$	
	$\tanh x$	$\text{sech}^2 x$	
	$\coth x$	$-\text{csch}^2 x$	
	$\text{sech}\, x$	$-\text{sech}\, x \tanh x$	
	$\text{csch}\, x$	$-\text{csch}\, x \coth x$	
역쌍곡함수	$\cosh^{-1}x$	$\dfrac{1}{\sqrt{x^2-1}}$	$(x > 1)$
	$\sinh^{-1}x$	$\dfrac{1}{\sqrt{x^2+1}}$	$(-\infty < x < \infty)$
	$\tanh^{-1}x$	$\dfrac{1}{1-x^2}$	$(-1 < x < 1)$
	$\coth^{-1}x$	$\dfrac{1}{1-x^2}$	$(\lvert x\rvert > 1)$
	$\text{sech}^{-1}x$	$\dfrac{-1}{x\sqrt{1-x^2}}$	$(0 < x < 1)$
	$\text{csch}^{-1}x$	$\dfrac{-1}{\sqrt{x^2(1+x^2)}}$	$(x \neq 0)$

5.7 음함수의 미분법

대부분 함수는 $y=f(x)$ 등과 같이 하나의 변수 y는 다른 한 변수 x로 명료하게 나타내어졌다. 그러나

$$x^2+y^2-25=0$$

은 함수 $y=f(x)$와 다르게 y의 값의 범위를 적당하게 제한해 주면 $x\in[-5, 5]$인 모든 x에 대하여 하나의 y값만이 결정할 수 있다. 따라서 y의 변역 Y를 적당하게 제한하여 줌으로써 방정식 $x^2+y^2-25=0$은 하나의 함수를 정의하게 된다.

일반적으로 $y=f(x)$의 형태로 정의된 함수를 **양함수**(explicit function)라 하고, $f(x, y)=0$의 형태로 정의된 함수를 **음함수**(implicit function)라고 한다. $f(x, y)=0$에서 $\dfrac{dy}{dx}$를 구하기 위해서 y를 x의 함수로 생각하고 $f(x, y)=0$의 양변을 x에 관해서 미분한 다음 $\dfrac{dy}{dx}$에 관하여 풀면 되는데 이와 같은 미분법을 음함수의 미분법이라고 한다.

함수

$$x^3+y^3=2xy$$

에서 y를 x에 관한 함수로 푼다는 것은 간단하지 않다. 이와 같은 방정식에서 y의 도함수를 구하기 위하여는 음함수의 미분법을 이용한다.

【예제 1】 $x^3+y^3=2xy$일 때 $\dfrac{dy}{dx}$를 구하여라.

풀이 방정식의 양변을 x에 관하여 미분하면

$$3x^2+3y^2\frac{dy}{dx}=2y+2x\frac{dy}{dx}$$

$$(3y^2-2x)\frac{dy}{dx}=2y-3x^2$$

$$\frac{dy}{dx}=\frac{2y-3x^2}{3y^2-2x}$$

□

【예제 2】 $4x^2y-3y=x^3-1$일 때 $\dfrac{dy}{dx}$를 구하여라.

5.8 고계 도함수

함수 f가 미분가능한 함수이면 $f'(x)$는 f의 도함수를 나타내고 f'가 미분가능하면 f'의 도함수를 $f''(x)$로 나타내고 f의 **2계 도함수**(derivative of the second order)라고 한다. 그러므로

$$f''(x)=\frac{d}{dx}(f'(x))=\frac{d}{dx}\left(\frac{d}{dx}f(x)\right)$$

이다. 예를 들면, $f(x)=x^7$일 때 $f'(x)=7x^6$이고 따라서

$$f''(x)=\frac{d}{dx}(f'(x))=\frac{d}{dx}(7x^6)=42x^5$$

이다. 이러한 방법으로 계속하면 $f^{(3)}$, $f^{(4)}$, …를 얻는다.

일반적으로 f의 n계 도함수를 $f^{(n)}(x)$로 나타내고, 이것은 $y=f(x)$를 n번 미분함을 의미한다. $y=f(x)$일 때 n계 도함수를 다음과 같이 표시한다.

$$y^{(n)},\ f^{(n)}(x),\ \frac{d^n y}{dx^n},\ D^n f(x),\ D_x^n f(x)$$

$n \geq 2$일 때 $f^{(n)}(x)$를 $f(x)$의 **고계 도함수**(derivative of the higher order)라고 한다.

【예제 1】 $f(x)=(1+x)^m$일 때 $f^{(n)}(x)$를 구하여라.

풀이

$$f'(x)=m(1+x)^{m-1}$$
$$f''(x)=m(m-1)(1+x)^{m-2}$$
$$\vdots$$
$$f^{(n)}(x)=m(m-1)\cdots(m-n+1)(1+x)^{m-n}$$

특히 m이 양의 정수일 때

$$f^{(m)}(x)=m!,\ n>m\text{이면 } f^{(n)}(x)=0.$$ □

【예제 2】 $f(x)=\frac{1}{x}$일 때 $f^{(n)}(x)$를 구하여라.

풀이

$$f'(x)=-x^{-2}=-\frac{1}{x^2}$$
$$f''(x)=(-2)(-1)x^{-3}=\frac{2}{x^3}$$

$$f'''(x) = -3 \cdot 2 \cdot 1 \cdot x^{-4}$$
$$f^{(4)}(x) = 4 \cdot 3 \cdot 2 \cdot 1 \cdot x^{-5}$$
$$f^{(5)}(x) = -5 \cdot 4 \cdot 3 \cdot 2 \cdot 1 \cdot x^{-6} = -5!x^{-6}$$
$$\vdots$$
$$f^{(n)}(x) = (-1)^n n(n-1)(n-2) \cdots 2 \cdot 1 \cdot x^{-(n+1)}$$

또는

$$f^{(n)}(x) = \frac{(-1)^n n!}{x^{n+1}}$$ □

수직선 위에서 움직이는 물체의 위치함수를 $s=f(t)$라 하면 이것의 1계 도함수는 시간의 함수로써 물체의 속도 $v(t)$를 나타낸다.

$$v(t) = f'(t) = \frac{ds}{dt}$$

시간에 대한 속도의 순간변화율을 물체의 **가속도**(acceleration) $a(t)$라고 한다. 따라서 가속도 함수는 속도함수의 도함수이고 위치함수의 2계 도함수이다.

$$a(t) = \frac{dv}{dt} = \frac{d^2s}{dt^2}$$

으로 나타낸다. 예를 들면 진공에서 낙하하는 물체의 위치함수의 식은 $s=16t^2$이므로 $v(t)=32t$이고 $a(t)=32$이다. 따라서 물체의 가속도는 32이다. 여기서 속도의 단위는 ft/sec이고 가속도의 단위는 ft/sec²이다.

【예제 3】 물체의 운동방정식이 $s=2t^3-5t^2+3t+4$라고 하자. (t의 단위는 sec이고, s의 단위는 cm이다.) 2초 후의 가속도를 구하여라.

풀이 속도와 가속도는

$$v(t) = \frac{ds}{st} = 6t^2 - 10t + 3$$

$$a(t) = \frac{dv}{dt} = 12t - 10$$

따라서 $t=2$일 때 가속도는 $a(2)=14\text{cm/sec}^2$이다. □

【예제 4】 시간 t에 대하여 동점의 위치 s가 $s=A\sin(at+b)$로 직선위를 움직이고 있을 때 이 동점의 가속도는 위치와 비례관계가 있음을 보여라.

풀이 속도와 가속도는

$$v(t)=\frac{ds}{dt}=a\,A\cos(at+b)$$
$$\alpha(t)=\frac{dv}{dt}=-a^2A\sin(at+b)$$

이므로 $\alpha(t)=-a^2s$이다. 따라서 $-a^2$이 비례상수가 되어 가속도는 위치와 비례관계가 있다. □

【예제 5】 $D^{27}\sin x$를 구하여라.

풀이 $\sin x$의 처음 몇 개의 도함수를 구하면 다음과 같다.

$$D\sin x=\cos x$$
$$D^2\sin x=D\cos x=-\sin x$$
$$D^3\sin x=D(-\sin x)=-\cos x$$
$$D^4\sin x=D(-\cos x)=\sin x$$

이고 연속적으로 미분하면 길이 4인 주기가 나타난다. 따라서

$$D^8\sin x=\sin x,\ D^{12}\sin x=\sin x$$

임을 알 수 있다. 마찬가지로 $D^{24}\sin x=\sin x$이므로

$$D^{27}\sin x=D^3\sin x=-\cos x$$

이다. □

【예제 6】 $D^{27}\cos x$를 구하여라.

풀이 $\cos x$의 처음 몇 개의 도함수를 구하면 다음과 같다.

$$D\cos x=-\sin x$$
$$D^2\cos x=-\cos x$$
$$D^3\cos x=\sin x$$
$$D^4\cos x=\cos x$$

이고 연속적으로 미분하면 길이 4인 주기가 나타난다. 따라서

$$D^{24}\cos x=\cos x$$

이고 세번 더 미분하면

$$D^{27}\cos x=\sin x$$

이다. □

연습문제 (5.8)

1. 다음 함수의 3계 도함수를 구하여라.

(1) $\sqrt{1+x}$

(2) e^{-x^2}

(3) $\ln \sin ax$

(4) $\dfrac{1}{1+x^2}$

2. 다음 함수의 n계 도함수를 구하여라.

(1) $f(x)=\dfrac{1}{a^2-x^2}$

(2) $f(x)=x^3\ln x$

(3) $y=e^x\sin x$

(4) $f(x)=\ln x$

3. $f(x)=\tan^{-1}x$일 때 $f^{(n)}(0)$을 구하여라.

4. $f(x)=\sin^{-1}x$일 때 $f^{(n)}(0)$을 구하여라.

5. $f(x)=(2-3x)^{-\frac{1}{2}}$일 때 $f(0)$, $f'(0)$, $f''(0)$ 및 $f'''(0)$을 구하여라.

6. $f(x)=\dfrac{1}{3x^3}$에서 $f^{(n)}(x)$를 구하여라.

7. $f(\theta)=\cot\theta$ 일 때 $f'''\left(\dfrac{\pi}{6}\right)$를 구하여라.

8. 처음 몇 개의 도함수를 관찰하고 $\dfrac{d^n}{dx^n}\sin x$를 구하여라.

9. $y=\ln x$에서 $\dfrac{d^ny}{dx^n}$을 구하여라.

10. 처음 몇 개의 도함수를 관찰하고 $D^{50}\cos 2x$를 구하여라.

11. $s=\dfrac{1}{2}t^4-5t^3+12t^2$이라 하자. 가속도가 0일 때 이 물체의 속도를 구하여라.

12. $\dfrac{d^n}{dx^n}\left(\dfrac{1}{x}\right)$의 공식을 구하여라.

로 나타낼 수 있다.

도함수의 정의에 의하여

$$\lim_{\Delta x \to 0} \frac{[f(x+\Delta x)-f(x)]-f'(x)\Delta x}{\Delta x}=0$$

이므로 $[f(x+\Delta x)-f(x)]$와 $f'(x)\Delta x$의 차이는 Δx에 비하여 더욱 작다. 이와 같은 이유로 다음과 같이 미분을 정의한다.

〈**정의 1.1**〉

함수 f가 개구간 I에서 미분가능하다고 하자. 개구간 I 안에 있는 임의의 x에 대하여 x에서의 증분 Δx에 대한 f의 증분을 $\Delta f=f(x+\Delta x)-f(x)$로 나타내고 x에서의 증분 Δx에 대한 f의 **미분**(derivation)을

$$df=f'(x)\Delta x$$

로 정의한다.

정리 1.2 x의 미분 dx는 x의 증분 Δx와 같다.

증명 Δx에 대한 x의 미분 dx는 $f(x)=x$일 때의 df의 다른 표현이다.
따라서 $dx=df=f'(x)\Delta x$이고 $f'(x)=1$이므로 $dx=\Delta x$이다. □

위 정의 1.1로부터 임의의 점 x에서의 Δx에 대한 f의 미분 df는

$$df=f'(x)\Delta x=f'(x)dx$$

이다. 따라서 미분 df, dx 등의 기호를 사용하면 근사식 (1)은

$$f(x+dx)\approx f(x)+df$$

로 나타낼 수 있다.

【예제 1】 $y=x^2$이면 $dy=2xdx$ 즉 $d[x^2]=2xdx$이다.

또한 $y=x^n$이면 $dy=nx^{n-1}dx$ 즉 $d[x^n]=nx^{n-1}dx$이다.

【예제 2】 $y=x^2-3x+1$일 때

(1) 임의의 점 x에서의 증분 Δx에 대하여 Δy, dy, $\Delta y-dy$를 구하여라.

(2) $x=1$, $\Delta x=0.1$에 대하여 Δy, dy, $\Delta y-dy$를 구하여라.

풀이 (1) $\Delta y=\{(x+\Delta x)^2-3(x+\Delta x)+1\}-(x^2-3x+1)$
$=2x\Delta x-3\Delta x+\Delta x^2$

$dy=(2x-3)\Delta x$

$\Delta y-dy=\Delta x^2$

(2) $\Delta y\Big|_{\Delta x=0.1}^{x=1}=2\times1\times0.1-3\times0.1+(0.1)^2=-0.09$

$dy\Big|_{\Delta x=0.1}^{x=1}=(2\times1-3)\times0.1=-0.1$ □

【예제 3】 $y=f(x)=x^2+2x$이고 x가 $x=2$에서 $x=2.05$로 변할 때 Δy와 dy를 비교하여라.

풀이 $f(2)=2^2+2\times2=8$

$f(2.05)=(2.05)^2+2\times2.05=8.3025$

$\Delta y=f(2.05)-f(2)=0.3025$

$dy=f'(x)dx=(2x+2)dx=0.3$

이 된다. □

근사식 $\Delta y\approx dy$는 예제 3에서 Δx가 작을수록 오차가 작다는 것을 알 수 있다. 그리고 dy는 Δy보다 계산하기 쉽다는 것도 알 수 있다. 더욱 복잡한 식에서 Δy를 정확하게 계산한다는 것은 불가능 할 것이므로 이러한 경우에 미분에 의한 근사식이 매우 유용하다.

【예제 4】 미분을 이용하여 $x=1.997$일 때 $y=x^4-2x^3+9x+7$의 근사값을 구하여라.

풀이 $x=1.997=2+(-0.003)$에서 $a=2$, $\Delta x=-0.003$으로 놓으면 주어진 함수 $y=f(x)$에서

$$f(1.997)\approx f(a)+dy$$

이때 $dy=f'(x)\Delta x$이므로

$$dy=(4x^3-6x^2+9)dx$$

에서 $dy=(32-24+9)(-0.003)=-0.051$이다. $x=2$일 때 $y=25$이므로 $x=1.997$일 때 근사값은

$$f(1.997)\approx f(2)+dy=25-0.051=24.949$$

이다. □

연습문제 (6.1)

1. 다음 식에서 dy를 구하여라.

(1) $y=x^2-x+4$　　(2) $y=(3x^2+x+1)^{-2}$

(3) $y=(7x^2+3x^4-1)^{-\frac{3}{2}}$

2. 다음에서 주어진 값에 대한 Δy와 dy를 구하여라.

(1) $y=x^3,\ x=1,\ \Delta x=0.1$　　(2) $y=\dfrac{1}{x},\ x=2,\ \Delta x=-0.1$

3. 미분을 이용하여 다음의 근사값을 구하여라.

(1) $\sqrt[3]{65}$　　(3) $\sqrt{35.9}$

4. 다음 문제의 미분을 구하여라.

(1) $d(3x+2)$　　(2) $d(2x^2-1)$

(3) $d\left(\dfrac{1}{\sqrt{x}}\right)$　　(4) $d(\sqrt{x})$

5. $s=\sqrt[5]{(t^2-3)^2}$일 때 ds를 구하여라.

6. 고무공의 바깥지름은 12 feet이며 공의 두께는 0.3 inch이다. 미분을 이용하여 공의 내부부피의 근사값을 구하여라.

7. 비눗방울이 반지름이 3 inch에서 3.025 inch로 커질 때, 그 표면적의 증가의 근사값을 미분량을 써서 구하여라.

6.2 평균값 정리

이 절에서는 도함수의 여러 가지 응용문제를 다루는데 있어서 기초가 되는 Rolle의 정리, 평균값 정리 등을 설명하겠다.

정리 2.1 점 x_0의 근방 I에서 정의된 함수 f가 x_0에서 미분가능하고 극값을 가지면 $f'(x_0)=0$이다.

증명 함수 f가 x_0에서 극대값을 갖을 경우만 증명한다. 함수 f가 x_0에서 미분가능하고 극대값을 갖는다고 하면

$$\begin{aligned} f'(x_0) &= \lim_{h\to 0}\frac{f(x_0+h)-f(x_0)}{h} \\ &= \lim_{h\to 0^+}\frac{f(x_0+h)-f(x_0)}{h} \\ &= \lim_{h\to 0^-}\frac{f(x_0+h)-f(x_0)}{h} \end{aligned} \tag{1}$$

이고 x_0의 근방 U가 존재해서 모든 $x \in U \cap I$에 대해 $f(x) \le f(x_0)$이다. 그런데 $U \cap I$가 x_0의 근방이므로

$$\exists \delta > 0 \text{ s.t. } 0 < |h| < \delta \Rightarrow x_0+h \in U \cap I$$

이다. 따라서 $0 < |h| < \delta$이면 $f(x_0+h) \le f(x_0)$,
즉 $f(x_0+h)-f(x_0) \le 0$이다.
따라서

$$0 < h < \delta \Rightarrow \frac{f(x_0+h)-f(x_0)}{h} \le 0$$

$$-\delta < h < 0 \Rightarrow \frac{f(x_0+h)-f(x_0)}{h} \ge 0$$

즉,

$$\lim_{h\to 0^+}\frac{f(x_0+h)-f(x_0)}{h} \le 0,\ \lim_{h\to 0^-}\frac{f(x_0+h)-f(x_0)}{h} \ge 0 \tag{2}$$

이므로 식 (1)과 (2)에 의하여 $f'(x_0)=0$이다. □

정리 2.2 (Rolle의 정리)

함수 f가 폐구간 $[a,\ b]$에서 연속이고 개구간 $(a,\ b)$에서 미분가능하다고 하자. 이때 $f(a)=f(b)$이면 $f'(x_0)=0$인 x_0가 $(a,\ b)$에 적어도 하나 존재한다.

증명 증명하기 전에 정리의 가정을 만족하는 몇 가지 종류의 함수들을 그려보면 다음 그림 6.2와 같다.

각 경우에 있어서 그래프 상에 적어도 한 점 $(x_0,\ f(x_0))$에서 접선이 x축에 평행 이어서 $f'(x_0)=0$인 점이 나타난다. 그러므로 Rolle의 정리는 사실이다.

함수 f가 $[a,\ b]$에서 항등적으로 0이면 정리는 명백히 성립한다. 이제 함수 f가 $[a,\ b]$에서 항등적으로 0이 아니라 하자. 그러면 $f(a)(=f(b))\neq f(c)$가 되는 $c\in(a,\ b)$가 존재한다. 그러면 $f(a)<f(c)$이거나 $f(c)<f(a)$이다.

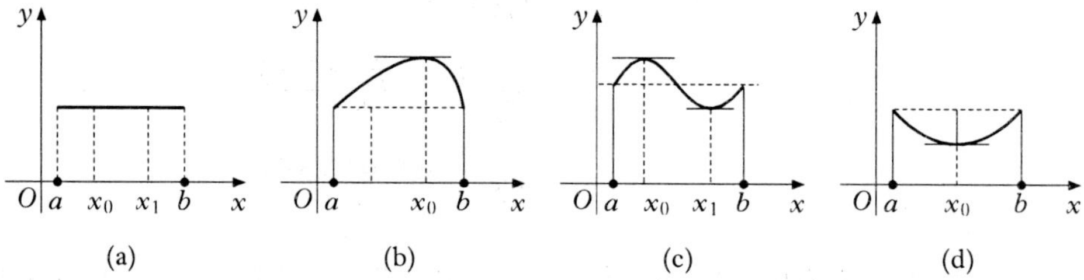

[그림 6.2]

(i) $f(a)<f(c)$인 경우

함수 f가 폐구간 $[a,\ b]$에서 연속이므로 f는 $[a,\ b]$안에 어떤 점 x_0에서 그 구간에서의 최대값을 가진다. 그런데 $f(a)=f(b)<f(c)$인 c가 $(a,\ b)$안에 존재하므로 $x_0\neq a,\ x_0\neq b$이다. 그러므로 $x_0\in(a,\ b)$이다. 따라서 f는 x_0에서 미분가능하고 최대값 $f(x_0)$은 f의 극값이므로 정리 2.1에 의하여 $f'(x_0)=0$이다.

(ii) $f(c)<f(a)$인 경우

이 경우도 최소값의 정리를 사용하여 (i)의 경우와 마찬가지로 증명된다. □

【예제 1】 함수 $f(x)=\sin 2x$는 $\left(0,\ \frac{1}{2}\pi\right)$에서 미분가능하고 또 f가 $\left[0,\ \frac{1}{2}\pi\right]$에서 연속이며 $f(0)=f\left(\frac{1}{2}\pi\right)=0$이다. $f'(x_0)=0$이 되는 $\left(0,\ \frac{1}{2}\pi\right)$ 안의 점을 모두 구하여라.

풀이 $f'(x)=2\cos 2x$이므로 $f'(x_0)=2\cos 2x_0$이다. 따라서 $f'(x_0)=0$인 x_0는 $\cos 2x_0=0$인 x_0를 구하면 된다. 지금 $\cos 2x_0=0$으로부터 $\left(0, \frac{1}{2}\pi\right)$ 안에 있는 것은 $x_0=\frac{1}{4}\pi$이다. □

정리 2.3 평균값 정리(Mean Value Theorem)

함수 f가 (a, b)에서 미분가능하고 $[a, b]$에서 연속이면

$$f'(c)=\frac{f(b)-f(a)}{b-a}$$

가 되는 c가 a와 b 사이에 적어도 하나 존재한다.

증명 함수 g를 $[a, b]$에서 다음과 같이 정의하자.

$$g(x)=f(x)-\left\{\frac{f(b)-f(a)}{b-a}(x-a)+f(a)\right\}$$

이라 하면 g는 $[a, b]$에서 연속이고 (a, b)에서 미분가능하고 $g(a)=g(b)=0$이다. 따라서 Rolle의 정리에 의해 $g'(c)=0$이 되는 c가 a와 b 사이에 적어도 하나 존재한다. 그러므로

$$f'(c)=\frac{f(b)-f(a)}{b-a}$$

가 되는 c가 a와 b 사이에 적어도 하나 존재한다.

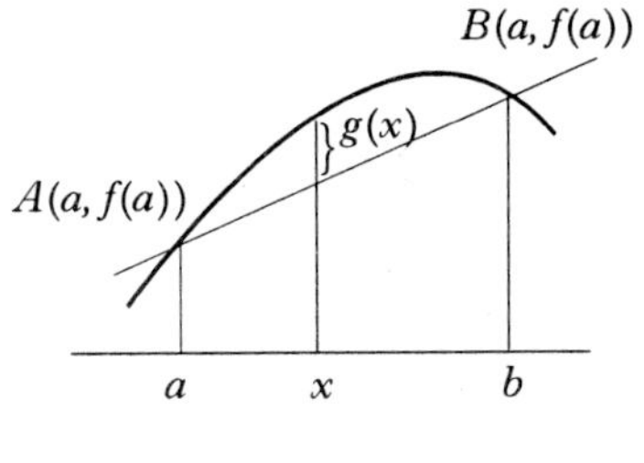

[그림 6.3] □

평균값 정리는 Rolle의 정리를 일반화한 것으로 기하학적 의미는 다음과 같다. 그림 6.3에서 $\frac{f(b)-f(a)}{b-a}$는 직선 AB의 기울기이며 $f'(c)$는 점$(c, f(c))$에서의 곡선 f에 대한 접선의 기울기이다. 따라서 평균값의 조건을 만족하면 점$(c, f(c))$에서 곡선 f에 대한 접선의 기울기가 직선 AB의 기울기가 같아지는 점 c가 (a, b) 안에 적

어도 하나 존재한다는 것이다.

평균값 정리는 다음과 같은 여러 가지 모양으로 나타낼 수 있다.

$$f(b)-f(a)=f'(c)(b-a),\ (a<c<b)$$

여기서 $\frac{c-a}{b-a}=\theta$ $(0<\theta<1)$로 놓으면 $c=a+(b-a)\theta$이다. 따라서

$$f(b)-f(a)=f'(a+(b-a)\theta)(b-a)\ \ (0<\theta<1)$$

또 $b-a=h$를 놓으면

$$f(a+h)-f(a)=f'(a+\theta h)h\ \ (0<\theta<1)$$

과 같이 나타낼 수 있다.

【예제 2】 구간 $[-1, 2]$에 함수 $f(x)=x^3-x^2-x+1$이라 하자. 평균값 정리의 결론을 만족하는 수 c를 모두 찾아라.

풀이 주어진 함수 $f(x)$를 미분하면 $f(x)=3x^2-2x-1$
그리고

$$\frac{f(2)-f(-1)}{2-(-1)}=\frac{3-0}{3}=1$$

여기서 우리는 다음 식을 풀면

$$3c^2-2c-1=1$$
$$\therefore\ c=(1\pm\sqrt{7})/3\text{이다.}$$

그런데 이 값은 구간 $(-1, 2)$에 속한다. □

정리 2.4 (Cauchy의 평균값 정리)

함수 f와 g가 (a, b)에서 미분가능하고 $[a, b]$에서 연속이며 모든 $x\in(a, b)$에 대해 $g'(x)\neq 0$이라 하자. 그러면 (a, b) 안에 적어도 하나의 점 c가 존재해서 다음을 만족한다.

$$\frac{f(b)-f(a)}{g(b)-g(a)}=\frac{f'(c)}{g'(c)}$$

증명 가정에서 모든 $x \in (a, b)$에 대해 $g'(x) \neq 0$이라 했으므로 $g(a) \neq g(b)$이다. 왜냐하면 $g(a)=g(b)$라 하면 Rolle의 정리에 의해 $g'(c)=0$인 점 c가 (a, b) 안에 적어도 하나 존재하는데 이것은 모든 $x \in (a, b)$에 대해 $g'(x) \neq 0$이라는데 모순이다.

이제

$$\phi(x)=f(x)-f(a)-\frac{f(b)-f(a)}{g(b)-g(a)}(g(x)-g(a)) \quad (x \in [a, b])$$

라 하자. 그러면 $\phi(x)$는 (a, b)에서 미분가능이고 $[a, b]$에서 연속이며 $\phi(a)=\phi(b)=0$이다. 따라서 Rolle의 정리에 의해서 $\phi'(c)=0$이 되는 c가 (a, b) 안에 적어도 하나 존재한다. 그런데

$$\phi'(c)=f'(c)-\frac{f(b)-f(a)}{g(b)-g(a)}g'(c)=0$$

이므로

$$\frac{f(b)-f(a)}{g(b)-g(a)}=\frac{f'(c)}{g'(c)}$$

가 성립한다. □

연습문제 (6.2)

1. 다음에 주어진 함수들이 주어진 구간 위에서 평균값 정리의 가정을 모두 만족시킴을 보이고 평균값 정리를 만족하는 모든 c를 구하여라.

(1) $f(x)=x^2+x,\ [-2,\ 2]$ (2) $f(x)=x^2+3x-1,\ [-3,\ 1]$

(3) $f(x)=\dfrac{1}{3}(x^3+x-4),\ [-1,\ 2]$ (4) $f(x)=\dfrac{x}{x-3},\ [0,\ 2]$

2. 함수 $f(x)=|x-1|$은 구간 $[0,\ 3]$에서 평균값 정리를 만족시키는 c가 존재하지 않음을 보이고 그 이유를 말하여라.

3. 다음에서 $f(b)=f(a)+(b-a)f'(c)$가 되는 c를 구하여라.

(1) $f(x)=x^2,\ a=2,\ b=3$ (2) $f(x)=\ln x,\ a=1,\ b=e$

4. f는 미분가능하며 $|f'(x)| \le 1$이고 $f(-3)=-3,\ f(3)=3$일 때 $f(0)$의 값을 구하여라.

5. Rolle의 정리를 이용하여 방정식 $\tan x=1-x$의 근이 $(0,\ 1)$ 안에 존재함을 보여라.

6. Rolle의 정리를 이용하여 방정식 $\cot x=x$의 근이 $\left(0,\ \dfrac{\pi}{2}\right)$ 안에 존재함을 보여라.

7. 함수 $f(x)=|x-3|$일 때 $f'(c)=0$이 되는 c가 $(2,\ 4)$ 안에 있는지 밝혀라.

8. 평균값 정리를 이용하여 $|\sin b-\sin a| \le |b-a|$임을 증명하여라.

9. 평균값 정리를 이용하여 $|\cos b-\cos a| \le |b-a|$임을 보여라.

10. (1) 모든 x에 대하여 $-\dfrac{1}{2} \le \dfrac{x}{1+x^2} \le \dfrac{1}{2}$임을 보여라.

(2) $f'(x)=\dfrac{x}{1+x^2}$인 함수 $f(x)$는 $|f(b)-f(a)| \le \dfrac{1}{2}|b-a|$를 만족함을 보여라.

11. $f(x)=\dfrac{1}{x}$일 때 $[a,\ b]$에서 평균값 정리를 만족하는 c를 구하여라.
단, $0<a<b$이다.

6.3 함수의 증가와 감소

이 절에서는 주어진 함수 f에 대하여 f의 정의역의 한 점 근방에서의 f의 증가와 감소상태를 도함수를 이용하여 분석해 보고자 한다.

〈정의 3.1〉

함수 f를 임의의 한 구간 I에서 정의되었다 하고 I 내의 임의의 두 점 x_1, x_2에 대하여

(i) $x_1 < x_2$일 때 $f(x_1) < f(x_2)$이면 f는 구간 I에서 **증가함수**(increasing function)라고 한다.

(ii) $x_1 < x_2$일 때 $f(x_1) > f(x_2)$이면 f는 구간 I에서 **감소함수**(decreasing function)라고 한다.

(iii) 함수 f가 (i) 또는 (ii)를 만족하면 f는 구간 I에서 **단조함수**(monotone function)라고 한다.

위의 정의에 의하면 함수 $f(x)=x^2$은 $(-\infty, 0]$에서 감소함수이고, $[0, \infty)$에서 증가함수이다. 그러므로 함수 f는 $(-\infty, 0]$에서 그리고 $[0, \infty)$에서 단조함수이다. 그러나 $(-\infty, \infty)$에서는 단조함수가 아니다.

다음은 1계 도함수가 함수의 증감을 판정하는 정리를 알아보도록 한다.

정리 3.2 함수 f가 $[a, b]$에서 연속이고 (a, b)에서 미분가능하다고 하자.

(i) 구간 (a, b) 내의 모든 x에 대하여 $f'(x)>0$이면 함수 f는 $[a, b]$에서 **증가함수**이고

(ii) 구간 (a, b) 내의 모든 x에 대하여 $f'(x) < 0$이면 함수 f는 $[a, b]$에서 **감소함수**이다.

증명 x_1, x_2를 $x_1 < x_2$인 $[a, b]$ 내의 임의의 두 점이라고 하자. 함수 f는 $[x_1, x_2]$에서 연속이고 (x_1, x_2)에서 미분가능하다. 따라서 $[x_1, x_2]$에서 평균값의 정리를 이용하면 $f(x_2)-f(x_1)=f'(c)(x_2-x_1)$을 만족하는 c가 x_1과 x_2 사이에 존재한다. 따라서 다음의 결과를 얻는다.

(i) 가정에 의하여 $f'(c) > 0$이고 $x_2 - x_1 > 0$이므로 $f(x_2) - f(x_1) > 0$이다. 이것은 함수 f가 $[a, b]$에서 증가함수임을 보인다.

(ii) 가정에 의하여 $f'(c) < 0$이고 $x_2 - x_1 > 0$이므로 $f(x_2) - f(x_1) < 0$이다. 따라서 함수 f는 감소함수이다. □

【예제 1】 함수 $f(x) = -x^3 + 12x + 5$, $-3 \le x \le 3$에 대하여 증가 또는 감소 구간을 구하여라.

풀이 $f'(x) = -3x^2 + 12 = -3(x+2)(x-2)$

$f'(x) = -3(x+2)(x-2) > 0 \Leftrightarrow -2 < x < 2$

$f'(x) = -3(x+2)(x-2) < 0 \Leftrightarrow -3 < x < -2,\ 2 < x < 3$

따라서 함수 f는 구간 $[-3, -2]$와 $[2, 3]$에서 감소하고 $[-2, 2]$에서 증가한다. □

〈정의 3.3〉

D는 함수 f의 정의역으로서 c를 포함한다고 하자.

(i) 모든 $x \in D$에 대하여 $f(c) \ge f(x)$이면 $f(c)$는 f의 **최대값**(maximum)이다.

(ii) 모든 $x \in D$에 대하여 $f(c) \le f(x)$이면 $f(c)$는 f의 **최소값**(minimum)이다.

(iii) $f(c)$가 f의 최대값 또는 최소값이면 **극값**(extreme value)이라고 부른다.

함수 f의 정의역이 $[a, b]$, $(a, b]$, (a, b)로 주어지면 $[a, b]$는 끝점을 모두 포함하고 $(a, b]$는 끝점을 하나만 포함하고 (a, b)는 끝점을 포함하지 않는다. 폐구간에서는 함수의 극값이 끝점에서 생길 때가 있다. c가 $f'(c) = 0$이 되는 점일때 c를 **정점**(stationary point)이라고 한다. 극값은 보통 정점에서 생긴다. 또한 정의역 D 안의 어떤 점 c에서 $f'(c)$가 존재하지 않으면 c를 **특이점**(singular point)이라고 한다. 이 점은 보통 f의 그래프가 뾰족한 모서리를 갖던가 접선이 수직이던가 또는 점프하는 점들이다. 여기서 설명한 끝점, 정점 그리고 특이점을 함수 f의 **임계점**(critical point)이라고 한다. 이 임계점을 알아보기 쉽게 그래프에서 구해보면 다음 그림 6.4와 같다.

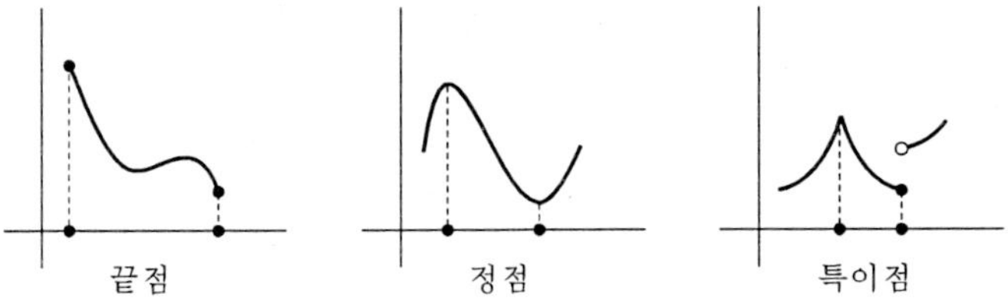

[그림 6.4]

【예제 2】 함수 $f(x)=\sqrt[3]{x}\,(x-4)$이 $[-1, 5]$에서 정의되어 있다. 이때 $f(x)$의 임계점을 구하여라.

풀이 끝점이 $-1, 5$이다. 정점을 찾기 위하여 $f'(x)$를 구하면 $f'(x)=\frac{4}{3}x^{-\frac{2}{3}}(x-1)$이므로 $x=1$는 정점, $x=0$는 특이점이므로 임계점은 $-1, 0, 1, 5$이다. □

> **정리 3.4** 함수 f가 c를 포함하는 구간 I에서 정의된 함수라 하자.
> $f(c)$가 극값이면 c는 임계점이 되어야 한다. 즉 c는 다음들 중의 하나를 만족한다.
>
> (i) I의 끝점
> (ii) 함수 f의 정점
> (iii) 함수 f의 특이점

증명 우선 $f(c)$가 I에서 최대값이라고 생각하자. 그리고 c가 끝점도 특이점도 아니라고 하자. 따라서 정점인 것을 보이면 된다.

$f(c)$가 최대값이므로 I의 모든 점 x에 대하여 $f(x) \le f(c)$ 즉 $f(x)-f(c) \le 0$이다. 따라서 $x < c$이면 $x-c < 0$이므로

$$\frac{f(x)-f(c)}{x-c} \ge 0$$

또 $x > c$이면

$$\frac{f(x)-f(c)}{x-c} \le 0$$

그런데 c는 특이점이 아니므로 $f'(c)$가 존재한다. 따라서

$$f'(c)=\lim_{x\to c+}\frac{f(x)-f(c)}{x-c}=\lim_{x\to c-}\frac{f(x)-f(c)}{x-c}$$

이고

$$\lim_{x\to c+}\frac{f(x)-f(c)}{x-c}\le 0,\ \lim_{x\to c-}\frac{f(x)-f(c)}{x-c}\ge 0$$

이므로

$$f'(c)=0$$

이어야 한다.

또 $f(c)$가 최소값일 때도 똑같은 방법으로 증명한다. □

〈정의 3.5〉

D는 함수 f의 정의역이고 $c\in D$라 하자.

(i) c의 근방 $U=(a, b)$가 존재하여 모든 $x\in U\cap D$에 대해 $f(x)\le f(c)$이면 $f(c)$를 f의 **극대값**(local maximum value)이라고 한다.

(ii) c의 근방 $U=(a, b)$가 존재하여 모든 $x\in U\cap D$에 대해 $f(x)\ge f(c)$이면 $f(c)$를 f의 **극소값**(local minimum value)이라고 한다.

(iii) $f(c)$가 극대값이거나 극소값이면 $f(c)$를 f의 **극값**(local extreme value)이라고 한다.

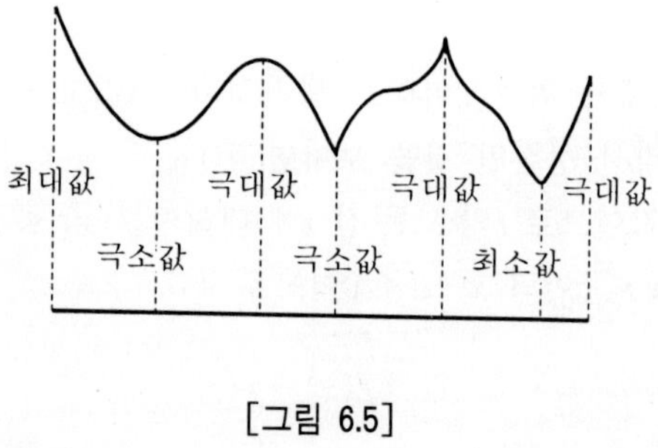

[그림 6.5]

그림 6.5에서와 같이 최대값이란 모든 극대값 중에서 제일 큰 값이고 최소값이란 극소값 중에서 제일 작은 값이다.

정리 3.6 함수 f는 $[a, b]$에서 연속이고 c는 f의 임계값이라고 하자.

(i) $a < x < c$에 대해 $f'(x) > 0$이고 $c < x < b$에 대해 $f'(x) < 0$이면 f는 c에서 **극대값** $f(c)$를 갖는다.

(ii) $a < x < c$에 대해 $f'(x) < 0$이고 $c < x < b$에 대해 $f'(x) > 0$이면 f는 c에서 **극소값** $f(c)$를 갖는다.

(iii) $f'(x)$가 c의 양쪽에서 부호가 같으면 f는 c에서 **극값**을 갖지 않는다.

증명 (a, c)의 원소 x에 대하여 $f'(x) > 0$이므로 f가 증가함수이므로 $f(x) < f(c)$이다. 또 (c, b)의 원소 x에 대하여 $f'(x) < 0$이므로 f가 감소함수이므로 $f(x) < f(c)$이다. 따라서 (a, b)의 모든 원소 x에 대하여 $f(c) \geq f(x)$이다. 그러므로 정의 3.5에 의해 f는 c에서 극대값을 갖는다.

(ii)와 (iii)도 같은 방법으로 증명하면 된다. □

그림 6.6을 살펴보면 정리 3.6을 쉽게 이해할 수 있다.

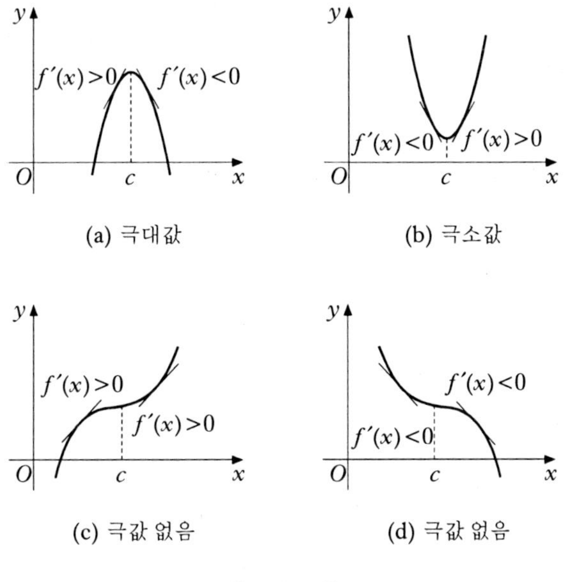

[그림 6.6]

【예제 3】 $(-\infty, \infty)$에서 함수 $f(x)=\frac{1}{3}x^3-x^2-3x+4$의 극값을 구하고 그래프를 그려라.

풀이 $f'(x)=x^2-2x-3=(x+1)(x-3)$이니 f의 임계점은 -1과 3뿐이다. 구간 $(-\infty, -1)$과 $(3, \infty)$에서 $(x+1)(x-3)>0$이고 $(-1, 3)$에서 $(x+1)(x-3)<0$임 알 수 있다. 따라서 정리 3.6에 의하여 $f(-1)=\frac{17}{3}$이 극대값이고, $f(3)=-5$가 극소값이다.

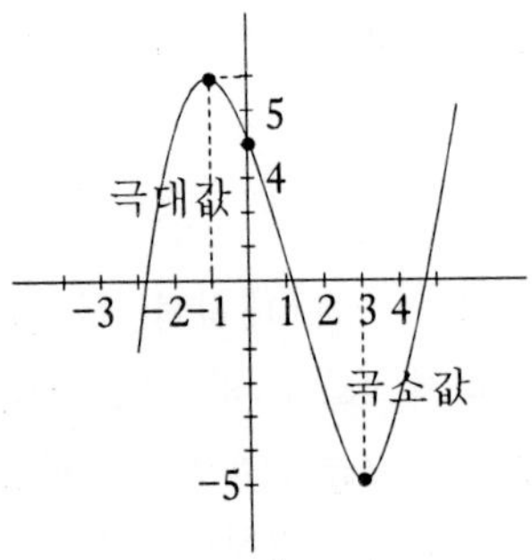

[그림 6.7] □

【예제 4】 구간 $\left(-\frac{\pi}{6}, \frac{2\pi}{3}\right)$에서 함수 $f(x)=(\sin x)^{\frac{2}{3}}$의 극값을 구하여라.

풀이 $f'(x)=\dfrac{2\cos x}{3(\sin x)^{\frac{1}{3}}}$, $x \neq 0$

$f'(0)$은 존재하지 않고 $f'\left(\frac{\pi}{2}\right)=0$이니 임계점은 0과 $\frac{\pi}{2}$이다. $\left(-\frac{\pi}{6}, 0\right)$과 $\left(\frac{\pi}{2}, \frac{2\pi}{3}\right)$에서 $f'(x)<0$이고 $\left(0, \frac{\pi}{2}\right)$에서 $f'(x)>0$이다. 따라서 $f(0)=0$은 극소값이고 $f\left(\frac{\pi}{2}\right)=1$은 극대값이다.

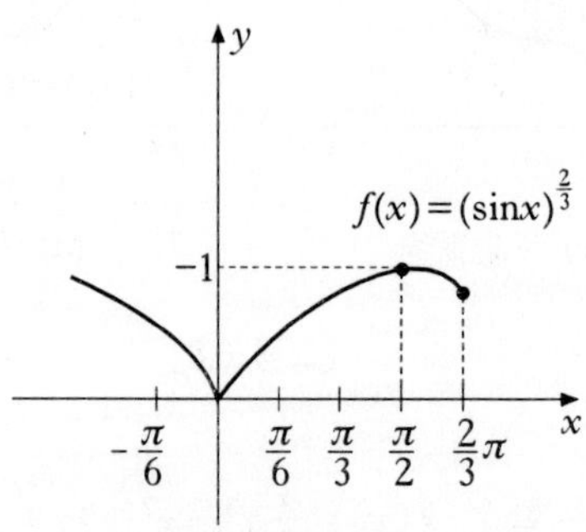

[그림 6.8] □

【예제 5】 $x > 0$이고 $n > 1$일 때 부등식 $(1+x)^n > 1+nx$를 증명하여라.

풀이 $f(x)=(1+x)^n-(1+nx)$에서

$$f'(x)=n(1+x)^{n-1}-n=n[(1+x)^{n-1}-1].$$

여기서 $x > 0$이고 $n-1 > 0$이므로 $(1+x)^{n-1} > 1$이다. 따라서 $f'(x) > 0$이다. 그러므로 f는 $[0, x)$에서 증가한다. 특히 $0 < x$일 때 $f(0) < f(x)$이고 $f(0)=0$이므로

$$0 < (1+x)^n-(1+nx)$$

이다. 따라서 $x > 0$일 때 $(1+x)^n > 1+nx$이다. □

연습문제 (6.3)

1. 다음 주어진 함수에 대하여 증가, 감소하는 구간을 구하고 극대, 극소값을 구하여라.

(1) $f(x)=x^3-x^2-x$ (2) $f(x)=2x^3-9x^2+2$

(3) $f(x)=\frac{1}{4}x^4-x^3+x^2$ (4) $f(x)=2x\sqrt{3-x}$

2. 주어진 함수의 최대, 최소값 및 극대, 극소값을 구하라.

(1) $f(x)=1+2x,\ x \geq -1$ (2) $f(x)=4x-1,\ x \leq 8$

(3) $f(x)=|x|,\ -2 \leq x \leq 1$ (4) $f(x)=|4x-1|,\ 0 \leq x \leq 2$

(5) $f(x)=1-x^2,\ 0 < x < 1$ (6) $f(x)=1-x^2,\ 0 < x \leq 1$

3. 모든 $x > 0$에 대하여 $(1+2x)^n \geq 1+2nx,\ n \geq 1$임을 보여라.

4. 함수 $f(x)=x^3+ax^2+bx+1$가 $x=-1$에서 극소값을 $x=-3$에서 극대값을 가질 때 a와 b의 값을 구하여라.

5. $f(x)$와 $g(x)$가 양의 값을 갖는 증가함수이면 $f(x)g(x)$도 증가함수임을 보여라.

6. 밑면의 반지름이 b이고 높이가 a인 직원뿔에 내접하는 최대부피의 직원기둥의 반지름을 구하여라.

6.4 곡선의 오목과 볼록

앞 절에서 우리는 함수의 1계 도함수가 함수의 증가·감소를 판단하는데 이용됨을 알았다. 이 절에서는 2계 도함수가 그래프의 오목 볼록성을 판단하는데 이용됨을 보일 것이다.

〈정의 4.1〉

함수 f가 개구간 I에서 정의되어 미분가능하고 $c \in I$라 하자. 함수 f에 의해 주어지는 곡선 위의 점 $P(c,\ f(c))$근방에서 곡선의 부분이

(i) $P(c,\ f(c))$에서의 접선 위에 있으면 f는 $(c,\ f(c))$에서 **위로 오목**(concave upward) 또는 **아래로 볼록**(convex downward)하다고 한다.(그림 6.9 (a))

(ii) $P(c,\ f(c))$에서의 접선의 아래쪽에 있으면 f는 $(c,\ f(c))$에서 **아래로 오목**(concave downward) 또는 **위로 볼록**(convex upward)하다고 한다. (그림 6.9 (b))

(iii) $P(c,\ f(c))$의 한쪽에서는 $P(c,\ f(c))$에서의 접선의 위에 있고 다른 한쪽에서는 그 접선의 아래에 있으면 f는 $(c,\ f(c))$에서 **변곡한다**(inflect)고 하고 $P(c,\ f(c))$를 곡선 f의 **변곡점**(point of inflection)이라 한다.(그림 6.9 (c))

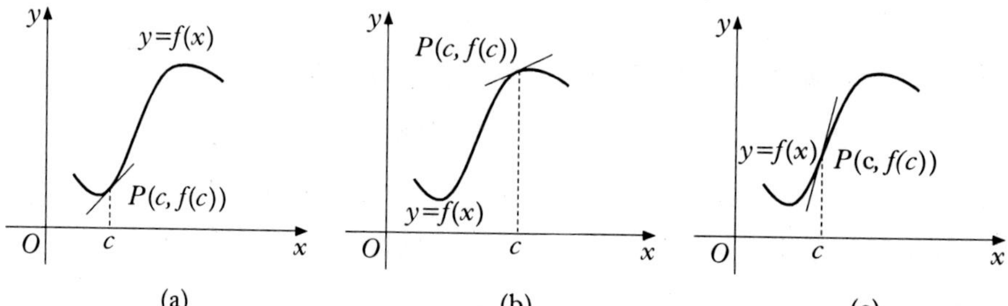

[그림 6.9]

정리 4.2 함수 f가 구간 I에서 두 번 미분가능하다고 하자. 모든 $x \in I$에 대하여

(i) $f''(x) > 0$이면 f의 그래프는 구간 I에서 위로 오목하다.

(ii) $f''(x) < 0$이면 f의 그래프는 구간 I에서 아래로 오목하다.

(iii) 적당한 $c \in I$에 대하여 $f''(c) = 0$이면 x가 c를 지날 때 $f''(x)$의 부호가 변하면 f는 점$(c,\ f(c))$에서 변곡한다.

증명 (i) a를 I 내의 임의의 수라고 하자. 이제 그림 6.10과 같은 곡선 $y=f(x)$상의 한 점 $(a,\ f(a))$에서의 접선의 방정식은

$$y=f(a)+f'(a)(x-a)$$

이므로 임의의 $x \in I\ (x \neq a)$에 대하여

$$f(x)>f(a)+f'(a)(x-a)$$

임을 보이면 구간 I 내의 곡선의 부분이 점 $P(a,\ f(a))$에서의 접선의 위쪽에 있으므로 정의 4.1에 의하여 f의 그래프는 구간 I에서 위로 오목하다. 먼저 $x>a$인 경우를 생각한다. 구간 $[a,\ x]$에서 f에 평균값정리를 적용하면 $a<d<x$이고

$$f(x)-f(a)=f'(d)(x-a) \tag{1}$$

인 d를 얻는다.

모든 $x \in I$에 대해 $f''(x)>0$이므로 정리 3.2에 의하여 f'는 구간 I에서

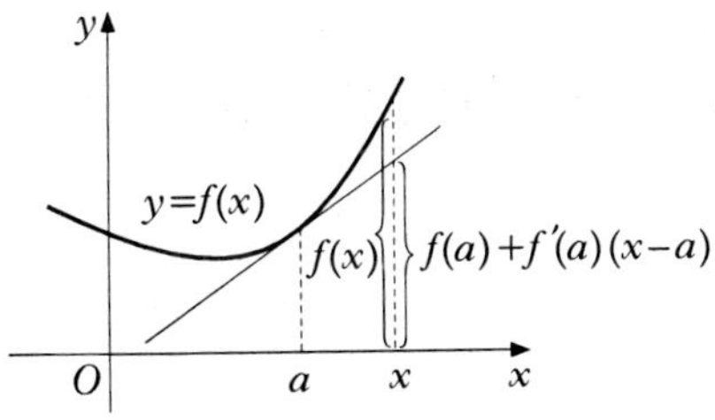

[그림 6.10]

증가함수이다. 그런데 $a<d$이므로 $f'(a)<f'(d)$이다. 따라서 $x-a>0$이므로

$$f'(a)(x-a)<f'(d)(x-a)$$

를 얻는다. 윗 부등식의 양변에 $f(a)$를 더하면

$$f(a)+f'(a)(x-a)<f(a)+f'(d)(x-a) \tag{2}$$

이다. 따라서 식 (1), (2)에 의하여

$$f(x)>f(a)+f'(a)(x-a)$$

가 되고 이것이 우리가 증명하고자 하는 것이다. 이제 $x<a$인 경우에는

$f'(d) < f'(a)$이지만 음수 $x-a$를 곱하면 부등식의 방향이 바뀌어 같은 결과를 얻는다. (ii)와 (iii)의 증명은 생략한다. □

【예제 1】 함수 $f(x)=x^{\frac{1}{3}}$ 오목 볼록의 영역, 변곡점을 구하여라.

풀이 $f'(x)=\frac{1}{3}x^{-\frac{2}{3}}$, $f''(x)=-\frac{2}{9}x^{-\frac{5}{3}}$

따라서 $f'(0)$도 $f''(0)$도 존재하지 않는다. y축은 (0, 0)에서 이 함수의 그래프의 접선이다. 더욱이

$$x<0\text{이면 } f''(x)>0\text{이고, } x>0\text{이면 } f''(x)<0\text{이다.}$$

그러므로 정리 4.2에 의하여 점 (0, 0)이 주어진 함수의 그래프의 변곡점임을 알 수 있다. 이 결과를 표로 만들면 다음과 같고 그래프의 개형은 그림 6.11과 같다.

구간	$f(x)$	$f'(x)$	$f''(x)$	
$x<0$		+	+	f는 증가, 위로 오목
$x=0$	0	존재하지 않음	존재하지 않음	변곡점
$0<x$		+	−	f는 증가, 아래로 오목

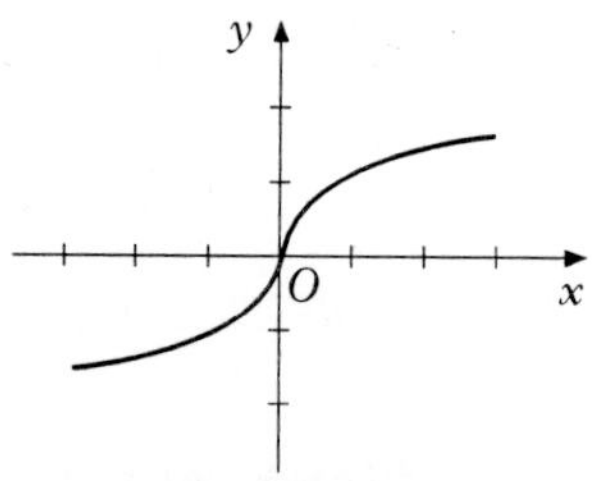

[그림 6.11] □

【예제 2】 함수 $f(x)=(1-2x)^3$의 오목 볼록의 영역, 변곡점을 구하여라.

풀이 $f'(x)=-6(1-2x)^2$, $f''(x)=24(1-2x)$이다. 따라서 모든 x값에 대하여 $f''(x)$가 존재하기 때문에 $f''(x)=0$인 $x=\frac{1}{2}$에서만 변곡점을 가진다. 그리고 접선은 x축이다. 이 결과를 표로 만들면 다음과 같고 그래프의 개형은 그림 6.12과 같다.

구간	$f(x)$	$f'(x)$	$f''(x)$	
$x < \frac{1}{2}$		$-$	$+$	위로 오목
$x=\frac{1}{2}$	0	0	0	변곡점
$x > \frac{1}{2}$		$-$	$-$	아래로 오목

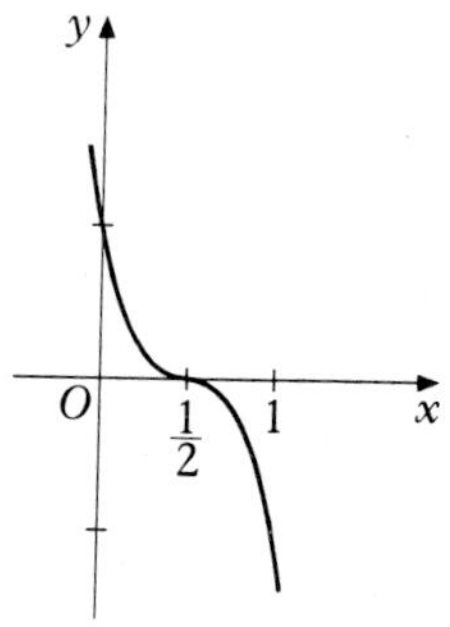

[그림 6.12]

□

〈정리 4.3〉

f'와 f''가 c를 포함하는 개구간 (a, b)에서 존재한다고 하자. 그리고 $f'(c)=0$이라고 하자.

(i) $f''(c) < 0$이면 $f(c)$는 f의 극대값이다.

(ii) $f''(c) > 0$이면 $f(c)$는 f의 극소값이다.

증명 (i) 정의와 가정에 의하여 다음 관계가 성립한다.

$$f''(c) = \lim_{x \to c} \frac{f'(x) - f'(c)}{x - c} < 0$$

그러므로 구간 안에 $x \neq c$인 모든 x에 관하여

$$\frac{f'(x) - f'(c)}{x - c} < 0,\ x \neq c,\ \text{즉}\ \frac{f'(x)}{x - c} < 0,\ x \neq c$$

인 c를 포함하는 한 개구간 I가 존재한다. 이 부등식에서 $x < c$이면 $f'(x) > 0$

이고, $c < x$이면 $f'(x) < 0$이다. 따라서 정리 3.6에 의하여 $f(c)$는 극대값이 된다.

(ii) (i)와 유사한 방법으로 증명하면 된다. □

【예제 3】 곡선 $f(x)=x^{\frac{2}{3}}-2x^{\frac{1}{3}}$의 오목 볼록의 영역, 변곡점, 극값을 구하고 이들을 이용하여 곡선을 그려라.

풀이 $f'(x)=\frac{2}{3}x^{-\frac{1}{3}}-\frac{2}{3}x^{-\frac{2}{3}}$, $f''(x)=-\frac{2}{9}x^{-\frac{4}{3}}+\frac{4}{9}x^{-\frac{5}{3}}$

$f'(0)$는 존재하지 않으므로 $x=0$은 임계값이다. 또 다른 임계값을 구하기 위하여 $f'(x)=0$을 풀면 $x=1$을 얻는다. 정리 4.3을 이용하여 극값을 구하기 위하여 이들 임계값에 대하여 f''를 계산하면

$$f''(0)\text{은 존재하지 않음, } f'(1)=\frac{2}{9}>0$$

$f'(1)=0$이고 $f''(1)>0$이므로 $f(1)=-1$은 극소값이다. $f''(0)$은 존재하지 않으므로 정리 4.3으로는 임계값 0에 대하여는 판단할 수 없다. 그런데 $x<0$, $0<x<1$인 x에 대하여 $f'(x)<0$이므로 정리 3.6에 의해 f는 0에서 극값을 갖지 않는다. $x=0$, $x=1$ 또 $f(x)=0$인 $x=8$을 끝점으로 하는 구간으로 수 직선을 구분하여 다음 도표를 얻는다.

구간	$f''(x)$	오목성
$(-\infty, 0)$	$-$	아래로
$(0, 1)$	$+$	위로
$(1, 8)$	$+$	위로
$(8, \infty)$	$-$	아래로

점 (0, 0)에서 곡선은 아래로 오목에서 위로 오목으로 변하므로 (0, 0)은 변곡점이다. 역시 점 (8, 0)에서 곡선이 위로 오목에서 아래로 오목으로 변하기 때문에 점 (8, 0)은 변곡점이다. 극소값, 오목구간을 그리고 변곡점을 이용하여 곡선을 그리면 그림 6.12와 같다. c를 포함하는 구간 (a, b)에서 $f'(c)=0$이나 $f''(c)=0$ 또는 $f''(c)$의 값이 존재하지 않을 경우 극소값이나 극대값을 구하는데 정리 4.3을 이용할 수 없다. 이런 경우에는 정리 3.6을 이용하여 극값을 구하여야 한다. □

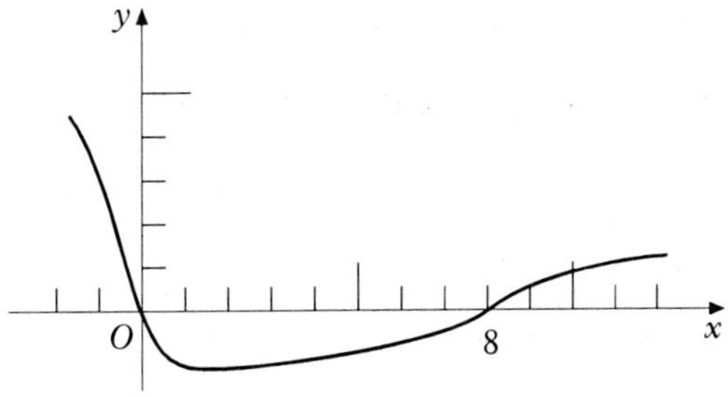

[그림 6.13]

【예제 4】 $f(x)=x^4-4x^3+10$의 극값을 구하고 그래프를 그려라.

풀이 $f'(x)=4x^2(x-3)$이므로 $x=0$와 $x=3$이 임계점이다. 또 $f''(x)=12x(x-2)$이므로 $x=0$와 $x=2$ 좌우에서 $f''(x)$의 부호가 바뀐다. 다음과 같이 증감표와 그래프를 얻는다.

x	$\cdots$	0	$\cdots$	2	$\cdots$	3	$\cdots$
f'	$-$	0	$-$	$-$	$-$	0	$+$
f''	$+$	0	$-$	0	$+$	$+$	$+$
f	↘	변곡점	⤵	변곡점	↘	극소	↘

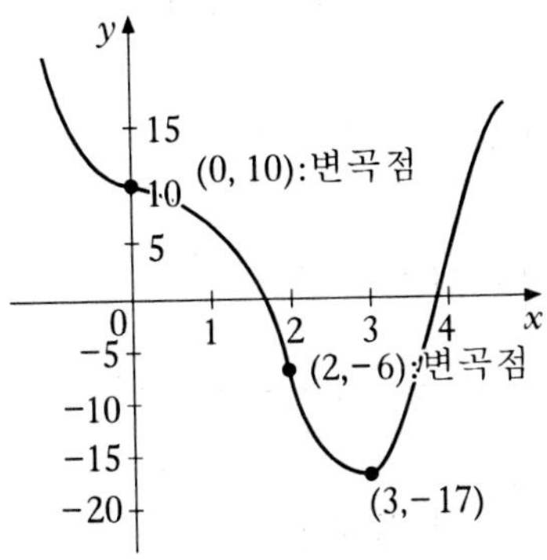

[그림 6.14] □

연습문제 (6.4)

1. 정리 4.3이나 정리 3.6을 이용하여 극값을 구하여라.

(1) $f(x)=4x^{\frac{1}{2}}+4x^{-\frac{1}{2}}$ (2) $f(x)=x\sqrt{x+3}$

(3) $f(x)=6x^{\frac{1}{3}}-x^{\frac{2}{3}}$ (4) $f(x)=5x^3-3x^5$

(5) $f(x)=x-\sin x,\ 0\le x\le 2\pi$ (6) $f(x)=|x^2+2x|$

2. 함수 $f(x)=e^x+e^{-x}+2\cos x$의 극값을 구하여라.

3. 다음 함수 $f(x)$의 변곡점을 구하여라.

(1) $f(x)=(x+2)^3$ (2) $f(x)=3x^4+4x^3$

(3) $f(x)=(x-1)^2$ (4) $f(x)=3x^3-18x$

(5) $f(x)=x^4-6x^3-24x^2+3x+1$ (6) $f(x)=2x^2+\cos^2 x$

4. $f(x)=x|x|$는 (0, 0)에서 변곡점을 갖지만 $f''(0)$는 존재하지 않음을 보여라.

5. 함수 $f(x)=x^{\frac{2}{3}}(6-x)^{\frac{1}{3}}$의 그래프를 그려라.

6. 함수 $f(x)=\dfrac{3}{4}(x^2-1)^{\frac{2}{3}}$의 그래프를 그리고 극값을 구하여라.

7. 함수 $f(x)=x^3-3x^2+3$의 그래프를 그리고 극값을 구하여라.

8. 함수 $f(x)=x^{\frac{2}{3}}(6-x)^{\frac{1}{3}}$의 그래프를 그려라.

9. 함수 $f(x)=\dfrac{x^2}{x^2-4}$의 그래프를 그려라.

10. 함수 $f(x)=(x+1)^3(x-2)^2$의 그래프를 그려라.

11. 함수 $f(x)=(x+2)\sqrt{-x}$의 그래프를 그려라.

12. 함수 $f(x)=\dfrac{\sqrt{x}(x-5)^2}{4}$의 그래프를 그려라.

6.5 무한대에서의 극한, 무한대인 극한

여기서 $x \to \infty$는 x가 한없이 점점 커진다는 사실을 나타내며 $x \to -\infty$는 x가 점점 작아진다는 사실을 나타낸 것이다.

〈정의 5.1〉

f를 구간 $[a, \infty)$에서 정의된 함수라고 하자. a는 어떤 실수이다. 임의의 $\varepsilon > 0$에 대하여 이에 대응하는 실수 M이 있어

$$x > M \Rightarrow |f(x) - L| < \varepsilon$$

이면 $\lim_{x \to \infty} f(x) = L$이라고 한다.

$\lim_{x \to \infty} f(x) = L$과 같은 뜻으로

$$x \to \infty\text{일 때 } f(x) \to L$$

로 나타내기도 한다.

기호 ∞는 수를 나타내는 것은 아니지만 $\lim_{x \to \infty} f(x) = L$이라는 표현을

"x가 무한에 접근할 때 $f(x)$의 극한이 L이다."

또는

"x가 한없이 커질 때 $f(x)$의 극한이 L이다."

라고 읽는다.

〈정의 5.2〉

f를 구간$(-\infty, a)$에서 정의된 함수라고 하자. 임의의 $\varepsilon > 0$에 대하여 이에 대응하는 M이 있어

$$x < M \Rightarrow |f(x) - L| < \varepsilon$$

이면 $\lim_{x \to -\infty} f(x) = L$이라고 한다.

역시 기호 $-\infty$도 수를 나타내는 것은 아니지만 $\lim_{x\to-\infty} f(x)=L$이라는 표현을

"x가 음의 무한대로 갈 때 $f(x)$의 극한이 L이다."

라고 읽는다.

정의 5.1의 기하학적 설명은 그림 6.15에서 보여주고 있다. x가 한없이 커질 때 f의 그래프가 직선 $y=L$에 접근하는 방법은 다음 그림 6.15와 같이 여러 가지가 있다.

또한 정의 5.2의 기하학적 설명은 그림 6.15에서 보여주고 있다. x가 한없이 작아질 때 f의 그래프가 직선 $y=L$에 접근하는 방법은 다음 그림 6.15와 같이 여러 가지가 있다.

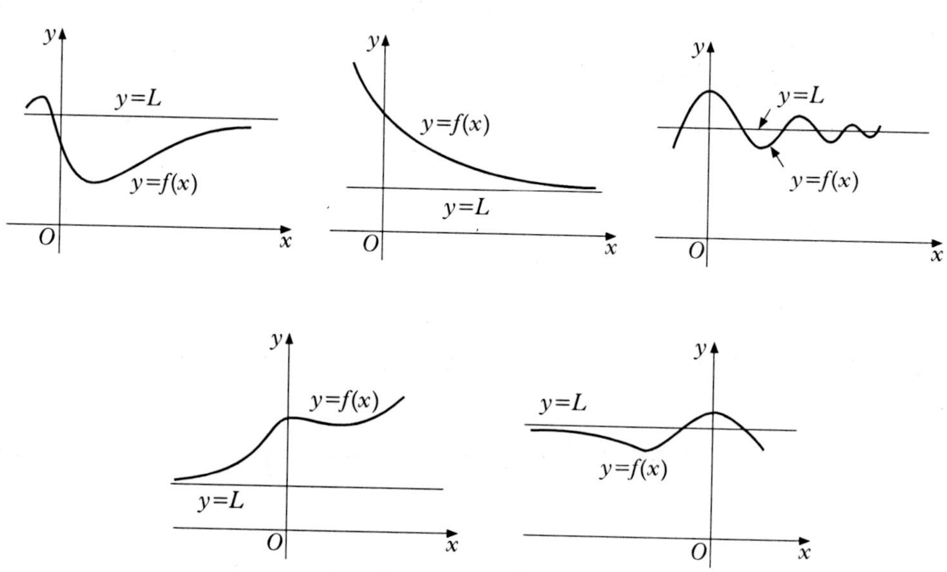

[그림 6.15]

〈**정의 5.3**〉

$\lim_{x\to\infty} f(x)=L$이거나 $\lim_{x\to-\infty} f(x)=L$일 때 직선 $y=L$을 곡선 $y=f(x)$의 **수평점근선**(horizontal asymptote)이라고 한다.

【예제 1】 $\lim_{x\to\infty} \frac{1}{x} = 0$이고 $\lim_{x\to-\infty} \frac{1}{x}=0$임을 보여라.

풀이 $\varepsilon > 0$이 정하여졌다 하자. 그림 6.15에서와 같이 M을 $M=\frac{1}{\varepsilon}$이라 하면

$$x > M \Rightarrow \left|\frac{1}{x}-0\right| = \frac{1}{x} < \frac{1}{M} = \varepsilon$$

이므로 정의 5.1에 의하여 $\lim_{x\to\infty}\frac{1}{x}=0$이다.

같은 방법으로 그림 6.16에서와 같이 M을 $M=-\frac{1}{\varepsilon}$이라 하면 $M<0$이고, 따라서

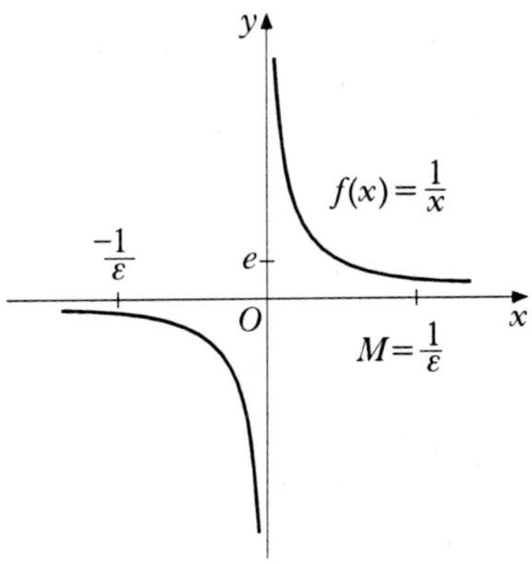

[그림 6.16]

$$x < M \Rightarrow \left|\frac{1}{x}-0\right| = -\frac{1}{x} < -\frac{1}{M} = \varepsilon$$

이므로 정의 5.2에 의하여 $\lim_{x\to-\infty} =0$이다.

따라서 직선 $y=0$이 곡선 $y=\frac{1}{x}$의 수평점근선이다. □

특히 예제 1과 극한에 대한 곱의 법칙을 결합하면 다음과 같은 정리를 얻게 된다.

정리 5.4 (i) r이 양의 유리수이면

$$\lim_{x\to\infty}\frac{1}{x^r}=0$$

(ii) r이 모든 x에 대해 x^r이 정의되는 양의 유리수이면

$$\lim_{x\to-\infty}\frac{1}{x^r}=0$$

【예제 2】 $\lim_{x\to+\infty}\frac{4x-3}{2x+5}$을 구하여라.

풀이 정리 5.4를 사용하기 위하여 분자분모를 x로 나누면 다음과 같다.

$$\lim_{x\to+\infty}\frac{4x-3}{2x+5}=\lim_{x\to+\infty}\frac{4-\frac{3}{x}}{2+\frac{5}{x}}$$

$$=\frac{\lim_{x\to+\infty}4-\lim_{x\to+\infty}3\cdot\lim_{x\to+\infty}\frac{1}{x}}{\lim_{x\to+\infty}2+\lim_{x\to+\infty}5\cdot\lim_{x\to+\infty}\frac{1}{x}}=\frac{4-3\cdot0}{2+5\cdot0}=2$$

□

【예제 3】 $\lim_{x\to-\infty}\frac{2x^2-x+5}{4x^3-1}$을 구하여라.

풀이
$$\lim_{x\to-\infty}\frac{2x^2-x+5}{4x^3-1}=\lim_{x\to-\infty}\frac{\frac{2}{x}-\frac{1}{x^2}+\frac{5}{x^3}}{4-\frac{1}{x^3}}$$

$$=\frac{\lim_{x\to-\infty}2\cdot\lim_{x\to-\infty}\frac{1}{x}-\lim_{x\to-\infty}\frac{1}{x^2}+\lim_{x\to-\infty}5\cdot\lim_{x\to-\infty}\frac{1}{x^3}}{\lim_{x\to-\infty}4-\lim_{x\to-\infty}\frac{1}{x^3}}$$

$$=\frac{2\cdot0-0+5\cdot0}{4-0}=0$$

□

【예제 4】 $\lim_{x\to\infty}\sin\frac{1}{x}$을 구하여라.

풀이 $t=\frac{1}{x}$로 놓으면 $x\to\infty$이면 $t\to0^+$이다.

따라서

$$\lim_{x\to\infty}\sin\frac{1}{x}=\lim_{t\to0^+}\sin t=0$$

을 얻는다. □

【예제 5】 $\lim_{x\to\infty}\sin x$를 구하여라.

풀이 x가 증가할수록 $\sin x$의 값은 1과 -1 사이를 무한히 진동한다.

따라서 $\lim_{x\to\infty}\sin x$는 존재하지 않는다. □

〈**정의 5.5**〉

임의의 양수 M에 대하여 이에 대응하는 $\delta > 0$이 있어

$$0 < x-c < \delta \Rightarrow f(x) > M$$

이면 $\lim_{x \to c^+} f(x) = \infty$라고 한다.

또한 $\lim_{x \to c^+} f(x) = -\infty$, $\lim_{x \to c^-} f(x) = \infty$ 및 $\lim_{x \to c^-} f(x) = -\infty$의 정의도 동일하게 내릴 수 있다.

주어진 점 $x=a$의 양측에서 정의된 함수 f의 극한값에 대하여도 다음과 같이 정의된다.

〈**정의 5.6**〉

함수 f는 a의 양측에서(a를 제외하고) 정의된 함수라고 하자. 이때 임의의 양수 M에 대응하는 양수 δ가 존재하여

$$0 < |x-a| < \delta \Rightarrow f(x) > M$$

이면 $\lim_{x \to a} f(x) = \infty$이라고 한다.

$\lim_{x \to a} f(x) = \infty$와 같은 뜻으로

$$x \to a\text{일 때 } f(x) \to \infty$$

와 같이 나타내기도 한다.

역시 기호 ∞는 수가 아니지만 $\lim_{x \to a} f(x) = \infty$는

"x가 a에 접근할 때 $f(x)$는 한없이 커진다."

라고 읽는다.

〈**정의 5.7**〉

함수 f는 a의 양측에서(a를 제외하고) 정의된 함수라고 하자. 이때 임의의 음수 N에 대응하는 $\delta > 0$가 존재하여

$$0 < |x-a| < \delta \Rightarrow f(x) < N$$

이면 $\lim_{x \to a} f(x) = -\infty$이라고 한다.

정의 5.6의 기하학적 설명은 그림 6.17 (a)에서 보여주고 정의 5.7의 기하학적 설명은 그림 6.17 (b)에서 보여주고 있다.

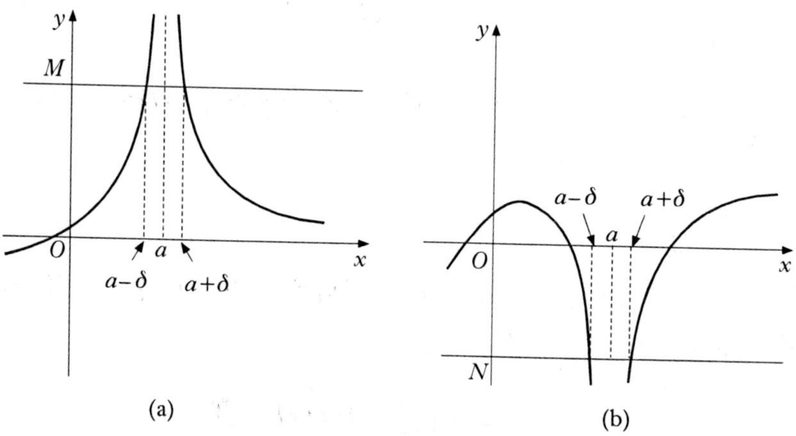

[그림 6.17]

〈**정의 5.8**〉

다음 중 적어도 하나를 만족할 때 직선 $x=a$를 곡선 $y=f(x)$의 **수직점근선** (vertical asymptote)이라고 한다.

$$\lim_{x \to a} f(x) = \infty, \quad \lim_{x \to a^-} f(x) = \infty, \quad \lim_{x \to a^+} f(x) = \infty$$

$$\lim_{x \to a} f(x) = -\infty, \quad \lim_{x \to a^-} f(x) = -\infty, \quad \lim_{x \to a^+} f(x) = -\infty$$

【예제 3】 $\lim_{x \to 1^-} \frac{1}{(x-1)^2}$와 $\lim_{x \to 1^+} \frac{1}{(x-1)^2}$을 구하여라.

풀이 함수 $f(x) = \frac{1}{(x-1)^2}$의 그래프는 그림 6.18과 같다.

$x \to 1^+$일때 분모는 양의 방향에서 0으로 가고 분자는 모든 x에 대해서 1이

다. 그러므로 x가 1보다 더 크면서 1에 가깝도록 제한하여서 그 비율 $\frac{1}{(x-1)^2}$ 이 얼마든지 커지도록 만들 수 있다. 마찬가지로 $x \to 1^-$일 때 분모는 양의 방향에서 0에 얼마든지 가깝도록 만들 수 있다. 그러므로 x가 1의 왼쪽에 있으면서 1에 가깝도록 제한해서 $\frac{1}{(x-1)^2}$ 이 얼마든지 커지도록 만들 수 있다. 그러므로 다음과 같이 나타낼 수 있다.

$$\lim_{x \to 1^+} \frac{1}{(x-1)^2} = \infty \text{ 그리고 } \lim_{x \to 1^-} \frac{1}{(x-1)^2} = \infty$$

따라서

$$\lim_{x \to 1} \frac{1}{(x-1)^2} = \infty$$

이다.

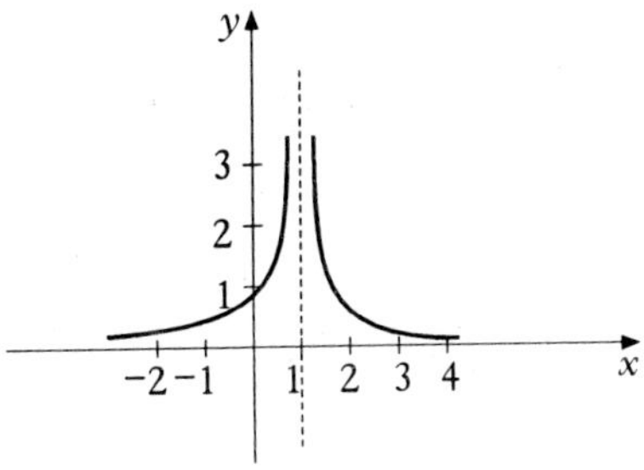

[그림 6.18] □

〈**정의 5.9**〉

함수 f가 구간 (a, ∞)에서 정의되어 있다고 하자. 이때 임의의 양수 M에 대하여 대응하는 수 $N > 0$이 존재하여

$$x > N \Rightarrow f(x) > M$$

이면 $\lim_{x \to \infty} f(x) = \infty$이라고 한다.

또한 같은 방법으로

$$\lim_{x \to \infty} f(x) = -\infty, \quad \lim_{x \to -\infty} f(x) = \infty, \text{ 그리고 } \lim_{x \to -\infty} f(x) = -\infty$$

의 정의도 내릴 수 있다.

【예제 4】 $\lim_{x\to\infty} x^7 = \infty$임을 보여라.

풀이 $x > 1$인 x에 대하여 $x^7 > x$인 사실을 이용하자. 어떤 M에 대하여 $N > 1$이고 $N > M$인 N을 택하자. 그러면

$$x > N \Rightarrow x^7 > x > N > M$$

따라서

$$x > N \Rightarrow x^7 > M$$

그러므로 정의 5.9에 의하여 $\lim_{x\to\infty} x^7 = \infty$이다. □

같은 방법으로 생각하면 어떤 양의 정수 n에 대하여

$$\lim_{x\to\infty} x^n = \infty$$

더욱이

$$\lim_{x\to-\infty} x^n = \begin{cases} \infty, & n: \text{짝수} \\ -\infty, & n: \text{홀수} \end{cases}$$

【예제 5】 $\lim_{x\to 0} \frac{1}{x^2} = \infty$임을 증명하여라.

풀이 $M > 0$인 M이 주어지면 $\delta = \frac{1}{\sqrt{M}}$로 놓는다.

그러면 $0 < |x-0| < \delta$일 때

$$|x| < \delta \Rightarrow x^2 < \delta^2$$
$$\Rightarrow \frac{1}{x^2} > \frac{1}{\delta^2} = M$$

따라서 $0 < |x-0| < \delta$일 때 $\frac{1}{x^2} > M$

그러므로 정의 5.6에 의하여

$$\lim_{x\to 0} \frac{1}{x^2} = \infty$$ □

연습문제 (6.5)

1. 다음 극한을 구하여라.

(1) $\lim_{x\to\infty} \frac{2}{x-3}$

(2) $\lim_{x\to\infty} \frac{x}{3x+2}$

(3) $\lim_{x\to\infty} \frac{2x^2+x-1}{x^2-x+4}$

(4) $\lim_{x\to\infty} \frac{t}{t^{\frac{1}{2}}+2t^{\frac{1}{2}2}}$

2. 함수 $f(x)=\frac{\sqrt{2+4x^2}}{x}$의 수평점근선을 구하여라.

3. 함수 $f(x)=\frac{x|x|}{x^2+1}$의 수평점근선을 구하여라.

4. 함수 $f(x)=\frac{x+2}{x^2-1}$의 수직점근선을 구하여라.

5. 함수 $f(x)=\frac{x^2+2x-15}{x^3+7x^2+10x}$의 수직점근선을 구하여라.

6. 함수 $f(x)=\frac{3}{x+1}$의 수직, 수평점근선을 구하여라.

7. 함수 $f(x)=\frac{2x}{x-3}$의 수직, 수평점근선을 구하여라.

8. 직선 $y=ax+b$에 대하여 $\lim_{x\to\infty}[f(x)-(ax+b)]=0$ 또는 $\lim_{x\to-\infty}[f(x)-(ax+b)]=0$ 이면 $y=ax+b$도 함수 $f(x)$의 점근선이 된다. 이와 같은 방법으로 다음 함수의 점근선을 모두 구하여라.

(1) $y=\frac{x^2-3}{2x-4}$

(2) $y=x+\frac{1}{x}$

9. 문제 8에서와 같은 방법으로 $f(x)=\frac{2x^4+3x^3-2x-4}{x^3-1}$의 점근선을 찾아라.

10. 함수 $f(x)=\frac{x}{\sqrt{x^2-1}}$의 수평점근선을 구하여라.

6.6 함수의 그래프

이 절에서는 지금까지 취급한 여러 가지 지식을 이용하여 주어진 함수의 그래프의 개형을 그리는 법을 알아 보기로 한다.

함수의 그래프의 개형을 되도록 정확하게 그리려면 다음 순서를 따르는 것이 편리하다.

(1) 주어진 함수 f의 정의역을 조사한다.
(2) y절편, x절편을 조사한다.
(3) 주기성 대칭성을 조사한다.
(4) 수평점근선, 수직점근선을 구한다.
(5) $f'(x)$를 이용하여 증가 또는 감소구간을 구한다.
(6) $f''(x)$를 이용하여 극대값 또는 극소값을 구한다.
(7) $f''(x)$를 이용하여 오목성 및 변곡점을 구한다.
(8) (1)에서 (7)의 내용을 이용하여 그래프의 개형을 그린다.

【예제 1】 곡선 $f(x)=\dfrac{2}{1+x^2}$의 그래프를 그려라.

풀이 (1) 정의역은 $\mathbb{R}=(-\infty,\ \infty)$이다.
(2) y절편은 2이고 x절편은 없다.
(3) $f(-x)=f(x)$이므로 f는 우함수이다. 따라서 곡선은 y축에 관하여 대칭이다.
(4) $\displaystyle\lim_{x\to\pm\infty}\frac{2}{1+x^2}=0$이므로 직선 $y=0$이 수평점근선이다.
(5) $f'(x)=\dfrac{-4x}{(1+x^2)^2}$에서 $x<0$일 때 $f'(x)>0$이고 $x>0$일 때 $f'(x)<0$이므로 f는 $(-\infty,\ 0]$에서 증가하고 $[0,\ \infty)$에서 감소한다.
(6) $x=0$에서 f'는 양에서 음으로 변하므로 $f(0)=2$는 극대값이다.
(7) $f''(x)=\dfrac{-4(1+x^2)^2+4x(2)(1+x^2)(2x)}{(1+x^2)^4}=\dfrac{4(3x^2-1)}{(1+x^2)^3}$인 $f''(x)$의 부호를 구간에서 살펴보면 다음과 같다.

따라서 $\left(-\infty,\ -\frac{1}{3}\sqrt{3}\right)$과 $\left(\frac{1}{3}\sqrt{3},\ \infty\right)$에서 위로 오목하고 $\left(-\frac{1}{3}\sqrt{3},\ \frac{1}{3}\sqrt{3}\right)$에서 아래로 오목이다. 또한 $\left(-\frac{1}{3}\sqrt{3},\ \frac{3}{2}\right)$과 $\left(\frac{1}{3}\sqrt{3},\ \frac{3}{2}\right)$이 변곡점이다.

(8) (1)에서 (7)까지의 내용을 이용하여 곡선을 그리면 그림 6.19와 같다. □

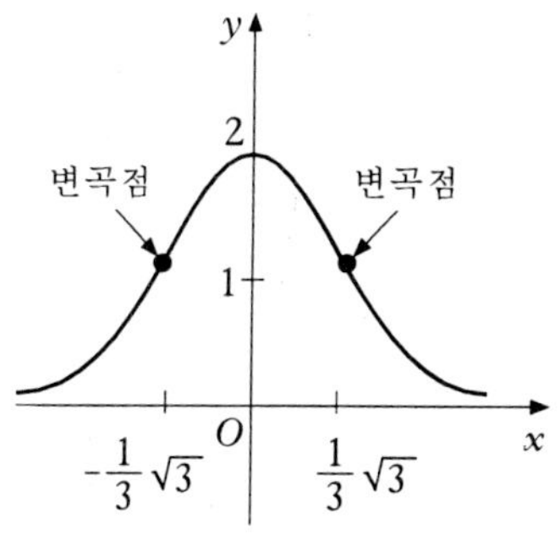

[그림 6.19]

【예제 2】 곡선 $f(x)=\dfrac{x}{(x+1)^2}$의 그래프를 그려라.

풀이 (1) 정의역은 $x \neq -1$인 모든 실수값이다.

(2) x절편과 y절편은 둘 다 0이다.

(3) 대칭성은 없다.

(4) $\lim\limits_{x\to\pm\infty}\dfrac{x}{(x+1)^2}=0$

이므로 직선 $y=0$가 수평점근선이다. 또한

$$\lim_{x\to-1}\frac{x}{(x+1)^2}=-\infty$$

이므로 $x=-1$은 수직점근선이다.

(5) $f'(x)=\dfrac{(x+1)^2-2x(x+1)}{(x+1)^4}=\dfrac{1-x}{(x+1)^3}$

이므로 $-1<x<1$에서 $f'(x)>0$이고 $-\infty<x<-1$과 $1<x<\infty$에서 $f'(x)<0$이므로 함수 f는 $(-1, 1)$에서 증가하고 $(-\infty, -1)$과 $(1, \infty)$에서 감소한다.

(6) $f'(1)=0$이고 f'이 양에서 음으로 변하므로 $f(1)=\dfrac{1}{4}$이 극대값이다.

(7) $f''(x)=\dfrac{(-1)(x+1)^3-(1-x)3(x+1)^2}{(x+1)^6}=\dfrac{2(x-2)}{(x+1)^4}$

이므로 $(2, \infty)$에서 $f''(x)>0$이므로 위로 오목이고 $(-\infty, -1)$과 $(-1, 2)$에서 $f''(x)<0$이므로 아래로 오목이다. 또한 $\left(2, \dfrac{2}{9}\right)$는 변곡점이다.

(8) (1)에서 (7)까지의 내용을 이용하여 곡선을 그리면 그림 6.20과 같다. □

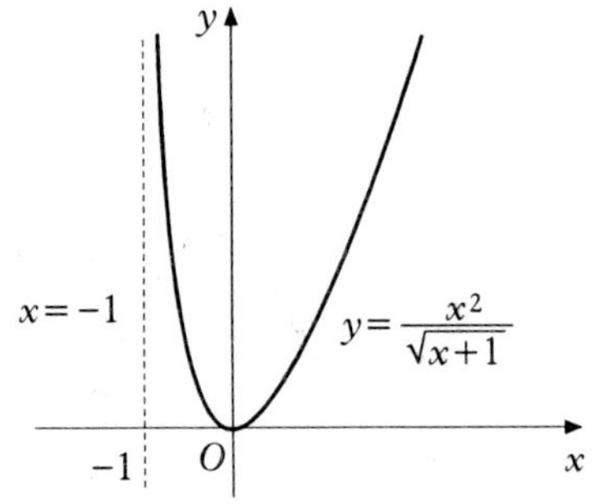

[그림 6.20]

【예제 3】 곡선 $f(x)=5x^{\frac{2}{3}}-x^{\frac{5}{3}}$의 그래프를 그려라.

풀이 (1) 정의역은 모든 실수값이다.

(2) y절편은 0이고 도 $x^{\frac{2}{3}}(5-x)=0$에서 $x=0$, $x=5$이므로 x절편은 0, 5이다.

(3) $f'(x)=\frac{10}{3}x^{-\frac{1}{3}}-\frac{5}{3}x^{\frac{2}{3}}$ $\quad f''(x)=-\frac{10}{9}x^{-\frac{4}{3}}-\frac{10}{9}x^{-\frac{1}{3}}$

$=\frac{5}{3}x^{-\frac{1}{3}}(2-x)$ $\quad =-\frac{10}{9}x^{-\frac{4}{3}}(1+x)$.

$x=0$일 때 $f'(x)$도 $f''(x)$도 존재하지 않으며 $f'(x)=0$일 때 $x=2$. 따라서 f의 임계값은 $x=0$, $x=2$이다.

또 $f''(x)=0$에서 $x=-1$.

그러면 $x=-1$, 0, 2와 구간 $x<-1$, $-1<x<0$, $0<x<2$, $2<x$에서 $f(x)$. $f'(x)$, $f''(x)$의 부호, 값 등을 생각하여 그래프를 그리면 다음과 같다.

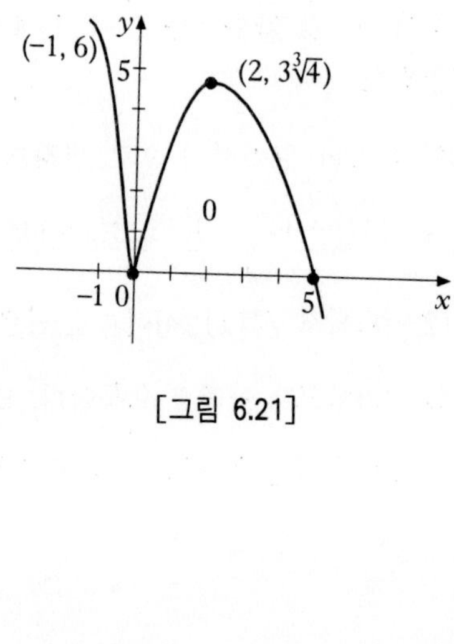

[그림 6.21] □

	$f(x)$	$f'(x)$	$f''(x)$	f
$x<-1$	.	$-$	$+$	f: 감소, 그래프는 위로 오목
$x=-1$	6.	-5	0	변곡점 $(-1, 6)$
$-1<x<0$	.	$-$	$-$	f: 감소, 그래프는 아래로 오목
$x=0$	0.	존재하지 않음	존재하지 않음	극소점 $(0, 0)$
$0<x<2$	.	$+$	$-$	f: 증가, 그래프는 아래로 오목
$x=2$	$3\sqrt[3]{4}$.	0	$-$	극대점 $(2, 3\sqrt[3]{4})$
$2<x$		$-$	$-$	f: 감소, 그래프는 아래로 오목

연습문제 (6.6)

1. 다음 함수의 극값 및 변곡점을 구하고 개형을 그려라.

(1) $f(x)=x+\dfrac{4}{x}$ (2) $f(x)=\dfrac{1}{x}-\dfrac{1}{x^2}$

(3) $f(x)=\dfrac{4x}{1+4x^2}$ (4) $f(x)=\dfrac{1}{x^2-1}$

2. 다음 함수의 개형을 그리고 수평점근선, 수직점근선, 극값, 변곡점 등의 유무에 대하여 조사하여라.

(1) $y=\dfrac{1}{(x-1)^2}$ (2) $y=\sqrt{x^2-1}\ (x\geq 1)$

(3) $y=\dfrac{x}{x^2-1}$ (4) $y=x+\tan x$

3. 함수 $f(x)=2\cos x+\sin 2x$의 그래프를 그려라.

4. 함수 $f(x)=\dfrac{x^2+3}{x-1}$의 그래프를 그려라.

5. 함수 $f(x)=\dfrac{x^2}{x^2-4}$의 그래프를 그려라.

6. 함수 $f(x)=\dfrac{1}{1+x^2}$의 그래프를 그려라.

7. 함수 $f(x)=x^4+\dfrac{4}{3}x^3-4x^2$의 그래프를 그려라.

7장

부정적분

7.1 부정적분

함수 $f(x)$와 함수 $F(x)$가 같은 구간에서 정의된 함수로서

$$F'(x)=f(x)$$

를 만족할 때 $F(x)$를 $f(x)$의 **원시함수**(primitive function) 또는 **부정적분**(indefinite integral)이라고 한다.

함수 $G(x)$가 $f(x)$의 다른 부정적분, 즉

$$G'(x)=f(x)$$

라고 하면 $(G(x)-F(x))'=0$이므로

$$G(x)=F(x)+c,\ c\text{는 상수}$$

가 된다. 따라서, $F(x)$를 $f(x)$의 한 부정적분이라고 하면 $f(x)$의 임의의 부정적분은 $F(x)+c$의 꼴로 나타낼 수 있다. $f(x)$의 부정적분을 기호로

$$\int f(x)dx$$

로 나타낸다. 따라서, $f(x)$의 한 부정적분이 $F(x)$일 때

$$\int f(x)dx = F(x) + c$$

이다. 여기서 c를 **적분상수**(constant of integration)라고 한다.

미분법의 공식에서 부정적분에 관한 다음과 같은 기본 공식을 얻는다.

1. $\int x^{\alpha} dx = \frac{1}{\alpha+1} x^{\alpha+1} + c$, ($\alpha$는 실수이고, $\alpha \neq -1$)
2. $\int \frac{1}{x} dx = \ln|x| + c$
3. $\int \frac{f'(x)}{f(x)} dx = \ln|f(x)| + c$
4. $\int e^x dx = e^x + c$
5. $\int a^x dx = \frac{a^x}{\ln a} + c$
6. $\int \cos x \, dx = \sin x + c$
7. $\int \sin x \, dx = -\cos x + c$
8. $\int \sec^2 x \, dx = \tan x + c$
9. $\int \operatorname{cosec}^2 x \, dx = -\cot x + c$
10. $\int \sec x \tan x \, dx = \sec x + c$
11. $\int \operatorname{cosec} x \cot x \, dx = -\operatorname{cosec} x + c$
12. $\int \tan x \, dx = -\ln|\cos x| + c$
13. $\int \cot x \, dx = \ln|\sin x| + c$
14. $\int \frac{1}{\sqrt{1-x^2}} dx = \sin^{-1} x + c$

15. $\int \frac{1}{1+x^2} dx = \tan^{-1}x + c$

16. $\int \cosh x \, dx = \sinh x + c$

17. $\int \sinh x \, dx = \cosh x + c$

부정적분에 대하여 다음 정리가 성립한다.

> **정리 1.1** $\int [f(x)+g(x)]dx = \int f(x)dx + \int g(x)dx$
>
> $\int kf(x)dx = k\int f(x)dx$, k는 상수

【예제 1】 다음을 계산하여라.

(1) $\int \left(\frac{1}{x} + e^x + 4x^3\right)dx$ (2) $\int (3\sin x - \cos x + 4\sqrt{x})dx$

풀이 (1) $\int \left(\frac{1}{x} + e^x + 4x^3\right)dx = \int \frac{1}{x} dx + \int e^x dx + 4\int x^3 dx = \ln|x| + e^x + x^4 + c$

(2) $\int (3\sin x - \cos x + 4\sqrt{x})dx = 3\int \sin x \, dx - \int \cos x \, dx + 4\int \sqrt{x} \, dx$

$= -3\cos x - \sin x + \frac{8}{3}x\sqrt{x} + c$ □

연습문제 (7.1)

1. 다음 부정적분을 계산하여라.

(1) $\int x^8 dx$ (2) $\int x^{\frac{5}{7}} dx$ (3) $\int \frac{4}{\sqrt{t}} dt$

(4) $\int x^3\sqrt{x} \, dx$ (5) $\int x(1+x^3)dx$ (6) $\int (4\sin x + 2\cos x)dx$

7.2 치환적분과 부분적분

여기서는 합성함수의 미분법 공식과 비슷한 치환적분법과 곱의 미분법과 비슷한 부분적분법을 이용하여 부정적분을 구하는 방법을 알아보자.

정리 2.1 $f(x)$가 연속이고, $x=g(t)$가 미분가능하면

$$\int f(x)dx=\int f(g(t))g'(t)dt$$

증명 $F(x)=\int f(x)dx$ (1)

로 놓고 (1)의 우변에 $x=g(t)$를 대입하면

$$F(x)=F(g(t))$$

합성함수의 미분법에 의하여

$$\frac{d}{dt}F(x)=\frac{d}{dt}F(g(t))=\frac{d}{dx}F(x)\frac{dx}{dt}$$
$$=f(x)g'(t)=f(g(t))g'(t)$$

따라서,

$$F(g(t))=\int f(g(t))g'(t)dt \tag{2}$$

(1), (2)에서 $\int f(x)dx=\int f(g(t))g'(t)dt.$ □

위의 정리와 같이 적분하는 방법을 **치환적분법**(integration of substitution)이라고 한다.

【예제 1】 $\int 3x^2(x^3+2)^7dx$를 구하여라.

풀이 $u=x^3+2$라 하면 $du=3x^2dx$이므로

$$\int 3x^2(x^3+2)^7dx=\int (x^3+2)^7 3x^2dx=\int u^7du=\frac{1}{8}u^8+c=\frac{1}{8}(x^3+2)^8+c.$$ □

【예제 2】 $\int x^5\sqrt{x^2-1}\,dx$를 구하여라.

풀이 $u=\sqrt{x^2-1}$이라 하면 $du=\dfrac{x}{\sqrt{x^2-1}}dx$이므로 $u\,du=x\,dx$이다.

또한 $u^2=x^2-1$이므로 $x^2=u^2+1$이고, 따라서 $x^4=(u^2+1)^2$이다.

그러므로

$$\begin{aligned}\int x^5\sqrt{x^2-1}\,dx&=\int x^4\sqrt{x^2-1}\,x\,dx=\int(u^2+1)^2u\cdot u\,du\\&=\int(u^6+2u^4+u^2)du=\frac{1}{7}u^7+\frac{2}{5}u^5+\frac{1}{3}u^3+c\\&=\frac{1}{7}(\sqrt{x^2-1})^7+\frac{2}{5}(\sqrt{x^2-1})^5+\frac{1}{3}(\sqrt{x^2-1})^3+c.\end{aligned}$$ □

【예제 3】 $\int e^x\sqrt{1-e^x}\,dx$를 구하여라.

풀이 $u=1-e^x$라 하면 $du=-e^xdx$이므로

$$\begin{aligned}\int e^x\sqrt{1-e^x}dx&=\int(-\sqrt{1-e^x})(-e^x)dx=\int(-\sqrt{u})du\\&=-\int u^{\frac{1}{2}}du=-\frac{2}{3}u^{\frac{3}{2}}+c=-\frac{2}{3}(1-e^x)^{\frac{3}{2}}+c.\end{aligned}$$ □

【예제 4】 $\int\dfrac{1}{3x^2-2x+2}dx$를 구하여라.

풀이 $3x^2-2x+2=3\left(x^2-\dfrac{2}{3}x\right)+2=3\left(x-\dfrac{1}{3}\right)^2+\dfrac{5}{3}$ 이므로

$u=x-\dfrac{1}{3}$이라 하면 $du=dx$이다. 따라서

$$\begin{aligned}\int\frac{1}{3x^2-2x+2}dx&=\int\frac{1}{3\left(x-\frac{1}{3}\right)^2+\frac{5}{3}}dx=\int\frac{1}{3u^2+\frac{5}{3}}du\\&=\frac{1}{3}\int\frac{1}{u^2+\left(\frac{\sqrt{5}}{3}\right)^2}du=\frac{1}{3}\cdot\frac{1}{\frac{\sqrt{5}}{3}}\mathrm{Tan}^{-1}\frac{u}{\frac{\sqrt{5}}{3}}+c\\&=\frac{1}{\sqrt{5}}\mathrm{Tan}^{-1}\frac{3u}{\sqrt{5}}+c=\frac{1}{\sqrt{5}}\mathrm{Tan}^{-1}\frac{3}{\sqrt{5}}\left(x-\frac{1}{3}\right)+c\\&=\frac{1}{\sqrt{5}}\mathrm{Tan}^{-1}\frac{1}{\sqrt{5}}(3x-1)+c.\end{aligned}$$ □

【예제 5】 $\int \sqrt{4-x^2}\,dx$를 구하여라.

풀이 $4-x^2 \geq 0$이므로

$$x = 2\sin t$$

로 놓을 수 있다. 이 때, $dx = 2\cos t\,dt$이므로

$$\begin{aligned}\int \sqrt{4-x^2}\,dx &= \int \sqrt{4-4\sin^2 t}\cdot 2\cos t\,dt \\ &= \int 4\cos^2 t\,dt \\ &= \int 4\cdot\frac{\cos 2t+1}{2}\,dt \\ &= \int (2\cos 2t+2)\,dt \\ &= \sin 2t + 2t + c \\ &= 2\sin t\cos t + 2t + c.\end{aligned}$$

그런데 $x = 2\ \sin t$이므로 $t = \mathrm{Sin}^{-1}\dfrac{x}{2}$이고, $\cos t \geq 0$이므로

$$\cos t = \sqrt{1-\sin^2 t} = \sqrt{1-\frac{x^2}{4}}$$

따라서, $\int \sqrt{4-x^2}\,dx = x\sqrt{1-\dfrac{x^2}{4}} + 2\,\mathrm{Sin}^{-1}\dfrac{x}{2} + c.$ □

【예제 6】 $\int x\sqrt{4-x^2}\,dx$를 구하여라.

풀이 $\sqrt{4-x^2} = t$로 놓으면 $4-x^2 = t^2$에서

$$-2x\,dx = 2t\,dt$$

이므로

$$\begin{aligned}\int x\sqrt{4-x^2}\,dx &= \int t\,(-t)\,dt = -\int t^2 dt \\ &= -\frac{1}{3}t^3 + c = -\frac{1}{3}(\sqrt{4-x^2}) + c.\end{aligned}$$ □

【예제 7】 $\int \dfrac{1}{\sqrt{x^2+a^2}}\,dx$를 구하여라. $(a > 0)$

풀이 $x=a\tan t\left(-\frac{\pi}{2}<t<\frac{\pi}{2}\right)$로 놓으면 $dx=a\sec^2 t\,dt$. 따라서

$$\int\frac{1}{\sqrt{x^2+a^2}}dx=\int\frac{a\sec^2 t}{\sqrt{a^2\tan^2 t+a^2}}dt$$
$$=\int\sec t\,dt=\ln|\sec t+\tan t|+c_1.$$

그런데 $\tan t=\frac{x}{a}\left(-\frac{\pi}{2}<t<\frac{\pi}{2}\right)$이고, $\sec t>0$이므로

$$\sec t=\sqrt{1+\tan^2 t}=\sqrt{1+\frac{x^2}{a^2}}=\frac{1}{a}\sqrt{x^2+a^2}$$

따라서,

$$\int\frac{1}{\sqrt{x^2+a^2}}dx=\ln\left|\frac{1}{a}\sqrt{x^2+a^2}+\frac{x}{a}\right|+c_1$$
$$=\ln|x+\sqrt{x^2+a^2}|-\ln a+c_1$$
$$=\ln|x+\sqrt{x^2+a^2}|+c.$$
□

정리 2.2 $f'(x)$, $g'(x)$가 연속이면

$$\int f(x)g'(x)dx=f(x)g(x)-\int f'(x)g(x)dx$$

증명 $(f(x)g(x))'=f'(x)g(x)+f(x)g'(x)$이므로

$$f(x)g'(x)=(f(x)g(x))'-f'(x)g(x)$$

양변을 적분하면

$$\int f(x)g'(x)dx=f(x)g(x)-\int f'(x)g(x)dx.$$
□

위의 정리와 같이 적분하는 방법을 **부분적분법**(integration by parts)이라고 한다.

【예제 8】 $\int\ln x\,dx$를 구하여라.

풀이 $f(x)=\ln x$, $g'(x)=1$이라 하면 $f'(x)=\frac{1}{x}$, $g(x)=x$이므로

$$\int \ln x\,dx = (\ln x)x - \int \frac{1}{x}\cdot x\,dx = x\ln x - \int 1\,dx$$
$$= x\ln x - x + c = x(\ln x - 1) + c.$$
□

【예제 9】 $\int \mathrm{Tan}^{-1}x\,dx$를 구하여라.

풀이 $f(x)=\mathrm{Tan}^{-1}x$, $g'(x)=1$이라 하면 $f'(x)=\frac{1}{1+x^2}$, $g(x)=x$이므로

$$\int \mathrm{Tan}^{-1}x\,dx = x\,\mathrm{Tan}^{-1}x - \int \frac{x}{1+x^2}dx = x\,\mathrm{Tan}^{-1}x - \frac{1}{2}\int \frac{2x}{1+x^2}dx$$
$$= x\,\mathrm{Tan}^{-1}x - \frac{1}{2}\ln(1+x^2) + c.$$
□

【예제 10】 $\int \frac{x\,\mathrm{Sin}^{-1}x}{\sqrt{1-x^2}}dx$를 구하여라.

풀이 $f(x)=\mathrm{Sin}^{-1}x$, $g'(x)=\frac{x}{\sqrt{1-x^2}}$라 하면 $f'(x)=\frac{1}{\sqrt{1-x^2}}$,
$g(x)=-\sqrt{1-x^2}$이므로

$$\int \frac{x\,\mathrm{Sin}^{-1}x}{\sqrt{1-x^2}}dx = -\sqrt{1-x^2}\,\mathrm{Sin}^{-1}x - \int \frac{-\sqrt{1-x^2}}{\sqrt{1-x^2}}dx$$
$$= -\sqrt{1-x^2}\,\mathrm{Sin}^{-1}x + \int 1\,dx$$
$$= -\sqrt{1-x^2}\,\mathrm{Sin}^{-1}x + x + c.$$
□

연습문제 (7.2)

1. 치환적분법을 이용하여 다음을 구하라.

(1) $\int \frac{1}{\sin x \cos x} dx$ (2) $\int \tan^3 x \, dx$ (3) $\int \sin \frac{x}{2} dx$

(4) $\int \frac{1}{\sqrt{1-9x^2}} dx$ (5) $\int \sqrt{1+e^x} \, dx$ (6) $\int \sin x \cos 2x \, dx$

2. 치환적분법을 이용하여 다음을 구하라.

(1) $\int \frac{1}{x^2\sqrt{16-x^2}} dx$ (2) $\int \frac{1}{x\sqrt{x^2+1}} dx$

(3) $\int \frac{\sqrt{x^2-1}}{x^3} dx$ (4) $\int \frac{1}{(x^2+2x+2)^{\frac{3}{2}}} dx$

3. 부분적분법을 이용하여 다음을 구하라.

(1) $\int x \sin x \, dx$ (2) $\int \frac{\ln|x|}{(1+x)^2} dx$ (3) $\int x \,\mathrm{Sin}^{-1} x \, dx$

(4) $\int x \sinh x \, dx$ (5) $\int \frac{\ln(\ln x)}{x} dx$ (6) $\int (\ln x)^2 dx$

4. 다음을 증명하라.

(1) $I_n = \int \tan^n x \, dx = \frac{\tan^{n-1} x}{n-1} - I_{n-2} \ (n \geq 2)$

(2) $I = \int e^{ax} \cos bx \, dx = \frac{e^{ax}}{a^2+b^2}(a \cos bx + b \sin bx) \ (b \neq 0)$

7.3 유리함수의 적분

$p(x)$, $q(x)$가 x의 다항식일 때 $\dfrac{p(x)}{q(x)}$를 유리함수라고 한다. 여기서는 유리함수의 부정적분

$$\int \frac{p(x)}{q(x)} dx$$

를 구하는 방법을 알아보기로 하자.

유리함수 $\dfrac{p(x)}{q(x)}$에서 $p(x)$의 차수가 $q(x)$의 차수보다 클 때 $p(x)$를 $q(x)$로 나눈 몫을 $f(x)$, 나머지를 $r(x)$라고 하면

$$\frac{p(x)}{q(x)} = f(x) + \frac{r(x)}{q(x)}$$

로 고칠 수 있다. 여기서 $f(x)$는 다항식이므로 적분이 가능하다. 한편 $r(x)$의 차수는 $q(x)$의 차수보다 작으므로 유리함수 $\dfrac{p(x)}{q(x)}$의 적분에서는 $p(x)$가 $q(x)$보다 차수가 낮은 경우만 생각하면 된다.

일반적으로 실수계수를 갖는 n차 방정식

$$q(x) = a_n x^n + a_{n-1} x^{n-1} + \cdots + a_1 x + a_0$$

는 중복을 허락하여 n개의 근을 갖는다. 여기서 $q(x)=0$이 한 허근을 가지면 그의 켤레복소수도 근이 된다. 따라서 다음 정리가 성립한다.

정리 3.1 실수계수를 갖는 다항식 $q(x)$는 인수

$$(x-\alpha)^r \tag{1}$$

또는

$$(x^2+\beta x+\gamma)^s \tag{2}$$

꼴의 곱으로 표시할 수 있다.

(단, α, β, γ는 실수, $\beta^2-4r < 0$, r, s는 자연수)

주의 위의 정리에서 방정식 $q(x)=0$이 실근만을 갖는 경우에 $q(x)$는 (1)의 꼴의 인수의 곱으로 표시되고, 실근과 허근을 갖는 경우에 $q(x)$는 (1)과 (2)의 꼴의 인수의 곱으로 표시된다.

정리 3.1에서 유리식 $\dfrac{p(x)}{q(x)}$에 대하여 다음의 부분분수분해 정리를 얻을 수 있다.

정리 3.2 (부분분수분해)

$$\begin{aligned} p(x) &= x^n + a_{n-1}x^{n-1} + \cdots + a_0 \\ q(x) &= x^m + b_{m-1}x^{m-1} + \cdots + b_0 \\ &= (x-\alpha_1)^{r_1} \cdots (x-\alpha_k)^{r_k}(x^2+\beta_1 x+\gamma_1)^{s_1} \\ &\quad \cdots (x^2+\beta_l x+\gamma_l)^{s_l} \end{aligned}$$

이고, $m > n$이면

$$\begin{aligned} \frac{p(x)}{q(x)} = &\left[\frac{a_{11}}{(x-\alpha_1)} + \cdots + \frac{a_{1r_1}}{(x-\alpha_1)^{r_1}}\right] + \cdots \\ &+ \left[\frac{a_{k1}}{x-\alpha_k} + \cdots + \frac{a_{kr_k}}{(x-\alpha_k)^{r_k}}\right] \\ &+ \left[\frac{b_{11}x+c_{11}}{(x^2+\beta_1 x+\gamma_1)} + \cdots + \frac{b_{1s_1}x+c_{1s_1}}{(x^2+\beta_1 x+\gamma_1)^{s_1}}\right] + \cdots \\ &+ \left[\frac{b_{l_1}x+c_{l_1}}{(x^2+\beta_l x+\gamma_l)} + \cdots + \frac{b_{ls_1}x+c_{ls_1}}{(x^2+\beta_l x+\gamma_l)^{s_l}}\right]. \end{aligned}$$

위의 정리에서 분모 $x^2+\beta x+\gamma$ $(\beta^2-4\gamma < 0)$을 완전제곱꼴로 고치면

$$\begin{aligned} x^2+\beta x+\gamma &= \left(x+\frac{\beta}{2}\right)^2 + \gamma - \frac{\beta^2}{4} \\ &= (x+a)^2 + b^2 \quad \left(a=\frac{\beta}{2},\ b^2=\gamma-\frac{\beta^2}{4}\right) \end{aligned}$$

이 되므로 $t=\dfrac{x+a}{b}$로 치환하면

$$\int \frac{Ax+B}{(x^2+\beta x+\gamma)^s}\,dx = \frac{A}{b^{2s-2}}\int \frac{t}{(t^2+1)^s}\,dt + \frac{B-Aa}{b^{2s-1}}\int \frac{1}{(t^2+1)^2}\,dt$$

가 된다.

따라서 일반적인 유리함수를 적분하기 위해서는

$$\int \frac{1}{(x-\alpha)^n}\,dx \tag{1}$$

$$\int \frac{x}{(x^2+1)^n}\,dx \tag{2}$$

$$\int \frac{1}{(x^2+1)^n}\,dx \tag{3}$$

와 같은 형태의 부정적분만 구할 수 있으면 된다.

(1)의 경우는

$$\int \frac{1}{(x-\alpha)^n}\,dx = \begin{cases} -\dfrac{1}{n-1}\cdot\dfrac{1}{(x-\alpha)^{n-1}}+c, & n\neq 1 \\ \ln|x-\alpha|+c, & n=1. \end{cases}$$

(2)의 경우는 $t=x^2+1$로 치환하면

$$\int \frac{x}{(x^2+1)^n}\,dx = \begin{cases} -\dfrac{1}{2(n-1)}\cdot\dfrac{1}{(x^2+1)^{n-1}}+c, & n\neq 1 \\ \dfrac{1}{2}\ln(x^2+1)+c, & n=1. \end{cases}$$

(3)의 경우는 $n=1$일 때

$$\int \frac{1}{x^2+1}\,dx = \mathrm{Tan}^{-1}x$$

이고, $n>1$일 때는 다음 점화공식이 성립한다.

정리 3.3 $I_n=\displaystyle\int \frac{1}{(x^2+1)^n}\,dx$, $n>1$일 때

$$I_n=\frac{1}{2(n-1)}\cdot\frac{x}{(x^2+1)^{n-1}}+\frac{2n-3}{2(n-1)}\cdot I_{n-1}$$

증명 $I_{n-1}=\displaystyle\int \frac{1}{(x^2+1)^{n-1}}\,dx$

에서 $f'(x)=1$, $g(x)=\dfrac{1}{(x^2+1)^{n-1}}$로 놓으면

$$f(x)=x,\ g'(x)=-\frac{2(n-1)x}{(x^2+1)^n}$$

이므로

$$\begin{aligned}I_{n-1}&=\frac{x}{(x^2+1)^{n-1}}+2(n-1)\int\frac{x^2}{(x^2+1)^n}\,dx\\&=\frac{x}{(x^2+1)^{n-1}}+2(n-1)\int\frac{x^2+1-1}{(x^2+1)^n}\,dx\\&=\frac{x}{(x^2+1)^{n-1}}+2(n-1)(I_{n-1}-I_n).\end{aligned}$$

I_n에 대하여 정리하면

$$I_n=\frac{1}{2(n-1)}\cdot\frac{x}{(x^2+1)^{n-1}}+\frac{2n-3}{2(n-1)}\cdot I_{n-1}.$$ □

이상의 결과를 종합하면 유리함수는 항상 적분할 수 있으며 그 결과는 유리함수, 역삼각함수, 로그함수로 표시됨을 알 수 있다.

$\left\langle\right.$유리함수 $\dfrac{p(x)}{q(x)}$의 적분$\left.\right\rangle$

(1) $p(x)$를 $q(x)$로 나누어 다음과 같은 꼴로 나타낸다.

$$\frac{p(x)}{q(x)}=f(x)+\frac{r(x)}{q(x)}$$

(2) $q(x)$를 인수분해한다. (정리 3.1)

(3) $\dfrac{r(x)}{q(x)}$를 부분분수로 분해한다. (정리 3.2)

(4) 적분한다. 이 때 다항함수의 적분, 치환적분, 정리 3.3의 점화공식등을 이용한다.

【예제 1】 $\displaystyle\int\frac{x^3+1}{x-1}\,dx$를 구하여라.

풀이 유리함수 $\dfrac{x^3+1}{x-1}$에서 분자의 차수가 분모의 차수보다 높으므로 x^3+1을 $x-1$로 나누어

$$\frac{x^3+1}{x-1}=x^2+x+1+\frac{2}{x-1}$$

을 얻는다. 따라서

$$\int\frac{x^3+1}{x-1}dx=\int(x^2+x+1)\,dx+\int\frac{2}{x-1}dx$$
$$=\frac{1}{3}x^3+\frac{1}{2}x^2+x+2\ln|x-1|+c.$$ □

【예제 2】 $\displaystyle\int\frac{dx}{x(x^2+x+1)}$를 구하여라.

풀이 $\dfrac{1}{x(x^2+x+1)}=\dfrac{A}{x}+\dfrac{Bx+c}{x^2+x+1}$와 같이 부분분수로 분해하여 상수 A, B, c를 정한다.

$$1=A(x^2+x+1)+(Bx+c)x$$
$$=(A+B)x^2+(A+c)x+A$$

따라서 $\begin{cases}A+B=0\\A+c=0\\A\quad\;=1\end{cases}$ 에서 $A=1$, $B=-1$, $c=-1$이므로

$$\int\frac{dx}{x(x^2+x+1)}=\int\left(\frac{1}{x}-\frac{x+1}{x^2+x+1}\right)dx$$
$$=\int\frac{1}{x}dx-\frac{1}{2}\int\frac{2x+1}{x^2+x+1}dx-\frac{1}{2}\int\frac{dx}{x^2+x+1}$$
$$=\ln|x|-\frac{1}{2}\ln(x^2+x+1)-\frac{1}{2}\int\frac{dx}{x^2+x+1}.$$

마지막 적분은

$$\int\frac{dx}{(x^2+x+1)}=\int\frac{dx}{\left(x+\frac{1}{2}\right)^2+\left(\frac{\sqrt{3}}{2}\right)^2}$$
$$=\frac{2}{\sqrt{3}}\,\mathrm{Tan}^{-1}\left[\frac{2}{\sqrt{3}}\left(x+\frac{1}{2}\right)\right]+c$$

이므로 구하는 적분은

$$\int\frac{dx}{x(x^2+x+1)}=\ln|x|-\frac{1}{2}\ln(x^2+x+1)$$
$$-\frac{1}{\sqrt{3}}\mathrm{Tan}^{-1}\left[\frac{2}{\sqrt{3}}\left(x+\frac{1}{2}\right)\right]+c.$$ □

【예제 3】 $\displaystyle\int\frac{-2x+4}{(x-1)^2(x^2+1)}dx$를 구하여라.

풀이 $\displaystyle\frac{-2x+4}{(x-1)^2(x^2+1)}=\frac{A}{x-1}+\frac{B}{(x-1)^2}+\frac{Dx+E}{x^2+1}$

의 꼴로 분해되므로 예제 2에서와 같은 방법으로 A, B, D, E를 구하면

$$A=-2,\ B=1,\ D=2,\ E=1$$

이 된다. 따라서

$$\begin{aligned}
&\int\frac{-2x+4}{(x-1)^2(x^2+1)}dx\\
&=\int\left(-\frac{2}{x-1}+\frac{1}{(x-1)^2}+\frac{2x+1}{x^2+1}\right)dx\\
&=-2\int\frac{1}{x-1}dx+\int\frac{1}{(x-1)^2}dx+\int\frac{2x+1}{x^2+1}dx\\
&=-2\ln|x-1|-\frac{1}{x-1}+\int\frac{2x}{x^2+1}dx+\int\frac{1}{x^2+1}dx+c_1\\
&=-2\ln|x-1|-\frac{1}{x-1}+\ln(x^2+1)+\mathrm{Tan}^{-1}x+c\\
&=\ln\frac{x^2+1}{(x-1)^2}-\frac{1}{x-1}+\mathrm{Tan}^{-1}x+c.
\end{aligned}$$

□

연습문제 (7.3)

1. 다음 유리함수의 부정적분을 구하라.

(1) $\displaystyle\int\frac{1}{x^4+x^2+1}dx$ (2) $\displaystyle\int\frac{1}{x^2(x-1)}dx$

(3) $\displaystyle\int\frac{1}{x^3-1}dx$ (4) $\displaystyle\int\frac{2x+3}{x^3+2x^2+x}dx$

(5) $\displaystyle\int\frac{x+1}{(x-1)(x^2+1)^2}dx$ (6) $\displaystyle\int\frac{x^3}{(x+1)^8}dx$

7.4 무리함수의 적분

일반적으로 무리함수의 적분은 초등함수를 가지고는 나타낼 수 없다. 그러나 적당한 치환을 통하여 피적분함수를 유리함수로 고칠 수 있으면 그 적분을 구할 수 있다. 초등함수로 적분할 수 있는 무리함수의 예를 몇 가지 들어 보기로 하자.

Ⅰ. $\int f(x, \sqrt[n]{ax+b})dx$의 모양 ($n$은 자연수)

여기서 f는 x 및 $\sqrt[n]{ax+b}$에 관한 유리함수를 나타낸 것이다. 이제 $\sqrt[n]{ax+b}=t$로 치환하면 $x=\frac{1}{a}(t^n-b)$이고

$$\therefore dx=\frac{n}{a}t^{n-1}dt$$

따라서

$$\int(x, \sqrt[n]{ax+b})dx=\int f\left(\frac{t^n-b}{a}, t\right)\frac{nt^{n-1}}{a}dt$$

이다. 우변이 t에 관한 유리함수의 적분이므로 (4, 3)의 방법에 의하여 항상 적분을 구할 수 있다. 그리고

$$\int f\left(x, \sqrt{\frac{cx+d}{ax+b}}\right)dx$$

인 경우에는 $\sqrt{\frac{cx+d}{ax+b}}=t$로 치환하면 역시 t에 관한 유리함수의 적분으로 계산할 수 있으며,

$$\int f(x, \sqrt[n]{ax+b}, \sqrt[m]{ax+b})dx \quad (n, m\text{은 자연수})$$

인 경우에는 m, n의 최소공배수 l에 대하여 $\sqrt[l]{ax+b}$로 치환하면 유리함수의 부정적분을 구하는 문제로 바뀐다.

【예제 1】 $\int\frac{1}{\sqrt{x}(1+\sqrt[3]{x})}dx$를 구하여라.

풀이 $\sqrt[6]{x}=t$로 치환하면 $x=t^6$, $dx=6t^5dt$이다. 따라서

$$\int\frac{1}{\sqrt{x}(1+\sqrt[3]{x})}dx=\int\frac{1}{t^3(1+t^2)}6t^5dt=6\int\frac{t^2}{1+t^2}dt=6\int\left(1-\frac{1}{1+t^2}\right)dt$$

$$=6(t-\mathrm{Tan}^{-1}t)+c=6(\sqrt[6]{x}-\mathrm{Tan}^{-1}\sqrt[6]{x})+c.$$ □

Ⅱ. $\int f(x, \sqrt{ax^2+bx+c})dx$의 모양

만약 $b^2-4ac=0$이면 ax^2+bx+c는 완전제곱이 되어 $\int f(x, \sqrt{ax^2+bx+c})dx$는 x의 유리함수의 적분법에 의하여 적분할 수 있다. 따라서 $b^2-4ac\neq 0$이라고 가정한다.

(1) $a=0$인 경우:

앞의 (I)에서 설명한 방법에 의하여 쉽게 계산이 된다.

(2) $a\neq 0$, $b^2-4ac>0$인 경우:

$ax^2+bx+c=0$의 두 근을 α, $\beta(\alpha<\beta)$라 하면

$$ax^2+bx+c=a(x-\alpha)(x-\beta)=-a(x-\alpha)(\beta-x)$$

여기서 $ax^2+bx+c\geq 0$이어야 하므로

$$\sqrt{ax^2+bx+c}=\sqrt{a}\sqrt{(x-\alpha)(x-\beta)}\ \ (a>0,\ x<\alpha \text{ 또는 } x>\beta) \tag{i}$$
$$=\sqrt{-a}\sqrt{(x-\alpha)(x-\beta)}\ \ (a<0,\ \alpha<x<\beta) \tag{ii}$$

의 두 가지 경우를 생각할 수 있다.

(i)의 경우에는

$$x-\alpha=t^2(x-\beta) \text{ 즉, } t=\sqrt{\frac{x-\alpha}{x-\beta}}\ \ (t>0)$$

로 치환하면 $x<\alpha$일 때는 $0<t<1$, $x>\beta$일 때는 $t>1$이다. 따라서

$$x=\frac{\alpha-\beta t^2}{1-t^2},\ x-\beta=\frac{\alpha-\beta}{1-t^2},\ dx=\frac{2(\alpha-\beta)t}{(1-t^2)^2}dt$$

이다. 따라서

$$\sqrt{ax^2+bx+c}=\sqrt{a}\sqrt{t^2(x-\beta)^2}=\sqrt{a}\cdot\frac{(\beta-\alpha)t}{|1-t^2|}$$

$$\int f(x, \sqrt{(ax^2+bx+c)})dx=\int f\left(\frac{\alpha-\beta t^2}{1-t^2},\ \frac{\sqrt{a}(\beta-\alpha)t}{|1-t^2|}\right)\frac{2(\alpha-\beta)t}{(1-t^2)^2}dt$$

(ii)의 경우에는

$$x-\alpha=t^2(\beta-x) \text{ 즉, } t=\sqrt{\frac{x-\alpha}{\beta-x}}\ \ (t>0)$$

로 치환하면 위와 같은 방법으로 피적분함수를 유리함수로 고칠 수 있다.

(3) $a \neq 0,\ b^2-4ac<0$인 경우:

$$ax^2+bx+c=a\left\{\left(x+\frac{b}{2a}\right)^2+\frac{4ac-b^2}{4a^2}\right\}>0$$

이 되어야 하므로 $a>0$이다. 이 때에는

$$\sqrt{ax^2+bx+c}=\sqrt{a}x+t$$

로 치환하면

$$x=\frac{t^2-c}{b-2\sqrt{a}\,t},\ dx=\frac{2(\sqrt{a}\,c-bt+\sqrt{a}\,t^2)}{(b-2\sqrt{a}\,t)^2}dt$$

이다. 따라서

$$\sqrt{ax^2+bx+c}=\frac{\sqrt{a}(t^2-c)}{b-2\sqrt{a}\,t}+t$$

이다. 따라서

$$\int f(x,\ \sqrt{ax^2+bx+c})dx$$
$$=2\int f\left(\frac{t^2-c}{b-2\sqrt{a}\,t},\ \frac{\sqrt{a}(t^2-c)}{b-2\sqrt{a}\,t}+t\right)\cdot\frac{\sqrt{a}\,c-bt+\sqrt{a}\,t^2}{(b-2\sqrt{a}\,t)^2}dt$$

【예제 2】 $\displaystyle\int\frac{1}{x\sqrt{(x-1)(3-x)}}dx$를 구하여라.

풀이 $a<0$이므로 $x-1=t^2(3-x)\ (t>0)$으로 치환하면

$$x=\frac{3t^2+1}{1+t^2},\ 3-x=\frac{2}{1+t^2},\ dx=\frac{4t}{(1+t^2)^2}dt$$

이다. 따라서

$$\sqrt{(x-1)(3-x)}=\frac{2t}{t^2+1}$$

이다. 그러므로

$$\int\frac{1}{x\sqrt{(x-1)(3-x)}}dx=\int\frac{1+t^2}{3t^2+1}\times\frac{1+t^2}{2t}\times\frac{4t}{(1+t^2)^2}dt$$
$$=\int\frac{2}{3t^2+1}dt=\frac{2}{\sqrt{3}}\mathrm{Tan}^{-1}\sqrt{3}\,t+c$$
$$=\frac{2}{\sqrt{3}}\mathrm{Tan}^{-1}\sqrt{\frac{3(x-1)}{3-x}}+c.$$

Ⅲ. $\int x^m(ax^n+b)^{\frac{p}{q}}dx$의 모양 ($m$, n, p, q는 정수, $n>0$)

(1) $(ax^n+b)^{\frac{1}{q}}=t$로 치환하면

$$x=\left(\frac{t^q-b}{a}\right)^{\frac{1}{n}},\ dx=\frac{q}{na}\left(\frac{t^q-b}{a}\right)^{\frac{1}{n}-1}t^{q-1}dt$$

이다. 따라서

$$\int x^m(ax^n+b)^{\frac{p}{q}}dx=\frac{q}{na}\int\left(\frac{t^q-b}{a}\right)^{\frac{m+1}{n}-1}t^{p+q-1}dt$$

만약 여기에서 $\frac{m+1}{n}$이 정수가 되면 이 피적분함수는 t에 관한 유리함수가 되므로 부정적분을 구할 수 있다.

(2) $(a+bx^{-n})^{\frac{1}{q}}=t$로 치환하면

$$x=\left(\frac{t^q-a}{b}\right)^{-\frac{1}{n}},\ dx=-\frac{q}{nb}\left(\frac{t^q-a}{b}\right)^{-\frac{1}{n}-1}t^{q-1}dt$$

이다. 따라서

$$\int x^m(ax^n+b)^{\frac{p}{q}}dx=\int\left(\frac{t^q-a}{b}\right)^{-\frac{m}{n}}\left(\frac{t^q-a}{b}\right)^{-\frac{p}{q}}\cdot\frac{-q}{nb}\left(\frac{t^q-a}{b}\right)^{-\frac{1}{n}-1}t^{q-1}dt$$

만약 여기에서 $\frac{m+1}{n}+\frac{p}{q}$가 정수가 되면 이 피적분함수는 t에 관한 유리함수가 되므로 부정적분을 구할 수 있다.

【예제 3】 $\int\frac{1}{\sqrt[3]{(1+x^3)^4}}dx$를 구하여라.

풀이 $m=0$, $n=3$, $\frac{p}{q}=-\frac{4}{3}$이므로

$$\frac{m+1}{n}+\frac{p}{q}=\frac{1}{3}-\frac{4}{3}=-1$$

은 정수이다. 따라서 $(1+x^{-3})^{\frac{1}{3}}=t$로 치환하면

$$x=(t^3-1)^{-\frac{1}{3}},\ dx=-\frac{1}{3}(t^3-1)^{-\frac{4}{3}}\cdot 3t^2\,dt$$

이고

$$(1+x^3)^{\frac{1}{3}}=xt=(t^3-1)^{-\frac{1}{3}}t$$

이다. 따라서

$$\int\frac{1}{\sqrt[3]{(1+x^3)^4}}dx=\int\frac{1}{(t^3-1)^{-\frac{4}{3}}\cdot t^4}(-(t^3-1)^{-\frac{4}{3}}t^2)\,dt$$

$$=-\int\frac{1}{t^2}dt=\frac{1}{t}+c=\frac{1}{\sqrt[3]{1+x^{-3}}}+c. \qquad \square$$

p가 x의 3차식 또는 4차식이면 $\int f(x, \sqrt{p})dx$는 일반적으로 초등함수로 나타내는 방법은 없다. 이 형태에 속하는 적분은 결국 다음 3종류의 적분으로 귀착이 됨을 알 수 있다.

$$\int\frac{1}{\sqrt{(1+x^2)(1-k^2x^2)}}dx \ (k\neq\pm1)$$

$$\int\frac{\sqrt{1-k^2x^2}}{\sqrt{1-x^2}}dx \ (k\neq\pm1)$$

$$\int\frac{1}{(1+nx^2)\sqrt{(1-x^2)(1-k^2x^2)}}dx \ (k\neq\pm1)$$

이와 같은 적분을 Legendre-Jacobi의 **타원적분**(elliptic integral)이라 부른다. 이들은 $x=\sin\varphi$인 치환에 의하여 다음과 같이 나타낼 수가 있다.

$$\int\frac{1}{\sqrt{1-k^2\sin^2\varphi}}d\varphi, \ \int\sqrt{1-k^2\sin^2\varphi}\,d\varphi,$$

$$\int\frac{1}{(1+n\sin\varphi)\sqrt{1-k^2\sin^2\varphi}}d\varphi$$

위의 타원적분은 초등함수로 표현할 수 없으며, 타원적분함수의 정적분인 경우에는 근사적분식에 의하여 그 값의 근사값을 구할 수 있다.

연습문제 (7.4)

1. 다음 무리함수의 부정적분을 구하라.

(1) $\displaystyle\int\frac{1}{\sqrt{x}+\sqrt[3]{x}}dx$

(2) $\displaystyle\int\frac{1}{x^2\sqrt{1+x^2}}dx$

(3) $\displaystyle\int\frac{x^4}{\sqrt[4]{1+x^4}}dx$

(4) $\displaystyle\int\frac{1}{\sqrt{2-x-x^2}}dx$

(5) $\displaystyle\int x^2(a+x^3)^{\frac{5}{3}}dx$

(6) $\displaystyle\int\frac{1}{(x-a)\sqrt{(x-a)(x-b)}}dx,\ (a\neq b)$

7.5 삼각함수의 적분

함수 $f(x)$가 $\sin x$, $\cos x$, $\tan x$에 관한 유리함수일 때

$$\tan\frac{x}{2}=t$$

로 치환하면

$$dx=\frac{2}{1+t^2}dt$$

이고, $\sin x$, $\cos x$, $\tan x$를 다음과 같이 t에 관한 유리함수로 나타낼 수 있다.

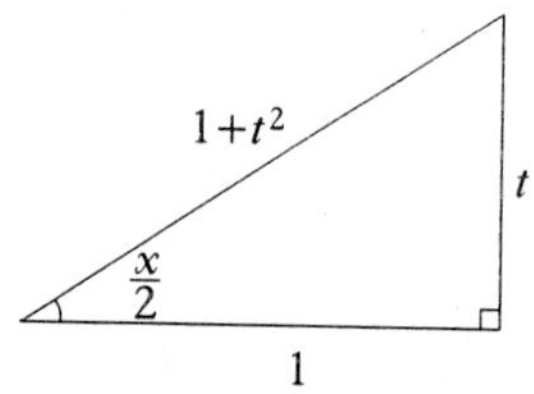

[그림 7.1]

$$\sin x=2\sin\frac{x}{2}\cos\frac{x}{2}=2\tan\frac{x}{2}\cdot\cos^2\frac{x}{2}$$

$$=2\tan\frac{x}{2}\cdot\frac{1}{\sec^2\frac{x}{2}}=2\tan\frac{x}{2}\cdot\frac{1}{1+\tan^2\frac{x}{2}}=\frac{2t}{1+t^2}$$

$$\cos x=2\cos^2\frac{x}{2}-1=\frac{2}{1+t^2}-1=\frac{1-t^2}{1+t^2}$$

$$\tan x=\frac{\sin x}{\cos x}=\frac{2t}{1-t^2}$$

따라서 $f(x)$는 t에 관한 유리함수로 변형되므로 적분이 가능하다.

【예제 1】 $I=\int\frac{1}{\sin x+\cos x}dx$를 구하여라.

풀이 $\tan\frac{x}{2}=t$로 치환하면

$$\sin x=\frac{2t}{1+t^2},\ \cos x=\frac{1-t^2}{1+t^2},\ dx=\frac{2}{1+t^2}dt$$

$$\therefore\ I=\int\frac{1}{\frac{2t}{1+t^2}+\frac{1-t^2}{1+t^2}}\cdot\frac{2}{1+t^2}dt$$

$$=2\int\frac{1}{1+2t-t^2}dt$$

$$=2\int\frac{1}{2-(t-1)^2}dt=\frac{1}{\sqrt{2}}\ln\left|\frac{\sqrt{2}+(t-1)}{\sqrt{2}-(t-1)}\right|+c$$

$$=\frac{1}{\sqrt{2}}\ln\left|\frac{\sqrt{2}-1+\tan\frac{x}{2}}{\sqrt{2}+1-\tan\frac{x}{2}}\right|+c$$

또는 $\sin(\alpha+\beta)=\sin\alpha\cos\beta+\cos\alpha\sin\beta$를 이용하여

$$I=\frac{1}{\sqrt{2}}\int\frac{dx}{\frac{1}{\sqrt{2}}\sin x+\frac{1}{\sqrt{2}}\cos x}=\frac{1}{\sqrt{2}}\int\frac{dx}{\sin\left(x+\frac{\pi}{4}\right)}$$

$$=\frac{1}{\sqrt{2}}\ln\left|\tan\left(\frac{x}{2}+\frac{\pi}{8}\right)\right|+c.$$

□

삼각함수의 곱으로 표현된 함수를 적분할 때 앞의 방법을 이용할 경우 계산이 복잡한 경우가 있다. 이 경우를 적분하기 위하여 다음과 같이 몇 가지 유형으로 나누어 생각하여 보자.

Ⅰ. $\int\sin^m x\cos^n dx$의 모양

(1) m 또는 n이 홀수인 경우

$n=1$이면

$$\int\sin^m x\cos^n dx=\frac{1}{m+1}\sin^{m+1}x+c$$

$n>1$이면 $n-1$은 짝수이므로 $\cos^2 x=1-\sin^2 x$를 이용하면

$$\cos^n x=\cos^{n-1}x\cos x$$

$$=(1-\sin^2 x)^{\frac{n-1}{2}}\cos x$$

이므로 $n=1$인 경우와 같이 적분할 수 있다.

(2) m, n이 모두 짝수인 경우

$$\sin x\cos x=\frac{1}{2}\sin 2x,\ \sin^2 x=\frac{1}{2}-\frac{1}{2}\cos 2x,\ \cos^2 x=\frac{1}{2}+\frac{1}{2}\cos 2x$$

를 이용한다.

【예제 2】 $\int \sin^2 x \cos^2 x \, dx$를 구하여라.

풀 이 $\int \sin^2 x \cos^3 x \, dx = \int \sin^2 x \cos x^2 \cos x \, dx$

$$= \int \sin^2 x (1 - \sin^2 x) \cos x \, dx$$

$$= \int (\sin^2 x - \sin^4 x) \cos x \, dx$$

이제 치환적분법을 이용하면, $u = \sin x$라고 놓고 $du = \cos x \, dx$가 된다. 그러면

$$\int \sin^2 x \cos^3 x \, dx = \int (u^2 - u^4) du = \frac{1}{3} u^3 - \frac{1}{5} u^5 + c$$

$$= \frac{1}{3} \sin^3 x - \frac{1}{5} \sin^5 x + c.$$ □

【예제 3】 $\int \sin^2 x \cos^4 x \, dx$를 구하여라.

풀 이 $\int \sin^2 x \cos^4 x \, dx = \int (\sin^2 x \cos^2 x) \cos^2 x \, dx$

$$= \int (\sin x \cos x)^2 \cos^2 x \, dx$$

$$= \int \left(\frac{1}{2} \sin 2x \right)^2 \left(\frac{1 + \cos 2x}{2} \right) dx$$

$$= \frac{1}{8} \int \sin^2 2x \, dx + \frac{1}{8} \int \sin^2 2x \cos 2x \, dx$$

우변의 첫 번째 적분에서 $u = 2x$라고 놓으면 $du = 2dx$가 된다. 그리고 두 번째 적분에서 $v = \sin 2x$라고 놓으면 $dv = 2 \cos 2x \, dx$가 된다.

$$\int \sin^2 x \cos^4 x \, dx = \frac{1}{8} \int \sin^2 2x \, dx + \frac{1}{8} \int \sin^2 2x \cos 2x \, dx$$

$$= \frac{1}{8} \int \sin^2 u \cdot \frac{1}{2} du + \frac{1}{8} \int v^2 \cdot \frac{1}{2} dv$$

$$= \frac{1}{16} \left(\frac{1}{2} u - \frac{1}{4} \sin 2u \right) + \frac{1}{16} \left(\frac{1}{3} v^3 \right) + c$$

$$= \frac{1}{16} \left(x - \frac{1}{4} \sin 4x \right) + \frac{1}{48} \sin^3 2x + c.$$ □

Ⅱ. $\int \sin^n x\, dx$, $\int \cos^n x\, dx$의 모양

$\sin^n x$의 적분에서

$$f(x)=\sin^{n-1}x,\ g(x)=\sin x$$

로 놓으면

$$f'(x)=(n-1)\sin^{n-2}x\cos x,\ g'(x)=-\cos x$$

이므로

$$\begin{aligned}\int \sin^n x\, dx&=\int \sin^{n-1}x \sin x\, dx\\&=-\sin^{n-1}x\cos x+(n-1)\int \sin^{n-2}x\cos^2 x\, dx\end{aligned}$$

이다. 여기서 우변의 적분은 Ⅰ의 경우를 이용한다.

$\cos^n x$의 적분도 마찬가지 방법을 사용한다.

【예제 4】 $\int \sin^6 x\, dx$를 구하여라.

풀이 $f(x)=\sin^5 x$, $g'(x)=\sin x$로 놓으면

$$f'(x)=5\sin^4 x\cos x,\ g(x)=-\cos x$$

이므로

$$\int \sin^6 x\, dx=-\sin^5 x\cos x+5\int \sin^4 x\cos^2 x\, dx$$

예제 3과 같은 방법으로 계산하면

$$\int \sin^4 x\cos^2 x\, dx=\frac{1}{16}x-\frac{1}{64}\sin 4x-\frac{1}{48}\sin^3 2x+c_1$$

이므로

$$\int \sin^6 x\, dx=-\sin^5 x\cos x-\frac{5}{64}\sin 4x-\frac{5}{48}\sin^3 2x+\frac{5}{16}x+c.$$ □

Ⅲ. $\int \sin mx\cos nx\, dx$, $\int \sin mx\sin nx\, dx$, $\int \cos mx\cos nx\, dx$의 모양

피적분함수를 삼각함수의 합으로 고쳐 적분한다.

$$\sin mx \cos nx = \frac{1}{2}\sin(m-n)x + \frac{1}{2}\sin(m+n)x$$

【예제 5】 $\int \sin 5x \cos 3x\, dx$를 구하여라.

풀이 $\int \sin 5x \cos 3x\, dx = \int \left(\frac{1}{2}\sin 2x + \frac{1}{2}\sin 8x\right) dx$

$$= -\frac{1}{4}\cos 2x - \frac{1}{16}\cos 8x + c.$$ □

Ⅳ. $\int \tan^n x\, dx$, $\int \cot^n x\, dx$의 모양

$$\tan^n x = \tan^{n-2}x \tan^2 x = \tan^{n-2}x(\sec^2 x - 1)$$
$$= \tan^{n-2}x \sec^2 x - \tan^{n-2}x$$

이므로

$$\int \tan^{n-2}x \sec^2 x\, dx = \frac{1}{n-1}\tan^{n-1}x + c$$

를 이용한다. 마찬가지로

$$\cot^n x = \cot^{n-2}x \cot^2 x = \cot^{n-2}x(\csc^2 - 1)$$

를 이용한다.

【예제 6】 $\int \tan^6 x\, dx$를 구하여라.

풀이 $\int \tan^6 x\, dx = \int \tan^4 x \tan^2 x\, dx$

$$= \int (\tan^4 x \sec^2 x - \tan^4 x)\, dx$$
$$= \int (\tan^4 x \sec^2 x - \tan^2 x \sec^2 x + \tan^2 x)\, dx$$
$$= \int (\tan^4 x \sec^2 x - \tan^2 x \sec^2 x + \sec^2 x - 1)\, dx$$
$$= \frac{1}{5}\tan^5 x - \frac{1}{3}\tan^3 x + \tan x - x + c.$$ □

V. $\int \sec^n x\,dx$, $\int \csc^n x\,dx$의 모양

(1) n이 짝수인 경우

$$\sec^n x = \sec^{n-2}x\,\sec^2 x = (\tan^2 x + 1)^{\frac{n-2}{2}}\sec^2 x$$

$$\csc^n x = \csc^{n-2}x\,\csc^2 x = (\cot^2 x + 1)^{\frac{n-2}{2}}\csc^2 x$$

를 이용하여 치환적분을 한다.

(2) n이 홀수인 경우

$\sec^n x$를 적분하기 위해, $f(x) = \sec^{n-2}x$, $g'(x) = \sec^2 x$로 놓고 $\tan^2 x = \sec^2 x - 1$을 이용하여 부분적분을 한다.

【예제 7】 $I = \int \sec^3 x\,dx$를 구하여라.

풀이 $f(x) = \sec x$, $g'(x) = \sec^2 x$로 놓으면

$$f'(x) = \sec x \tan x,\ g(x) = \tan x$$

이므로

$$\begin{aligned} I &= \sec x \tan x - \int \tan^2 x \sec x\,dx \\ &= \sec x \tan x - \int (\sec^2 x - 1)\sec x\,dx \\ &= \sec x \tan x - \int \sec^3 x\,dx + \int \sec x\,dx \\ &= \sec x \tan x - I + \ln|\sec x + \tan x| + c_1 \end{aligned}$$

따라서

$$2I = \sec x \tan x + \ln|\sec x + \tan x| + c_1$$

$$I = \frac{1}{2}\sec x \tan x + \frac{1}{2}\ln|\sec x + \tan x| + c. \qquad \square$$

VI. $\int \tan^m x \sec^n x\,dx$, $\int \cot^m x \csc^n x\,dx$의 모양

(1) n이 짝수인 경우

$$\tan^m x \sec^n x = \tan^m x \sec^{n-2}x \sec^2 x$$

로 놓고 $\sec^2 x = \tan^2 x + 1$을 이용하여 $\sec^{n-2}x$를 $\tan x$로 표현하여 적분한다.

$\cot^m x \sec^n x$도 마찬가지 방법을 사용한다.

(2) m, n이 모두 홀수인 경우

$$\tan^m x \sec^n x = \tan^{m-1} \sec^{n-1} x \sec x \tan x$$

로 놓고 $\tan^2 x = \sec^2 x - 1$을 이용하여 $\tan^{m-1} x$를 $\sec x$로 표현하여 적분한다.

$\cot^{m-1} x \csc^n$도 마찬가지 방법을 사용한다.

(3) n이 홀수, m이 짝수인 경우

$\tan^m x$를 $\sec^n x$로 표현하여 적분한다.

$\cos^m x \csc^n x$도 마찬가지 방법을 사용한다.

【예제 8】 $\int \tan^3 x \sec^3 x \, dx$를 구하여라.

풀이 $$\int \tan^3 x \sec^3 x \, dx = \int (\tan^2 x \sec^2 x) \tan x \sec x \, dx$$
$$= \int [(\sec^2 x - 1)\sec^2 x] \tan x \sec x \, dx$$

여기에서 치환 $u = \sec x$를 하면 $du = \sec x \tan x \, dx$이다. 그러면

$$\int \tan^3 x \sec^3 x \, dx = \int (u^2 - 1)u^2 \, du = \int (u^4 - u^2) \, du$$
$$= \frac{1}{5}u^5 - \frac{1}{3}u^3 + c$$
$$= \frac{1}{5}\sec^5 x - \frac{1}{3}\sec^3 + c.$$

□

연습문제 (7.5)

1. 다음 적분을 계산하여라.

(1) $\int \sec^3 x \, dx$

(2) $\int \tan^5 x \, dx$

(3) $\int \tan^2 x \sec^4 x \, dx$

(4) $\int \tan^3 x \sec^3 x \, dx$

(5) $\int \tan^2 x \sec x \, dx$

(6) $\int \sec^6 x \, dx$

7.6 적분표의 사용

부록에 있는 적분표는 지금까지 다루었던 공식 이외에 다른 공식도 열거한 것이다. 이들 공식 중에서 증명하지 않았던 것들도 미분법의 역연산, 치환적분, 부분적분, 점화공식 등을 사용하여 증명할 수 있지만 생략하기로 한다.

이들 공식을 활용하면 초등함수로 나타내어진 함수의 부정적분을 대부분 구할 수 있다. 독자들은 필요에 따라 이들 공식을 활용하여 함수의 부정적분을 구할 수도 있을 것이다.

【예제 1】 적분표를 이용하여 $\int (x^2+8)^{\frac{3}{2}}\,dx$를 구하여라.

풀이 부록의 적분표 공식 31과 비교하면

$$u=x,\ a=\sqrt{8}$$

이므로

$$\begin{aligned}\int (x^2+8)^{\frac{3}{2}}\,dx &= \frac{1}{4}x(x^2+8)^{\frac{3}{2}}+\frac{3}{8}\cdot 8\cdot x\sqrt{x^2+8}\\ &\quad +\frac{3}{8}\cdot 64\ln|x+\sqrt{x^2+8}\,|+c\\ &= \frac{1}{4}x(x^2+8)^{\frac{3}{2}}+3x\sqrt{x^2+8}\\ &\quad +24\ln(x+\sqrt{x^2+8})+c\end{aligned}$$

□

연습문제 (7.6)

1. 적분표를 사용하여 다음 부정적분을 구하여라.

(1) $\int \frac{x^2}{\sqrt{5-4x^2}}\,dx$

(2) $\int x^3 \sin x\,dx$

(3) $\int x\sqrt{x^2+2x+4}\,dx$

8장

정 적 분

8.1 적 분

함수 f가 폐구간 $[a, b]$에서 유계라고 하자. 즉, 모든 $x \in [a, b]$에 대하여

$$m \leq f(x) \leq M$$

인 실수 m, M이 존재한다고 하자. 구간 $[a, b]$의 양 끝점 a와 b 사이에 있는 임의의 $n-1$의 점 $x_1, x_2, \cdots, x_{n-1}$을

$$a < x_1 < x_2 < \cdots < x_{n-1} < b$$

가 되도록 잡으면, $n+1$개의 점 $a=x_0, x_1, x_2, \cdots, x_n=b$는 구간 $[a, b]$를 n개의 소구간 $[x_0, x_1], [x_1, x_2], \cdots, [x_{n-1}, x_n]$으로 나눈다(그림 8.1). 이때 집합

$$P=\{x_0, x_1, \cdots, x_n\}$$

를 $[a, b]$의 분할(partition)이라 한다. 또, 각 소구간 $[x_{i-1}, x_i]$의 길이를

$$\Delta x_i = x_i - x_{i-1}$$

로 표시하였을 때 $\Delta x_1, \Delta x_2, \cdots, \Delta x_n$ 중에서 가장 큰 값을 P의 노름(norm)이라 하

고 $|P|$로 나타난다. 특히 각 소구간의 길이 Δx_i가 모두 같으면 P를 **정칙 분할**(regular partition)이라 한다. 이 때 $|P|$는 $\frac{b-a}{n}$가 된다.

[a, b]의 분할

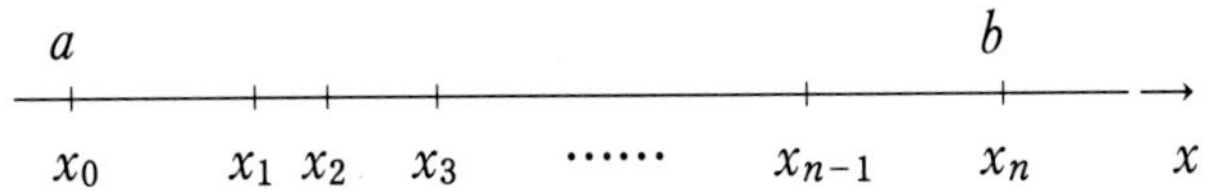

[그림 8.1]

분할 P에 대한 각 소구간 $[x_{i-1}, x_i]$에서 임의의 점 ξ_i를 택하여 만든 합

$$\sum_{i=1}^{n} f(\xi_i)\Delta x_i \tag{1}$$

을 함수 f의 분할 P와 ξ_i에 대한 **Riemann합**이라 한다(그림 8.2). 이 합은 주어진 함수 f에 대하여 구간 $[a, b]$의 분할방법 및 점 ξ_i들의 선택방법에 따라 달라짐을 알 수 있다.

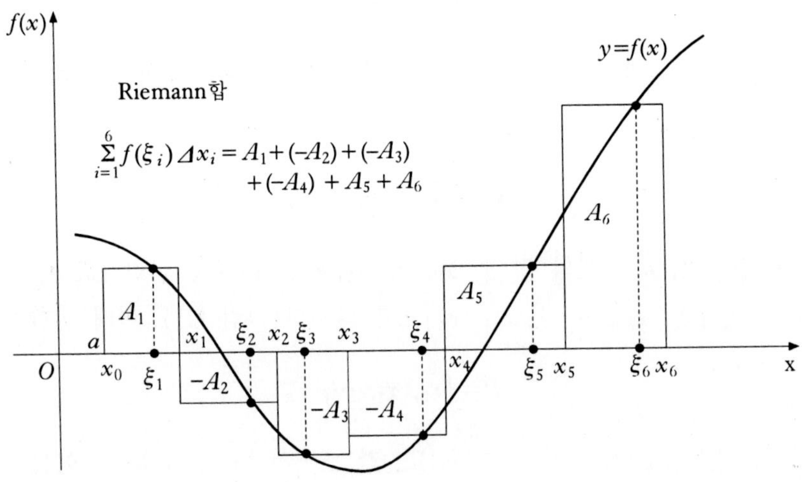

[그림 8.2]

〈정의 1.1〉

함수 f가 폐구간 $[a, b]$에서 유계라고 하자. Riemann 합 (1)에서 $|P|$가 0에 가까이 갈 때 일정한 극한값

$$\lim_{|P|\to 0}\sum_{i=1}^{n} f(\xi_i)\varDelta x_i$$

가 존재하면, 이 값을 f의 $x=a$에서 $x=b$까지의 **정적분**(definite integral) 또는 **Riemann적분**이라 하고

$$\int_a^b (x)dx$$

로 표시한다. 또한 $\int_a^b f(x)dx$가 존재하면 함수 f는 $[a, b]$에서 **적분가능**(integrable)하다고 말한다.

정적분 $\int_a^b f(x)dx$에서 $f(x)$를 피적분함수라 하고 a를 정적분의 **아래끝**(lower limit of integration), b를 정적분의 **위끝**(upper limit of integration)이라 부른다.

위의 정의로부터 주어진 함수 f가 $[a, b]$에서 적분가능하면, $[a, b]$의 분할 P의 노름 $|P|$가 한없이 0에 가까워지도록 분할 P를 잡아가면 P의 각 소구간 $[x_{i-1}, x_i]$에서 점 ξ_i를 어떻게 택하든 간에 f의 P에 대한 Riemann합은 항상 일정한 값에 수렴함을 알 수 있다.

【예제 1】 함수 f가 구간 $[a, b]$에서

$$f(x)=\begin{cases}1, & x\text{는 유리수}\\ 0, & x\text{는 무리수}\end{cases}$$

으로 정의되었을 때, f는 $[a, b]$에서 적분가능하지 않음을 보여라.

증명 구간 $[a, b]$의 분할 P를 어떻게 잡든지 간에 P의 각 소구간 $[x_{i-1}, x_i]$는 반드시 어떤 유리수와 무리수를 동시에 포함하고 있다. 따라서 $[x_{i-1}, x_i]$에서 점 ξ_i를 유리수로 택하면

$$\sum_{i=1}^{n} f(\xi_i)\varDelta x_i=b-a$$

이므로

$$\lim_{|P|\to 0}\sum_{i=1}^{n} f(\xi_i)\Delta x_i = b-a$$

이고, 한편 점 ξ_i를 무리수로 택하면

$$\sum_{i=1}^{n} f(\xi_i)\Delta x_i = 0$$

이므로,

$$\lim_{|P|\to 0}\sum_{i=1}^{n} f(\xi_i)\Delta x_i = 0$$

이다. 이것은 점 ξ_i의 선택방법에 따라 서로 다른 Riemann의 합의 극한값이 존재함을 보여 준다. 따라서 f는 $[a, b]$에서 적분불가능하다. □

【예제 2】 함수 f가 $[a, b]$에서 $f(x)=k$(k는 상수)로 정의하였을 때 f는 $[a, b]$에서 적분가능함을 보이고, 또 그 정적분은 $k(b-a)$임을 보여라.

증명 함수 f는 상수함수이므로 $[a, b]$의 임의의 분할 P의 ξi의 선택방법에 관계 없이 항상

$$\sum_{i=1}^{n} f(\xi_i)\Delta x_i = k\sum_{i=1}^{n} x_i = k(b-a)$$

이므로

$$\lim_{|P|\to 0}\sum_{i=1}^{n} f(\xi_i)\Delta x_i = k(b-a)$$

이다. 따라서 f는 $[a, b]$에서 적분가능하고 $\int_a^b f(x)dx=(b-a)$이다. □

정적분의 정의로부터 우리는 다음 두 가지 의문을 갖게 된다. 하나는 어떠한 함수가 적분가능한가 하는 것이고, 다른 하나는 함수가 적분가능하다면 그 정적분값을 어떻게 구할 것인가 하는 것이다. 다음 정리는 먼저 첫째 의문에 대한 부분적인 답을 준다. 이 정리의 증명은 이 책의 범위를 벗어나므로 생략하겠다.

정리 1.2 함수 f가 폐구간 $[a, b]$에서 연속이면, f는 $[a, b]$에서 적분 가능하다.

연습문제 (8.1)

1. 다음 함수에 대하여 주어진 구간의 분할 P에 대한 Riemann합을 구하여라.

(1) $f(x)=x^2$, $[a, b]=[1, 4]$

$$P=\left\{1, \frac{5}{4}, \frac{9}{4}, \frac{7}{2}, 4\right\}, \ (\xi_i)=\left\{1, \frac{7}{4}, 3, 4\right\}$$

(2) $f(x)=x^3+1$, $[a, b]=[1, 3]$

$$P=\left\{1, \frac{3}{2}, 2, \frac{5}{2}, 3\right\}, \ (\xi_i)=\left\{\frac{5}{4}, \frac{3}{2}, \frac{9}{4}, 3\right\}$$

(3) $f(x)=\sin x$, $[a, b]=[0, \pi]$

$$P=\left\{0, \frac{\pi}{4}, \frac{\pi}{2}, \frac{3}{4}\pi, \pi\right\}, \ (\xi_i)=\left\{\frac{\pi}{6}, \frac{\pi}{3}, \frac{2}{3}\pi, \frac{5\pi}{6}\right\}$$

2. 함수 f가 구간 $[0, 1]$에서

$$f(x)=\begin{cases} 1, & x\text{가 유리수일 때} \\ -1, & x\text{가 무리수일 때} \end{cases}$$

로 정의되었을 때 f의 적분가능성을 조사하여라. 또 함수 $|f|$에 대하여는 어떠한가?

8.2 정적분의 성질

앞에서 정적분의 정의를 알아보았다. 여기서는 정적분의 계산에 유용하게 쓰이는 정적분의 여러 가지 성질을 알아보자.

정리 2.1 함수 f, g가 구간 $[a, b]$에서 연속이면 다음 성질이 성립한다.

(1) $\int_a^b kf(x)dx = k\int_a^b f(x)dx$ (k는 상수)

(2) $\int_a^b [f(x)+g(x)]dx = \int_a^b f(x)dx + \int_a^b g(x)dx$

증명 함수 f, g가 $[a, b]$에서 연속이므로 적분가능하다. 또 함수 kf, $f+g$도 $[a, b]$에서 연속이므로 적분가능하다. 즉

$$\int_a^b f(x)dx,\ \int_a^b kf(x)dx,\ \int_a^b [f(x)+g(x)]dx$$

가 존재한다.

구간 $[a, b]$의 임의의 분할을

$$P=\{x_0,\ x_1,\ \cdots,\ x_n\}$$

이라고 하면

$$\begin{aligned}(1)\ \int_a^b kf(x)dx &= \lim_{|P|\to 0}\sum_{i=1}^n kf(\xi_i)\Delta x_i, \quad (x_{i-1}\le \xi_i \le x_i)\\ &= k\lim_{|P|\to 0}\sum_{i=1}^n f(\xi_i)\Delta x_i\\ &= k\int_a^b f(x)dx\end{aligned}$$

$$\begin{aligned}(2)\ \int_a^b [f(x)+g(x)]dx &= \lim_{|P|\to 0}\sum_{i=1}^n [f(\xi_i)+g(\xi_i)]\Delta x_i\\ &= \lim_{|P|\to 0}\sum_{i=1}^n f(\xi_i)\Delta x_i + \lim_{|P|\to 0}\sum_{i=1}^n g(\xi_i)\Delta x_i\\ &= \int_a^b f(x)dx + \int_a^b g(x)dx\end{aligned}$$

□

따름정리 2.2 함수 f, g가 연속이면 상수 linear(선형) α, β에 대하여 다음이 성립한다.

$$\int_a^b [\alpha f(x)+\beta g(x)]dx=\alpha\int_a^b f(x)dx+\beta\int_a^b g(x)dx$$

정리 2.3 함수 f, g가 구간 $[a, b]$에서 연속이고

(1) $f(x) \ge 0$이면 $\int_a^b f(x)dx \ge 0$이다.

(2) $f(x) \ge g(x)$이면 $\int_a^b f(x)dx \ge \int_a^b g(x)dx$이다.

증명 (1) 정적분의 정의로부터 $f(x) \ge 0$이면

$$\int_a^b f(x)dx \ge 0$$

임은 분명하다.

(2) $f(x) \ge g(x)$이므로 $f(x)-g(x) \ge 0$이다. (1)로부터

$$\int_a^b [f(x)-g(x)]dx \ge 0$$

이고 따름정리 2.2에 의하면

$$\int_a^b f(x)dx-\int_a^b g(x)dx \ge 0$$

이다. 따라서

$$\int_a^b f(x)dx \ge \int_a^b g(x)dx$$

이다. □

정리 2.4 함수 f가 $[a, b]$에서 연속이고 $a < c < b$일 때

$$\int_a^b f(x)dx=\int_a^c f(x)dx+\int_c^b f(x)dx$$

이다.

증명 함수 f가 $[a, b]$에서 연속이므로 적분가능하다. 또, f는 $[a, c]$, $[c, b]$에서도 연속이므로 적분가능하다. 즉

$$\int_a^b f(x)dx,\ \int_a^c f(x)dx,\ \int_c^b f(x)dx$$

가 존재한다.

구간 $[a, c]$와 $[c, b]$를 각각 n개의 소구간으로 분할하여

$$P=\{a=x_0,\ x_1,\ \cdots,\ x_n=c,\ x_{n+1},\ \cdots,\ x_{2n}=b\}$$

라고 하자. 그러면 P는 $[a, b]$의 분할이 되고

$$P_1=\{a=x_0,\ x_1,\ \cdots,\ x_n=c\}$$
$$P_2=\{x_n=c,\ x_{n+1},\ \cdots,\ x_{2n}=b\}$$

는 각각 $[a, c]$, $[c, b]$의 분할이 되며 $P=P_1 \cup P_2$이다.

$$\begin{aligned}\int_a^b f(x)dx &= \lim_{|P|\to 0}\sum_{i=1}^{2n} f(\xi_i)\Delta x_i \\ &= \lim_{|P|\to 0}\left[\sum_{i=1}^{n} f(\xi_i)\Delta x_i + \sum_{i=n+1}^{2n} f(\xi_i)\Delta x_i\right] \\ &= \lim_{|P|\to 0}\sum_{i=1}^{n} f(\xi_i)\Delta x_i + \lim_{|P|\to 0}\sum_{i=n+1}^{2n} f(\xi_i)\Delta x_i \\ &= \lim_{|P_1|\to 0}\sum_{i=1}^{n} f(\xi_i)\Delta x_i + \lim_{|P_2|\to 0}\sum_{i=n+1}^{2n} f(\xi_i)\Delta x_i \\ &= \int_a^c f(x)dx + \int_c^b f(x)dx\end{aligned}$$

□

지금까지 정적분

$$\int_a^b f(x)dx$$

는 $a < b$인 경우만 정의하였다. 일반적인 경우는 다음과 같이 확장하여 정의한다.

〈정의 2.5〉

함수 f가 구간 $[c, d]$에서 적분가능하고

$$c \le a \le b \le d$$

일 때 다음과 같이 정의한다.

$$\int_a^b f(x)dx = -\int_b^a f(x)dx$$

$$\int_a^a f(x)dx = 0$$

【예제 1】 정리 2.4가 a, b, c의 크기에 관계없이 f의 정의역 안에 있으면 성립함을 증명하여라.

증명 (1) $a < b < c$인 경우

$$\begin{aligned}(\text{우변}) &= \int_a^c f(x)dx + \int_c^b f(x)dx \\ &= \int_a^b f(x)dx + \int_b^c f(x)dx + \int_c^b f(x)dx \quad (\text{정리 } 2.4) \\ &= \int_a^b f(x)dx + \int_b^c f(x)dx - \int_b^c f(x)dx \quad (\text{정의 } 2.5) \\ &= \int_a^b f(x)dx \\ &= (\text{좌변})\end{aligned}$$

이외의 4가지 경우

$$c < b < a,\ c < a < b,\ b < c < a,\ b < a < c$$

일 때의 증명도 같은 방법으로 할 수 있다.

(2) $a = b < c$인 경우: 좌변과 우변은 정의 2.5로부터 0이 되어 성립한다. 같은 방법으로 세 수 중에 어느 두 수가 같을 때에도 증명할 수 있다.

(3) $a = b = c$인 경우: 정의 2.5로부터 분명하다. □

미분에 관한 함수의 평균값의 정리를 알고 있다. 정적분에서도 이와 유사한 다음 정리가 성립한다.

정리 2.6 (적분에 관한 평균값의 정리)
함수 f가 구간 $[a, b]$에서 연속이면

$$\int_a^b f(x)dx = f(c) \cdot (b-a)$$

를 만족하는 점 c가 $[a, b]$ 안에 존재한다.

증명 f가 $[a, b]$에서 연속이므로 함수이 최대값, 최소값 정리에 의하여 모든 $x \in [a, b]$에 대하여

$$m \le f(x) \le M$$

를 만족하는 실수 m, M이 존재한다. 따라서 정리 2.3으로부터

$$\int_a^b m\, dx \le \int_a^b f(x)dx \le \int_a^b M\, dx$$

이다. 여기서 정적분의 정의로부터

$$\int_a^b m\, dx = m(b-a)$$
$$\int_a^b M\, dx = M(b-a)$$

이므로

$$m(b-a) \le \int_a^b f(x)dx \le M(b-a)$$

이다. 즉

$$m \le \frac{1}{b-a}\int_a^b f(x)dx \le M$$

이다. 한편 f가 $[a, b]$에서 연속이므로 중간값의 정리에 의하여

$$\frac{1}{b-a}\int_a^b f(x)dx = f(c)$$

를 만족하는 점 c가 $[a, b]$ 안에 존재한다. 즉

$$\int_a^b f(x)dx = f(c) \cdot (b-a)$$

인 c가 $[a, b]$ 안에 존재한다. □

함수 f가 구간 $[a, b]$에서 연속이면 $[a, b]$ 안의 임의의 점 x에 대하여 f는 구간 $[a, x]$에서도 연속이므로

$$\int_a^x f(t)dt$$

가 존재한다. 따라서 구간 $[a, b]$ 안의 각 x에 대하여

$$g(x)=\int_a^x f(t)dt$$

로 정의하면 g는 $[a, b]$를 정의역으로 하는 함수가 된다. 이 함수 g에 대하여 다음 정리가 성립한다.

정리 2.7 함수 f가 구간 $[a, b]$에서 연속이면, 함수

$$g(x)=\int_a^x f(t)dt, \ a \le x \le b$$

는 (a, b)에서 미분가능하고 $g'(x)=f(x)$이다. 즉 함수 g는 함수 f의 한 부정적분이다.

증명 x, $x+h$를 구간 (a, b) 안의 점이라고 하자. 그러면

$$\begin{aligned}\frac{g(x+h)-g(x)}{h}&=\frac{1}{h}\left[\int_a^{x+h} f(t)dt-\int_a^x f(t)dt\right]\\&=\frac{1}{h}\left[\int_a^x f(t)dt+\int_x^{x+h} f(t)dt-\int_a^x f(t)dt\right]\\&=\frac{1}{h}\int_a^{x+h} f(t)dt \qquad (1)\end{aligned}$$

한편 적분에 관한 평균값의 정리에 의하여

$$\frac{1}{h}\int_x^{x+h} f(t)dt=f(c) \qquad (2)$$

를 만족하는 점 c가 $[x, x+h]$ 안에 존재한다. 그런데 $h\to 0$이면 $c\to x$이고 f는 점 x에서 연속이므로

$$\lim_{h\to 0} f(c)=f(x)$$

이다. 따라서 (1), (2)에 의하여 다음이 성립한다.

$$g'(x)=\lim_{h\to 0}\frac{1}{h}[g(x+h)-g(x)]=f(x) \qquad \square$$

【예제 2】 함수 $g(x)=\int_1^x \cos\sqrt{t}\,dt$를 미분하여라.

풀이 함수 $f(t)=\cos\sqrt{t}$는 음이 아닌 실수 전체의 집합에서 연속이므로 정리 2.7에 의하여 모든 실수 x에 대하여

$$g'(x)=\cos\sqrt{x}. \qquad \square$$

【예제 3】 $\frac{d}{dx}\int_1^{x^4} \sec t\,dt$를 구하여라.

풀이 $u=x^4$라고 하고 다음과 같이 함수 g를 생각하자.

$$g(u)=\int_1^u \sec t\,dt$$

$y=\sec t$는 $\left(-\frac{\pi}{2}, \frac{\pi}{2}\right)$에서 연속이므로 정리 2.7에 의해 함수 g는 $\left(-\frac{\pi}{2}, \frac{\pi}{2}\right)$에서 미분가능하다. 연쇄법칙을 쓰면

$$\begin{aligned}\frac{d}{dx}\int_1^{x^4}\sec t\,dt &= \frac{dg}{dx}=\frac{dg}{du}\cdot\frac{du}{dx}\\ &=\sec u\cdot 4x^3=4x^3\sec x^4\end{aligned} \qquad \square$$

정리 2.8 (미적분학의 기본정리)
함수 f가 구간 $[a, b]$에서 연속이고 함수 F가 f의 한 부정적분이면

$$\int_a^b f(x)dx=F(b)-F(a)$$

증명 F는 f의 한 부정적분이고, 정리 2.7에 의하여 $\int_a^x f(t)dt$도 f의 한 부정적분이다. 따라서

$$F(x)=\int_a^x f(t)dt+C$$

를 만족하는 상수 C가 존재한다. 그런데 $\int_a^a f(t)dt=0$이므로 $F(a)=C$이다. 따라서

$$F(x)=\int_a^x f(t)dt+F(a)$$

즉,

$$\int_a^x f(t)dt=F(x)-F(a)$$

여기서 $x=b$로 놓으면

$$\int_a^b f(t)dt=F(b)-F(a) \qquad \square$$

위의 정리에서 $F(b)-F(a)$를 기호 $[F(x)]_a^b$로 나타내어

$$\int_a^b f(t)dt=[F(x)]_a^b=F(b)-F(a)$$

와 같이 쓰는 것이 편리하다.

【예제 4】 $\int_0^1 \frac{1}{1+x^2}dx$를 구하여라.

풀이 $(\mathrm{Tan}^{-1}x)'=\frac{1}{1+x^2}$이므로

$$\int_0^1 \frac{1}{1+x^2}dx=\Big[\mathrm{Tan}^{-1}x\Big]_0^1=\mathrm{Tan}^{-1}1-\mathrm{Tan}^{-1}0=\frac{\pi}{4}. \qquad \square$$

연습문제 (8.2)

1. 정리 2.4의 결과를 다음의 각 경우에 증명하라.

(1) $b < c < a$ (2) $a=b < c$ (3) $a < b=c$

2. 다음 함수에 대하여 적분에 관한 평균값의 정리를 만족하는 c의 값을 구하여라.

(1) $f(x)=mx+b,\ 0 \le x \le a$ (2) $f(x)=\sin x,\ 0 \le x \le \pi$

3. 다음 함수의 도함수를 구하여라.

(1) $g(x)=\int_{-3}^{x}(4t+1)dt$ (2) $g(x)=\int_{-0}^{x^4}\sin^3 t\, dt$

(3) $g(x)=\int_{0}^{x}\sqrt{1+t^2}\, dt$ (4) $g(x)=\int_{\sqrt{x}}^{x^3}\sqrt{t}\ \sin t\, dt$

4. 다음 정적분을 구하여라.

(1) $\int_{0}^{\pi}\cos x\, dx$ (2) $\int_{2}^{4}\sqrt{3x+2}\, dx$

(3) $\int_{0}^{1}\sinh x\, dx$ (4) $\int_{0}^{2}\cosh x\, dx$

〈**정의 4.1**〉

함수 f가 구간 $(a, b]$에서 연속이고

$$\lim_{x \to a+} |f(x)| = \infty$$

일 때, 극한값

$$\lim_{\varepsilon \to 0+} \int_{a+\varepsilon}^{b} f(x)dx \tag{1}$$

가 존재하면

$$\int_a^b f(x)dx = \lim_{\varepsilon \to 0+} \int_{a+\varepsilon}^{b} f(x)dx$$

라고 정의하고 **특이적분** $\int_a^b f(x)dx$는 **수렴** 또는 **존재한다**고 한다. 그리고 (1)의 극한값이 존재하지 않을 때 특이적분 $\int_a^b f(x)dx$는 **발산**(divergence) 한다고 한다. 함수 f가 구간 $[a, b)$에서 연속이고 $\lim_{x \to b-} |f(x)| = \infty$일 때도 같은 방법으로 특이적분을 정의한다.

【예제 1】 다음 특이적분을 구하여라.

(1) $\int_0^1 \frac{1}{\sqrt{x}} dx$ (2) $\int_0^1 \frac{1}{x} dx$

풀이 (1) $f(x) = \frac{1}{\sqrt{x}}$은 $(0, 1]$에서 연속이고 0에서 불연속이다. 이 때 $c \in (0, 1)$에 대하여

$$\lim_{c \to 0+} \int_c^1 \frac{1}{\sqrt{x}} dx = \lim_{c \to 0+} [2\sqrt{x}]_c^1 = \lim_{c \to 0+} (2\sqrt{1} - 2\sqrt{c})$$

$$= 2 - 2 \lim_{c \to 0+} \sqrt{c} = 2 - 0 = 2$$

이므로 $\int_0^1 \frac{1}{\sqrt{x}} dx$는 수렴하고 $\int_0^1 \frac{1}{\sqrt{x}} dx = 2$이다.

(2) $f(x) = \frac{1}{x}$은 $(0, 1]$에서 연속이고 0에서 불연속이다. 이 때, $c \in (0, 1)$에 대하여

$$\lim_{c\to 0+}\int_c^1 \frac{1}{x}\,dx = \lim_{c\to 0+}[\ln x]_c^1 = \lim_{c\to 0+}(\ln 1 - \ln c)$$
$$= -\lim_{c\to 0+}\ln c = \infty$$

이므로 $\int_c^1 \frac{1}{x}\,dx$는 발산한다. □

〈정의 4.2〉

함수 f가 구간 $[a, c)$, $(c, b]$에서 연속이고

$$\lim_{x\to c}|f(x)| = \infty$$

일 때, 특이적분

$$\int_a^c f(x)\,dx,\ \int_c^b f(x)\,dx \qquad (1)$$

가 모두 수렴하면

$$\int_a^b f(x)\,dx = \int_a^c f(x)\,dx + \int_c^b f(x)\,dx$$

라고 정의하고 특이적분 $\int_a^b f(x)\,dx$는 **수렴한다**고 한다. (1)에서 어느 하나가 발산하면 $\int_a^b f(x)\,dx$는 **발산한다**고 한다.

【예제 2】 특이적분 $\int_0^3 \frac{1}{(x-1)^{\frac{2}{3}}}\,dx$를 구하여라.

풀이 $f(x) = \frac{1}{(x-1)^{\frac{2}{3}}}$은 1에서 불연속이고 모든 $x \in [0, 3] (x \neq 1)$에서 연속이다.

이때,

$$\lim_{c\to 1-}\int_0^c \frac{1}{(x-1)^{\frac{2}{3}}}\,dx = \lim_{c\to 1-}\left[3(x-1)^{\frac{1}{3}}\right]_0^c = \lim_{c\to 1-}(3(c-1)^{\frac{1}{3}}+3) = 3,$$

$$\lim_{d\to 1+}\int_d^3 \frac{1}{(x-1)^{\frac{2}{3}}}\,dx = \lim_{d\to 1+}\left[3(x-1)^{\frac{1}{3}}\right]_d^3 = \lim_{d\to 1+}(3\cdot 2^{\frac{1}{3}} - 3(d-1)^{\frac{1}{3}})$$
$$= 3\sqrt[3]{2}$$

이므로 $\int_0^1 \frac{1}{(x-1)^{\frac{2}{3}}}dx$와 $\int_1^3 \frac{1}{(x-1)^{\frac{2}{3}}}dx$는 모두 수렴한다. 따라서

$$\int_0^3 \frac{1}{(x-1)^{\frac{2}{3}}}dx = \int_0^1 \frac{1}{(x-1)^{\frac{2}{3}}}dx + \int_0^1 \frac{1}{(x-1)^{\frac{2}{3}}}dx$$

$$= 3 + 3\sqrt[3]{2} = 3(1+\sqrt[3]{2}).$$ □

(2) 무한구간에서 함수의 정적분

적분한계 중 적어도 하나가 무한일 때의 특이적분을 다음과 같이 정의한다.

〈정의 4.3〉

함수 f가 무한구간 $[a, \infty)$, $(-\infty, b]$ 또는 $(-\infty, \infty)$에서 연속일 때 f의 특이적분을 다음과 같이 정의한다.

$$\int_a^\infty f(x)dx = \lim_{b\to\infty}\int_a^b f(x)dx, \quad \int_{-\infty}^b f(x)dx = \lim_{a\to-\infty}\int_a^b f(x)dx$$

$$\int_{-\infty}^\infty f(x)dx = \lim_{\substack{a\to-\infty \\ b\to\infty}} \int_a^b f(x)dx$$

여기서 우변의 극한값이 존재할 때, 특이적분은 **수렴**한다고 하고 극한값이 존재하지 않을 때 특이적분은 **발산**한다고 한다.

【예제 3】 다음 특이적분을 구하여라.

(1) $\int_1^\infty \frac{1}{x}dx$ (2) $\int_1^\infty \frac{1}{x^a}dx \ (a>1)$

(3) $\int_1^\infty \frac{1}{x^a}dx \ (0<a<1)$ (4) $\int_{-\infty}^0 e^x dx$

풀이 (1) $\lim_{b\to\infty}\int_1^b \frac{1}{x}dx = \lim_{b\to\infty}\Big[\ln|x|\Big]_1^b = \lim_{b\to\infty}(\ln b - \ln 1) = \infty$

이므로 $\int_1^\infty \frac{1}{x}dx$는 발산한다.

(2) $\lim_{b\to\infty}\int_1^b \frac{1}{x^a}dx = \lim_{b\to\infty}\Big[\frac{1}{1-a}x^{1-a}\Big]_1^b = \lim_{b\to\infty}\Big(\frac{1}{1-a}b^{1-a} - \frac{1}{1-a}\Big)$

$$=\frac{1}{\alpha-1}$$

이므로 $\int_1^\infty \frac{1}{x^\alpha}dx\ (\alpha>1)$은 수렴하고

$$\int_1^\infty \frac{1}{x^\alpha}dx=\frac{1}{\alpha-1}$$

이다.

(3) $\lim_{b\to\infty}\int_1^b \frac{1}{x^\alpha}dx=\lim_{b\to\infty}\left[\frac{1}{1-\alpha}x^{1-\alpha}\right]_1^b$

$$=\lim_{b\to\infty}\left(\frac{1}{1-\alpha}b^{1-\alpha}-\frac{1}{1-\alpha}\right)$$

$$=\infty$$

이므로 $\int_1^\infty \frac{1}{x^\alpha}dx(0<\alpha<1)$은 발산한다.

(4) $\lim_{a\to-\infty}\int_a^0 e^x dx=\lim_{a\to-\infty}\left[e^x\right]_a^0=\lim_{a\to-\infty}(e^0-e^a)=e^0=1$이므로 $\int_{-\infty}^0 e^x dx$는 수렴하고 $\int_{-\infty}^0 e^x dx=1$이다. □

연습문제 (8.4)

1. 다음 특이적분을 구하여라.

(1) $\int_0^1 \frac{1}{1-x}dx$

(2) $\int_{-1}^1 \frac{1}{\sqrt{1-x^2}}dx$

(3) $\int_1^{\frac{\pi}{2}} \tan x\, dx$

(4) $\int_1^\infty \frac{1}{x\sqrt{x^2-1}}dx$

(5) $\int_1^\infty \frac{1}{x(1+x^2)}dx$

(6) $\int_{-\infty}^0 a^x dx\ (a>1)$

8.5 정적분의 근사값

구간 $[a, b]$에서 연속인 함수 f의 정적분

$$\int_a^b f(x)dx$$

의 값을 구할 때 미적분학의 기본정리를 사용하여

$$\int_a^b f(x)dx = F(b) - F(a)$$

와 같이 계산하였다. 여기서 $F(x)$는 $f(x)$의 한 부정적분이다. 그러나 이와같은 방법은 부정적분을 쉽게 구할 수 있는 경우에 한하여 쓸 수 있는 방법이다.

여기서는 $f(x)$의 부정적분을 초등함수로 구할 수 없는 경우나 관측 또는 측정을 통하여 x의 몇 개의 값에 대한 $f(x)$의 값만을 알 수 있는 경우에 정적분 $\int_a^b f(x)dx$의 근사값을 구하는 방법을 알아보자.

(1) 사다리꼴 공식

함수 f가 구간 $[a, b]$에서 연속이고 $f(x) \geq 0$이라고 하자. 구간 $[a, b]$를 n등분한 분할을

$$P = \{x_0 = a,\ x_1,\ x_2,\ \cdots,\ x_{n-1},\ x_n = b\}$$

라고 하자.

이 때, 그림에서와 같이 n개의 사다리꼴이 생긴다. 이들 사다리꼴의 넓이의 합을

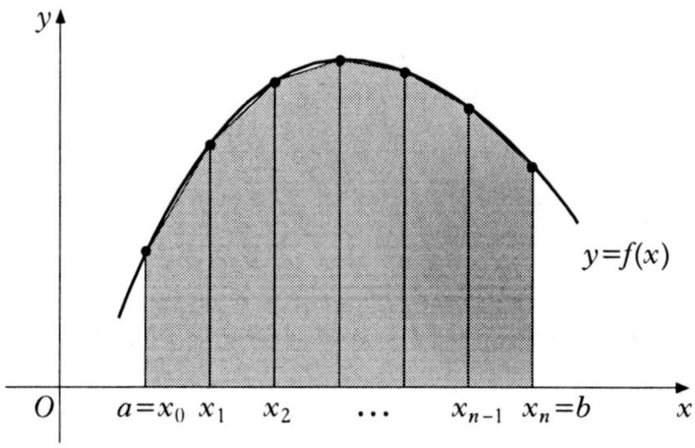

[그림 8.4]

정적분 $\int_a^b f(x)dx$의 값의 근사값으로 볼 수 있다.

일반적으로 정적분의 근사값을 다음과 같이 정의하는 방법이 있다.

〈정의 5.1〉 (사다리꼴 공식)

함수 f가 구간 $[a, b]$에서 연속이라고 하자. 구간 $[a, b]$를 n등분한 분할을

$$P=\{x_0,\ x_1,\ \cdots,\ x_{n-1},\ x_n\}$$

이라 하고

$$\frac{b-a}{n}=h$$

라고 놓자. 또, 각 분점에 대응하는 $f(x)$의 값을

$$y_0,\ y_1,\ \cdots,\ y_{n-1},\ y_n$$

이라고 하자. 이 때 정적분 $\int_a^b f(x)dx$의 근사값을 다음과 같이 정의한다.

$$\int_a^b f(x)dx \approx \frac{h}{2}(y_0+y_1)+\frac{h}{2}(y_1+y_2)+\cdots+\frac{h}{2}(y_{n-1}+y_n)$$

즉

$$\int_a^b f(x)dx \approx \left\{\frac{y_0+y_n}{2}+(y_1+y_2+\cdots+y_{n-1})\right\}h$$

【예제 1】 $n=4$일 때 사다리꼴 공식을 이용하여 다음을 구하여라.

$$\int_0^1 \frac{1}{1+x^2}\,dx$$

풀이 $h=\dfrac{b-a}{n}=\dfrac{1}{4}$이다. 따라서

$$\int_0^1 \frac{1}{1+x^2}\,dx \approx \left\{\frac{1+0.5}{2}+(1.8823529+1.6+1.28)\right\}\cdot\frac{1}{4}=0.782794$$ □

9장

정적분의 응용

9.1 두 곡선 사이의 넓이

함수 f가 구간 $[a, b]$에서 연속이고 $f(x) \geq 0$이면 곡선 $y=f(x)$와 x의 축 및 두 직선 $x=a$, $x=b$로 둘러싸인 도형의 넓이 A는

$$A=\int_a^b f(x)dx$$

로 표시된다.

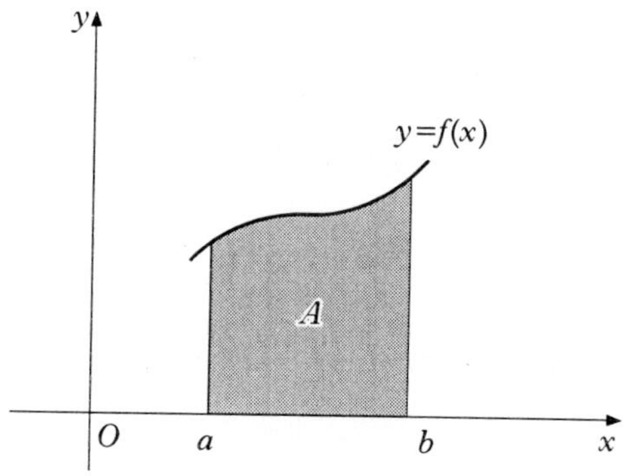

[그림 9.1]

두 함수 f, g가 구간 $[a, b]$에서 연속이고 $f(x) \geq g(x)$일 때 두 곡선 $y=f(x)$, $y=g(x)$와 두 직선 $x=a$, $x=b$로 둘러 싸인 도형의 넓이 A를 구해보자.

적당한 실수 k를 선택하여 두 곡선 $y=f(x)$, $y=g(x)$의 그래프를 y축의 양의 방향으로 k만큼 평행이동하여

$$f(x)+k \geq g(x)+k \geq 0$$

되게 할 수 있다.

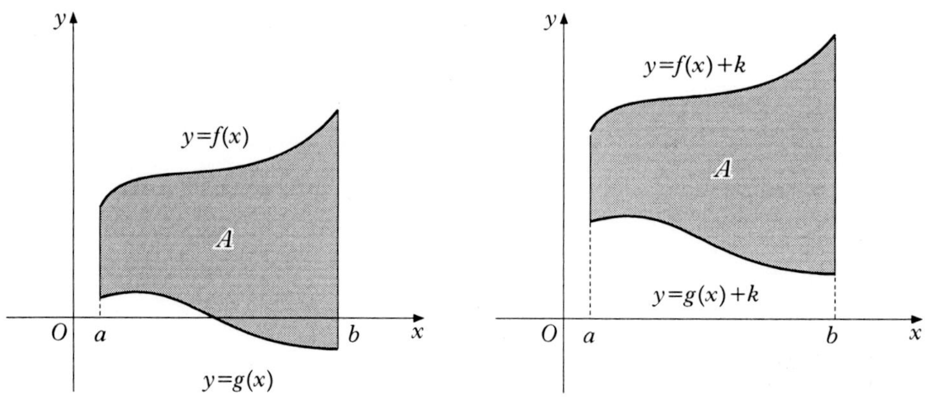

[그림 9.2]

이 때, 다음이 성립함을 알 수 있다.

$$\begin{aligned} A &= \int_a^b [f(x)+k]dx - \int_a^b [g(x)+k]dx \\ &= \int_a^b [f(x)-g(x)]dx \end{aligned}$$

정리 1.1 두 함수 f, g가 구간 $[a, b]$에서 연속이고

$$f(x) \geq g(x)$$

일 때, 두 곡선 $y=f(x)$, $y=g(x)$와 두 직선 $x=a$, $x=b$로 둘러싸인 도형의 넓이 A는 다음과 같다.

$$A = \int_a^b [f(x)-g(x)]dx$$

【예제 1】 두 곡선 $y=e^x$, $y=\sin x$과 두 직선 $x=0$, $x=\dfrac{\pi}{2}$로 둘러싸인 도형의 넓이를 구하여라.

풀이 $0 \leq x \leq \dfrac{\pi}{2}$에서

$$e^x > \sin x$$

이므로 구하는 넓이는

$$\int_0^{\frac{\pi}{2}} (e^x - \sin x)\,dx = \Big[e^x + \cos x\Big]_0^{\frac{\pi}{2}} = e^{\frac{\pi}{2}}. \qquad \square$$

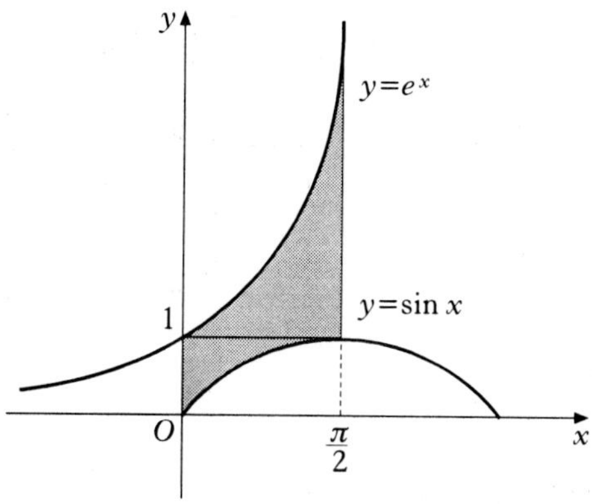

[그림 9.3]

【예제 2】 두 곡선

$$y = \frac{8a^3}{x^2+4a^2}, \quad 4ay = x^2$$

로 둘러싸인 도형의 넓이 A를 구하여라. (단, $a > 0$)

풀이 방정식 $\dfrac{8a^3}{x^2+4a^2} = \dfrac{x^2}{4a}$에서 두 곡선의 교점의 x 좌표를 구하면 다음과 같다.

$$x = \pm 2a$$

두 곡선이 모두 y축에 관하여 대칭이므로 제1사분면에 있는 도형의 넓이를 구하여 2배하면 구하려는 도형의 넓이가 된다.

따라서

$$A=2\int_0^{2a}\left(\frac{8a^3}{x^2+4a^2}-\frac{x^2}{4a}\right)dx$$
$$=16a^3\left[\frac{1}{2a}\mathrm{Tan}^{-1}\frac{x}{2a}\right]_0^{2a}-\frac{1}{2a}\left[\frac{1}{3}x^3\right]_0^{2a}$$
$$=2\pi a^2-\frac{4}{3}a^2=2a^2\left(\pi-\frac{2}{3}\right)$$
□

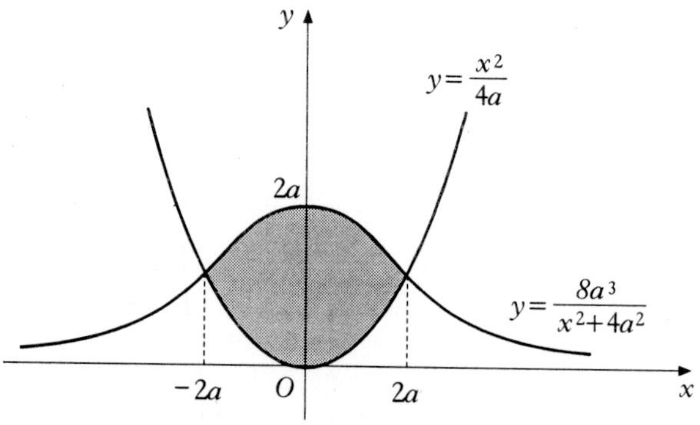

[그림 9.4]

【예제 3】 타원 $x^2+xy+y^2=1$의 넓이를 구하여라.

풀이 주어진 방정식은 y에 관하여 풀면

$$y=-\frac{1}{2}(x\pm\sqrt{4-3x^2})$$

따라서 주어진 타원은 $-\frac{2}{\sqrt{3}}\le x\le\frac{2}{\sqrt{3}}$에 있다.

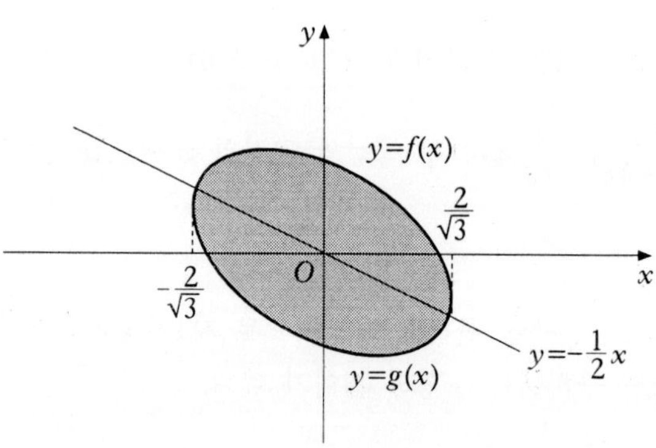

[그림 9.5]

이 범위에서

$$y=f(x)=-\frac{1}{2}(x-\sqrt{4-3x^2})$$

$$y=g(x)=-\frac{1}{2}(x+\sqrt{4-3x^2})$$

으로 놓으면

$$f(x) \geq g(x)$$

이다. 따라서 구하는 넓이를 A라고 하면

$$\begin{aligned} A&=\int_{-\frac{2}{\sqrt{3}}}^{\frac{2}{\sqrt{3}}}[f(x)-g(x)]dx \\ &=\int_{-\frac{2}{\sqrt{3}}}^{\frac{2}{\sqrt{3}}}\sqrt{4-3x^2}\,dx \\ &=2\int_{0}^{\frac{2}{\sqrt{3}}}\sqrt{4-3x^2}dx \\ &=\sqrt{3}\left[x\sqrt{\frac{4}{3}-x^2}+\frac{4}{3}\mathrm{Sin}^{-1}\left(\frac{\sqrt{3}}{2}x\right)\right]_0^{\frac{2}{\sqrt{3}}} \\ &=\frac{2\pi}{\sqrt{3}} \end{aligned}$$

□

연습문제 (9.1)

※ 다음 문제에서 주어진 곡선과 x축으로 둘러싸인 영역의 면적을 구하여라.

1. $y=6x-x^2$

2. $y=x^2-9$

3. $y=x^2-4x-5$

4. $y=x(x^2-x-2)$

5. $y=x^4-16$

6. $y=x\sqrt{1-x^2}$

7. 곡선 $y=x^2-4x+3$과 직선 $y=x-1$로 둘러싸인 영역의 면적을 구하여라.

8. 두 곡선 $y=x^2$과 $y^2=27x$로 둘러싸인 영역의 면적을 구하여라.

9. 곡선 $y=x\sqrt{x^2+16}$과, x축 및 직선 $x=3$으로 둘러싸인 영역의 면적을 구하여라.

9.2 입체도형의 부피

어떤 입체도형이 주어졌을 때 한 직선을 x축으로 정하여 좌표가 a, b인 두 점을 각각 지나고, 이 축에 수직인 두 평면 사이에 있는 부분의 부피 V를 구해 보자.

$a \le x \le b$인 점 x에서 x축에 수직인 평면으로 주어진 입체를 자른 단면의 넓이를 $A(x)$라고 하자.

구간 $[a, b]$의 분할

$$P = \{x_0,\ x_1,\ \cdots,\ x_n\}$$

를 정하고 각 소구간 $[x_{i-1},\ x_i]$ 안의 임의의 점 ξ_i를 택하여 보자. 이제 각각의 점 x_i를 지나고 x축에 수직인 평면으로 입체를 자르면 얇은 평판들이 생긴다.

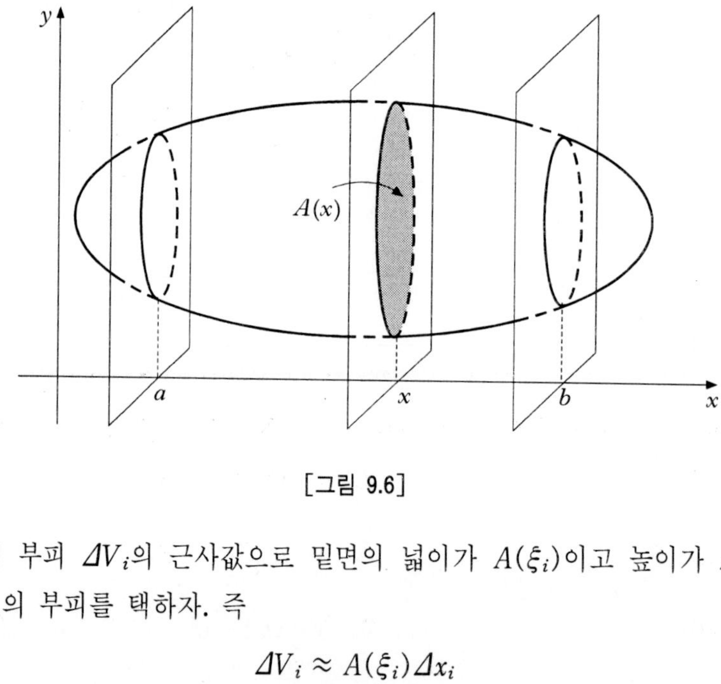

[그림 9.6]

각 평판의 부피 ΔV_i의 근사값으로 밑면의 넓이가 $A(\xi_i)$이고 높이가 Δx_i인 기둥 모양의 입체의 부피를 택하자. 즉

$$\Delta V_i \approx A(\xi_i)\Delta x_i$$

이때, 각 평판의 부피의 근사값을 합하면 V의 근사값을 얻는다. 즉

$$V \approx \sum_{i=1}^{n} A(\xi_i)\Delta x_i$$

여기서 $|P| \to 0$으로 하면 V와 V의 근사값의 차이가 점점 줄어들게 된다.
만일 $A(x)$가 구간 $[a, b]$에서 적분가능한 함수이면

$$V=\lim_{|p|\to 0}\sum_{i=1}^{n}A(\xi_i)\Delta x_i=\int_a^b A(x)\,dx$$

이다.

정리 2.1 x축 위의 점 x, $a\le x\le b$에서 x축에 수직인 평면으로 자른 단면의 넓이가 $A(x)$인 입체도형의 부피 V는 다음과 같다.

$$V=\int_a^b A(x)dx$$

【예제 1】 함수 $y=\sin x$, $0\le x\le \pi$의 그래프와 x축으로 둘러싸인 평면도형을 밑면으로 하는 입체도형이 있다. 이 입체도형을 x축에 수직인 평면으로 자른 단면이 정삼각형일 때, 이 입체도형의 부피를 구하여라.

풀이 주어진 입체도형을 x축에 수직되게 자른 단면은 한 변의 길이가 $\sin x$인 정삼각형이므로 단면의 넓이의 식은 다음과 같다.

$$A(x)=\frac{\sqrt{3}}{4}\sin^2 x,\ 0\le x\le \pi$$

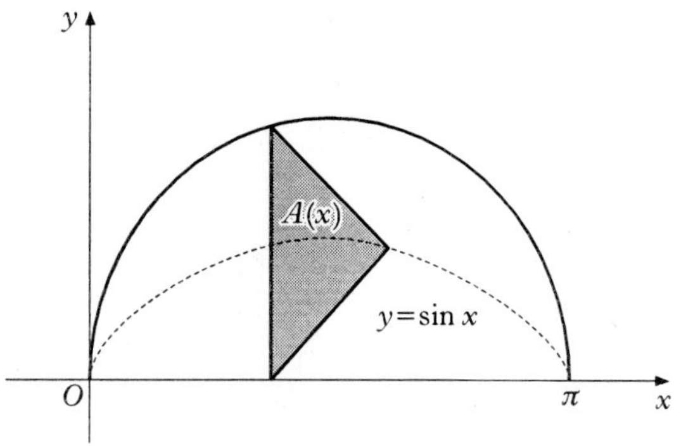

[그림 9.7]

따라서 구하는 부피 V는

$$V=\frac{\sqrt{3}}{4}\int_0^{\pi}\sin^2 x\,dx$$

$$=\frac{\sqrt{3}}{4}\int_0^{\pi}\frac{1-\cos 2x}{2}\,dx$$
$$=\frac{\sqrt{3}}{8}\int_0^{\pi}(1-\cos 2x)\,dx$$
$$=\frac{\sqrt{3}}{8}\left[\int_0^{\pi}dx-\frac{1}{2}\int_0^{\pi}\cos 2x\cdot 2\,dx\right]$$
$$=\frac{\sqrt{3}}{8}\left[x-\frac{1}{2}\sin 2x\right]_0^{\pi}=\frac{\sqrt{3}}{8}\pi$$

□

따름정리 2.2 함수 f가 구간 $[a, b]$에서 연속이고 $f(x)\geq 0$이면 곡선 $y=f(x)$와 x축 및 두 직선 $x=a$, $x=b$로 둘러 싸인 평면 도형을 x축 주위로 회전하여 얻어지는 회전체의 부피 V는 다음과 같다.

$$V=\pi\int_a^b[f(x)]^2dx=\pi\int_a^b y^2dx$$

증명 x축 위의 점 x를 지나고 x축에 수직인 평면으로 회전체를 자를 때, 단면은 반지름이 $f(x)$인 원이므로 그 넓이 $A(x)$는 다음과 같다.

$$A(x)=\pi[f(x)]^2=\pi y^2$$

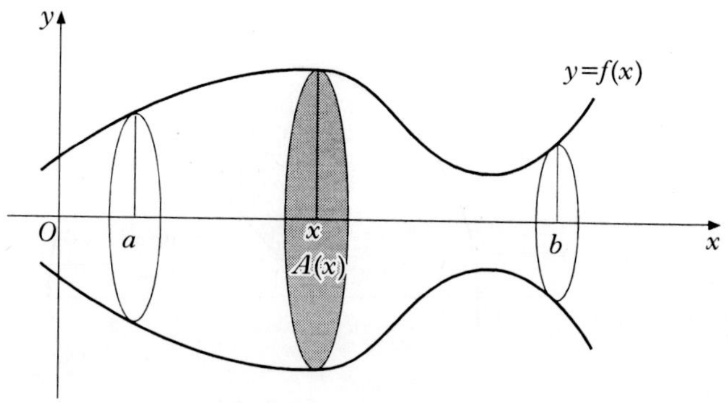

[그림 9.8]

정리 2.1에 의하여 구하는 부피는 다음과 같다.

$$V=\pi\int_a^b[f(x)]^2dx=\pi\int_a^b y^2dx$$

□

따름정리 2.3 함수 $x=g(y)$가 구간 $[c, d]$에서 연속이고 $g(y) \geq 0$이면 곡선 $x=g(y)$와 y축 및 두 직선 $y=c$, $y=d$로 둘러싸인 평면 도형을 y축 주위로 회전하여 얻어지는 회전체의 부피 V는 다음과 같다.

$$V=\pi\int_c^d [g(y)]^2 dy=\pi\int_c^d x^2 dy$$

증명 따름정리 2.2의 증명법과 동일하다. □

【예제 2】 원 $x^2+y^2=a^2$을 x축 주위로 회전하여 얻어지는 구의 부피를 구하여라.

풀이
$$V=\pi\int_{-a}^{a} y^2 dx=\pi\int_{-a}^{a}(a^2-x^2)dx$$
$$=\pi\left[a^2x-\frac{x^3}{3}\right]_{-a}^{a}=\frac{4}{3}\pi a^3$$
□

【예제 3】 두 포물선 $y=x^2$과 $y^2=8x$로 둘러싸인 영역을 x축을 회전축으로 하여 회전시킬 때 얻어지는 회전체의 부피를 구하여라.

풀이 두 곡선 $y=x^2$, $y^2=8x$의 교점은 $(0, 0)$, $(2, 4)$이다.
따라서 구하는 부피 V는

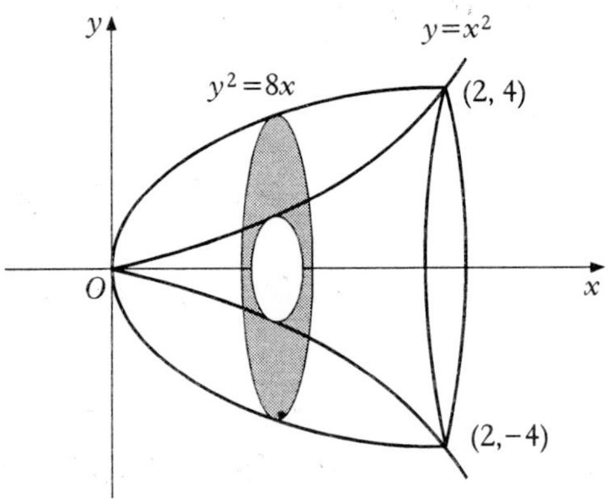

[그림 9.9]

$$V=\pi\left[\int_0^2 y_1^2\, dx-\int_0^2 y_2^2\, dx\right]$$
$$=\pi\left[\int_0^2(\sqrt{8x})^2dx-\int_0^2(x^2)^2dx\right]$$

$$=\pi\int_0^2(8x-x^4)\,dx=\pi\left[4x^2-\frac{x^5}{5}\right]_0^2$$

$$=\frac{48}{5}\pi$$ □

【예제 4】 곡선 $x=\sqrt{4-y^2}$과 y축으로 둘러싸인 영역을 직선 $x=-1$을 회전축으로 하여 회전시킬 때 얻어진 회전체의 부피를 구하기 위한 식을 구하여라.

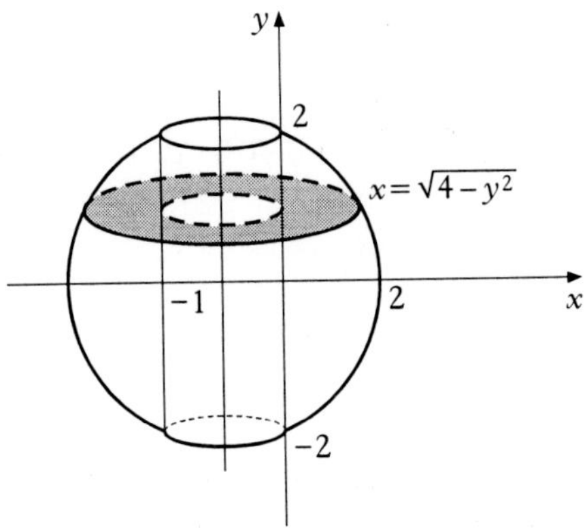

[그림 9.10]

풀이 회전체의 단면의 넓이 $A(y)$는 다음과 같다.

$$A(y)=\pi[(1+\sqrt{4-y^2})^2-1],\quad -2\le y\le 2$$

따라서 구하는 부피 V는

$$V=\pi\int_{-2}^{2}[(1+\sqrt{4-y^2})^2-1]\,dy$$

$$=2\pi\int_0^2(2\sqrt{4-y^2}+4-y^2)\,dy$$ □

정리 2.4 함수 f가 구간 $[a, b]$, $a\ge 0$에서 연속이고 $f(x)\ge 0$이라고 하자. 곡선 $y=f(x)$와 x축 및 두 직선 $x=a$, $x=b$로 둘러싸인 도형을 y축 주위로 회전하였을 때 얻어지는 회전체의 부피 V는 다음과 같다.

$$V=2\pi\int_a^b xy\,dx=2\pi\int_a^b xf(x)\,dx$$

증명

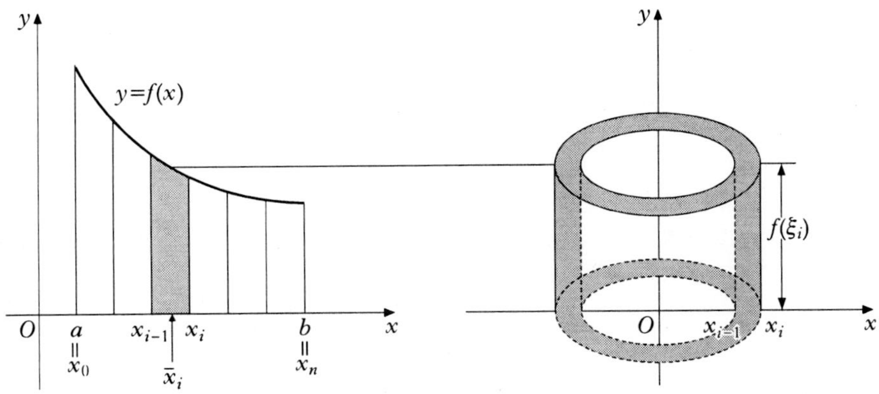

[그림 9.11]

구간 $[a, b]$의 분할

$$P=\{x_0, x_1, \cdots, x_n\}$$

를 정하고 각 소구간 $[x_{i-1}, x_i]$안의 임의의 점 ξ_i를 택하자.

각 소구간 $[x_{i-1}, x_i]$에 대하여 $f(\xi_i)$, Δx_i를 이웃하는 두 변으로 하는 직사각형을 y축 주위로 회전하였을 때 얻어지는 원통의 부피를 ΔV_i라고 하자. 이 때

$$\begin{aligned}\Delta V_i &= (\pi x_i^2 - \pi x_{i-1}^2) f(\xi_i) \\ &= 2\pi\left(\frac{x_i + x_{i-1}}{2}\right) f(\xi_i) \Delta x_i\end{aligned}$$

이고

$$V \approx \sum_{i=1}^{n} \Delta V_i = \sum_{i=1}^{n} 2\pi\left(\frac{x_i + x_{i-1}}{2}\right) f(\xi_i) \Delta x_i$$

이다. 함수 f는 $[a, b]$에서 연속이므로 적분가능하다. 따라서

$$\begin{aligned}V &= \lim_{|P|\to 0} \sum_{i=1}^{n} 2\pi\left(\frac{x_i + x_{i-1}}{2}\right) f(\xi_i) \Delta x_i \\ &= \int_a^b 2\pi x f(x)\, dx\end{aligned}$$

□

【예제 5】 곡선 $y=\sin x$, $0 \le x \le \pi$를 y축 주위로 회전하였을 때 얻어지는 입체의 부피를 구하여라.

풀이 $V=2\pi\int_0^{\pi} xy\,dx=2\pi\int_0^{\pi} x\sin x\,dx$

$=2\pi\Big[-x\cos x+\sin x\Big]_0^{\pi}=2\pi^2$ □

【예제 6】 포물선 $y=2-x^2$, $y=x^2$으로 둘러싸인 도형을 y축 주위로 회전하였을 때 얻어지는 회전체의 부피를 구하여라.

풀이 제1사분면에서 두 포물선의 교점의 좌표는 (1, 1)이다. 따라서 구하는 부피는

$$V=\int_0^1 2\pi x(2-x^2-x^2)dx$$
$$=4\pi\int_0^1 (x-x^3)dx$$
$$=4\pi\left[\frac{x^2}{2}-\frac{x^4}{4}\right]_0^1=\pi$$ □

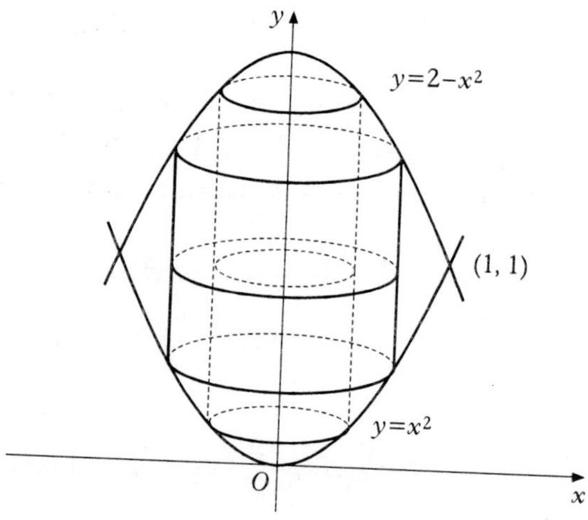

[그림 9.12]

연습문제 (9.2)

※ 다음 문제에서 주어진 영역을 x축을 회전축으로 하여 회전시킬 때 생기는 회전체의 체적을 구하여라.

1. 원 $x^2+y^2=r^2$의 내부에서 제1사분면에 놓인 영역

2. 직선 $x+2y=1$과 두 좌표축으로 둘러싸인 영역

3. 원 $x^2+y^2=r^2$과 직선 $x=h$ $(0<h<r)$로 둘러싸인 영역 중 작은 부분

※ 다음 문제에서 주어진 영역을 y축을 회전축으로 하여 회전시킬 때 생기는 회전체의 체적을 구하여라.

4. 타원 $\frac{x^2}{a^2}+\frac{y^2}{b^2}=1$의 내부에서 제1사분면에 놓인 영역

5. 포물선 $y=x^2$과 직선 $y=2x$로 둘러싸인 영역

6. 두 원 $x^2+y^2=a^2$과 $(x-a)^2+y^2=a^2$으로 둘러싸인 영역

7. 포물선 $y=x^2$과 직선 $x=2$ 그리고 x축으로 둘러싸인 영역을 $x=2$ 직선을 회전축으로 하여 회전시킬 때 생기는 회전체의 체적을 구하여라.

8. 원 $x^2+y^2=1$의 내부영역을 $y=4$ 직선을 회전축으로 하여 회전시킬 때 생기는 회전체의 체적을 구하여라.

9.3 곡선의 길이

함수 $y=f(x)$가 구간 $[a, b]$에서 미분가능하고, 또 그 도함수 f'이 연속이라고 할 때, 함수 f의 그래프가 나타내는 곡선의 길이를 구하는 방법을 알아보자.

먼저 아래 그림에서와 같이 짧은 선분들로 곡선 위의 점을 잇고 이 선분들의 길이를 더하여 그 극한이 존재할 때 그 극한값을 곡선의 길이로 정의하기로 하자.

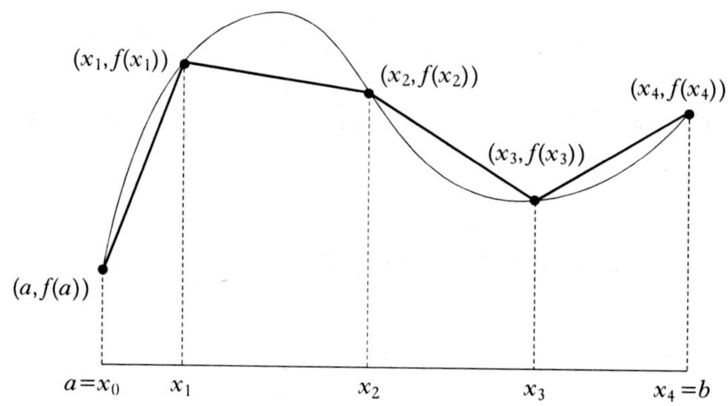

[그림 9.13]

곡선의 길이에 대하여 다음 정리가 성립한다.

> **정리 3.1** 함수 $y=f(x)$가 구간 $[a, b]$에서 연속이고, 또 그 도함수 f'도 구간 $[a, b]$에서 연속이라 하자. 그러면 이 구간에서 곡선의 길이 L은 다음과 같다.
>
> $$L=\int_a^b \sqrt{1+(f'(x))^2}dx$$

증명 먼저 집합

$$P=\{a=x_0,\ x_1,\ \cdots,\ x_n=b\}$$

를 구간 $[a, b]$의 한 분할이라고 하자. 그러면 $(x_i,\ f(x_i))$들은 이 곡선 위의 점이 된다. 이 때, 서로 이웃하는 두 점

$$(x_i,\ f(x_i)),\ (x_{i+1},\ f(x_{i+1}))$$

를 맺는 선분의 길이는

$$L_i=\sqrt{(x_{i+1}-x_i)^2+(f(x_{i+1})-f(x_i))^2}$$

이다. 한편, 함수 f는 미분가능하므로 평균값의 정리에 의하여

$$f(x_{i+1})-f(x_i)=(x_{i+1}-x_i)f'(c_i)$$

를 만족하는 $x_i < c_i < x_{i+1}$이 존재한다. 따라서, 위의 선분들의 길이의 합은

$$L_n=\sum_{i=0}^{n-1}\sqrt{1+(f'(c_i))^2}\,(x_{i+1}-x_i)$$

이다. 여기서

$$G(x)=\sqrt{1+(f'(x))^2}$$

으로 놓으면 함수 G는 연속함수이므로 구간 $[a, b]$에서 적분가능하다. 한편

$$L_n=\sum_{i=0}^{n-1}G(c_i)(x_{i+1}-x_i)$$

는 구간 $[a, b]$에서 상합과 하합 사이에 있다.

그런데 우리가 구하려는 길이 L은 L_n의 극한으로 정의되므로 상적분과 하적분 사이에 있게 된다. 한편 $G(x)$가 적분가능하므로 상적분과 하적분 사이에 있게 된다. 따라서 곡선의 길이 L은

$$L=\int_a^b\sqrt{1+(f'(x))^2}dx$$ □

【예제 1】 직선 $y=2x+1$의 $x=0$에서 $x=1$까지의 길이 L을 구하여라.

풀이 $L=\int_0^1\sqrt{1+(y')^2}\,dx=\int_0^1\sqrt{1+4}\,dx=\sqrt{5}$ □

【예제 2】 현수선(catenary) $y=a\cosh\frac{x}{a}$ $(a > 0)$의 $x=0$에서 $x=b$까지의 길이를 구하여라.

풀이

$$y'=\sinh\frac{x}{a}=\frac{1}{2}(e^{\frac{x}{a}}-e^{-\frac{x}{a}})$$

이다. 따라서,

$$L=\int_0^b\sqrt{1+(y')^2}=\int_0^b\cosh\frac{x}{a}dx$$

$$=a\left[\sinh\frac{x}{a}\right]_0^b$$
$$=a\sinh\frac{b}{a}=\frac{a}{2}(e^{\frac{b}{a}}-e^{-\frac{b}{a}})$$ □

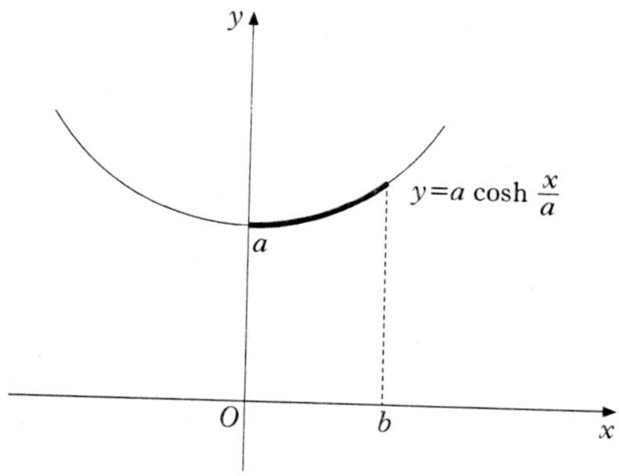

[그림 9.14]

【예제 3】 곡선 $\sqrt{x}+\sqrt{y}=1$의 양 좌표축 사이의 길이 L을 구하여라.

풀이　$\sqrt{x}+\sqrt{y}=1$에서 $y'=-\frac{\sqrt{y}}{\sqrt{x}}$이다. 따라서

$$L=\int_0^1\sqrt{1+(y')^2}\,dx=\int_0^1\sqrt{1+\frac{y}{x}}\,dx$$
$$=\int_0^1\sqrt{\frac{x+(1-\sqrt{x})^2}{x}}\,dx=\int_0^1\frac{\sqrt{2x+1-2x}}{\sqrt{x}}\,dx$$
$$=\sqrt{2}\int_0^1\frac{\sqrt{\left(\sqrt{x}-\frac{1}{2}\right)^4+\frac{1}{4}}}{\sqrt{x}}\,dx$$

여기서 $\sqrt{x}-\frac{1}{2}=t$라고 하면

$dx=2\sqrt{x}\,dt$, $x=0$일 때 $t=-\frac{1}{2}$, $x=1$일 때 $t=\frac{1}{2}$이므로,

$$L=2\sqrt{2}\int_{-\frac{1}{2}}^{\frac{1}{2}}\sqrt{t^2+\frac{1}{4}}\,dt$$
$$=2\sqrt{2}\left[\frac{1}{2}\left\{t\sqrt{t^2+\frac{1}{4}}+\frac{1}{4}\log\left(t+\sqrt{t^2+\frac{1}{4}}\right)\right\}\right]_{-\frac{1}{2}}^{\frac{1}{2}}$$

$$=\sqrt{2}\left(\frac{1}{2\sqrt{2}}+\frac{1}{4}\log\frac{\sqrt{2}+1}{\sqrt{2}-1}+\frac{1}{2\sqrt{2}}\right)$$

$$=1+\frac{1}{\sqrt{2}}\log\left(\frac{\sqrt{2}+1}{\sqrt{2}-1}\right)^{\frac{1}{2}}$$

$$=1+\frac{1}{\sqrt{2}}\log(\sqrt{2}+1)$$ □

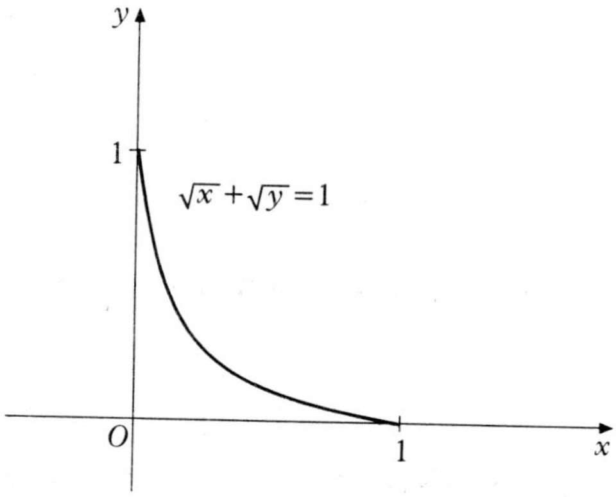

[그림 9.15]

연습문제 (9.3)

1. 곡선 $y=3x\sqrt{x}-1$의 $x=0$에서 $x=1$까지의 호의 길이를 구하여라.

2. 곡선 $24xy=y^4+48$의 $y=2$에서 $y=4$까지의 호의 길이를 구하여라.

3. 곡선 $y=x^{\frac{2}{3}}$의 $x=-1$과 $x=8$ 사이의 부분을 그리고 호의 길이를 구하여라.

4. 곡선 $x^{\frac{2}{3}}+y^{\frac{2}{3}}=a^{\frac{2}{3}}$ (단, $a>0$)의 $x=-a$에서 $x=-\frac{1}{8}a$ 사이의 부분을 그리고 호의 길이를 구하여라.

9.4 함수의 평균값

유한개의 양의 측정값 $y_1, y_2, \cdots, y_n$의 평균값 M_n은

$$M_n=\frac{y_1+y_2+\cdots+y_n}{n}$$

이다. 그러나 측정값의 개수가 무한히 많을 때에는 위와 같은 산술 평균값은 $\frac{\infty}{\infty}$ 꼴의 부정형이 되는 경우가 있을 수 있으므로 사용할 수 없다. 이러한 현상은 특히 측정값 y가 x의 연속함수

$$y=f(x),\ a\leq x\leq b$$

로 주어지는 경우에 생긴다. 이 경우 x에 관한 y의 평균값을 다음과 같이 정의한다.

〈정의 4.1〉

함수 $y=f(x)$가 구간 $[a, b]$에서 연속일 때 x에 관한 함수 f의 **평균값** M을 다음과 같이 정의한다.

$$M=\frac{1}{b-a}\int_a^b f(x)dx$$

위의 정의의 의미를 살펴보기로 하자. 우선 함수 f는 연속이므로 적분 가능하다. 구간 $[a, b]$를 n등분한 분할을

$$P=\{x_0, x_1, \cdots, x_n\}$$

라고 하면

$$\Delta x_i=x_i-x_{i-1}=\frac{b-a}{n}$$

이다. 각 x_i에 대응하는 함수값 $f(x_1), f(x_2), \cdots, f(x_n)$의 평균값 M_n을 계산하면 다음과 같다.

$$\begin{aligned}M_n&=\frac{1}{n}\{f(x_1)+f(x_2)+\cdots+f(x_n)\}\\&=\frac{1}{b-a}\{f(x_1)\Delta x_1+f(x_2)\Delta x_2+\cdots+f(x_n)\Delta x_n\}\\&=\frac{1}{b-a}\sum_{i=1}^{n}f(x_i)\Delta x_i\end{aligned}$$

함수 f가 구간 $[a, b]$에서 적분가능하므로

$$M=\lim_{n\to\infty} M_n=\lim_{n\to\infty}\frac{1}{b-a}\sum_{i=1}^{n} f(x_i)\Delta x_i$$
$$=\frac{1}{b-a}\int_a^b f(x)dx$$

이다. 이것이 정의 4.1에서 f의 평균값을 정의하는 식이다.

다음으로 함수 f의 평균값의 기하학적 의미를 살펴보자.

$$M=\frac{1}{b-a}\int_a^b f(x)dx$$

에서

$$M(b-a)=\int_a^b f(x)dx$$

이다. 이때 우변은 곡선 $y=f(x)$와 x축 및 두 직선 $x=a$, $x=b$로 둘러 싸인 도형의 넓이를 나타내고, 좌변은 두 변이 M, $(b-a)$인 직사각형의 넓이를 나타낸다. 즉 M은 이 두 도형의 넓이가 같게 되는 직사각형의 높이가 된다.

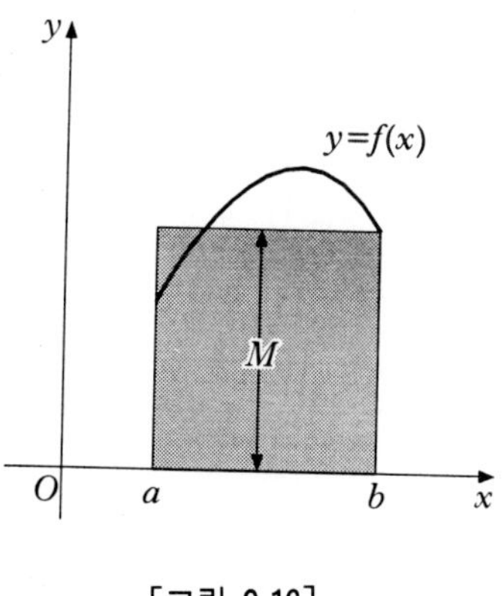

[그림 9.16]

주의 함수 f가 구간 $[a, b]$에서 연속이면 적분에 관한 평균값의 정리에 의하여 $[a, b]$안의 적당한 점 c가 존재하여 $f(c)$가 $[a, b]$에서 f의 평균값이 됨을 알 수 있다. 즉

$$M=\frac{1}{b-a}\int_a^b f(x)dx=f(c)$$

【예제 1】 함수 $y=\sqrt{x}$, $0 \le x \le 4$의 평균값을 구하여라.

풀이 $M=\frac{1}{4}\int_0^4 \sqrt{x}\,dx=\frac{1}{4}\left[\frac{2}{3}x^{\frac{3}{2}}\right]_0^4=\frac{4}{3}$ □

【예제 2】 정지상태로부터 자유낙하를 하는 물체에 대하여 그 속도 v와 거리 s는 다음과 같다.

$$s=\frac{1}{2}gt^2,\ v=gt,\ v=\sqrt{2gs}$$

속도 v를 시각 t의 함수로 볼 수도 있고, 거리 s의 함수로도 볼 수가 있다. 이 물체의 t에 관한 평균속도와 s에 관한 평균속도를 구하여라.

풀이 $t=0$, $s=0$으로부터 $t=t_2>0$, $s_2=\frac{1}{2}g(t)^2$까지 구하면

$$M_t=\frac{1}{t_2-0}\int_0^{t_2} gt\,dt=\frac{1}{2}gt_2=\frac{1}{2}v_2$$
$$M_s=\frac{1}{s_2-0}\int_0^{s_2}\sqrt{2gs}\,ds=\frac{2}{3}\sqrt{2gs_2}\,\frac{2}{3}v_2$$ □

【예제 3】 타원 $\frac{x^2}{a^2}+\frac{y^2}{b^2}=1$ 위의 점 P에 대하여 $\overline{OP}^2$의 x에 관한 평균값과 y에 관한 평균값을 구하여라. (단, O는 원점이다.)

풀이 점 P의 좌표를 $(x,\ y)$라고 하면

$$\overline{OP}^2=x^2+y^2=x^2+b^2-\frac{b^2}{a^2}x^2=\left(1-\frac{b^2}{a^2}\right)x^2+b^2$$
$$\overline{OP}^2=x^2+y^2=\left(1-\frac{a^2}{b^2}\right)y^2+a^2$$

이므로

$$M_x=\frac{1}{2a}\int_{-a}^{a}\left[\left(1-\frac{b^2}{a^2}\right)x^2+b^2\right]dx$$
$$=\frac{1}{a}\int_0^{a}\left[\left(1-\frac{b^2}{a^2}\right)x^2+b^2\right]dx=\frac{1}{3}(a^2+2b^2)$$
$$M_y=\frac{1}{2b}\int_{-b}^{b}\left[\left(1-\frac{a^2}{b^2}\right)y^2+a^2\right]dy$$
$$=\frac{1}{b}\int_0^{b}\left[\left(1-\frac{a^2}{b^2}\right)y^2+a^2\right]dy=\frac{1}{3}(2a^2+b^2)$$ □

연습문제 (9.4)

1. $f(x)=x^2$은 $[1,\ 4]$에서 연속이다. 평균값의 정리를 만족시키는 c를 찾아라.

2. 다음 평균값을 구하여라.

(1) $y=a\sin x$, $0\le x\le\pi$에서 y 및 y^2의 x에 관한 평균값

(2) 반원 $y=\sqrt{a^2-x^2}$ 위의 점에서 지름에 내린 수선의 x에 관한 평균값

9.5 질량 중심

질량이 m인 입자가 지정된 점, 직선, 또는 평면으로부터 거리 d인 점에 놓여 있을 때

$$md$$

를 이 입자의 주어진 그 점, 직선, 또는 평면에 대한 **능률**(moment)이라고 한다.

질량이 $m_1, m_2, \cdots, m_n$인 n개의 입자가 각각 x축 위의 점 $x_1, x_2, \cdots, x_n$에 놓여 있을 때 원점에 관한 각 능률의 합

$$M = m_1x_1 + m_2x_2 + \cdots + m_nx_n = \sum_{i=1}^{n} m_ix_i$$

을 이 입자의 **총능률**이라고 한다.

$M=0$일 때 이 입자들은 원점에 관하여 균형을 이룬다고 한다. 물론 모든 경우에 있어서 입자들이 원점에 관하여 균형을 이룰 수는 없다.

다음 그림에서 입자계는 어떤 점에 관하여 균형을 이룰 것인지 생각해 보자.

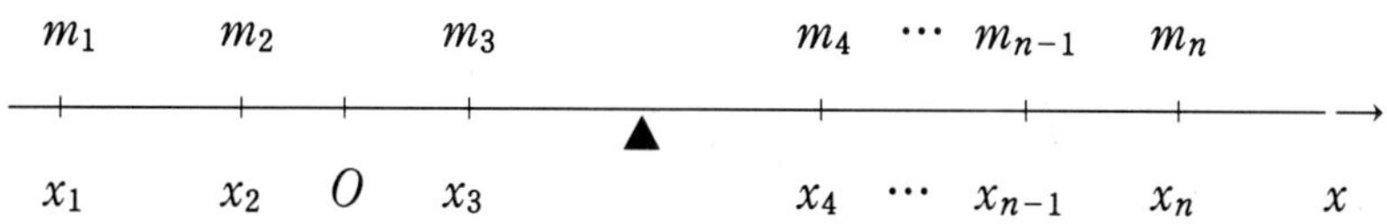

[그림 9.17]

균형점을 $\bar{x}$라고 하면 균형이 되기 위해서는 $\bar{x}$에 대한 총능률이 0이어야 한다. 즉

$$m_1(x_1-\bar{x}) + m_2(x_2-\bar{x}) + \cdots + m_n(x_n-\bar{x}) = 0$$

또는

$$m_1x_1 + m_2x_2 + \cdots + m_nx_n = m_1\bar{x} + m_2\bar{x} + \cdots + m_n\bar{x}$$

이다. $\bar{x}$에 관하여 풀면

$$\bar{x} = \frac{M}{m} = \frac{\sum_{i=1}^{n} m_ix_i}{\sum_{i=1}^{n} m_i}$$

이다. 여기서 $m = \sum_{i=1}^{n} m_i$은 **전질량**(total mass)을 나타낸다. 이 때 균형점 $\bar{x}$를 입자계

의 **질량중심**(center of mass)이라고 한다.

【예제 1】 x축 위의 점 0, 1, 2, 4에 각각 4, 2, 6, 7 단위의 질량이 놓여 있을 때 이 입자계의 질량중심을 구하여라.

풀이 $\bar{x}=\dfrac{4\cdot 0+2\cdot 1+6\cdot 2+7\cdot 4}{4+2+6+7}=\dfrac{42}{19}$ □

좌표평면 위의 질량이 $m_1, m_2, \cdots, m_n$개의 입자가 각각 점

$$(x_1,\ y_1),\ (x_2,\ y_2),\ \cdots,\ (x_n,\ y_n)$$

에 놓여 있다고 하자.
이때

$$M_x=\sum_{i=1}^{n} m_i y_i,\ M_y=\sum_{i=1}^{n} m_i x_i$$

를 각각 x축에 관한 총능률, y축에 관한 총능률이고

$$\bar{x}=\frac{M_y}{m}=\frac{\sum_{i=1}^{n} m_i x_i}{\sum_{i=1}^{n} m_i},\ \bar{y}=\frac{M_x}{m}=\frac{\sum_{i=1}^{n} m_i y_i}{\sum_{i=1}^{n} m_i}$$

로 주어지는 점$(\bar{x},\ \bar{y})$는 질점계의 질량중심의 좌표이다.

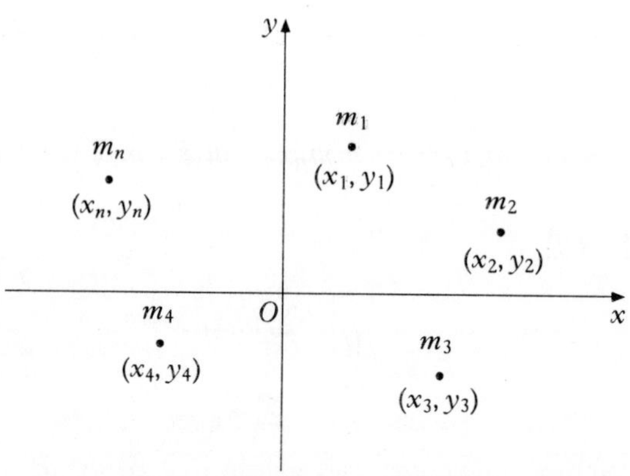

[그림 9.18]

【예제 2】 좌표평면 위의 점(6, -1), (2, 3), (-4, 2), (-7, 4), (2, -2)에 각각 1, 4, 2, 3, 2 단위의 질량이 놓여있을 때 질량중심을 구하여라.

풀이 $$\bar{x}=\frac{1\cdot 6+4\cdot 2+2\cdot(-4)+3\cdot(-7)+2\cdot 2}{1+4+2+3+2}=-\frac{11}{12}$$

$$\bar{y}=\frac{1\cdot(-1)+4\cdot 3+2\cdot 2+3\cdot 4+2\cdot(-2)}{1+4+2+3+2}=\frac{23}{12}$$

이므로 중심은 $\left(-\frac{11}{12}, \frac{23}{12}\right)$이다. □

이제 연속적인 질점계에 대한 총능률과 질량중심을 생각하여 보자. 앞으로 총능률, 질량중심을 간단히 능률, 중심이라고 하기로 하자.

함수 f, g가 구간 $[a, b]$에서 연속이고 $f(x)\geq g(x)$일 때 두 곡선 $y=f(x)$, $y=g(x)$와 두 직선 $x=a$, $x=b$로 둘러 싸인 영역 L이 주어졌다고 하자.

여기서 평판 L은 균질(밀도가 일정)인 평판이라고 하고 그 밀도를 k라고 하자.

구간 $[a, b]$의 임의의 분할을

$$P=\{x_0, x_1, \cdots, x_n\}$$

라고 하고 각 소구간 $[x_{i-1}, x_i]$에 대하여 두 점 x_{i-1}, x_i의 중점을 $\bar{x}_i$라고 할 때 넓이가

$$A_i=[f(\bar{x}_i)-g(\bar{x}_i)]\Delta x_i$$

인 평판 조각의 질량은 $k[f(\bar{x}_i)-g(\bar{x}_i)]\Delta x_i$이고 중심은

$$C_i\left(\bar{x}_i, \frac{1}{2}[f(\bar{x}_i)+g(\bar{x}_i)]\right)$$

가 된다. 이 때 A_i의 y축에 관한 능률을 $\bar{x}_i k[f(\bar{x}_i)-g(\bar{x}_i)]\Delta x_i$로 볼 수 있으므로

$$k\sum_{i=1}^{n}\bar{x}_i[f(\bar{x}_i)-g(\bar{x}_i)]\Delta x_i$$

는 n개의 평판 조각의 y축에 관한 능률들의 합이다. 따라서 평판 L의 y축에 관한 능률을

$$M_y=k\lim_{|\Delta|\to 0}\sum_{i=1}^{n}\bar{x}_i[f(\bar{x}_i)-g(\bar{x}_i)]\Delta x_i=k\int_a^b x[f(x)-g(x)]dx$$

로 정의한다.

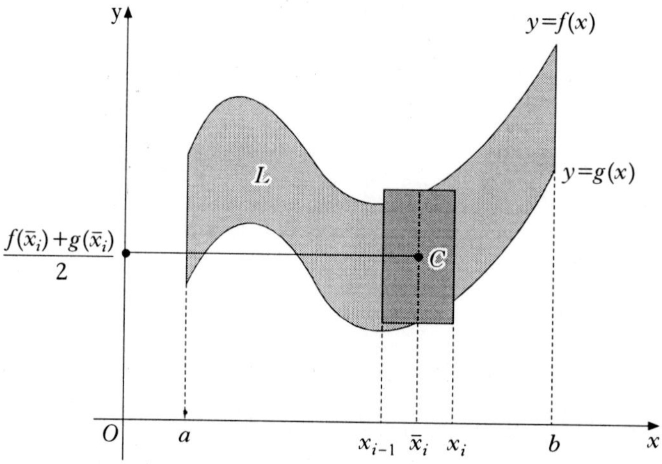

[그림 9.19]

여기서 함수 $x[f(x)-g(x)]$는 구간 $[a, b]$에서 연속이므로 적분가능한 함수임에 주의하자.

마찬가지로 A_i의 x축에 관한 능률은

$$\frac{[f(\bar{x}_i)+g(\bar{x}_i)]}{2}k[f(\bar{x}_i)-g(\bar{x}_i)]\Delta x_i$$

이므로 평판 L의 x축에 관한 능률을 다음과 같이 정의한다.

$$\begin{aligned} M_x &= \frac{1}{2}k \lim_{|\Delta|\to 0}\sum_{i=1}^{n}[f(\bar{x}_i)+g(\bar{x}_i)][f(\bar{x}_i)-g(\bar{x}_i)]\Delta x_i \\ &= \frac{1}{2}k\int_a^b [f(x)+g(x)][f(x)-g(x)]dx \\ &= \frac{1}{2}k\int_a^b [f^2(x)-g^2(x)]dx \end{aligned}$$

정리 5.1 함수 f, g가 구간 $[a, b]$에서 연속이고 $f(x) \geq g(x)$일 때 곡선 $y=f(x)$, $y=g(x)$와 직선 $x=a$, $x=b$로 둘러싸인 균질인 평판 L의 x축 및 y축에 관한 능률을 각각

$$M_x=\frac{1}{2}k\int_a^b[f^2(x)-g^2(x)]dx,\ M_y=k\int_a^b x[f(x)-g(x)]dx$$

로 정의한다. 여기서 k는 평판 L의 밀도를 나타낸다.
또 평판 L의 밀도는 k로 일정하므로 L의 전질량은

$$m=k\int_a^b[f(x)-g(x)]dx$$

로 주어진다. 따라서 평판 L의 질량중심의 좌표를

$$\bar{x}=\frac{M_y}{m}=\frac{\int_a^b x[f(x)-g(x)]dx}{\int_a^b[f(x)-g(x)]dx},$$

$$\bar{y}=\frac{M_x}{m}=\frac{1}{2}\frac{\int_a^b[f^2(x)-g^2(x)]dx}{\int_a^b[f(x)-g(x)]dx}$$

로 정의한다.

주의 밀도가 일정한 평판일 경우 그 질량중심은 밀도와 질량에 무관하다.

【예제 3】 평판 $L=\{(x, y)|0 \leq x \leq 1,\ 0 \leq x^3 \leq \sqrt{x}\}$의 중심을 구하여라.

풀이 $$\bar{x}=\frac{\int_0^1 x[\sqrt{x}-x^3]dx}{\int_0^1[\sqrt{x}-x^3]dx}=\frac{\left[\frac{2}{5}x^{\frac{5}{2}}-\frac{1}{5}x^5\right]_0^1}{\left[\frac{2}{3}x^{\frac{3}{2}}-\frac{1}{4}x^4\right]_0^1}=\frac{\frac{1}{5}}{\frac{5}{12}}=\frac{12}{25}$$

$$\bar{y}=\frac{\frac{1}{2}\int_0^1[(\sqrt{x})^2-(x^3)^2]dx}{\int_0^1[\sqrt{x}-x^3]dx}=\frac{\frac{1}{2}\left[\frac{1}{2}x^2-\frac{1}{7}x^7\right]_0^1}{\frac{5}{12}}=\frac{\frac{5}{28}}{\frac{5}{12}}=\frac{3}{7}$$

이므로 중심은 $\left(\frac{12}{25}, \frac{3}{7}\right)$이다. □

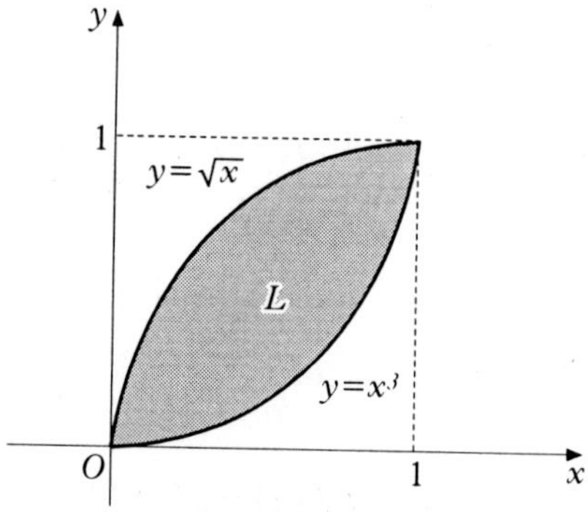

[그림 9.20]

【예제 4】 꼭지점이 $O(0, 0)$, $A(1, 0)$, $B(0, 1)$인 삼각형 L의 중심을 구하여라.

풀이 직선 AB의 방정식은 $y=1-x$이므로

$$\bar{x}=\frac{\int_0^1 x(1-x)dx}{\int_0^1 (1-x)dx}=\frac{\left[\frac{1}{2}x^2-\frac{1}{3}x^3\right]_0^1}{\frac{1}{2}}=\frac{1}{3}$$

$$\bar{y}=\frac{\frac{1}{2}\int_0^1 (1-x)^2 dx}{\int_0^1 (1-x)dx}=\frac{-\frac{1}{6}\left[(1-x)^3\right]_0^1}{\frac{1}{2}}=\frac{1}{3}$$

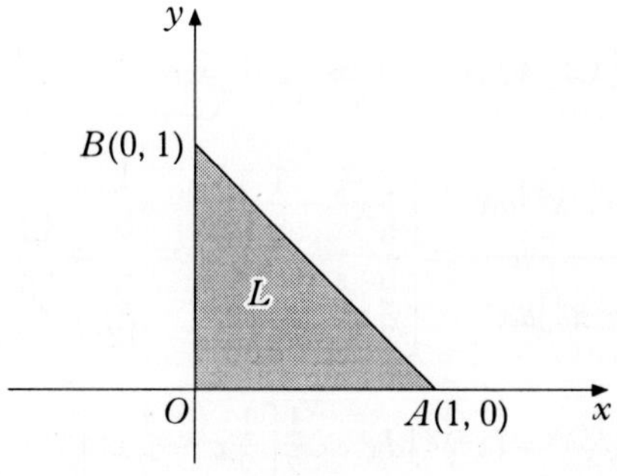

[그림 9.21]

이므로 중심은 $\left(\dfrac{1}{3}, \dfrac{1}{3}\right)$이다. □

【예제 5】 곡선 $y=\sin x$, $0 \le x \le \pi$와 x축으로 둘러싸인 영역의 중심을 구하여라.

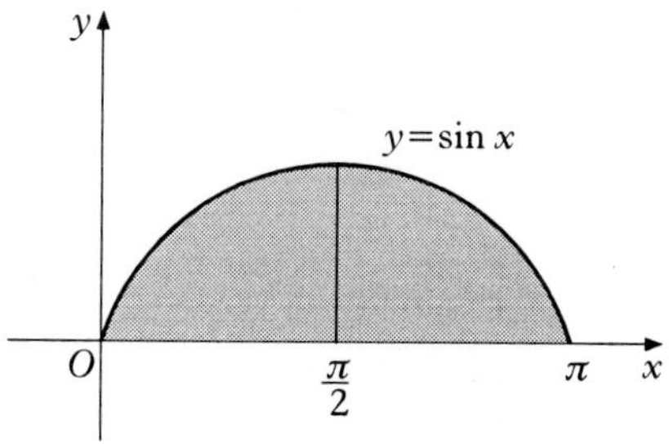

[그림 9.22]

풀이 이 영역은 직선 $x=\dfrac{\pi}{2}$에 관하여 대칭이므로 중심의 x좌표는 $\bar{x}=\dfrac{\pi}{2}$인 것을 알 수 있다. 또

$$\bar{y}=\frac{\dfrac{1}{2}\displaystyle\int_0^\pi \sin^2 x\,dx}{\displaystyle\int_0^\pi \sin x\,dx}$$

에서

$$\int_0^\pi \sin^2 x\,dx=\frac{1}{2}\int_0^\pi [1-\cos 2x]dx=\frac{1}{2}\left[x-\frac{1}{2}\sin 2x\right]_0^\pi=\frac{\pi}{2}$$

이고

$$\int_0^\pi \sin x\,dx=\Big[-\cos x\Big]_0^\pi=2$$

이므로

$$\bar{y}=\frac{\dfrac{1}{2}\cdot\dfrac{\pi}{2}}{2}=\frac{\pi}{8}$$

이다. 따라서 중심은 $\left(\dfrac{\pi}{2}, \dfrac{\pi}{8}\right)$이다. □

회전체의 부피에 대하여 다음 정리가 성립한다.

정리 5.2 함수 f가 구간 $[a, b]$에서 연속이고 $f(x) \geq 0$일 때 곡선 $y=f(x)$와 x축 및 두 직선 $x=a$, $x=b$로 둘러싸인 영역 L을 x축 주위로 회전했을 때 얻어지는 회전체의 부피 V는 L의 넓이 A와 L의 중심이 움직인 거리 d를 곱한 것과 같다.
즉

$$V = Ad$$

이다.

증명

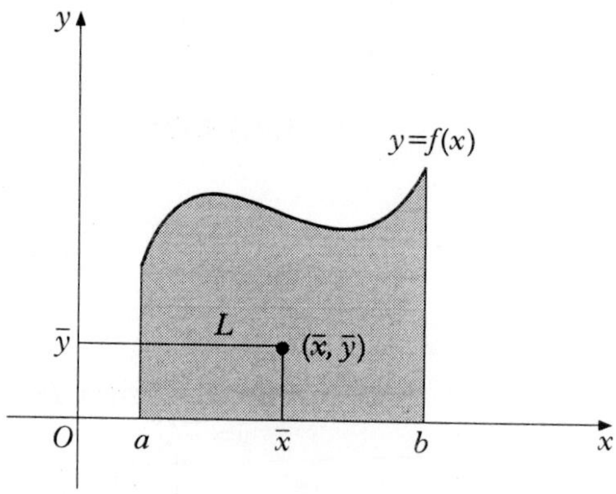

[그림 9.23]

$$V = \pi\int_a^b f^2(x)dx, \ A = \int_a^b f(x)dx \tag{1}$$

이고 L의 중심의 y좌표는

$$\bar{y} = \frac{\frac{1}{2}\int_a^b f^2(x)dx}{\int_a^b f(x)dx}$$

이다. 이 때 L의 중심이 움직인 도형은 원이므로 그 거리는

$$d = 2\pi\bar{y} = \frac{\pi\int_a^b f^2(x)dx}{\int_a^b f(x)dx} \tag{2}$$

이다. (1), (2)에서 다음이 성립한다.

$$V = Ad \qquad \square$$

정리 5.2를 일반화한 다음 정리가 성립한다. 이 정리의 증명은 생략하기로 하자.

정리 5.3 (Pappus의 정리)
평면위에서 한 평면 도형을 이를 자르지 않는 정직선 주위로 회전했을 때 얻어지는 회전체의 부피는 이 평면도형의 중심이 움직인 거리와 그 평면도형의 넓이의 곱과 같다.

【예제 6】 Pappus 정리를 이용하여 반타원판

$$L = \left\{(x,\ y) \mid y \geq 0,\ \frac{x^2}{a^2} + \frac{y^2}{b^2} \leq 1\right\}$$

의 중심을 구하여라.

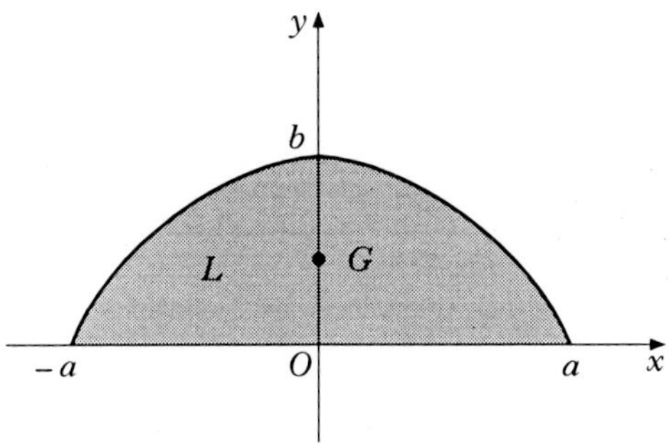

[그림 9.24]

풀이 L의 중심 G의 x좌표는 $\bar{x}=0$인 것은 분명하다.
L을 x축 주위로 회전했을 때 얻어지는 타원체의 부피 V는

$$V = \pi\int_{-a}^{a} y^2 dx = \pi b^2 \int_{-a}^{a}\left(1 - \frac{x^2}{a^2}\right)dx = \frac{4}{3}\pi ab^2.$$

또 L의 넓이는 $\frac{1}{2}\pi ab$이므로 구하는 중심 G의 y좌표는 Pappus의 정리에 의하여

$$(2\pi\bar{y})\left(\frac{1}{2}\pi ab\right)=V=\frac{4}{3}\pi ab^2$$

을 만족한다. 따라서

$$\bar{y}=\frac{4b}{3\pi}$$

이므로 구하는 중심은 $G\left(0, \frac{4b}{3\pi}\right)$이다. □

연습문제 (9.5)

1. 점 (2, 3), (−2, −1), (1, −1), (5, 2), (−5, 2)에 각각 3, 2, 3, 1, 5단위의 질량이 놓여 있을 때 이 질점계의 각 좌표에 대한 능률과 중심을 구하여라.

2. 점 (−1, −2), (3, 5), (−3, 4), (4, −3)에 각각 4, 6, 5, 3단위의 질량이 놓여 있을 때, 이 질점계의 각 좌표축에 대한 능률과 중심을 구하여라.

※ 다음 그림과 같이 균질평판의 각 좌표축에 대한 능률과 중심을 구하여라. 여기서 평판의 밀도는 k라 한다.

3. (1)

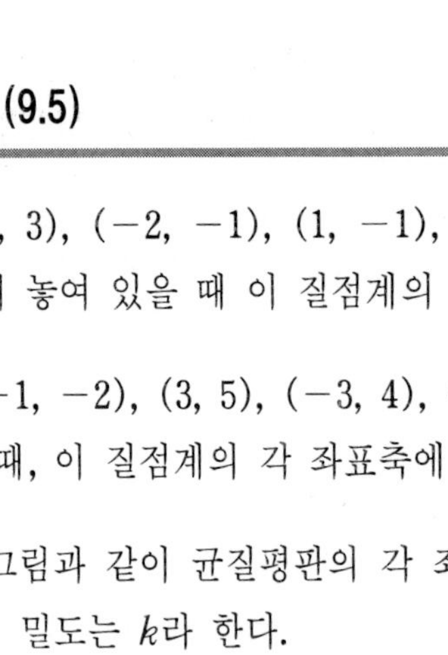

(2)

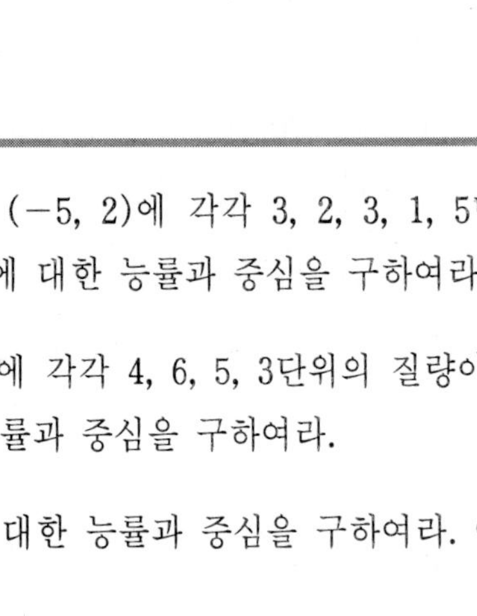

4. 포물선 $y=x-x^2$과 직선 $y=2x$로 둘러싸인 영역의 좌표축에 대한 능률 M_x, M_y와 중심을 구하여라.

5. 포물선 $y^2=4px$와 두 직선 $x=0$, $x=p$로 둘러싸인 영역의 중심을 구하여라.

6. 영역 $R=\{(x, y)\,|\,b^2x^2+a^2y^2 \le a^2b^2,\ x \ge 0\}$의 중심을 구하여라.

9.6 일

어떤 물체에 일정한 힘 F가 작용하여 그 힘의 방향으로 거리 s만큼 운동하였을 때, 그 힘이 한 일(work) W를

$$W = F \cdot s$$

로 정의한다.

이것을 확장하여, 힘 F가 거리에 따라 연속적으로 변한다고 하고 즉 F가 s의 연속함수라고 할 때, $s=a$에서 $s=b$까지 한 일(work)의 근사값은

$$\sum F(s)\Delta s$$

가 되므로, 이 때 한 일 W를

$$W = \int_a^b F(s)ds$$

로 정의한다.

스프링이 자연스러운 상태(즉 잡아 당겨지지 않은 상태)에 있을 때 그 자유단이 원점이라고 가정하자.

스프링의 자유단이 정지된 상태로부터 x만큼 당기고 있는 힘 $F(x)$는

$$F(x) = kx,\ k\text{는 상수}$$

를 만족한다고 한다.(Hooke의 법칙)

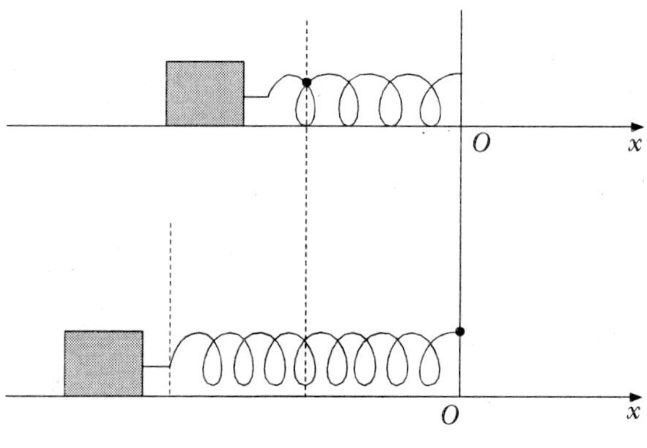

[그림 9.25]

【예제 1】 어떤 스프링을 $\frac{1}{3}$m 늘렸을 때 10kg의 탄력성을 갖는다. $\frac{1}{10}$m를 늘렸을 때 행해진 일은 얼마인가? 또 그 상태에서 $\frac{1}{10}$m를 더 늘렸을 때 행해진 일은 얼마인가?

풀이 힘 $F(x)=kx$에서 $F\left(\frac{1}{3}\right)=10$이므로 $k=30$임을 알 수 있다. 따라서 처음 $\frac{1}{10}$m 늘렸을 때의 일은

$$W_1=\int_0^{\frac{1}{10}} 30x\,dx=\frac{3}{20}$$

이고, 그 상태에서 $\frac{1}{10}$m 더 늘렸을 때의 일은 다음과 같다.

$$W_2=\int_{\frac{1}{10}}^{\frac{2}{10}} 30x\,dx=\frac{9}{20}$$ □

어떤 물체를 들어올린 때의 일은

$$W=(\text{물체의 무게})\cdot(\text{들어올린 거리})$$

임을 알 수 있다.

다음 그림에서와 같이 1m^{3}당 σ kg의 균등한 중량을 갖는 액체가 저장 탱크의 위로부터 am되는 점까지 채워져 있다고 하자. 이 탱크로부터 위에서 b m되는 점까지 액체를 퍼낼 때 행해진 일을 구해보자.

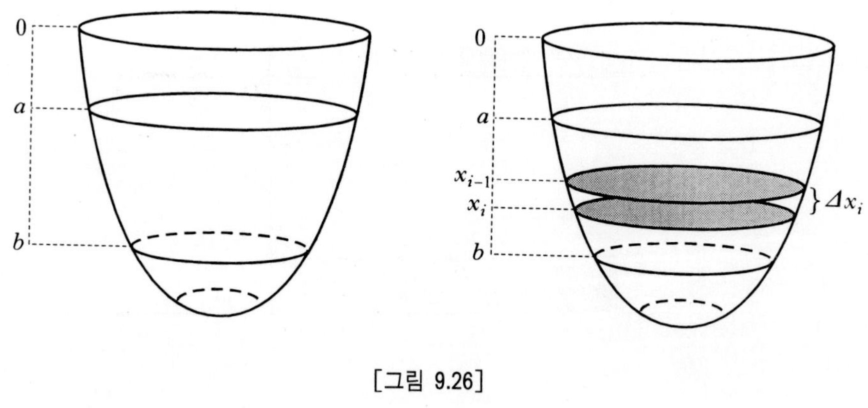

[그림 9.26]

탱크의 위로부터 x m되는 곳까지 액체가 차있을 때

$$A(x)=(\text{탱크의 단면적})$$
$$s(x)=(\text{들어올려야 할 거리})$$

라고 하자. 구간 $[0, b]$의 분할을

$$P=\{x_0,\ x_1,\ \cdots,\ x_n\}$$

이라고 하고 각 소구간 $[x_{i-1},\ x_i]$ 안의 임의의 점을 ξ_i라고 하면

$$A(\xi_i)\Delta x_i=(i\text{번째 퍼내는 액체의 양의 근사값})$$
$$\sigma\cdot A(x_i)\Delta x_i=(i\text{번째 퍼내는 액체의 무게의 근사값})$$

이므로

$$\sigma\cdot s(\xi_i)A(\xi_i)\Delta x_i=(i\text{번째 액체를 퍼내는 일의 근사값})$$

이다. 따라서 $A(x)$, $s(x)$가 연속함수일 경우 이 탱크로부터 위에서 bm되는 점까지 액체를 퍼내는 데 필요한 일은

$$W=\lim_{|P|\to 0}\sum_{i=1}^{n}\sigma s(\xi_i)A(\xi_i)\Delta x_i=\int_a^b \sigma s(x)A(x)dx$$

임을 알 수 있다.

【예제 2】 반경 10m인 반구 모양의 물탱크가 위로부터 2m되는 곳까지 물이 차 있다. 물이 위로부터 4m되는 지점까지 되도록 물을 퍼내기 위해 (a) 펌프가 탱크의 꼭대기에 있는 경우와 (b) 펌프가 탱크의 위로부터 3m 더 높은 곳에 있는 경우에 행해진 일을 구하여라.

풀이 탱크의 위로부터 xm 떨어진 곳의 탱크의 단면적

$$A(x)=\pi(100-x^2)$$

이다. (a)에서는 $s(x)=x$이므로 일은

$$W=\int_2^4 \pi x(100-x^2)\,dx=540\pi$$

이고 (b)에서는 $s(x)=x+3$이므로 일은 다음과 같다.

$$W=\int_2^4 \pi(x+3)(100-x^2)\,dx=1084\pi \qquad \square$$

연습문제 (9.6)

1. 엔진오일을 교환하기 위하여 무게 1000kg중의 자동차를 2m 들어 올렸다면 이 자동차에 대해서 한 일은 얼마인가?

2. 5lb의 물통에 물 1gal(=8lb)이 들어있다. 지면으로부터 10ft 높이까지 같은 속도로 들어 올리는 동안 물도 같은 비율로 새어 정점에서 다 없어진다면 그동안 한 일은 얼마인가?

3. 용수철을 1ft에서 0.75ft로 압축하는데 필요한 일을 구하여라. 힘상수 k는 16lb/ft이다.

10 장

좌표공간과 극좌표

10.1 좌표공간

직선에서 원점과 단위 길이가 정해지면 이 직선 위의 한 점은 하나의 실수로 표시된다. 평면 위의 임의의 점은 a가 x좌표, b가 y좌표일 때 두 실수의 순서쌍 (a, b)로 나타내어짐을 알고 있다. 이와 같은 이유로 평면을 이차원이라 부른다. 공간에서의 한 점의 위치를 결정하려면 세 수가 필요하다. 삼차원 공간의 각 점은 세 실수의 순서쌍 (a, b, c)에 대응되게 할 수 있다.

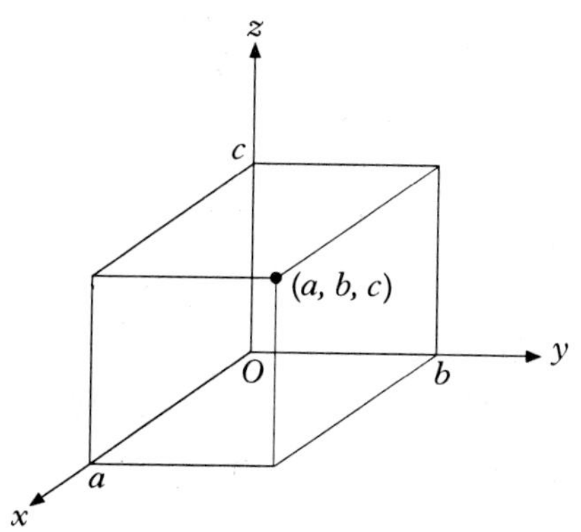

[그림 10.1] 삼차원공간과 직교좌표계

앞으로 실수의 순서쌍 (a, b) 전체의 집합을 $\mathbb{R}^2$, 세 실수의 순서쌍 (a, b, c) 전체의 집합을 $\mathbb{R}^3$으로 나타내고, 일반적으로 자연수 n에 대하여

$$\mathbb{R}^n := \{(a_1, a_2, \cdots, a_n) \mid a_1, a_2, \cdots, a_n \in \mathbb{R}\}$$

로 표시한다.

이 때 $\mathbb{R}^n$을 n차원 **실공간** 또는 n차원 **좌표공간**이라고 부른다. 또, n차원 좌표공간 $\mathbb{R}^n$의 한 점을 $(a_1, a_2, \cdots, a_n)$과 같이 나타내는 방법을 n차원 **직교좌표계** 또는 **데카르트 좌표계**(Cartesian coordinate system)라고 부른다.

【예제 1】 다음 식은 삼차원 공간 $\mathbb{R}^3$에서 어떤 곡면을 나타내는가?

(1) $z=3$ (2) $y=5$ (3) $y=x$

풀이 (1) 식 $z=3$은 $\mathbb{R}^3$에서 z좌표가 모두 3인 점들의 집합 $\{(x, y, z) \mid z=3\}$을 나타내므로 xy-평면과 평행한 평면이 된다.

(2) 식 $y=5$는 $\mathbb{R}^3$에서 y좌표가 모두 5인 점들의 집합 $\{(x, y, z) \mid y=5\}$를 나타내므로 xz-평면과 평행한 평면이 된다.

(3) 주어진 식을 만족하는 평면은 $\mathbb{R}^3$에서 x좌표와 y좌표가 모두 같은 점의 집합 $\{(x, x, z) \mid x \in \mathbb{R},\ z \in \mathbb{R}\}$를 나타낸다. 이 평면의 제일 팔분공간에 있는 부분은 다음 그림과 같다. □

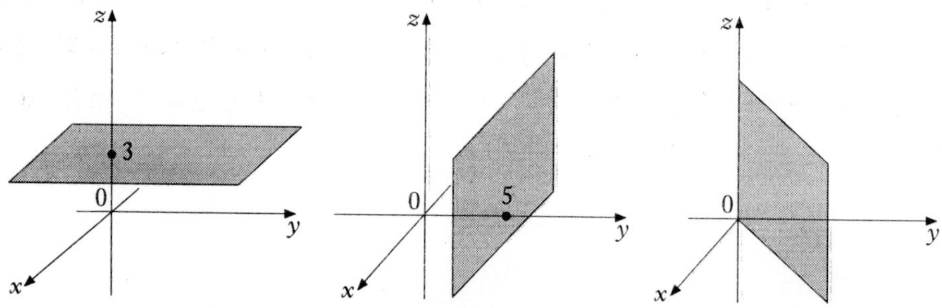

(1) $\mathbb{R}^3$의 평면, $z=3$ (2) $\mathbb{R}^3$의 평면, $y=5$ (3) $\mathbb{R}^3$의 평면, $y=x$

[그림 10.2]

평면의 점 (a_1, a_2)는 삼차원 공간의 점 $(a_1, a_2, 0)$으로 볼 수 있고, n차원 공간의 점 $(a_1, a_2, \cdots, a_n)$은 $(n+1)$차원 공간의 점 $(a_1, a_2, \cdots, a_n, 0)$으로 볼 수 있으므로 다음의 포함 관계가 성립한다.

$$\mathbb{R} \subset \mathbb{R}^2 \subset \mathbb{R}^3 \subset \cdots \subset \mathbb{R}^n \subset \mathbb{R}^{n+1} \subset \cdots$$

연습문제 (10.1)

1. 우리 나라의 각 지점에서 매 시각마다 기온, 기압과 습도를 기록한다면, 이 기록은 몇 차원 공간의 점으로 이해할 수 있는가?

2. 좌표 평면의 한 점 (a_1, a_2)와 삼차원 공간의 한 점(a_3, a_4, a_5)가 주어졌을 때 이에 대응하여 오차원 실공간 $\mathbb{R}^5$의 한 점이 반드시 대응함을 설명하여라. 또 거꾸로 오차원 공간의 한 점 $(b_1, b_2, b_3, b_4, b_5)$에 대응하여 각각 이차원과 삼차원 공간의 점이 주어짐을 설명하여라.

10.2 극좌표계

이차원 직교좌표계에서는 평면 위의 원점 O에서 만나는 두 직교 실수축을 좌표축으로 하여 나타내었다. 이 절에서는 뉴턴이 소개한 극좌표계라 불리는 새로운 좌표계에서 평면 위의 한 점 P를 표현하는 방법을 알아보도록 한다. 이 좌표계는 여러 면에서 매우 편리하다.

새로운 좌표계는 **극점**(pole)이라고 부르는 원점 O와 원점 O에서 오른쪽으로 뻗은 반직선 **극축**(polar axis)이 기본 역할을 한다.

P를 평면 위의 한 점이라고 하자. 원점 O로부터 이 점까지의 거리를 r, 원점과 이 점을 잇는 선분이 이 극축과 이루는 각을 θ라고 하면 이 점을 $(r,\ \theta)$로 나타낼 수 있다. 이렇게 주어진 $(r,\ \theta)$를 점 P의 **극좌표**(polar coordinate)라고 한다. 이 때, r을 **동경**(radius), θ를 **편각**(argument)이라고 부른다.

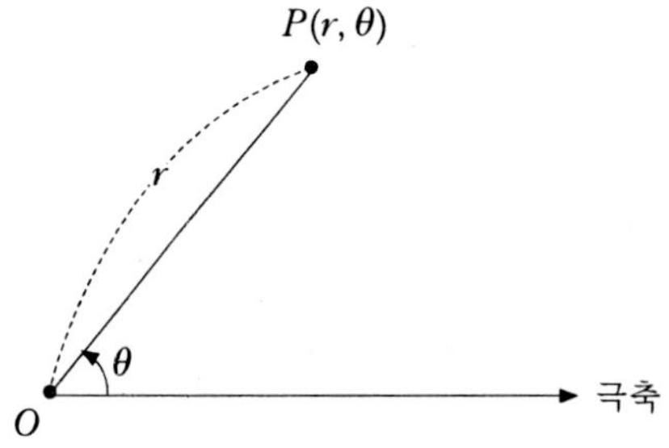

[그림 10.3]

r은 극과 P 사이의 거리이므로 $r \geq 0$이지만, 음수인 동경 r을 생각하는 것이 편리하다. $(-r,\ \theta)$는 극축을 $\theta+\pi$만큼 시계 반대방향으로 회전시켜 극에서 r만큼의 거리에 있는 점의 극좌표로 나타내고, $(r,\ -\theta)$는 극축을 시계 방향으로 θ만큼 회전시켜 극에서 r만큼의 거리에 있는 점의 극좌표로 나타낸다.

극점 O는 임의의 θ에 대하여 $(0,\ \theta)$이고, n이 정수일 때 $(r,\ \theta)=(r,\ \theta+2n\pi)$이고 또 $(r,\ \theta+\pi)=(-r,\ \theta)$, $(r,\ \theta)=(-r,\ -\pi+\theta)$이므로 직교좌표계에서와 달리 극좌표계에서 점을 나타내는 방법이 여러 가지 있다는 것에 주의해야 한다. 극좌표계의 극축과 직교좌표계의 양의 x축을 그림 10.5에서와 같이 겹쳐놓으면 평면 위의 한 점 P를 직교좌표 $(x,\ y)$와 극좌표 $(r,\ \theta)$로 나타낼 때

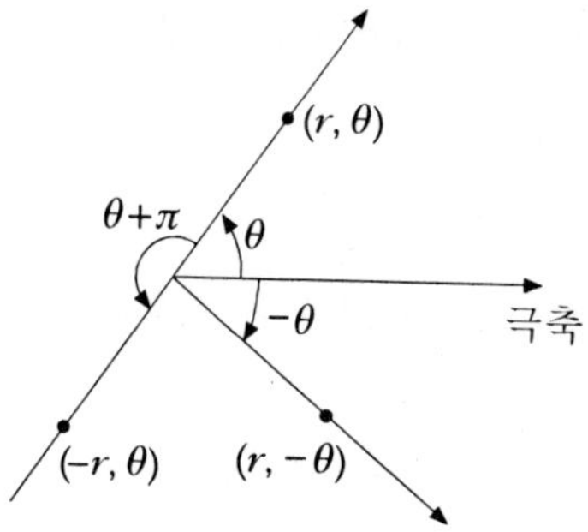

[그림 10.4]

이들 사이에는 다음과 같은 관계가 성립한다.

$$\begin{cases} x = r\cos\theta \\ y = r\sin\theta \end{cases} \qquad \begin{cases} r^2 = x^2 + y^2 \\ \tan\theta = \dfrac{y}{x} \end{cases}$$

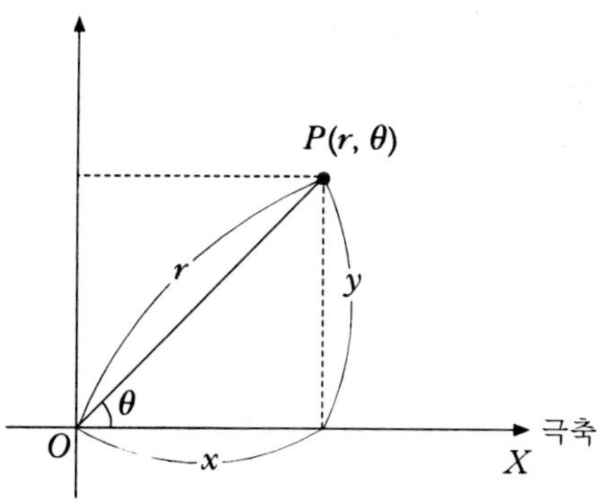

[그림 10.5]

【예제 1】 직교좌표 $(-2,\ 2\sqrt{3})$인 점 P의 극좌표를 구하여라.

풀이 $r\cos\theta = -2,\ r\sin\theta = 2\sqrt{3}$이므로

$$r^2 = r^2\cos^2\theta + r^2\sin^2\theta = (-2)^2 + (2\sqrt{3})^2 = 16$$

에서 $r = \pm 4$이고 $r = 4$일 때 $4\cos\theta = -2,\ 4\text{csin}\,\theta = 2\sqrt{3}$에서 $\theta = \dfrac{2}{3}\pi$를 얻어

일반적으로 $\theta = \dfrac{2}{3}\pi + 2n\pi$로 표현하면

$\left(4, \frac{2}{3}\pi+2n\pi\right)$를 얻고, $(r, \theta)=(-r, \theta+\pi)$이므로 $\left(4, \frac{2}{3}\pi+2n\pi\right)=\left(-4, \frac{2}{3}\pi+\pi+2n\pi\right)$를 얻는다. □

【예제 2】 극좌표 $\left(-2, \frac{4}{3}\pi\right)$인 점 P의 직교좌표를 구하여라.

풀이 직교좌표와 극좌표의 변환공식에 의하여

$$x=-2\cos\frac{4}{3}\pi=1, \quad y=-2\sin\frac{4}{3}\pi=\sqrt{3}$$

이므로 P의 직교좌표는 $(1, \sqrt{3})$이 된다. □

이제 극좌표계에서 곡선의 방정식을 알아보자.

【예제 3】 원점을 중심으로 반지름 a인 원의 방정식은 직교좌표계에서는 $x^2+y^2=a^2$임을 알고 있다. 극좌표계에서는 $x=a\cos\theta$, $y=a\sin\theta$를 위 식에 대입하여 정리하면 $r=a$인 것을 쉽게 알 수 있다.

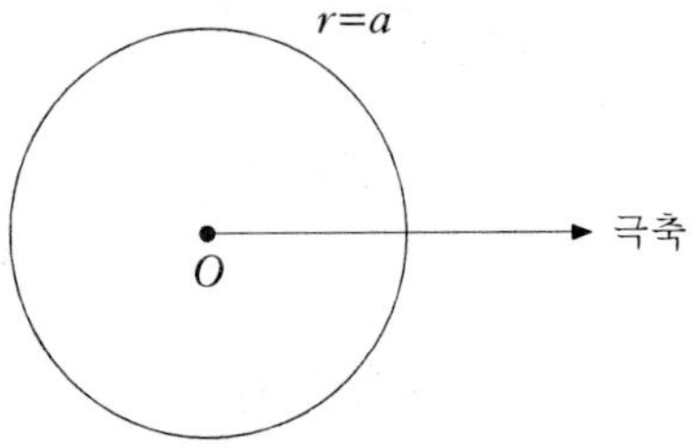

[그림 10.6] □

【예제 4】 방정식

$$\theta=\alpha$$

는 극점 O를 지나고 극축과 이루는 각이 α인 직선을 나타낸다.

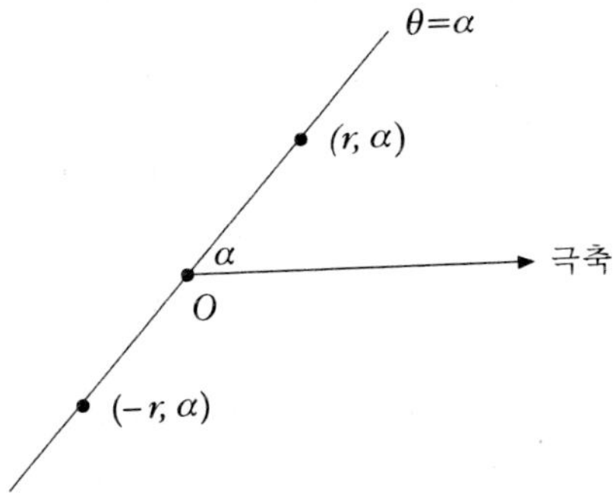

[그림 10.7]

【예제 5】 직교좌표계에서

$$x^2-y^2=1$$

으로 주어지는 쌍곡선을 극좌표계에서의 방정식으로 바꾸어라.

풀이 $x=r\cos\theta,\ y=r\sin\theta$이므로

$$r^2(\cos^2\theta-\sin^2\theta)=r^2\cos 2\theta=1$$ □

【예제 6】 극좌표계에서

$$r=\sin\theta$$

로 주어지는 곡선을 직교좌표계의 식으로 바꾸고 이 식은 원을 나타냄을 보여라.

풀이 주어진 식에 r을 곱하면

$$r^2=r\sin\theta$$

이므로 주어진 식을 직교좌표로 바꾸면

$$x^2+y^2=y$$

따라서

$$x^2+\left(y-\frac{1}{2}\right)^2=\frac{1}{4}$$

이므로 중심이 $\left(0,\ \frac{1}{2}\right)$, 반지름이 $\frac{1}{2}$인 원을 나타내는 방정식이 된다. □

연습문제 (10.2)

1. 극좌표로 주어진 다음 점을 직교좌표 평면 위에 그려라.

(1) $\left(3, \frac{\pi}{4}\right)$ (2) $\left(2, \frac{\pi}{2}\right)$

(3) $\left(2, \frac{5}{4}\pi\right)$ (4) $(1, 0)$

2. 다음과 같이 극좌표로 주어진 점의 직교좌표를 구하라.

(1) $\left(\sqrt{2}, \frac{\pi}{4}\right)$ (2) $\left(1, \frac{\pi}{2}\right)$

(3) $\left(2\sqrt{3}, \frac{\pi}{3}\right)$ (4) $\left(5, \tan^{-1}\frac{4}{3}\right)$

3. 다음에서 동일한 점을 나타내는 극좌표를 골라라.

(1) $\left(3, \frac{\pi}{4}\right)$ (2) $\left(-3, \frac{\pi}{4}\right)$

(3) $\left(3, -\frac{\pi}{4}\right)$ (4) $\left(-3, -\frac{\pi}{4}\right)$

(5) $\left(3, \frac{5}{4}\pi\right)$ (6) $\left(-3, \frac{5}{4}\pi\right)$

4. 극좌표로 주어진 다음의 방정식을 직교좌표의 방정식으로 바꾸고 그래프의 개형을 그려라.

(1) $r\sin\theta=4$ (2) $r(\sin\theta+2\cos\theta)=2$

(3) $r\cos\left(\theta-\frac{\pi}{3}\right)=3$ (4) $\tan\theta=2$

5. 극좌표로 주어진 두 점 (r_1, θ_1)과 (r_2, θ_2) 사이의 거리를 구하여라. 또, 두 점 (r_1, θ_1)과 $(r_2, \pi-\theta_1)$사이의 거리를 구하고 앞의 거리와 비교하여라.

6. 직선의 방정식 $ax+by=c$를 극좌표의 방정식으로 바꾸어라.

10.3 극좌표계에서의 그래프

이제 극좌표계에서 함수 $r=f(\theta)$의 그래프의 개형을 구하여 보자. 직교좌표계에서 그래프의 개형을 구할 때와 마찬가지로, 먼저 x축, y축, 원점 O에 대한 그래프의 대칭성을 조사하는 것이 편리하다. 다음 그림 10.8에서 볼 수 있듯이,

(1) θ가 $-\theta$로 바뀌거나, 또는 (r, θ)가 $(-r, \theta-\pi)$로 바뀌어도 방정식 $r=f(\theta)$에 변화가 없으면 그래프는 x축에 관하여 대칭이다. 예를 들면, 함수 $r=1+\cos\theta$일 때, $r=1+\cos(-\theta)=1+\cos\theta$이므로 x축에 관하여 대칭인 그래프를 갖는다.

(2) θ가 $\pi-\theta$로 바뀌거나, 또는 (r, θ)가 $(-r, -\theta)$로 바뀌어도 방정식 $r=f(\theta)$가 변화가 없으면 그래프는 y축에 관하여 대칭이다. 예를 들면, 함수 $r=\sin\theta$일 때, $-r=\sin(-\theta)$에서 $r=\sin\theta$이므로 y축에 관하여 대칭인 그래프를 갖는다.

(3) r이 $-r$로 바뀌거나, θ가 $\theta+\pi$로 바뀌어도 방정식이 변화하지 않으면 그래프는 원점 O에 관하여 대칭이다.

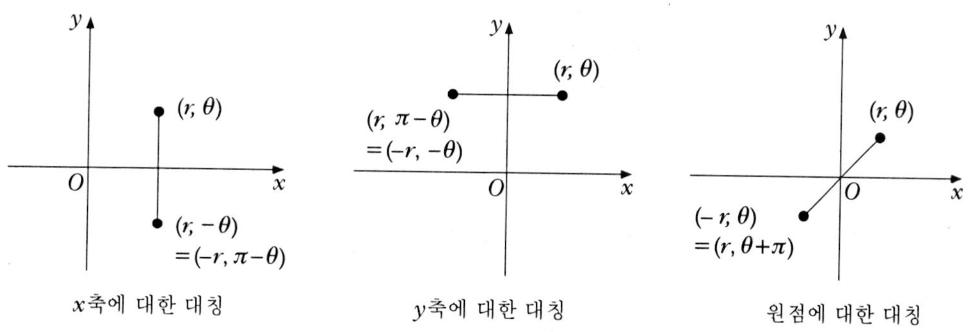

[그림 10.8]

이제 그래프의 대칭성 등을 이용하여 극좌표계에서 여러 가지 표준형 곡선의 개형을 구하도록 한다.

【예제 1】 극좌표 $r=\sin\theta$ $(0 \le \theta \le \pi)$로 주어진 곡선의 개형을 그려라.

풀이 먼저 이 곡선의 방정식 $r=\sin\theta$에 θ대신 $\pi-\theta$를 대입해도 변하지 않으므로 이 곡선은 y축에 대하여 대칭이다. θ의 값이 0에서 $\frac{\pi}{2}$로 증가하면 r의 값은 0에서 1까지 증가하고, θ가 $\frac{\pi}{2}$에서 π까지 증가하면 r의 값은 1에서 0까지 감소

한다. θ의 몇 개의 값에 대한 r의 값을 구하면 다음 표와 같다.

θ	0	$\frac{\pi}{6}$	$\frac{\pi}{4}$	$\frac{\pi}{3}$	$\frac{\pi}{2}$
r	0	$\frac{1}{2}$	$\frac{1}{\sqrt{2}}$	$\frac{\sqrt{3}}{2}$	1

따라서 $r=\sin\theta$의 그래프의 개형은 그림 10.9과 같다. □

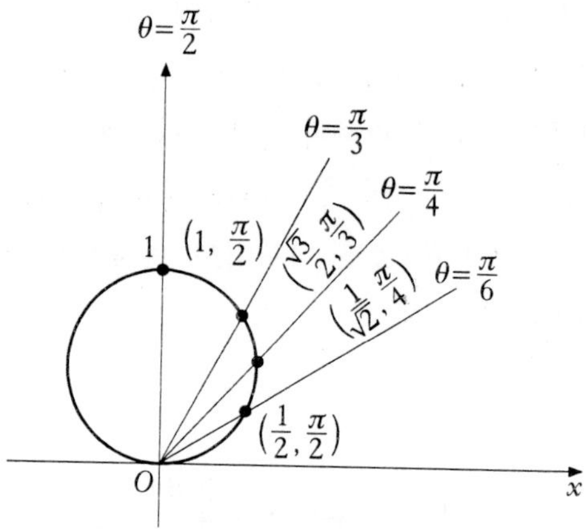

[그림 10.9]

앞 절의 예제 6에서와 같이, 예제 2의 방정식은 중심이 $\left(0, \frac{1}{2}\right)$이고 반지름이 $\frac{1}{2}$인 원의 방정식임을 알 수 있다.

【예제 2】 (심장형 cardioid) 극좌표로 주어진 곡선 $r=1+\cos\theta$의 개형을 그려라.

풀이 함수 $\cos\theta$의 주기가 2π이므로 $-\pi \le \theta \le \pi$인 경우만 생각하면 되고, θ 대신에 $-\theta$를 대입해도 곡선의 방정식이 변하지 않으므로 x축에 대하여 대칭인 것을 알 수가 있다. 그러므로 $0 \le \theta \le \pi$일 때만 생각하면 된다. 다음과 같이 θ의 여러 값에 대한 r의 값을 구한다.

θ	0	$\frac{\pi}{6}$	$\frac{\pi}{3}$	$\frac{\pi}{2}$	$\frac{2\pi}{3}$	$\frac{5\pi}{6}$	π
r	2	$1+\frac{\sqrt{3}}{2}$	$1+\frac{1}{2}$	1	$\frac{1}{2}$	$1-\frac{\sqrt{3}}{2}$	0

따라서 위의 점을 나타내고 이 점들을 연속적으로 잇고 x축에 대칭임을 고려하면 곡선의 개형은 그림 10.10과 같다. □

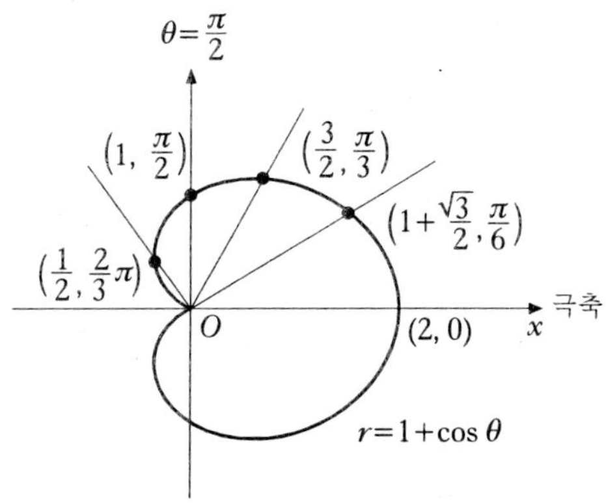

[그림 10.10]

심장형 곡선 $r=1+\cos\theta$를 직교좌표의 식으로 바꿔보면,

$$r^2=r+r\cos\theta$$

에서

$$x^2+y^2=\sqrt{x^2+y^2}+x$$

와 같이 나타낼 수 있다. 그런데 이 식을 사용하여 곡선의 개형을 구하는 것은 쉽지 않다. 따라서 이와 같은 경우에는 극좌표를 사용하여 곡선의 개형을 구하는 것이 편리함을 알 수 있다.

예제 2에서 그린 심장형 곡선 $r=1+\cos\theta$를 회전시키면 여러 가지 심장형곡선을 얻을 수 있다. 즉, $r=1+\cos\theta$를 $\frac{\pi}{2}$만큼 회전시키면, $r=1+\cos\left(\theta-\frac{\pi}{2}\right)=1+\sin\theta$를 얻고, $r=1+\cos\theta$를 π만큼 회전시키면, $r=1+\cos(\theta-\pi)=1-\cos\theta$를 얻을 수 있다. 또 $r=1+\cos\theta$를 $\frac{3\pi}{2}$ 만큼 회전시키면, $r=1+\cos\left(\theta\frac{3}{2}\pi\right)=1-\sin\theta$를 얻게 된다. 이것을 그림으로 나타내면 그림 10.11과 같이 된다.

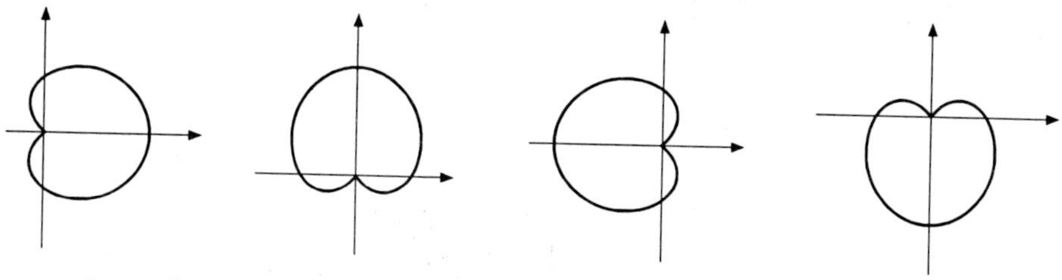

$r=1+\cos\theta$ $r=1+\sin\theta$ $\frac{\pi}{2}$ 회전 $r=1-\cos\theta$ π 회전 $r=1-\sin\theta$ $\frac{3}{2}\pi$ 회전

[그림 10.11]

【예제 3】 (네 잎 장미) 극좌표 $r=\cos 2\theta$로 주어진 곡선의 개형을 그려라.

풀이 θ 대신에 $-\theta$를 대입하여도 곡선의 방정식이 변하지 않으므로 이 곡선은 x축에 대하여 대칭이고 주기가 π이므로 $0 \le \theta \le \pi$일 때만 생각하면 된다.
다음과 같이 θ의 값을 나타내고 증감상태를 화살표로 표시하면

θ	0		$\frac{\pi}{4}$		$\frac{\pi}{2}$		$\frac{3\pi}{4}$		π
r	1	↘	0	↘	-1	↗	0	↗	1

위의 표에서 $r<0$이 되는 부분은 원점에 대칭되는 부분에 곡선이 나타나게 된다. 따라서 곡선의 개형은 그림 10.12와 같이 된다. □

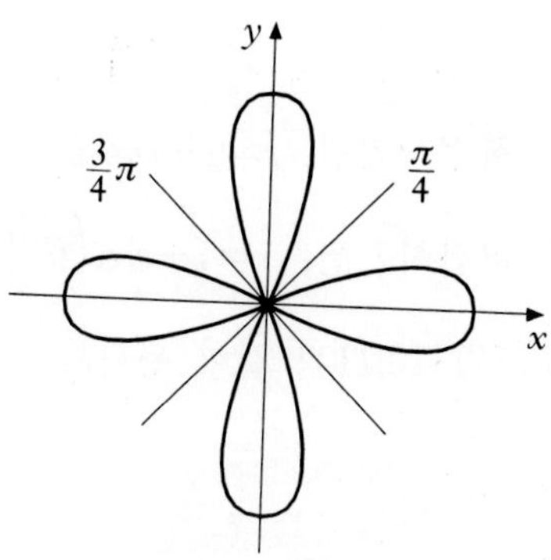

[그림 10.12]

다음 그림과 같이 극좌표 $r=a\sin n\theta$, $r=a\cos n\theta$로 주어진 곡선은, n이 홀수이면 n개의 꽃잎 모양, 또 n이 짝수이면 $2n$개의 꽃잎 모양의 그림이 됨을 알 수 있다.

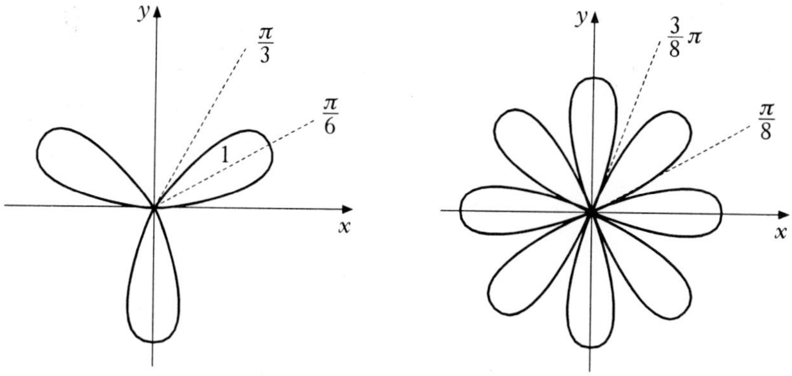

$r=\sin 3\theta$ $r=\cos 4\theta$

[그림 10.13]

【예제 4】 극좌표 $r=1+\cos\dfrac{\theta}{2}$로 주어진 곡선의 개형을 그려라.

풀이 함수 $\cos\dfrac{\theta}{2}$의 주기가 4π이므로 $0\le\theta\le 4\pi$인 경우만 생각하면 되고, θ 대신에 $-\theta$를 대입하여도 곡선의 방정식이 변하지 않으므로 x축에 대하여 대칭인 것을 알 수 있다. 그러므로 $0\le\theta\le 2\pi$일 때만 생각하면 되고, 앞에서와 같이 θ의 여러 값에 대한 r의 값을 구하면

θ	0	$\dfrac{\pi}{3}$	$\dfrac{\pi}{2}$	$\dfrac{2}{3}\pi$	π	$\dfrac{4}{3}\pi$	$\dfrac{3}{2}\pi$	2π
r	2	$1+\dfrac{\sqrt{3}}{2}$	$1+\dfrac{1}{\sqrt{2}}$	$1+\dfrac{1}{2}$	1	$1-\dfrac{1}{2}$	$1-\dfrac{1}{\sqrt{2}}$	0

따라서 위의 점을 나타내고 이 점들을 연속적으로 잇고 x축에 대칭임을 고려하여 곡선의 개형을 그리면 그림 10.14와 같다. □

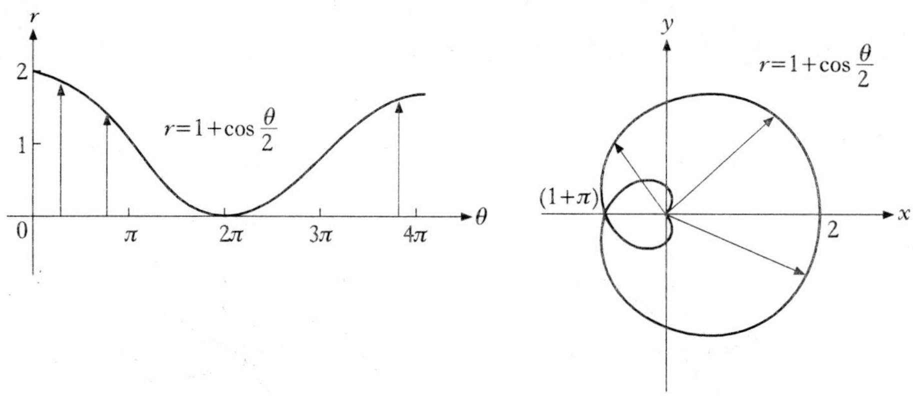

[그림 10.14]

【예제 5】 리본형 : $r^2=a\cos 2\theta$, $r^2=a\sin 2\theta$ (그림 10.15)
$r^2 \geq 0$일 때는 $\pm r$ 두 개의 점이 되고 $r^2<0$일 때는 그래프가 나타나지 않는다.

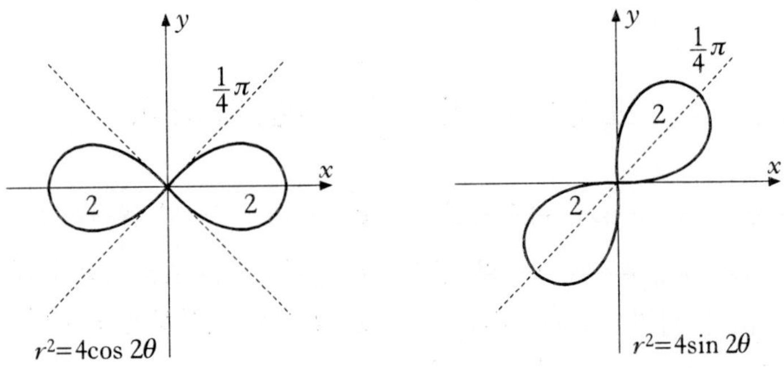

[그림 10.15]

이제, 극방정식으로 주어진 두 곡선의 교점을 구하는 방법을 예제를 통하여 알아보자.

【예제 6】 다음 두 방정식으로 주어진 곡선의 교점을 구하여라.

$$\begin{cases} r=2\cos\theta \\ r=2\sin\theta \end{cases}$$

풀이 두 극방정식을 연립하여 풀면,

$$2\cos\theta = 2\sin\theta$$

따라서, $\theta = \dfrac{\pi}{4} + n\pi$($n$은 정수)이고 구하여진 교점은

$$\left(2\cos\frac{\pi}{4},\ \frac{\pi}{4}\right) = \left(\sqrt{2},\ \frac{\pi}{4}\right)$$

$$\left(2\cos\frac{5}{4}\pi,\ \frac{5}{4}\pi\right) = \left(-\sqrt{2},\ \frac{5}{4}\pi\right) = \left(\sqrt{2},\ \frac{9}{4}\pi\right) = \left(\sqrt{2},\ \frac{\pi}{4}\right)$$

이므로 한 개이다.

그런데 두 극방정식을 각각 그려보면 아래 그림 10.16과 같이 두 개의 서로 다른 교점 $\left(\sqrt{2},\ \dfrac{\pi}{4}\right)$와 O가 있음을 알 수 있다.

여기서 원점 O은 $r = 2\cos\theta$에서는 $\theta = \dfrac{\pi}{2}$일 때이고, $r = 2\sin\theta$에서는 $\theta = 0$일 때이다. □

위와 같이 극방정식의 교점을 구할 때는 반드시 그래프의 개형을 구하여 확인하여야 한다.

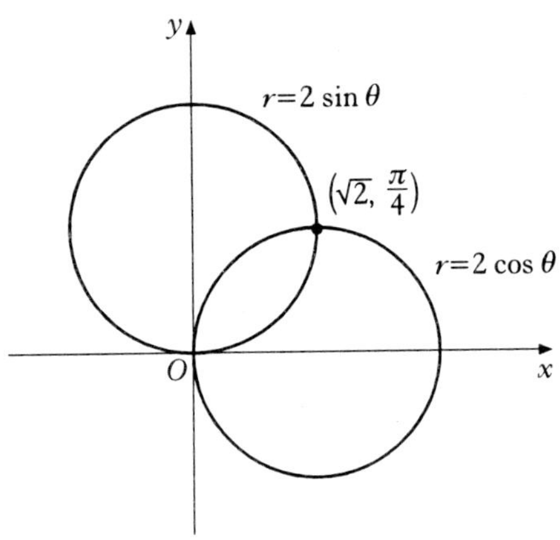

[그림 10.16]

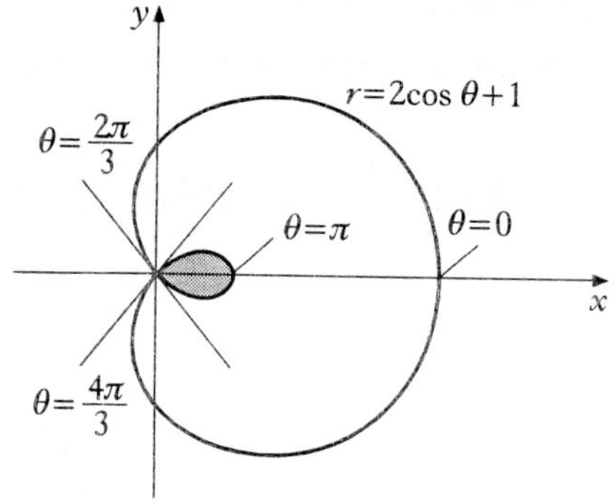

[그림 10.20]

$$\begin{aligned} r^2 &= (2\cos\theta+1)^2 \\ &= 4\cos^2\theta+4\cos\theta+1 = 4\cdot\frac{1+\cos 2\theta}{2}+4\cos\theta+1 \\ &= 2+2\cos 2\theta+4\cos\theta+1 = 3+2\cos 2\theta+4\cos\theta \end{aligned}$$

이므로,

$$\begin{aligned} A &= \int_{\frac{2\pi}{3}}^{\pi}(3+2\cos 2\theta+4\cos\theta)\,d\theta \\ &= \Big[3\theta+\sin 2\theta+4\sin\theta\Big]_{\frac{2\pi}{3}}^{\pi} \\ &= (3\pi)-\left(2\pi-\frac{\sqrt{3}}{2}+4\cdot\frac{\sqrt{3}}{2}\right) \\ &= \pi-\frac{3\sqrt{3}}{2} \end{aligned}$$

□

다음 그림 10.21처럼, $[\alpha, \beta]$ 사이에서 한 곡선 $r_1=f(\theta)$의 외부, 다른 곡선 $r_2=g(\theta)$의 내부로 된 부분 A의 넓이를 구하기 위해서 $[\alpha, \beta]$에서 $r_2=g(\theta)$로 둘러싸인 부분의 넓이에서 $r_1=f(\theta)$로 둘러싸인 부분의 넓이의 차를 구하면 된다. 즉,

$$\begin{aligned} A &= \int_{\alpha}^{\beta}\frac{1}{2}[g(\theta)]^2d\theta-\int_{\alpha}^{\beta}\frac{1}{2}[f(\theta)]^2d\theta \\ &= \int_{\alpha}^{\beta}\frac{1}{2}(r_2^2-r_1^2)\,d\theta \end{aligned}$$

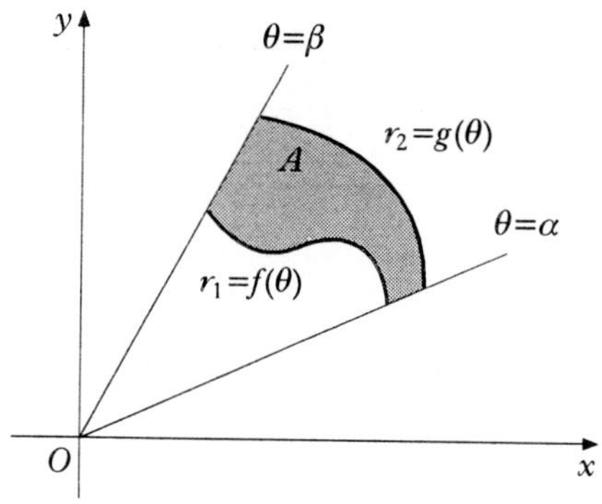

[그림 10.21]

【예제 3】 원 $r=2\cos\theta$의 내부이고 $r=1$의 외부인 부분의 넓이를 구하여라.

풀이 구하고자 하는 면적은 아래 그림의 빗금친 부분과 같으므로

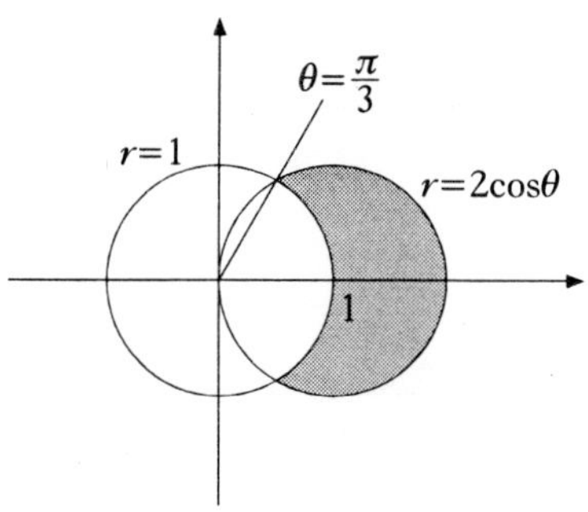

[그림 10.22]

구하는 넓이 A는

$$A=\int_0^{\frac{\pi}{3}}\frac{1}{2}[(2\cos\theta)^2-1]\,d\theta$$

$$=\int_0^{\frac{\pi}{3}}(1+2\cos 2\theta)d\theta$$

$$=[\theta+\sin 2\theta]_0^{\frac{\pi}{3}}$$

$$=\frac{\pi}{3}+\frac{\sqrt{3}}{2}$$

□

연습문제 (10.4)

1. 다음 곡선의 개형을 그리고 그 곡선으로 둘러싸인 부분의 넓이를 구하여라.

(1) $r=\sin\theta$ (2) $r=2+\cos\theta$

(3) $r=1+\sin\theta$ (4) $r=\sin\theta-2$

2. 원 $r=3\cos\theta$의 내부이고 심장형 $r=1+\cos\theta$의 외부로 둘러싸인 부분의 넓이를 구하여라.

3. 두 곡선 $r=2-\cos\theta$와 $r=3\cos\theta$로 둘러싸인 부분의 넓이를 구하여라.

4. 다음 곡선의 개형을 그리고, 그 곡선으로 둘러싸인 부분의 넓이를 구하여라.

(1) $r^2=a^2\cos 2\theta$ (2) $r=a(2-\cos\theta)$

(3) $r=a(1+\cos 2\theta)$ (4) $r=2a\sin 3\theta$

(5) $r^2=2a^2\sin 3\theta$ (6) $r^2=2a^2\cos^2\left(\dfrac{\theta}{2}\right)$

5. 다음 곡선의 개형을 그리고, 그 곡선으로 둘러싸인 부분의 넓이를 구하여라.

(1) $r=5\sin\theta$ (2) $r^2=\sin 2\theta$

(3) $r=\sqrt{1-\cos\theta}$ (4) $r=\tan\theta$

6. 다음에서 주어진 두 곡선으로 둘러싸인 부분의 넓이를 구하여라.

(1) $r=\sin\theta$, $r=\cos\theta$ (2) $r=2$, $r=3+2\sin\theta$

(3) $r=1-\cos\theta$, $r=\dfrac{3}{2}$ (4) $r^2=2\sin 2\theta$, $r=1$

7. 다음 주어진 곡선의 내부고리 부분의 넓이를 구하여라.

(1) $r=1+2\sin\theta$ (2) $r=2+4\cos\theta$

10.5 매개변수 방정식

직교좌표계에서 $y=f(x)$로 주어진 그래프는 평면 위의 곡선이 된다. 또한 곡선을 극좌표계의 방정식으로 나타낼 수 있다는 것을 알았다. 이제 평면 위의 곡선을 나타내는 방법 중 또 다른 하나를 생각해 보자.

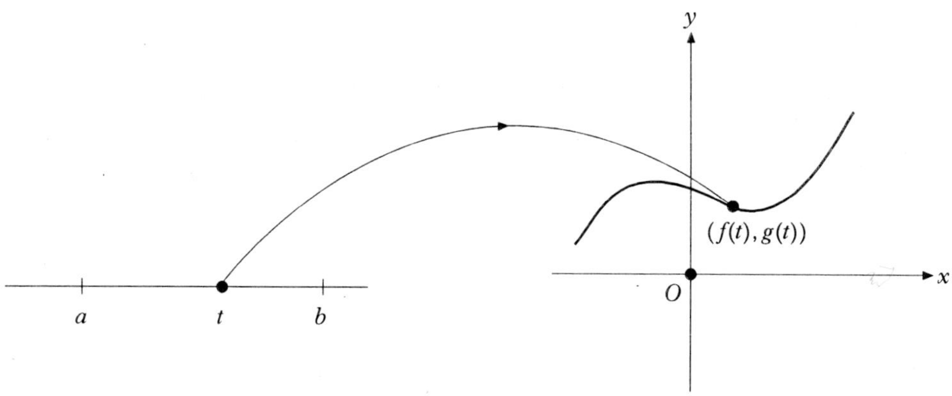

[그림 10.23]

$[a, b]$에 있는 임의의 t에 대하여 $(x(t), y(t))$를 xy-평면의 한점으로 보면, t가 a에서 b까지 움직일 때 $(x(t), y(t))$는 xy-평면의 한 곡선을 따라 움직이게 됨을 알 수 있다.

〈정의 3.1〉

곡선 위의 점 (x, y)의 좌표가

$$x=f(t),\ y=g(t) \qquad (a \le t \le b)$$

와 같이 t의 함수로 표시될 때 이 방정식을 **매개변수**(parameter)를 t로 하는 곡선의 **매개변수 방정식**(parametric equation)또는 곡선의 **매개변수표현**이라고 한다.

많은 경우에 t는 시간을 나타내지만, 경우에 따라서는 각도를 나타낼 수도 있고,

출발점으로부터 입자가 움직인 거리를 나타내기도 한다. t의 범위가 주어짐에 따라 곡선의 모양이 결정되며, 일반적으로 t의 범위를 명시하지 않을 때는 가능한 최대의 범위를 의미한다.

【예제 1】 매개변수 방정식

$$x=\cos t,\ y=\sin t,\quad 0 \le t \le 2\pi$$

의 개형을 그려라.

풀이 모든 t의 값에 대하여 $\cos^2 t+\sin^2 t=1$이므로 곡선 위의 점 P는 단위원 $x^2+y^2=1$ 위에 있다. 실제로 매개변수 t는 동경 OP가 양의 x축과 이루는 각의 라디안 값임을 알 수 있다. □

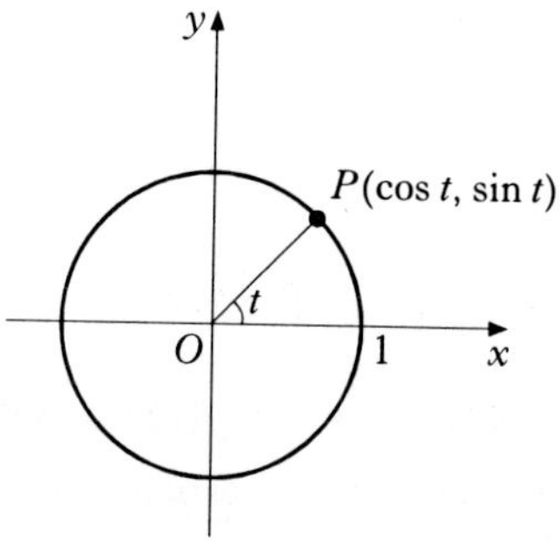

[그림 10.24]

【예제 2】 매개변수방정식 $x=\sqrt{t},\ y=t,\quad t \ge 0$의 개형을 그려라.

풀이 $t=x^2$이므로 $y=x^2$이 되고 정의역은 $x=\sqrt{t} \ge 0$이 된다. □

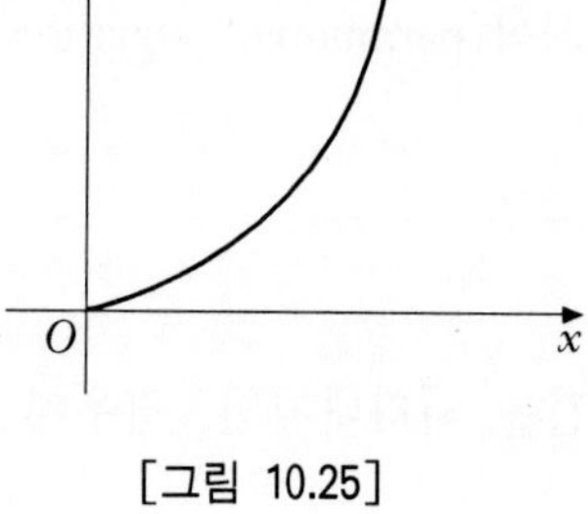

[그림 10.25]

【예제 3】 타원의 방정식 $\frac{x^2}{a^2}+\frac{y^2}{b^2}=1$은 매개변수 t를 사용하여

$$x=a\cos t,\ y=b\sin t,\ 0 \le t \le 2\pi$$

와 같이 나타낼 수 있다. □

사이클로이드(Cycloid): 그림 10.26와 같이 반지름이 r인 원을 한 직선을 따라 굴릴 때 한 고정점이 그리는 점의 자취를 사이클로이드(cycloid)라 하며 매개변수방정식은

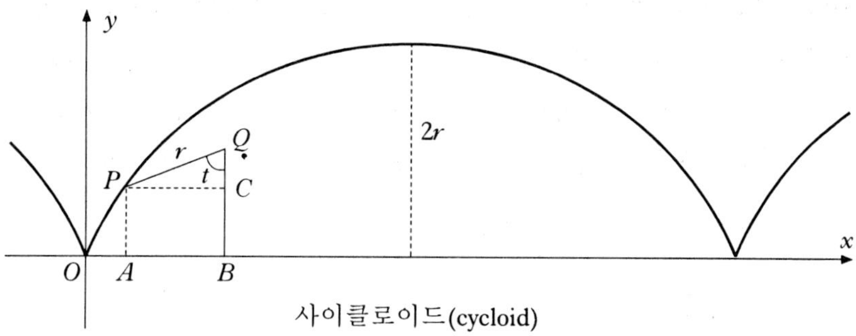

사이클로이드(cycloid)

[그림 10.26]

$$x(t)=r(t-\sin t)$$
$$y(t)=r(1-\cos t)$$

이고, 이것을 직교좌표로 표현하면

$$x=r\cos^{-1}\frac{r-y}{r}\pm\sqrt{2ry-y^2}$$

이다.

트로초이드(Trochoid): 사이클로이드와는 달리 그림 10.27과 같이 한 고정점 P와 원의 중심 Q 사이에 한 점 S를 잡고, 원이 x축을 따라 구를 때 점 S가 그리는 자취를 트로초이드(trochoid)라고 부르며 매개변수방정식은

$$x(t)=rt-b\sin t(0 \le b \le r)$$
$$y(t)=r-b\cos t$$

가 된다.

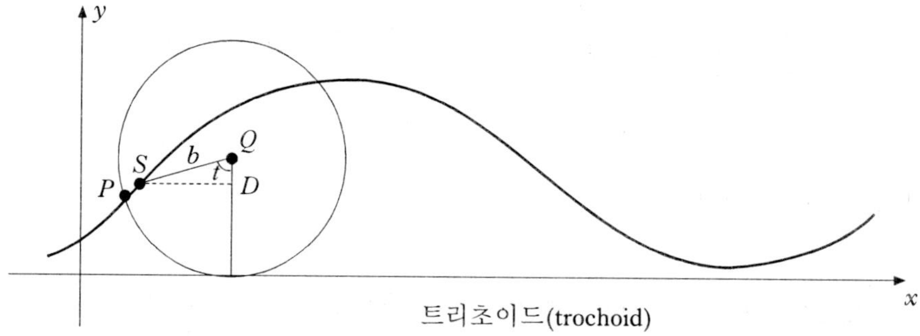

[그림 10.27]

에피사이클로이드(Epicycloid)와 하이포사이클로이드(Hypocycliod): 반지름이 r인 원 주위를 따라서 반지름이 a인 원을 굴릴 때를 생각해 보면 그림 10.28의 왼쪽 그림과 같이 외부를 따라 굴릴 때의 자취를 에피사이클로이드(epicycloid)라 하고, 오른쪽과 같이 내부를 따라 굴릴 때의 자취를 하이포사이클로이드(hypocycloid)라 부른다.

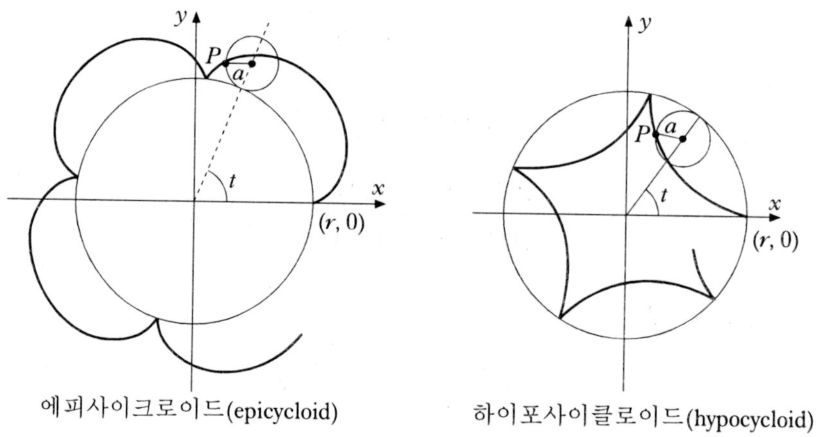

[그림 10.28]

애스트로이드(Astroid): 그림 10.29과 같이 $a=\dfrac{1}{4}r$인 경우의 하이포사이클로이드(hypocycloid)를 애스트로이드(astroid)라 부르며

$$x(t)=r\cos^3 t$$
$$y(t)=r\sin^3 t$$

로 표현되고 직교 좌표로는

$$x^{\frac{2}{3}}+y^{\frac{2}{3}}=r^{\frac{2}{3}}$$

이다.

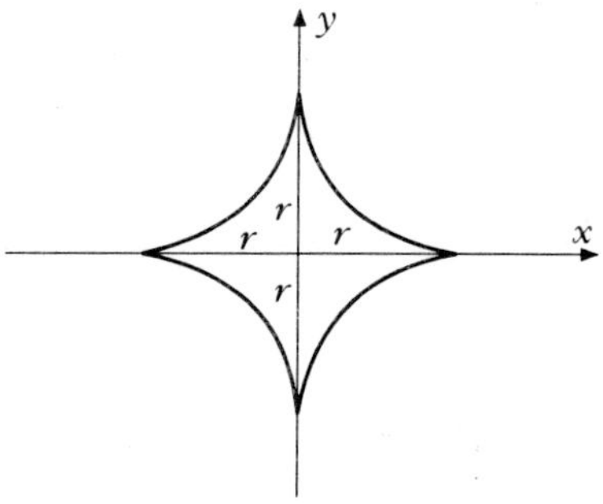

에스트로이드(astroid)

[그림 10.29]

연습문제 (10.5)

1. 다음 매개 변수 방정식으로 주어진 곡선의 개형을 그리고, t를 소거한 형태의 방정식을 구하라.

   (1) $x=t,\ y=t^2$

   (2) $x=t^2,\ y=t^4$

   (3) $x=\sqrt{t},\ y=\dfrac{1}{t}$

   (4) $x=2-t,\ y=t^2+1$

   (5) $x=2\cos^3 t,\ y=2\sin^3 t$

   (6) $x=2-3\cos \pi t,\ y=3+7\sin \pi t$

   (7) $x=\cos t,\ y=\cos 2t$

   (8) $x=\cosh t,\ y=\sinh t$

2. 매개변수 방정식 $x=t+1,\ y=2t^2+1$의 개형을 그리고, t를 소거한 형태의 방정식을 구하여라.

3. 반지름이 a인 원을 반지름이 똑같이 a인 고정된 원둘레로 굴릴 때, 움직이는 원의 한 고정점 P가 그리는 점의 자취를 매개변수를 이용하여 표현하여라.

10.6 극좌표계에서의 길이

정적분의 응용에서 곡선의 길이를 구하는 식을 이용하여 극방정식으로 주어진 곡선의 길이를 구하여 보자.

주어진 곡선의 매개변수 방정식이

$$x=f(t),\ y=g(t),\quad a \le t \le b$$

로 주어지고, f, g는 구간 (a, b)에서 미분가능하고 도함수 f', g'은 연속일 때, 주어진 곡선의 길이 L은

$$L=\int_a^b \sqrt{(f'(t))^2+(g'(t))^2}\,dt \tag{1}$$

와 같이 주어짐을 알고 있다.

따라서 매개변수로 주어진 곡선의 길이를 구하는 식으로부터 극좌표로 표시된 곡선의 길이를 구하는 공식을 다음과 같이 얻을 수 있다.

> **정리 6.1** 곡선이 극방정식
>
> $$r=f(\theta)$$
>
> 로 주어졌을 때, 구간 $\alpha \le \theta \le \beta$의 이 곡선의 길이 L은
>
> $$L=\int_\alpha^\beta \sqrt{(f(\theta))^2+(f'(\theta))^2}\,d\theta$$

증명 $\begin{cases} x=r\cos\theta=f(\theta)\cos\theta \\ y=r\sin\theta=f(\theta)\sin\theta \end{cases}$

이므로 이것은 θ를 매개변수로 하는 곡선이 된다. 따라서 앞의 식 (1)에 의하여

$$\begin{aligned} L&=\int_\alpha^\beta \sqrt{(x'(\theta))^2+(y'(\theta))^2}\,d\theta \\ &=\int_\alpha^\beta \sqrt{(f'(\theta)\cos\theta-f(\theta)\sin\theta)^2+(f'(\theta)\sin\theta+f(\theta)\cos\theta)^2}\,d\theta \end{aligned}$$

$$=\int_\alpha^\beta \sqrt{(f(\theta))^2+(f'(\theta))^2}\, d\theta$$

이다. □

【예제 1】 극방정식 $r=1-\cos\theta$로 주어진 닫힌 곡선의 길이를 구하여라.

풀이 정리 6.1에 의하여

$$\begin{aligned} L&=\int_0^{2\pi} \sqrt{(f(\theta))^2+(f'(\theta))^2}\, d\theta \\ &=\int_0^{2\pi} \sqrt{(1-\cos\theta)^2+(\sin\theta)^2}\, d\theta \\ &=\int_0^{2\pi} \sqrt{4\sin^2\frac{1}{2}\theta}\, d\theta \\ &=\int_0^{2\pi} 2\sin\frac{1}{2}\theta\, d\theta \\ &=4\left[-\cos\frac{1}{2}\theta\right]_0^{2\pi}=8 \end{aligned}$$

□

미분기호를 이용하여 곡선의 길이를 간단히 나타내는 방법을 알아보자. 매개변수로 주어진 곡선의 길이를 구하는 공식

$$L=\int_\alpha^\beta \sqrt{\left(\frac{dx}{dt}\right)^2+\left(\frac{dy}{dt}\right)^2}\, dt$$

를 나타낼 때는 도함수기호 대신에 미분기호를 사용하는 것이 보통이다.

도함수 $\left(\frac{dx}{dt}, \frac{dy}{dt}\ \text{등}\right)$를 미분($dx$, dy, dt 등)들로 이루어진 분수식이라고 생각하면 다음과 같이 간단하게 나타낼 수 있다.

$$\begin{aligned} \sqrt{\left(\frac{dx}{dt}\right)^2+\left(\frac{dy}{dt}\right)^2}\, dt&=\sqrt{\left(\frac{dx}{dt}\right)^2 dt^2+\left(\frac{dy}{dt}\right)^2 dt^2} \\ &=\sqrt{(dx)^2+(dy)^2}\,. \end{aligned}$$

따라서 곡선의 길이를 나타내는 적분공식은 다음과 같이 간단하게 된다.

$$L=\int \sqrt{dx^2+dy^2} \tag{2}$$

식 (2)에서 dx와 dy는 같은 변수의 미분으로 주어져야 하며, 그에 해당하는 시작과 끝을 결정한 다음에 적분을 계산해야 된다.

다음 그림 10.30에서와 같이 dx와 dy를 빗변의 길이가

$$ds = \sqrt{dx^2 + dy^2}$$

인 직각삼각형의 밑변과 높이라고 각각 생각하면 앞의 식 (2)는 다음과 같이 간단히 나타낼 수 있다.

$$L = \int ds \tag{3}$$

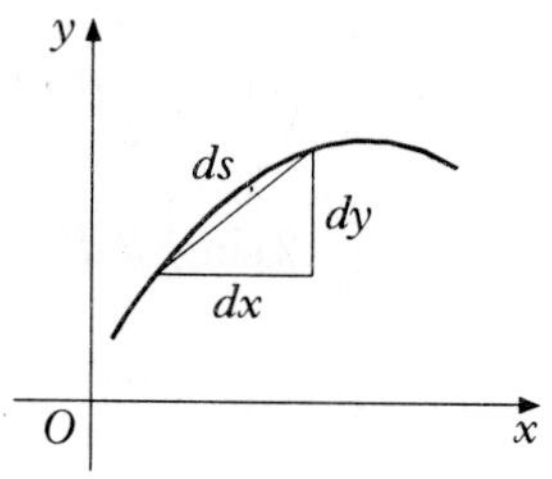

[그림 10.30]

【예제 2】 반지름 r인 원의 둘레를 식 (3)을 이용하여 구하여라.

풀이 원을 매개변수로 나타내면 다음과 같다.

$$x = r\cos t,\ y = r\sin t,\quad 0 \le t \le 2\pi$$

이제 dx, dy, ds를 각각 구하면,

$$\begin{aligned} dx &= -r\sin t\,dt \\ dy &= r\cos t\,dt \\ ds &= \sqrt{r^2(\sin^2 t + \cos^2 t)dt^2} = r\,dt \end{aligned}$$

따라서 식 (3)에 의하여,

$$L = \int ds = \int_0^{2\pi} r\,dt = [rt]_0^{2\pi} = 2\pi r$$ □

마찬가지로, 극방정식으로 주어진 곡선을 x축을 둘레로 회전하여 생긴 곡면의 겉넓이나, 입체의 부피도 매개 변수를 이용하여 구할 수 있다.

연습문제 (10.6)

1. $0 \le t \le 2\pi$일 때, 사이클로이드

$$x = t - \sin t,\ y = 1 - \cos t$$

의 길이를 구하여라.

2. 다음 극좌표로 주어진 곡선의 개형을 그리고 그 곡선의 길이를 구하여라.

(1) $r = 3\theta^2,\ 1 \le \theta \le 2$ (2) $r = e^{\theta},\ 0 \le \theta \le 2$

(3) $r = \sin 2\theta,\ 0 \le \theta \le \pi$ (4) $r = 2 + \cos\theta,\ 0 \le \theta \le 2\pi$

3. 매개변수 $x = \sin^2 t,\ y = \cos^2 t,\ 0 \le t \le 2\pi$로 주어진 곡선의 길이를 식 (3)을 이용하여 구하여라.

4. 다음 매개방정식으로 주어진 곡선의 길이를 구하여라.

(1) $x = t - 1,\ y = \dfrac{1}{2}t^2,\ 0 \le t \le \sqrt{3}$ (2) $x = e^t \sin t,\ y = e^t \cos t,\ 0 \le t \le 2\pi$

(3) $x = \cos^3 t,\ y = \sin^3 t\ ,\ 0 \le t \le 2\pi$ (4) $x = e^{-t},\ y = te^{2t},\ -1 \le t \le 1$

5. 리본 모양의 곡선 $r^2 = \cos 2\theta$를 극축을 중심으로 회전하여 얻어지는 곡면의 겉넓이를 구하여라.

10.7 원기둥좌표계와 구면좌표계

평면기하에서 어떤 곡선과 영역을 보다 편리하게 설명하기 위하여 앞에서 극좌표계를 알아보았다. 삼차원 공간에서는 일반적으로 나타나는 어떤 곡면과 입체를 편리하게 설명해주면서 극좌표계와 유사한 두 좌표계가 있다. 이들은 13장에서 학습할 부피와 삼중적분을 계산할 때 특히 유용하다.

원기둥 좌표계(cylindrical coordinate system)에서는 삼차원 공간의 점 P를 순서쌍 (r, θ, z)로 나타낸다. 이때 r과 θ는 xy-평면 위의 P의 사영의 극좌표이고 z는 xy-평면에서 P까지의 방향이 있는 높이이다.

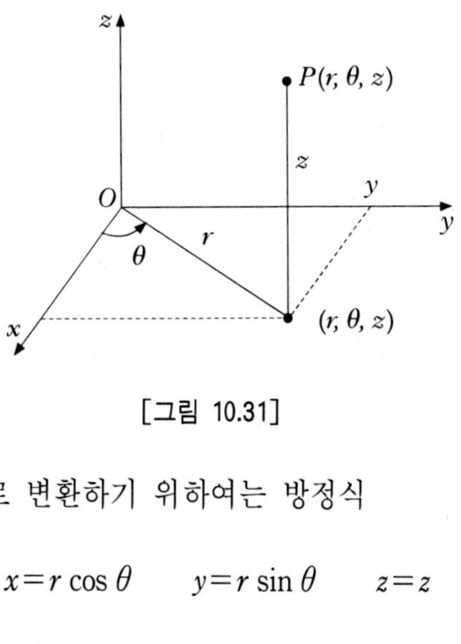

[그림 10.31]

원기둥좌표를 직교좌표로 변환하기 위하여는 방정식

$$x=r\cos\theta \qquad y=r\sin\theta \qquad z=z \tag{1}$$

를 이용하고, 직교좌표를 원기둥좌표로 변환하기 위하여는

$$r^2=x^2+y^2 \qquad \tan\theta=\frac{y}{x} \qquad z=z \tag{2}$$

를 이용한다. 이들 방정식은 그림 10.31로부터 얻어진다.

【예제 1】 (1) 원기둥좌표가 $(2, 2\pi/3, 1)$인 점을 그리고, 그 직교좌표를 구하여라.
(2) 직교좌표가 $(3, -3, -7)$인 점의 원기둥 좌표를 구하여라.

풀이 (1) 식 (1)로부터 구하는 직교좌표는

$$x=2\cos\frac{2\pi}{3}=2\left(-\frac{1}{2}\right)=-1$$

$$y=2\sin\frac{2\pi}{3}=2\left(\frac{\sqrt{3}}{2}\right)=\sqrt{3}$$

$$z=1$$

이다. 따라서 주어진 점의 직교좌표는 $(-1, \sqrt{3}, 1)$이다.

(2) 식 (2)로부터 구하는 원기둥좌표는

$$r=\sqrt{3^2+(-3)^2}=3\sqrt{2}$$

$$\tan\theta=\frac{-3}{3}=-1 \quad \text{따라서} \quad \theta=\frac{7\pi}{4}+2n\pi$$

$$z=-7$$

이 얻어진다. 따라서 하나의 원기둥좌표는 $(3\sqrt{2}, 7\pi/4, -7)$이고 다른 하나는 $(3\sqrt{2}, -\pi/4, -7)$이다. 극좌표에서와 마찬가지로, 무수히 많은 선택의 가능성이 있다. □

원기둥좌표는 z-축에 관하여 대칭을 포함하고 있는 문제에 유용하다. 예를 들면, 방정식이 $x^2+y^2=c^2$인 원기둥의 축은 z-축이다. 원기둥좌표에서 이 원기둥은 아주 간단한 방정식 $r=c$로 표시된다. 이것이 '원기둥'좌표라고 부르는 이유이다.

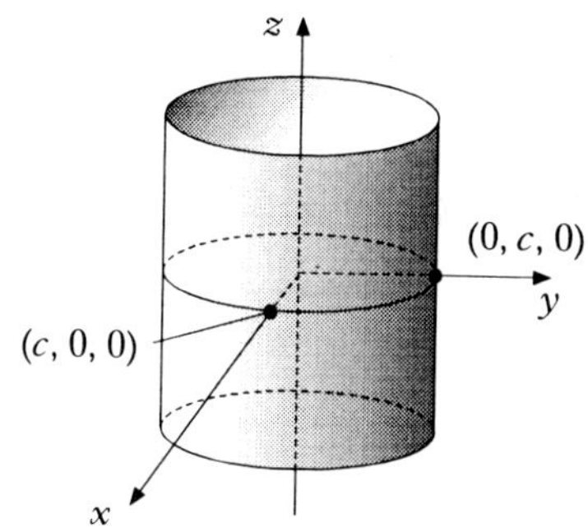

[그림 10.32]

【예제 2】 원기둥좌표계에서 방정식 $z=r$인 곡면을 설명하여라.

풀이 먼저 직교좌표계에서 방정식으로 변환시키려면, 식 (2)의 첫 번째 방정식으로부터

연습문제 (10.7)

1. 다음 직교좌표계로 표현된 점들을 원기둥좌표계와 구면좌표계의 점으로 나타내어라.

(1) $(1,\ \sqrt{3},\ 0)$　　(2) $(-1,\ -1,\ -1)$

2. 다음 원기둥 좌표계의 점을 직교좌표계의 점으로 나타내어라.

(1) $\left(2,\ \frac{\pi}{4},\ 1\right)$　　(2) $(3,\ 0,\ -6)$

3. 직교좌표계에서 원뿔 $x^2+y^2 \le z^2$과 구 $x^2+y^2+z^2 \le z$의 공통부분으로 이루어진 영역을

(1) 원기둥좌표계로 나타내어라.　　(2) 구면좌표계로 나타내어라.

4. 다음 주어진 방정식을 원기둥 좌표와 구면좌표의 방정식으로 나타내어라.

(1) $x^2+y^2+z^2=16$　　(2) $x^2+y^2-z^2=16$

(3) $x+2y+3z=6$　　(4) $x^2+y^2=2z$

(5) $x^2-y^2+2z^2=4$　　(6) $y^2+z^2=1$

5. 다음 구면좌표계의 점을 원기둥 좌표계의 점으로 나타내어라.

(1) $(2,\ 0,\ 0)$　　(2) $\left(8,\ \frac{\pi}{6},\ \frac{\pi}{2}\right)$

11장

수열과 무한급수

11.1 무한수열

정의역이 자연수의 집합이고 치역이 실수의 집합이 되는 함수를 **무한수열**(infinite sequence)이라고 하고, 그 무한수열을 이루는 각 수를 항이라고 한다. 무한수열을 간단히 줄여서 **수열**(sequence)이라고 부른다.

함수 f가 수열일 때 자연수 n에 실수 $f(n)$을 대응시켜서 다음과 같이 나타낼 수 있다.

$$f(1),\ f(2),\ f(3),\ \cdots,\ f(n),\ \cdots$$

여기서 $f(1)$을 제1항, $f(2)$를 제2항, 그리고 $f(n)$을 **제n항** 또는 **일반항**이라고 부른다. 이제 수열을 좀더 간단하게 표현하는 방법으로, 수열

$$a_1,\ a_2,\ a_3,\ \cdots,\ a_n,\ \cdots$$

을 $\{a_n\}$으로 표시한다.

이때 수열 a_1, a_2, a_3, $\cdots$, a_n, $\cdots$에서 각 항은 실수이며

$$a_1=f(1),\ a_2=f(2),\ a_3=f(3),\ \cdots,\ a_n=f(n),\ \cdots$$

을 의미한다. 모든 수열은 일반항 a_n에 의하여 표시할 수 있다.

예를 들어, 수열

$$1,\ 4,\ 7,\ 10,\ 13,\ \cdots$$

은 $a_n=3n-2,\ n\geq 1$ 또는 $a_1=1,\ a_n=a_{n-1}+3,\ n\geq 2$와 같은 방법으로 표현될 수 있다.

일반적으로 수열을 정의할 때, 수열의 치역이 갖는 의미도 중요하지만 항들이 나타나는 순서 역시 매우 중요하다. 예를 들면, 두 개의 수열들

$$1,\ \frac{1}{2},\ \frac{1}{3},\ \cdots,\ \frac{1}{n},\ \cdots$$

$$1,\ \frac{1}{3},\ \frac{1}{2},\ \cdots,\ \frac{1}{n},\ \cdots\ (n\text{은 4보다 큰 자연수})$$

은 치역은 같으나 제2항과 제3항이 서로 다르므로 같은 수열이 아니다.

【예제 1】 일반항이 다음과 같이 주어졌을 때 각각의 수열을 만들어 보아라.

(1) $a_n=1-\dfrac{1}{n}$ (2) $a_n=1+(-1)^n\dfrac{1}{n}$

(3) $c_n=(-1)^n+\dfrac{1}{n}$ (4) $d_n=0.999$

풀이 (1) $0,\ \frac{1}{2},\ \frac{2}{3},\ \frac{3}{4},\ \frac{4}{5},\ \cdots$

(2) $0,\ \frac{3}{2},\ \frac{2}{3},\ \frac{5}{4},\ \frac{4}{5},\ \frac{7}{6},\ \frac{6}{7}\ \cdots$

(3) $0,\ \frac{3}{2},\ \frac{-2}{3},\ \frac{5}{4},\ \frac{-4}{5},\ \frac{7}{6},\ \frac{-6}{7},\ \cdots$

(4) $0.999,\ \ 0.999,\ \ 0.999,\ \ 0.999,\ \cdots$ □

자연수 n이 무한대로 가까이 갈 때 일반항 a_n이 일정한 상수 L로 근접하는 수열 $\{a_n\}$이 있다. 이 때 절대값 $|a_n-L|$은 0으로 근접한다.

예를 들어, 위의 예제 1에서 수열(1)의 최초의 몇항은

$$0,\ \frac{1}{2},\ \frac{2}{3},\ \frac{3}{4},\ \frac{4}{5},\ \cdots$$

이다. 이 때 n이 증가함에 따라 일반항은 점점 1에 가까이 가고, 임의의 자연수 n에 대하여

$$|a_n-1|=\left|1-\frac{1}{n}-1\right|=\frac{1}{n}$$

이다. 이 경우 $n\to\infty$이면 $a_n\to 1$이다. 이 사실을 일반화하여 수열의 극한을 정의해 보자.

〈정의 1.1〉

임의로 주어진 $\varepsilon>0$에 대하여, $n>N$일 때마다 $|a_n-L|<\varepsilon$이 성립하는 자연수 N이 존재할 때, 수열 $\{a_n\}$은 L로 **수렴한다**(converge)고 하고

$$\lim_{n\to\infty} a_n=L \text{ 또는 } n\to\infty \text{일 때 } a_n\to L$$

로 나타낸다(그림 11.1). 한편, 수렴하지 않는 수열을 **발산**(diverge)한다고 한다.

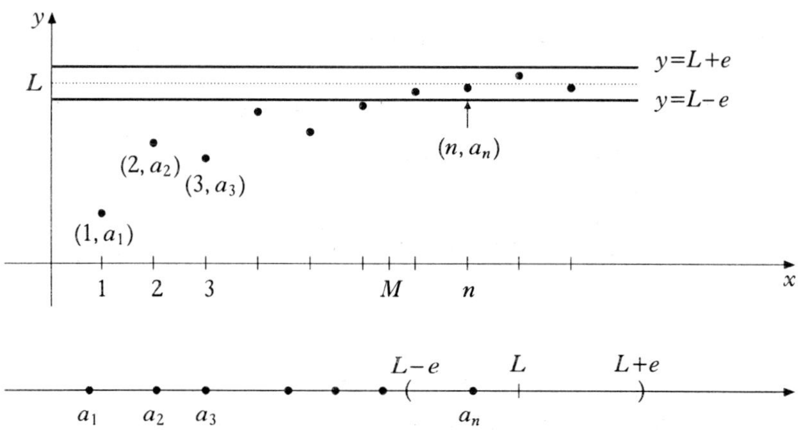

[그림 11.1]

【예제 2】 $\lim_{n\to\infty}\frac{1}{n}=0$임을 증명하라.

풀이 임의의 $\varepsilon>0$에 대하여 $\frac{1}{\varepsilon}$보다 큰 자연수 N을 택하면 $n\geq N$인 n에 대하여

$0<\frac{1}{n}\leq\frac{1}{N}<\varepsilon$이므로 $\left|\frac{1}{n}-0\right|<\varepsilon$이 된다. □

〈**정의 1.2**〉

수열 $\{a_n\}$이 모든 n에 대하여 $|a_n| \le M$인 자연수 M이 존재할 때, $\{a_n\}$을 **유계수열**(bounded sequence)라 부른다. 또, $n \ge 1$인 모든 n에 대하여 $a_n \le a_{n+1}$일 때 수열 $\{a_n\}$을 **증가수열**(increasing sequence)이라 하고, 반면 $a_n \ge a_{n+1}$일 때 수열 $\{a_n\}$을 **감소수열**(decreasing sequence)이라 한다. 수열 $\{a_n\}$이 증가수열이거나 감소수열일 때, **단조수열**(monotone sequence)라고 한다.

【예제 3】 (1) 이 수열 $\{n^2\}$은 증가수열이지만 유계수열이 아니다.

(2) 수열 $\{(-1)^n\}$은 유계수열이지만, 단조수열이 아니다. □

정리 1.3 수렴하는 수열은 유계하다.

증명 $\lim_{n\to\infty} a_n = L$라 하면 $\varepsilon=1$에 대하여 N을 잡을 수 있어서 $n \ge N$에 대하여 $|a_n - L| < 1$이 된다. 즉, $|a_n| < |L|+1$이므로 $n \ge N$인 모든 n에 대하여 $|a_n| \le \max\{|a_1|, |a_2|, \cdots, |a_N|, 1+|L|\}$이다. □

정리 1.3에 의해 유계하지 않은 수열은 발산하는 것은 대우명제로 쉽게 알 수 있다.

정리 1.4 유계인 단조수열은 수렴한다.

정리 1.4는 수열의 수렴성을 따지는데 있어서 매우 중요하다. 이 정리의 증명은 다소 복잡하므로 다음 기회로 미루고 이에 관한 예를 보자.

【예제 4】 수열 $\left\{(1+\frac{1}{n})^n\right\}$은 수렴한다.

증명 (1) 수열 $\{a_n\}$은 단조증가수열이다: 이항정리에 의하여

$$a_n=\left(1+\frac{1}{n}\right)^n$$
$$=1+n\left(\frac{1}{n}\right)+\frac{1}{2!}n(n-1)\left(\frac{1}{n}\right)^2+\frac{1}{3!}n(n-1)(n-2)\left(\frac{1}{n}\right)^3+$$
$$+\cdots+\frac{1}{r!}n(n-1)\cdots(n-r+1)\left(\frac{1}{n}\right)^r+\cdots+\frac{1}{n!}n!\left(\frac{1}{n}\right)^n$$
$$=1+1+\frac{1}{2!}\left(1-\frac{1}{n}\right)+\frac{1}{3!}\left(1-\frac{1}{n}\right)\left(1-\frac{2}{n}\right)+\cdots$$
$$+\frac{1}{r!}\left(1-\frac{1}{n}\right)+\cdots+\left(1-\frac{r-1}{n}\right)+\cdots+\frac{1}{n!}\left(1-\frac{1}{n}\right)\cdots\left(1-\frac{n-1}{n}\right). \quad (1)$$

같은 방법으로

$$a_{n+1}=1+1+\frac{1}{2!}\left(1-\frac{1}{n+1}\right)+\frac{1}{3!}\left(1-\frac{1}{n+1}\right)\left(1-\frac{2}{n+1}\right)+\cdots$$
$$+\cdots\frac{1}{r!}\left(1-\frac{1}{n+1}\right)\cdots\left(1-\frac{r-1}{n+1}\right)+\cdots+\frac{1}{n!}\left(1-\frac{1}{n+1}\right)\cdots\left(1-\frac{n-1}{n+1}\right)$$
$$+\frac{1}{(n+1)!}\left(1-\frac{1}{n+1}\right)\cdots\left(1-\frac{n}{n+1}\right).$$

이제 a_n과 a_{n+1}을 비교해 보면

$$a_n < a_{n+1}$$

이므로 수열 $\{a_n\}$은 단조증가수열이다.

(2) $\{a_n\}$은 유계이다: 위의 식 (1)로부터

$$a_n < 1+\frac{1}{1!}+\frac{1}{2!}+\frac{1}{3!}+\cdots+\frac{1}{n!} < 1+1+\frac{1}{2}+\frac{1}{2^2}+\cdots+\frac{1}{2^{n-1}}$$
$$=3-\frac{1}{2^{n-1}} < 3$$

을 얻게되므로 수열 $\{a_n\}$은 유계이다.

(3) 따라서 수열 $\left\{\left(1+\frac{1}{n}\right)^n\right\}$은 단조증가수열이고 유계이므로, 정리 1.4에 의하여 수렴한다. □

위의 예제에 의하여 수열 $\left\{\left(1+\frac{1}{n}\right)^n\right\}$의 극한값이 존재하므로 이 값을 e라 하자.

$$\lim_{n\to\infty}\left(1+\frac{1}{n}\right)^n=e \qquad (e=2.71828\cdots)$$

다음의 정리는 실제로 수열의 극한을 구하는 데 자주 활용된다.

정리 1.5 $f:[a, b]\to\mathbb{R}$가 연속함수이고 구간 $[a, b]$에서 $n\to\infty$일 때, $x_n\to c$이면 $f(x_n)\to f(c)$이다.

증명 임의의 $\varepsilon>0$이 주어지면, f의 c에서의 연속성에 의해, 적당한 $\delta>0$가 존재하여, $|x-c|<\delta$이면 $|f(x)-f(c)|<\varepsilon$이 된다.

또한 $\delta>0$에 대하여 $n\to\infty$일 때, $x_n\to c$이므로, 적당한 N이 존재하여 $n\ge N$인 모든 n에 대하여 $|x_n-c|<\delta$가 된다.

따라서 $n\ge N$인 모든 n에 대하여 $|f(x_n)-f(c)|<\varepsilon$이 되므로, $n\to\infty$일 때, $x_n\to c$이면 $f(x_n)\to f(c)$이 된다. □

【예제 5】 정리 1.5에 의하여

$$\cos\frac{\pi}{n}\to\cos 0=1,$$

$$\tan\sqrt{\frac{\pi^2n^2}{16n^2}}\to\tan\frac{\pi}{4}=1$$

임을 알 수 있다. □

4장에서 기술된 함수의 극한의 기본성질은 수열의 극한에 대해서도 성립하고, 증명도 유사하다.

정리 1.6 수열 $\{a_n\}$, $\{b_n\}$이 수렴할 때, 다음의 관계가 성립한다.

(1) $\lim\limits_{n\to\infty}(a_n+b_n)=\lim\limits_{n\to\infty}a_n+\lim\limits_{n\to\infty}b_n$

(2) $\lim\limits_{n\to\infty}a_nb_n=(\lim\limits_{n\to\infty}a_n)(\lim\limits_{n\to\infty}b_n)$

(3) $\lim\limits_{n\to\infty}\dfrac{b_n}{a_n}=\dfrac{\lim\limits_{n\to\infty}b_n}{\lim\limits_{n\to\infty}a_n}$ (단, $\lim\limits_{n\to\infty}a_n\neq 0$)

스퀴즈 정리는 다음과 같이 수열에도 적용될 수 있다.

정리 1.7 $n \geq K$(K는 고정된 상수)에 대하여
$a_n \leq c_n \leq b_n$이고 $\lim_{n\to\infty} a_n = L = \lim_{n\to\infty} b_n$이면, $\lim_{n\to\infty} c_n = L$이다.

연습문제 (11.1)

1. 다음 각 수열이 수렴하는지 발산하는지를 말하여라. 또 수렴한다면 그 값을 구하여라.

(1) $a_n = \dfrac{n}{3n-1}$　　(2) $a_n = \dfrac{4n^2+2}{n^2+3n-1}$

(3) $a_n = \dfrac{n^3+3n^2+3n}{(n+1)^3}$　　(4) $a_n = \dfrac{\sqrt{3n^2+2}}{2n+1}$

(5) $a_n = (-1)^n \dfrac{n}{n+2}$　　(6) $a_n = \dfrac{(-\pi)^n}{5^n}$

2. 수열 $\{a_n\}$의 처음 다섯항들이 $-1, \dfrac{2}{3}, -\dfrac{3}{5}, \dfrac{4}{7}, -\dfrac{5}{9}, \cdots$으로 주어졌다. 일반항 a_n을 구하여라.

3. 다음을 증명하여라.

(1) $\lim_{n\to\infty}\left(1+\dfrac{1}{n}\right)^n = e$임을 이용하여 x가 실수일 때 다음을 증명하여라.

$$\lim_{x\to\infty}\left(1+\frac{1}{n}\right)^x = e, \quad \lim_{x\to-\infty}\left(1+\frac{1}{n}\right)^x = e$$

(2) $\lim_{n\to\infty}|a_n| = 0$일 때, $\lim_{n\to\infty} a_n = 0$임을 증명하여라.

(3) 수열 $\{a_n\}$에서 $\lim_{n\to\infty} a_{2n} = \lim_{n\to\infty} a_{2n+1}$일 때, 다음을 증명하여라.

$$\lim_{n\to\infty} a_n = \lim_{n\to\infty} a_{2n} = \lim_{n\to\infty} a_{2n+1}$$

11.2 로피탈(L'Hopital)의 법칙

먼저, 미적분학에서 중요한 극한값들을 살펴보자.

【예제 1】 $x > 0$일 때 $\lim_{n\to\infty} x^{\frac{1}{n}}=1$이다.

풀이 $\log(x^{\frac{1}{n}})=\frac{1}{n}\log x$이고 $\lim_{n\to\infty}\frac{\log x}{n}=0$이다.

여기서 지수함수는 0에서 연속이므로 앞의 정리 1.5에 의해

$$x^{1/n}=e^{\frac{1}{n}\log x}\to e^0=1$$

이다. □

【예제 2】 임의의 실수 x에 대하여 $\lim_{n\to\infty}\frac{x^n}{n!}=0$이다.

풀이 $|x| < k$가 되도록 자연수 k를 잡으면 $n > k$인 n에 대하여

$$\frac{k^n}{n!}=\left(\frac{k^k}{k!}\right)\left(\frac{k}{k+1}\frac{k}{k+2}\cdots\frac{k}{n-1}\right)\left(\frac{k}{n}\right)$$

에서 $\frac{k}{k+1}\frac{k}{k+2}\cdots\frac{k}{n-1} < 1$이므로 $\frac{k^n}{n!} < \frac{k^{k+1}}{k!}\cdot\frac{1}{n}$이 된다.

여기서 $k > |x|$이므로 $0 < \frac{|x|^n}{n!} < \frac{k^n}{n!} < \frac{k^{k+1}}{k!}\cdot\left(\frac{1}{n}\right)$이다. k를 고정시키면 $\lim_{n\to\infty}\frac{1}{n}=0$이므로 앞의 정리 1.7에 의해 $\frac{|x|^n}{n!}\to 0$이고, 따라서 $\frac{x^n}{n!}\to 0$이다. □

【예제 3】 $\lim_{n\to\infty}\left(1+\frac{x}{n}\right)^n=e^x$이다.

풀이 $x=0$이면 명백하므로 $x\neq 0$일 때를 살펴보자.

$$\log\left(1+\frac{x}{n}\right)^n=n\log\left(1+\frac{x}{n}\right)=x\frac{\log\left(1+\frac{x}{n}\right)-\log 1}{\frac{x}{n}}$$

에서 $\frac{x}{n}=h$로 놓으면 $n\to\infty$일 때 $h\to 0$가 된다. 따라서 $f(x)=\log x$라 할 때

$$\lim_{n\to\infty}\frac{\log\left(1+\dfrac{x}{n}\right)-\log 1}{\dfrac{x}{n}}=\lim_{h\to 0}\frac{\log(1+h)-\log 1}{h}=f'(1)=1$$

이 된다. 각각의 $t>0$에 대하여

$$\lim_{h\to 0}\frac{\log(t+h)-\log t}{h}=\frac{d}{dt}(\log t)=\frac{1}{t}$$

임을 알고 있다. 그러므로

$$\log\left(1+\frac{x}{n}\right)^n\to x$$

이고

$$\left(1+\frac{x}{n}\right)^n=e^{\log\left(1+\frac{x}{n}\right)^n}\to e^x \qquad \square$$

지금부터 여러 가지 형태의 부정형의 극한을 다룰 수 있는 기법을 익히려고 한다.

정리 2.1 (로피탈의 법칙) a의 근방(가능한 a는 제외하고)에서 함수 f, g가 미분가능하고, $g'(x)\neq 0$이라고 하자. 여기서

$$\lim_{x\to a}f(x)=0,\ \lim_{x\to a}g(x)=0$$

이거나

$$\lim_{x\to a}f(x)=\pm\infty,\ \lim_{x\to a}g(x)=\pm\infty$$

라고 가정하자$\left(\text{다시 말하면 } \dfrac{0}{0}, \dfrac{\infty}{\infty} \text{ 의 형태의 부정형이라 하자}\right)$. 그러면 우변의 극한이 존재할 때(또는 ∞이거나 $-\infty$)

$$\lim_{x\to a}\frac{f(x)}{g(x)}=\lim_{x\to a}\frac{f'(x)}{g'(x)}$$

가 성립한다.

로피탈의 법칙은 한 방향의 극한과 ∞나 $-\infty$에서의 극한에 대해 유효하다. 즉,

$x \to a$는 $x \to a^+$, $x \to a^-$, $x \to \infty$, $x \to -\infty$로 대치시킬 수 있다. 부정형 $\frac{\infty}{\infty}$에 대한 증명은 고등수학에서 다룬다.

로피탈의 법칙의 증명 $\lim_{x \to a} f(x) = 0$이고 $\lim_{x \to a} g(x) = 0$이라 가정하고,

$$L = \lim_{x \to a} \frac{f'(x)}{g'(x)}$$

라고 놓자. $\lim_{x \to a} \frac{f(x)}{g(x)} = L$임을 보여야 하낟. 다음과 같이 F와 G를 정의하면

$$F(x) = \begin{cases} f(x), & x \neq a \\ 0, & x = a \end{cases} \qquad G(x) = \begin{cases} g(x), & x \neq a \\ 0, & x = a \end{cases}$$

f가 $\{x \in I | x \neq a\}$에서 연속이고

$$\lim_{x \to a} F(x) = \lim_{x \to a} f(x) = 0 = F(a)$$

이므로 F는 I 위에서 연속이다. 마찬가지로 G도 I에서 연속임을 보일 수 있다. $x \in I$이고 $x > a$라 하면 F와 G는 $[a, x]$에서 연속이고 (a, x)에서 미분가능하며, $F' = f'$이고 $G' = g'$이므로 $G' \neq 0$이다. 그러므로 Cauchy의 평균값 정리에 의하여 $a < y < x$이고

$$\frac{F'(y)}{G'(y)} = \frac{F(x) - F(a)}{G(x) - G(a)} = \frac{F(x)}{G(x)}$$

를 만족하는 y가 존재한다. 여기에서, 정의에 의하여 $F(a) = 0$과 $G(a) = 0$임을 이용하였다. 이제 $x \to a^+$라 하자. 그러면 $a < y < x$이므로 $y \to a^+$이다. 따라서

$$\lim_{x \to a^+} \frac{f(x)}{g(x)} = \lim_{x \to a^+} \frac{F(x)}{G(x)} = \lim_{y \to a^+} \frac{F'(y)}{G'(y)} = \lim_{y \to a^+} \frac{f'(y)}{g'(y)} = L$$

비슷한 방법으로 $x \to a^-$일 때도 성립함을 보일 수 있다. 그러므로

$$\lim_{x \to a} \frac{f(x)}{g(x)} = L$$

이상에서 a가 유한일 경우 로피탈의 법칙이 성립함을 증명하였다.

만일 a가 무한일 경우 $t=\dfrac{1}{x}$로 놓으면, $x\to\infty$일 때 $t\to 0^+$이다. 따라서

$$\lim_{x\to a}\frac{f(x)}{g(x)}=\lim_{t\to a^+}\frac{f\left(\dfrac{1}{t}\right)}{g\left(\dfrac{1}{t}\right)}$$

$$=\lim_{t\to a^+}\frac{f'\left(\dfrac{1}{t}\right)\left(-\dfrac{1}{t^2}\right)}{g'\left(\dfrac{1}{t}\right)\left(-\dfrac{1}{t^2}\right)}\quad \text{(유한인 } a\text{에 대한 로피탈의 법칙에 의해)}$$

$$=\lim_{t\to a^+}\frac{f'\left(\dfrac{1}{t}\right)}{g'\left(\dfrac{1}{t}\right)}=\lim_{x\to\infty}\frac{f'(x)}{g'(x)}$$ □

【예제 4】 $\displaystyle\lim_{x\to\infty}\log\left(\cos\frac{\pi}{x}\right)^x=\lim_{x\to\infty}\frac{\log\left(\cos\dfrac{\pi}{x}\right)}{\dfrac{1}{x}}$

$$=\lim_{x\to\infty}\frac{\left(-\sin\dfrac{\pi}{x}\right)\left(-\dfrac{\pi}{x^2}\right)}{\left(\cos\dfrac{\pi}{x}\right)\left(-\dfrac{1}{x^2}\right)}=\lim_{x\to\infty}\left(-\pi\tan\frac{\pi}{x}\right)=0$$

이므로

$$\lim_{x\to\infty}\left(\cos\frac{\pi}{x}\right)^x=e^0=1$$

이 된다. □

$\dfrac{f'(x)}{g'(x)}$가 부정형일 때는 로피탈(L'Hospital)의 법칙을 한번 더 사용하여 $\dfrac{f''(x)}{g''(x)}$의 극한값을 구하면 된다.

【예제 5】 $\displaystyle\lim_{x\to 0}\frac{e^x-x-1}{x^2}=\lim_{x\to 0}\frac{e^x-1}{2x}=\lim_{x\to 0}\frac{e^x}{2}=\frac{1}{2}$이다. □

【예제 6】 수열 $\left\{\dfrac{\log x}{\sqrt{n}}\right\}$의 극한은 $\displaystyle\lim_{x\to\infty}\frac{\log x}{\sqrt{x}}$의 극한 값을 구해도 된다.

즉

$$\lim_{x\to\infty}\frac{\log x}{\sqrt{n}}=\lim_{x\to\infty}\frac{\frac{1}{x}}{\frac{1}{2\sqrt{x}}}=\lim_{x\to\infty}\frac{2}{\sqrt{x}}=0$$

이므로 위의 수열의 극한은 0이다. □

【예제 7】 $\lim_{x\to\pi^-}\dfrac{\sin x}{1-\cos x}$를 구하여라.

풀이 맹목적으로 로피탈의 법칙을 사용하면

$$\lim_{x\to\pi^-}\frac{\sin x}{1-\cos x}=\lim_{x\to\pi^-}\frac{\cos x}{\sin x}=-\infty$$

를 얻을 것이다. $x\to\pi^-$에 따라 분자는 $\sin x\to 0$이나 분모 $(1-\cos x)$는 0으로 접근하지 않으므로, 로피탈의 법칙을 적용할 수 없다. 따라서 위의 계산은 틀린 계산이다.

사실상 함수가 연속이고, 분모가 π에서 0이 아니므로

$$\lim_{x\to\pi^-}\frac{\sin x}{1-\cos x}=\frac{\sin\pi}{1-\cos\pi}=\frac{0}{1-(-1)}=0$$

이다.

예제 7에서 생각 없이 로피탈의 법칙을 사용하면 잘못될 수 있다는 것을 보았다. 어떤 극한들은 로피탈의 법칙을 사용하여 구할 수 있지만 다른 방법에 의하여 더욱 쉽게 계산할 수 있다. □

$\lim_{x\to a}f(x)=0$이고 $\lim_{x\to a}g(x)=\infty$(또는 $-\infty$)이면, $\lim_{x\to a}f(x)g(x)$의 값은 명백하지 않다. 여기에는 f와 g의 대립이 있다. f가 이기면 답은 0이고, g가 이기면 답은 ∞(또는 $-\infty$)이다. 또는 0이 아닌 유한수로 타협할 수 있다. 이러한 꼴의 극한을 형태 $0\cdot\infty$의 부정형이라 한다. 곱 fg는 다음과 같은 분수형으로 변형하여 다룰 수 있다.

$$fg=\frac{f}{\frac{1}{g}} \text{ 또는 } fg=\frac{g}{\frac{1}{f}}$$

주어진 극한을 $\frac{0}{0}$ 또는 $\frac{\infty}{\infty}$로 바꾸어 로피탈의 법칙을 적용할 수 있다.

【예제 8】 $\lim_{x\to 0^+} x\ln x$를 구하여라.

풀이 $x\to 0^+$이면 $\ln x\to -\infty$이므로 $0\cdot\infty$ 형태의 부정형이다. $x=\dfrac{1}{\frac{1}{x}}$이고 $x\to 0^+$일 때 $\dfrac{1}{x}\to\infty$이므로 로피탈의 법칙을 적용하면

$$\lim_{x\to 0^+} x\ln x=\lim_{x\to 0^+}\frac{\ln x}{\frac{1}{x}}=\lim_{x\to 0^+}\frac{\frac{1}{x}}{-\frac{1}{x^2}}$$

$$=\lim_{x\to 0^+}(-x)=0$$

□

연습문제 (11.2)

다음 극한값을 구하여라.

(1) $\lim_{x\to(\frac{\pi}{2})^+}\dfrac{\cos x}{1-\sin x}$

(2) $\lim_{x\to 0}\dfrac{e^x-1}{x^3}$

(3) $\lim_{x\to\infty}\dfrac{\ln x}{x}$

(4) $\lim_{x\to\infty}\dfrac{e^x}{x^3}$

(5) $\lim_{x\to 0}\dfrac{\sin^{-1}x}{x}$

(6) $\lim_{x\to\infty}\dfrac{(\ln x)^2}{x}$

(7) $\lim_{x\to 0^+}\sqrt{x}\ln x$

(8) $\lim_{x\to\infty}x^2e^x$

(9) $\lim_{x\to 0^+}\sin x\ln x$

(10) $\lim_{x\to 0^+}x^{x^2}$

(11) $\lim_{x\to 0^+}(\tan 2x)^x$

(12) $\lim_{x\to\infty}x^{\frac{1}{x}}$

(13) $\lim_{x\to 0^+}(\cos x)^{\frac{1}{x^2}}$

(14) $\lim_{x\to 1}\left(\dfrac{1}{\ln x}-\dfrac{1}{x-1}\right)$

11.3 무한급수의 수렴과 발산

유한개의 항을 더하는 것은 가능하지만 무한개의 항을 실제로 더해 나가서 합이 얼마인가 살피는 것은 불가능하다. 그러나 이러한 개념은 극한을 사용하여 정의할 수 있다.

수열 $\{a_n\}$에 대하여

$$\begin{aligned} S_1 &= a, \\ S_2 &= a_1 + a_2, \\ S_3 &= a_1 + a_2 + a_3, \\ &\vdots \\ S_n &= a_1 + a_2 + \cdots + a_n = \sum_{k=1}^{n} a_k, \\ &\vdots \end{aligned}$$

과 같이 정의된 새로운 수열 $\{S_n\}$을 만들 수 있다. 여기서 S_n을 n항까지의 **부분합**(partialsum)이라고 하며 부분합을 항으로 갖는 수열 $\{S_n\}$을 **무한급수**(infinite series) 또는 간단히 **급수**(series)라고 한다. 즉, 급수는

$$a_1 + a_2 + \cdots + a_n + \cdots \text{ 또는 간단히 } \sum_{n=1}^{\infty} a_n$$

과 같이 나타내어 진다. 부분합으로 된 수열 $\{S_n\}$이 유한한 극한값 S를 갖는 경우에

$$\sum_{n=1}^{\infty} a_n = S$$

로 나타내고 급수 $\sum_{n=1}^{\infty} a_n$은 S로 **수렴한다**(converge)고 하며 이 경우 S를 **급수의 합**(sum)이라고 한다. 부분합으로 된 수열이 발산하는 경우는 급수가 발산한다(diverge)고 한다. 간단하게 급수를 $\sum a_n$으로 나타내기도 한다.

급수의 합은 정상적인 의미의 합이 아니고 단지 부분합으로 된 수열의 극한으로 정의되는 수임을 유념해야 한다.

【예제 1】 다음 급수가 수렴급수임을 증명하고 그 합을 구하여라.

$$\frac{1}{1\cdot 2}+\frac{1}{2\cdot 3}+\frac{1}{3\cdot 4}+\cdots+\frac{1}{n\cdot(n+1)}+\cdots$$

풀이 부분분수분해법에 의하여 일반항 a_n을 분해하면

$$a_n=\frac{1}{n(n+1)}=\frac{1}{n}-\frac{1}{n+1}$$

이므로

$$S_n=\left(1-\frac{1}{2}\right)+\left(\frac{1}{2}-\frac{1}{3}\right)+\left(\frac{1}{3}-\frac{1}{4}\right)+\cdots+\left(\frac{1}{n}-\frac{1}{n+1}\right)=1-\frac{1}{n+1}.$$

따라서

$$S=\lim_{n\to\infty}S_n=\lim_{n\to\infty}\left(1-\frac{1}{n+1}\right)=1$$ □

다음과 같은 급수

$$\sum_{k=1}^{\infty}ar^{k-1}=a+ar+ar^2+\cdots+ar^{n-1}+\cdots(\text{단, } a\neq 0)$$

을 **기하급수**(geometric series)라 한다.

이러한 기하급수를 주어진 급수와 비교하면 그 급수의 수렴과 발산을 판정하는데 유리한 경우가 많다. 이런 문제에 관하여 살펴보자.

> **정리 3.1** 기하급수 $a+ar+ar^2+\cdots+ar^{n-1}+\cdots\ (a\neq 0)$는 다음을 만족한다.
> (1) $|r|<1$일 때 이 급수는 수렴하고 그 합은 $\frac{a}{(1-r)}$이다.
> (2) $|r|\geq 1$일 때 이 급수는 발산한다.

증명

$$S_n=a+ar+ar^2+\cdots+ar^{n-1}$$
$$rS_n=ar+ar^2+ar^3+\cdots+ar^n$$

이므로 $(1-r)S_n=a-ar^n$을 얻는다. 이 때 $r\neq 1$이면

$$S_n=\frac{a}{1-r}-\frac{ar^n}{1-r}.$$

따라서

(i) $|r|<1$일 때: $S=\lim_{n\to\infty}\left(\frac{1}{1-r}-\frac{a^n}{1-r}\right)=\frac{1}{1-r}$ (수렴)

(ii) $|r| \geq 1$일 때: $S=+\infty$ 또는 $-\infty$ (발산) □

정리 3.2 (1) 급수 $\sum a_n$이 수렴하면 $\lim_{n\to\infty} a_n=0$이다.

(2) $\lim a_n \neq 0$이면 급수 $\sum a_n$은 발산한다.

(3) 급수 $\sum a_n$이 수렴하면, 임의의 ε에 대하여 적당한 자연수 m이 존재하여 $k, l > m$에 대하여 다음 관계가 성립한다.

$$|S_k - S_l| < \varepsilon$$

증명 (1) 급수의 일반항 a_n은 다음의 식으로 나타낼 수 있다.

$$a_n = S_n - S_{n-1}$$

이 때 $\lim_{n\to\infty} S_n = S$이면 $\lim_{n\to\infty} S_{n-1} = S$도 성립하므로

$$\lim_{n\to\infty} a_n = \lim_{n\to\infty} S_n - \lim_{n\to\infty} S_{n-1} = 0.$$

따라서 $\sum a_n$이 수렴하면 $\lim_{n\to\infty} a_n = 0$이다.

(2) 명제 (1)의 대우에 의하여 성립한다.

(3) 급수의 합을 S라 하면

$$|S_k - S_l| = |(S_k - S) + (S - S_l)| \leq |S_k - S| + |S - S_l|$$

이다. 그런데 $\lim_{k\to\infty} S_k = S = \lim_{l\to\infty} S_l$이므로, 임의의 양수 ε에 대하여 두 개의 부등식

$$|S_k - S| < \frac{\varepsilon}{2},\ |S - S_l| < \frac{\varepsilon}{2}$$

을 만족하는 적당한 자연수 $k, l(> m)$이 존재한다. 따라서

$$|S_k - S_l| < \frac{\varepsilon}{2} + \frac{\varepsilon}{2} = \varepsilon$$ □

【예제 2】 다음 급수의 수렴, 발산을 판정하여라.

$$\frac{1}{3}+\frac{2}{5}+\frac{3}{7}+\cdots+\frac{n}{2n+1}+\cdots$$

풀이 $\lim_{n\to\infty} a_n=\lim_{n\to\infty}\frac{n}{2n+1}=\frac{1}{2}\neq 0$이므로 이 급수는 발산한다. □

【예제 3】 다음의 조화급수가 발산함을 증명하여라.

$$\frac{1}{1}+\frac{1}{2}+\frac{1}{3}+\cdots+\frac{1}{n}+\cdots$$

풀이 1보다 큰 자연수 n에 대하여 다음 부등식이 성립된다.

$$S_{2n}-S_n=\frac{1}{n+1}+\frac{1}{n+2}+\cdots+\frac{1}{2n}>\frac{1}{2n}+\frac{1}{2n}+\cdots+\frac{1}{2n}=\frac{1}{2}$$

주어진 조화급수가 수렴하려면 $\varepsilon=\frac{1}{2}>0$인 경우, 충분히 큰 자연수 n에 대하여 $|S_{2n}-S_n|<\frac{1}{2}=\varepsilon$을 만족해야 한다. 따라서 위의 조화급수는 발산한다. □

(참고) $1+\frac{1}{2}+\frac{1}{3}+\frac{1}{4}+\cdots>1+\frac{1}{2}+\left(\frac{1}{4}+\frac{1}{4}\right)+\left(\frac{1}{8}+\cdots+\frac{1}{8}\right)+\cdots$

$$=1+\frac{1}{2}+\frac{1}{2}+\frac{1}{2}+\cdots=\infty.$$

위의 조화급수는 $\lim_{n\to\infty} a_n=\lim_{n\to\infty}\frac{1}{n}=0$이면서 발산하는 예이다. 그러므로 $\lim_{n\to\infty} a_n=0$은 급수 $\sum a_n$이 수렴할 충분조건은 아님을 알 수 있다.

이제 두 개의 급수가 유한개를 제외한 나머지 항들이 모두 같을 때, 그들은 동시에 수렴하거나 동시에 발산한다는 것을 조사하여 보자.

> **정리 3.3** 두 급수 $\sum a_n$과 $\sum b_n$에 대하여 적당한 자연수 k보다 큰 모든 자연수 i에 대하여 $a_i=b_i$이면, 두 급수는 동시에 수렴하거나 동시에 발산한다.

증명 가정에 의하여, 급수 $\sum a_n$과 $\sum b_n$을 다음과 같이 나타낼 수 있다.

$$\sum a_n=a_1+a_2+\cdots+a_k+a_{k+1}+\cdots+a_n+\cdots$$
$$\sum b_n=b_1+b_2+\cdots+b_k+a_{k+1}+\cdots+a_n+\cdots$$

S_n과 T_n을 각각 $\sum a_n$과 $\sum b_n$의 n항까지의 부분합이라 하면

$$S_n - T_n = S_k - T_k (n \geq k)$$

이므로, n이 무한히 커질 때 다음 식을 만족한다.

$$\lim_{n\to\infty} S_n = \lim_{n\to\infty} T_n + (S_k - T_k).$$

따라서 S의 극한값이 존재하면 T의 극한값도 역시 존재한다. 그렇지 않은 경우, 양 편 모두 극한값이 존재하지 않는다. 따라서 두 급수의 수렴, 발산은 일치하며, 수렴하는 경우 두 급수값의 차이는 $|S_k - T_k|$이다. □

따라서, 급수는 무한개 항의 합을 다루는 것이므로 비록 유한개 항이 나머지 무한개 항과 다른 모습이나 성질을 갖고 있더라도 전혀 영향이 없고 나머지 무한개 항의 역할이 중요하다는 것을 알 수 있다.

【예제 4】 다음 급수는 수렴급수임을 증명하여라.

$$\sum a_n = \frac{1}{3\cdot 4} + \frac{1}{4\cdot 5} + \cdots + \frac{1}{(n+2)(n+3)} + \cdots$$

풀이 급수

$$\sum b_n = \frac{1}{1\cdot 2} + \frac{1}{2\cdot 3} + \frac{1}{3\cdot 4} + \cdots + \frac{1}{n(n+1)} + \cdots$$

이 수렴한다는 사실을 앞에서 증명하였다(예제 1). 그런데

$$\sum a_n = 0 + 0 + \frac{1}{3\cdot 4} + \frac{1}{4\cdot 5} + \cdots + \frac{1}{(n+2)(n+3)} + \cdots$$

로 생각할 수 있다. 그런데 $\sum a_n$과 $\sum b_n$은 처음 두개의 항을 제외하고 나머지 항들은 모두 같으므로, 정리 3.3에 의하여, $\sum b_n$이 수렴하므로 $\sum a_n$도 수렴한다. □

정리 3.4 $\sum a_n$과 $\sum b_n$이 각각 A와 B로 수렴하는 급수라 하면

(1) $\sum (a_n + b_n)$도 수렴하고 합은 $A+B$이다.

(2) 임의의 실수 c에 대하여, $\sum c a_n$도 수렴하고 합은 cA이다.

증명 정리 3.2의 (3)에 의하여 성립한다. □

연습문제 (11.3)

1. 다음의 기하급수들의 수렴, 발산을 판정하고, 수렴하는 경우 그 합을 구하여라.

(1) $3+\dfrac{3}{4}+\cdots+\dfrac{3}{4^{n-1}}+\cdots$

(2) $1+\left(\dfrac{-1}{\sqrt{5}}\right)+\cdots+\left(\dfrac{-1}{\sqrt{5}}\right)^{n-1}+\cdots$

(3) $0.37+0.0037+\cdots+\dfrac{37}{(100)^n}+\cdots$

(4) $\sum_{n=1}^{\infty} 2^{-n}3^{n-1}$

(5) $\sum_{n=1}^{\infty}(-1)^{n-1}$

2. 다음의 급수의 수렴, 발산을 판정하여라.

(1) $\dfrac{1}{4\cdot 5}+\dfrac{1}{5\cdot 6}+\cdots+\dfrac{1}{(n+3)(n+4)}+\cdots$

(2) $\dfrac{5}{1\cdot 2}+\dfrac{5}{2\cdot 3}+\cdots+\dfrac{5}{n(n+1)}+\cdots$

(3) $3+\dfrac{3}{2}+\cdots+\dfrac{3}{n}\cdots$

(4) $\sum_{n=1}^{\infty}\dfrac{3n}{5n-1}$

(5) $\sum_{n=1}^{\infty}\dfrac{1}{n\sqrt{e}}$

(6) $\sum_{n=1}^{\infty}\left(\dfrac{1}{8^n}+\dfrac{1}{n(n+1)}\right)$

3. $\sum_{n=1}^{\infty}\dfrac{1}{4n^2-1}$이 수렴하는 급수임을 증명하고 그 합을 구하여라.

4. $\sum_{k=1}^{\infty}\left[3\left(\dfrac{1}{8}\right)^k-5\left(\dfrac{1}{3}\right)^k\right]$의 값을 구하여라.

11.4 양항급수

일반적으로 급수 $\sum a_n$의 처음부터 제n항까지의 유한합 S_n을 명확하게 찾아내는 일은 그리 쉬운 일이 아니다. 따라서 S_n을 이용하여 정의한 급수의 수렴과 발산에 의존하여 모든 급수의 수렴과 발산을 결정하기는 불가능하다. 이 절에서는 급수의 일반항 a_n을 이용하여 급수의 수렴과 발산을 결정하는 몇 가지 방법에 대하여 생각해 볼 것이다. 먼저 모든 항들이 양수로 이루어진 **양항급수**에 대하여 살피고 다음 절에서 좀더 일반적인 경우의 급수들에 관하여 공부할 것이다.

수열 $\{S_n\}$을 양항급수 $\sum a_n$의 처음 n항까지의 부분합들로 이루어진 급수라 하자. 이 때 a_n은 모든 자연수 n에 대하여 항상 양수이므로

$$S_1 < S_2 < S_3 \cdots < S_n < \cdots$$

이 되어 $\{S_n\}$은 결국 증가하는 급수가 된다. 이 때, 만약 적당한 양수 M이 존재하여 모든 자연수 n에 관한 부등식

$$S_n < M$$

을 만족시키면

$$\lim_{n\to\infty} S_n = S \leq M$$

이 되는 S가 존재하므로, 결국 급수 $\{S_n\}$은 수렴급수가 된다. 그와 반대로 위의 조건을 만족하는 M이 존재하지 않으면 급수 $\{S_n\}$은 발산한다. 그러므로 다음 정리가 성립한다.

> **정리 4.1** $\sum a_n$이 양항급수일 때, 모든 자연수 n에 대하여 $S_n < M$이 되는 적당한 양수 M이 존재하면, $\sum a_n$은 수렴하고 그 합 S는 M보다 크지 않다. 반대로 이 조건을 만족하는 M이 존재하지 않으면 $\sum a_n$은 발산한다.

f가 집합 $\{x \mid x \geq 1,\ x \in R\}$을 정의역으로 갖는 함수일 때, 급수

$$\sum_{n=1}^{\infty} f(n) = f(1) + f(2) + \cdots + f(n) + \cdots$$

에 관하여 조사해 보자.

이와 같은 형태의 급수는 이상적분을 이용하여 급수의 수렴과 발산을 판정하는 중요한 역할을 한다.

> **정리 4.2 적분 판정법**(Integral Test) f가 집합 $\{x | x \geq 1,\ x \in R\}$을 정의역으로 갖고, 집합 $\{y | y \geq 0,\ y \in R\}$을 치역으로 갖는 연속인 감소 함수일 때, 급수
>
> $$f(1)+f(2)+\cdots+\cdots+f(n)+\cdots$$
>
> 은 다음 성질을 만족한다.
>
> (1) $\int_1^{\infty} f(x)dx$가 존재하면, 급수는 수렴한다.
>
> (2) $\int_1^{\infty} f(x)dx$가 존재하지 않으면 급수는 발산한다.

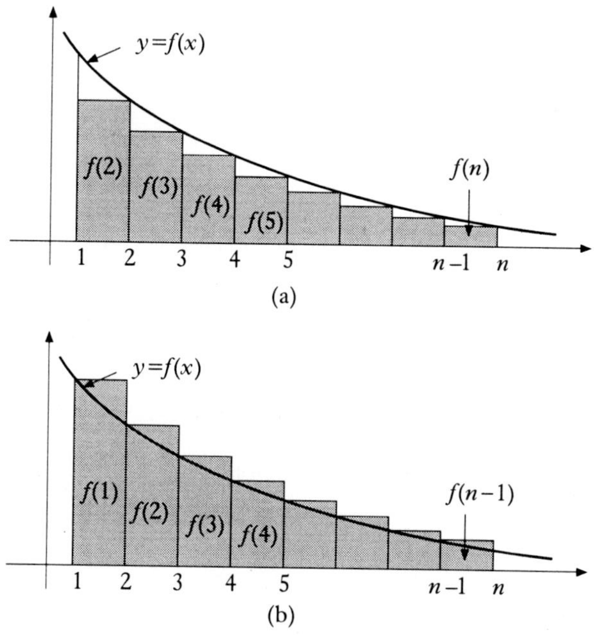

[그림 11.2]

증명 n이 1보다 큰 자연수일 때, 그림 11.2 (a)의 사각형들의 합은

$$\sum_{k=1}^{n} f(k)=f(2)+f(3)+\cdots+f(n).$$

마찬가지로, 그림 11.2 (b)의 사각형들의 합은

$$\sum_{k=1}^{n-1} f(k)=f(1)+f(2)+\cdots+f(n-1).$$

그런데 $\int_1^n f(x)dx$는 1부터 n까지 함수 f의 그래프로 둘러싸인 부분의 면적과 같으므로

$$\sum_{k=1}^{n} f(k) \le \int_1^n f(x)dx \le \sum_{k=1}^{n-1} f(k).$$

S_n을 급수 $\sum_{k=1}^{\infty} f(n)$의 처음부터 제n항까지의 부분합이라고 하면

$$S_n-f(1) \le \int_1^n f(x)dx \le S_{n-1} \tag{1}$$

따라서, 만약 $\int_1^{\infty} f(x)\ dx$의 값이 존재해서 적당한 양수 K보다 작아지면, 모든 자연수 n에 관하여 $S_n \le K+f(1)$이 되고, 정리 4.1에 의하여 $\sum f(n)$은 수렴한다. 그와 반대로 적분의 값이 존재하지 않으면 $\lim_{n\to\infty}\int_1^n f(x)dx=\infty$이므로, (1)에 의하여, $\lim_{n\to\infty} S_n=\infty$가 된다. □

정리 4.3 급수 $\sum \frac{1}{n^p}$은 $p>1$일 때 수렴하고, $p \le 1$일 때 발산한다.

증명 $p \le 0$이면 각 항이 1보다 크거나 같으므로 주어진 급수는 발산한다. 따라서 $p>0$인 경우에만 살펴보자. $f(x)=\frac{1}{x^p}$은 $[1, \infty)$에서 연속이고 단조감소이며 양의 값을 갖는 함수이므로 적분판정법에 의해 $\sum_{n=1}^{\infty}\frac{1}{n^p}$이 수렴하기 위한 필요충분조건은 이상적분 $\int_1^{\infty}\frac{1}{x^p}dx$가 수렴하는 것이다.

(1) $p=1$인 경우: $f(x)=\frac{1}{x}$인 경우이므로

$$\sum f(n)=1+\frac{1}{2}+\frac{1}{3}+\cdots+\frac{1}{n}+\cdots$$

이다. 이 급수는 11.3의 예제 3에 의하여 발산한다.

(2) $p \neq 1$일 때:

$$\int_1^\infty \frac{1}{x^p}dx = \lim_{t\to\infty}\int_1^t x^{-p}dx = \lim_{t\to\infty}\left[\frac{x^{1-p}}{1-p}\right]_1^t = \frac{1}{1-p}\lim_{t\to\infty}[t^{1-p}-1]$$

따라서

(i) $p > 1$이면, 그 극한값은 존재하므로 그 급수는 수렴한다.

(ii) $0 < p < 1$이면, 그 극한값은 존재하지 않으므로 발산한다. □

위의 급수는 비교판정법을 사용할 때 주로 쓰이는 것으로 p-급수(p-series)라고 부른다.

【예제 1】 급수 $\sum_{n=1}^{\infty} ne^{-n^2}$의 수렴, 발산을 판정하여라.

풀이 $f(x) = xe^{-x^2}$이라 하면 주어진 급수는 $\sum_{n=1}^{\infty} f(n)$이다.

$x \geq 1$일 때 f는 항상 양의 값이고

$$f'(x) = e^{-x^2} - 2x^2e^{-x^2} = e^{-x^2}(1-2x^2) < 0$$

이므로 f는 구간 $(1, \infty)$에서 감소하는 함수이다. 따라서

$$\begin{aligned}\int_1^\infty xe^{-x^2}dx &= \lim_{t\to\infty}\int_1^t xe^{-x^2}dx \\ &= \lim_{t\to\infty}\left(-\frac{1}{2}\right)[e^{-x^2}]_1^t = \left(-\frac{1}{2}\right)\lim_{t\to\infty}\left[\frac{1}{e^{t^2}} - \frac{1}{e}\right] = \frac{1}{2e}\end{aligned}$$

이므로 급수 $\sum ne^{-n^2}$은 적분 판정법에 의하여 수렴한다. □

다음의 정리는 수열과 발산에 관하여 이미 알고 있는 급수들을 이용하여 다른 급수들의 수렴과 발산을 판정하는 방법에 대하여 설명한다.

> **정리 4.4 비교판정법(Comparison Test)** 2개의 양항급수 $\sum a_n$, $\sum b_n$에 대하여, $0 \leq a_n \leq Kb_n$을 만족하는 K가 존재할 때
>
> (i) $\sum b_n$이 수렴하면 $\sum a_n$도 수렴한다.
>
> (ii) $\sum a_n$이 발산하면 $\sum b_n$도 발산한다.

증명 가정에 의하여, $a_n \le Kb_n$이므로

$$S_n = a_1 + a_2 + \cdots + a_n \le K(b_1 + b_2 + \cdots + b_n) = KT_n.$$

따라서, $S = \lim_{n\to\infty} S_n \le K \lim_{n\to\infty} T_n = KT$이므로 주어진 결과를 즉시 얻을 수 있다. □

【예제 2】 다음 급수들의 수렴과 발산을 판정하여라.

(1) $\sum_{n=1}^{\infty} \frac{1}{2+5^n}$ (2) $\sum_{n=2}^{\infty} \frac{3}{\sqrt{n}-1}$

풀이 (1) 모든 자연수 n에 대하여

$$\frac{1}{2+5^n} < \frac{1}{5^n} = \left(\frac{1}{5}\right)^n$$

이므로

$$\sum_{n=1}^{\infty} \frac{1}{2+5^n} < \sum_{n=1}^{\infty} \left(\frac{1}{5}\right)^n$$

이 성립한다. 그런데 급수 $\sum_{n=1}^{\infty} \left(\frac{1}{5}\right)^n$은 수렴하므로 주어진 급수도 수렴한다.

(2) 마찬가지 방법으로

$\frac{3}{\sqrt{n}-1} > \frac{3}{\sqrt{n}} (n \ge 2)$이고 $\sum_{n=1}^{\infty} \frac{3}{\sqrt{n}}$은 발산하는 급수이므로, 급수 $\sum \frac{3}{\sqrt{n}-1}$도 발산한다. □

정리 4.5 비판정법(Ratio Test) 양항급수 $\sum a_n$에 대하여

$$\lim_{n\to\infty} \frac{a_{n+1}}{a_n} = \rho$$

라 할 때, 주어진 급수는

(i) $\rho < 1$이면 수렴한다.

(ii) $\rho > 1$이면 발산한다.

(iii) $\rho = 1$이면 판정할 수 없다.

증명 (i) $\rho < 1$이므로 $\rho < r < 1$이 되는 실수 r을 취할 수 있다.

다음, $n \ge N$이면 $\frac{a_{n+1}}{a_n} < r$이 되는 충분히 큰 N을 선택하면

$$a_{N+1} < ra_N$$
$$a_{N+2} < ra_{N+1} < r^2 a_N$$
$$a_{N+3} < ra_{N+2} < r^3 a_N$$
$$\vdots$$

그런데 $ra_N + r^2 a_N + a^3 a_N + \cdots$은 $0 < r < 1$을 갖는 기하급수이므로 수렴한다. 따라서 $\sum_{n=N+1}^{\infty} a_n$이 수렴하므로 $\sum_{n=1}^{\infty} a_n$도 수렴한다.

(ii) $\rho > 1$이므로 모든 $n \geq N$에 대하여 $a_{n+1}/a_n > 1$을 만족하는 N이 존재한다. 그러므로

$$a_{N+1} > a_N$$
$$a_{N+2} > a_{N+1} > a_{nN}$$
$$\vdots$$

따라서 모든 $n > N$에 대하여, $\lim_{n\to\infty} a_n \neq 0$이므로 $\sum a_n$은 발산한다.

(iii) $\sum \frac{1}{n}$은 발산하고 $\sum \frac{1}{n^2}$은 수렴한다는 사실은 잘 알고 있다. 첫 번째 급수에 대하여

$$\lim_{n\to\infty} \frac{a_{n+1}}{a_n} = \lim_{n\to\infty} \frac{n}{n+1} = 1,$$

두번 째 급수에 대하여

$$\lim_{n\to\infty} \frac{a_{n+1}}{a_n} = \lim_{n\to\infty} \frac{n^2}{(n+1)^2} = 1$$

이 성립하므로, 이경우에 비판정법은 수렴과 발산을 구분하지 못한다. 따라서 다른 방법으로 판정하여야 한다. □

정리 4.6 근호판정법(Root Test) 양항급수 $\sum a_n$에서 $n \to \infty$일 때 $\sqrt[n]{a_n} \to l$이라 하면

(i) $l < 1$이면 $\sum a_n$은 수렴한다.

(ii) $l > 1$이면 $\sum a_n$은 발산한다.

(iii) $l = 1$이면 판정할 수 없다.

증명 (i) 우선 $n \to \infty$일 때 $\sqrt[n]{a_n} \to l$인 경우에 $l < 1$이면 $l < m < 1$되는 m을 고르

면 극한의 정의에 의해 큰 수 N이 존재하여 $n \geq N$인 모든 n에 대하여 $\sqrt[n]{a_n} < m$이 된다. 즉 $n \geq N$인 모든 n에 대하여

$$a_n < m^n$$

이다.

여기서 $m < 1$이므로 등비급수 $\sum m^n$이 수렴하므로 $\sum a_n$도 수렴하게 된다.

(ii) $l > 1$이면 $l > m > 1$ 되는 m을 고르면 다시 극한의 정의에 의해 큰 수 N이 존재하여 $n \geq N$인 모든 n에 대하여 $\sqrt[n]{a_n} > m$이고 따라서 $a_n > m^n$이다.

여기서 $m > 1$이므로 등비급수 $\sum m^n$이 발산하여 따라서 $\sum a_n$도 발산하게 된다.

(iii) $\sqrt[n]{a_n} \to 1$인 경우에는 $\sum \frac{1}{n^2}$은 수렴하고 $\sum \frac{1}{n}$은 발산하므로 $\sqrt[n]{a_n} \to 1$인 경우에는 판정할 수 없다. □

【예제 3】 다음 급수들의 수렴과 발산을 판정하여라.

(1) $\sum_{n=2}^{\infty} \frac{1}{(\log n)^n}$ (2) $\sum_{n=1}^{\infty} \frac{n^n}{n!}$

풀이 (1) 급수 $\sum \frac{1}{(\log n)^n}$은 $n \to \infty$일 때

$$\sqrt[n]{a_n} = \frac{1}{\log n} \to 0$$

이므로 근호판정법에 의해서 수렴한다.

(2) $\sum_{n=1}^{\infty} \frac{n^n}{n!}$은 $n \to \infty$일 때

$$\frac{a_{n+1}}{a_n} = \frac{(n+1)^{n+1}}{(n+1)!} \cdot \frac{n!}{n^n} = \left(\frac{n+1}{n!}\right)^n \to e\text{이므로}$$

비판정법에 의하여 발산한다. □

> **정리 4.7 극한비교판정법**(limit comparison test) 두 양항급수 $\sum a_n$, $\sum b_n$에서, $n \to \infty$일 때 $\frac{a_n}{b_n}$이 양의 극한값 L을 $\sum a_n$이 수렴하기 위한 필요충분조건은 $\sum b_n$이 수렴하는 것이다.

증명 $n \to \infty$일때 $\frac{a_n}{b_n} \to L$이면, 임의의 ε에 대하여 적당히 큰 수 N이 존재하여 $n \geq N$인 모든 n에 대해서는

$$\left|\frac{a_n}{b_n} - L\right| < \varepsilon \text{이므로, 즉 } L-\varepsilon < \frac{a_n}{b_n} < L+\varepsilon \text{이다.}$$

따라서 $(L-\varepsilon)b_n < a_n < (L+\varepsilon)b_n$이므로 만약, $\sum a_n$이 수렴하면 $\sum(L-\varepsilon)b_n$이 수렴하여 $\sum b_n$이 수렴하고 또 $\sum b_n$이 수렴하면 $\sum(L+\varepsilon)b_n$이 수렴하여 $\sum a_n$이 수렴하게 된다. □

【예제 4】 다음 급수의 수렴과 발산을 판정하여라.

(1) $\sum_{n=1}^{\infty} \frac{1}{\sqrt[3]{n^2+1}}$ (2) $\sum_{n=1}^{\infty} \frac{3n^2+5n}{2^n(n^2+1)}$

풀이 (1) $a_n = \sum_{n=1}^{\infty} \frac{1}{\sqrt[3]{n^2+1}}$, $b_n = \sum_{n=1}^{\infty} \frac{1}{\sqrt[3]{n^2}}$라 하면

$$\lim_{n\to\infty} \frac{b_n}{a_n} = \lim_{n\to\infty} \frac{\sqrt[3]{n^2+1}}{\sqrt[3]{n^2}} = \lim_{n\to\infty} \sqrt[3]{1+\frac{1}{n^2}} = 1 > 0$$

이다. 그런데 급수 $\sum_{n=1}^{\infty} b_n$은 발산하므로, $\sum_{n=1}^{\infty} a_n$도 발산한다.

(2) 마찬가지 방법으로

$a_n = \frac{3n^2+5n}{2^n(n^2+1)}$, $b_n = \frac{1}{2^n}$이라 하면

$$\lim_{n\to\infty} \frac{a_n}{b_n} = \lim_{n\to\infty} \frac{3n^2+5}{n^2+1} = 3 > 0.$$

그런데 $\sum b_n$이 수렴하는 기하급수이므로, 주어진 급수 $\sum a_n$도 정리 4.7에 의하여 역시 수렴한다. □

급수 $\sum a_n$의 일반항 a_n이 분수의 형태로 나타났을 때, $\sum a_n$과 비교하기에 알맞은 $\sum b_n$을 찾는 일은 매우 중요하다. 경우에 따라서 여러 가지 방법이 있지만 그 가운데 하나는, 분자와 분모중에서 가장 중요한 역할을 하는 항을 제외한 나머지 항들을 소거하는 것이다. 예를 들어 a_n이 다음과 같은 경우를 살펴보자.

$$a_n = \frac{3n^2 + \sqrt{n}}{5 + n^{-1} + n^{\frac{7}{2}}}$$

분자와 분모의 항들 가운데 최고 차수를 가진 항들만 남기고 모두 소거하면

$$b_n = \frac{3n^2}{n^{7/2}} = \frac{3}{n^{3/2}}$$

이다. 따라서

$$\lim_{n\to\infty} \frac{a_n}{b_n} = \lim_{n\to\infty} \frac{3n^{7/2} + n^2}{3(5 + n^{-1} + n^{7/2})} = 1.$$

그런데 $\sum b_n$은 $p = \frac{3}{2} > 1$인 수렴급수이므로 $\sum a_n$도 역시 수렴한다.

일반적으로 근호판정법은 a_n이 거듭 제곱의 형태일 때 유용하고, 비판정법은 계승(factorial)이나 거듭제곱과 계승의 복합 형태일 때 효과적이며, 분자 분모의 유리함수 형태는 p급수와 비교하는 비교판정법이 쉽게 적용될 수 있고, a_n이 적분하기 쉬운 형태이면 적분판정법이 좋다.

연습문제(11.4)

1. 다음 급수의 수렴과 발산을 판정하여라.

(1) $\sum_{n=1}^{\infty} \frac{1}{n^2+n+1}$

(2) $\sum_{n=1}^{\infty} \frac{2}{n^3+4}$

(3) $\sum_{n=1}^{\infty} \frac{5}{2+3^n}$

(4) $\sum_{n=2}^{\infty} \frac{1}{n-\sqrt{n}}$

(5) $\sum_{n=1}^{\infty} \frac{n+1}{n^2}$

(6) $\sum_{n=1}^{\infty} \frac{4+3^n}{2^n}$

(7) $\sum_{n=1}^{\infty} \frac{\cos^2 n}{n^2+1}$

(8) $\sum_{n=1}^{\infty} \frac{n^2-1}{3n^4+1}$

(9) $\sum_{n=2}^{\infty} \frac{n^2+1}{n^3-1}$

(10) $\sum_{n=0}^{\infty} \frac{1+\sin n}{10^n}$

(11) $\sum_{n=1}^{\infty} \frac{n-1}{n4^n}$

(12) $\sum_{n=2}^{\infty} \frac{\sqrt{n}}{n-1}$

(13) $\sum_{n=1}^{\infty} \frac{2+(-1)^n}{n\sqrt{n}}$

(14) $\sum_{n=1}^{\infty} \frac{1}{\sqrt{n^3+1}}$

(15) $\sum_{n=1}^{\infty} \frac{1}{\sqrt{n^2+1}}$

(16) $\sum_{n=1}^{\infty} \frac{1}{2n+3}$

(17) $\sum_{n=1}^{\infty} \frac{2^n}{1+3^n}$

(18) $\sum_{n=1}^{\infty} \frac{1+2^n}{1+3^n}$

(19) $\sum_{n=1}^{\infty} \frac{1}{1+\sqrt{n}}$

(20) $\sum_{n=3}^{\infty} \frac{n+2}{(n+1)^3}$

(21) $\sum_{n=1}^{\infty} \frac{5+2n}{(1+n^2)^2}$

(22) $\sum_{n=1}^{\infty} \frac{n^2-5n}{n^3+n+1}$

(23) $\sum_{n=1}^{\infty} \frac{1+n+n^2}{\sqrt{1+n^2+n^6}}$

(24) $\sum_{n=1}^{\infty} \frac{n+5}{\sqrt[3]{n^7+n^2}}$

(25) $\sum_{n=1}^{\infty} \left(1+\frac{1}{n}\right)^2 e^{-n}$

(26) $\sum_{n=1}^{\infty} \frac{2n^2+7n}{3^n(n^2+5n-1)}$

(27) $\sum_{n=1}^{\infty} \frac{1}{n!}$

(28) $\sum_{n=1}^{\infty} \frac{n!}{n^n}$

(29) $\sum_{n=1}^{\infty} \sin\left(\frac{1}{n}\right)$

(30) $\sum_{n=2}^{\infty} \frac{n}{(\log n)^n}$

11.5 교대급수

양수항과 음수항이 차례로 번갈아 나나태는 항들로 이루어진 급수를 **교대급수** (alternating series)라고 한다. 즉 교대급수는 다음과 같이 표시된다.

$$a_1-a_2+a_3-a_4+\cdots+(-1)^{n-1}a_n+\cdots$$

또는

$$-a_1+a_2-a_3+a_4-\cdots+(-1)^{n}a_n+\cdots$$

이 때 a_n는 모든 자연수 n에 대하여 항상 양수이다.

다음은 교대급수의 수렴과 발산을 판정할 대 쓰이는 가장 중요한 정리이다.

> **정리 5.1 교대급수의 판정법**(Alternating Series Test) 임의의 자연수 k에 대하여 $a_k \geq a_{k+1}$이 되고 $\lim_{n\to\infty} a_n=0$일 때, 교대급수 $\sum(-1)^{n-1}a_n$은 수렴한다.

증명 $a_n \geq a_{n+1}$, 즉 $a_n-a_{n+1} \geq 0$이므로, 부분합의 수열 $S_2, S_4, \cdots, S_{2n}, \cdots$에 대하여

$$S_{2n}=(a_1-a_2)+(a_3-a_4)+\cdots+(a_{2n-1}-a_{2n}) \geq 0,$$
$$S_{2n}=a_1-(a_2-a_3)-\cdots(a_{2n-2}-a_{2n-1})-a_{2n} \leq a_1$$

이 성립한다. 그러므로 부분합의 수열은 단조증가이고 유한값을 가진다. 그러므로

$$\lim_{n\to\infty} S_{2n}=S \leq a_1.$$

그런데

$$S_{2n+1}=S_{2n}+a_{n+1}$$

은 항상 성립하고 $\lim_{n\to\infty} a_n=0$이므로, 이 두 식에 의하여

$$\lim_{n\to\infty} S_{2n+1}=\lim_{n\to\infty} S_{2n}=S$$

가 된다. 따라서

$$\lim_{n\to\infty} S_n=S \leq a_1$$

이므로 급수 $\sum(-1)^{n-1}a_n$은 수렴한다. □

【예제 1】 다음 급수의 수렴과 발산을 판정하여라.

(1) $\sum_{n=1}^{\infty}(-1)^{n-1}\frac{2n}{4n^2-3}$ (2) $\sum_{n=1}^{\infty}(-1)^{n-1}\frac{2n}{4n-3}$

풀이 (1) $f(x)=\frac{2x}{4x^2-3}$일 때

$$f'(x)=\frac{-8x^2-6}{(4x^2-3)^2}<0$$

이므로, $f(x)$는 모든 x에 대하여 감소한다. 이 때 $a_n=f(n)$을 의미하므로 $a_n \geq a_{n+1}$이 성립한다. 한편,

$$\lim_{n\to\infty}a_n=\lim_{n\to\infty}\frac{2n}{4n^2-3}=0$$

이므로, 정리 5.1에 의하여 이 급수는 수렴한다.

(2) 급수의 각 항들은 감소하고 있으나

$$\lim_{n\to\infty}\frac{2n}{4n-3}=\frac{1}{2}\neq 0$$

이므로, 3절의 정리 3.2에 의하여 이 급수는 발산한다. □

위의 예제 1에서, 임의의 자연수 k에 대하여 $a_k \geq a_{k+1}$이 되는 것을 보일때, 우리는 도함수를 사용하였다. 그러나 도함수를 구하기 어려울 경우, $a_k-a_{k+1} \geq 0$이 되는 것을 증명함으로써 같은 결과를 얻을 수 있다.

예를 들어, $a_n=\frac{2n}{4n^2-3}$일 때

$$\begin{aligned} a_k-a_{k+1} &= \frac{2k}{4k^2-3}-\frac{2(k+1)}{4(k+1)^2-3} \\ &= \frac{8k^2+8k+6}{(4k^2-3)(4k^2+8k+1)} \geq 0 \end{aligned}$$

이므로, 미분하지 않고도 $a_k \geq a_{k+1}$임을 알 수 있다.

정리 5.2 교대급수 $\sum(-1)^{n-1}a_n$이 다음의 두 조건

(i) 모든 자연수 k에 대하여 $a_k \geq a_{k+1}$,

(ii) $\lim_{n\to\infty}a_n=0$

을 만족하고, 그 급수의 근사값으로 부분합 S_n을 취할 때, 그 오차는 a_{n+1}보다 크지 않다.

증명 $S=\sum(-1)^{n-1}a_n=S_n+(-1)^n(a_{n+1}-a_{n+2}+a_{n+3}-\cdots)$이므로

$$|S-S_n|=a_{n+1}-(a_{n+2}-a_{n+3})-(a_{n+4}-a_{n+5})-\cdots\leq a_{n+1}$$

이 성립한다. □

【예제 2】 급수

$$\frac{1}{1!}-\frac{1}{2!}+\frac{1}{3!}-\frac{1}{4!}+\cdots$$

이 수렴함을 보여라. 또 S_5을 구하고 이 급수의 합과 S_5의 차이(오차)를 구하여라.

풀이 $S_5=1-\frac{1}{2}+\frac{1}{6}-\frac{1}{24}+\frac{1}{120}\approx 0.6333$

$|S-S_5|\leq a_6=\frac{1}{6!}\approx 0.0014$ □

연습문제 (11.5)

1. 다음 급수들의 수렴, 발산을 판정하여라.

(1) $\sum_{n=1}^{\infty}(-1)^{n+1}\frac{2}{3n+1}$

(2) $\sum_{n=1}^{\infty}(-1)^{n+1}\frac{1}{\ln(n+1)}$

(3) $\sum_{n=1}^{\infty}(-1)^{n+1}\frac{\ln n}{n}$

(4) $\sum_{n=1}^{\infty}(-1)^{n+1}\frac{n}{\ln n+1}$

(5) $\sum_{n=1}^{\infty}(-1)^{n+1}\frac{n^2}{e^n}$

(6) $\sum_{n=1}^{\infty}\frac{(-3)^{n+1}}{n^2}$

2. 다음 급수들의 합을 소수 셋째자리까지 정확하게 계산하려면 몇째 항까지 구해야 하는가?

(1) $\sum_{n=1}^{\infty}(-1)^{n+1}\frac{1}{n}$

(2) $\sum_{n=1}^{\infty}(-1)^{n-1}\frac{n+1}{5^n}$

11.6 절대수렴

급수 $\sum a_n$의 각 항에 절대값을 취하여 얻어진 급수

$$\sum|a_n|=|a_1|+|a_2|+\cdots+|a_n|+\cdots$$

이 수렴할 때, 급수 $\sum a_n$을 **절대수렴급수**(absolutely convergent series)라고 한다. 한편, 절대수렴은 하지 않고 수렴만 하는 급수를 **조건수렴급수**(conditionally convergent series)라고 한다.

$\sum a_n$이 양항급수인 경우에는 절대수렴과 조건수렴을 구분할 필요가 없다.

【예제 1】 다음 급수의 절대수렴, 조건수렴 또는 발산을 판정하여라.

(1) $1-\frac{1}{2^2}+\frac{1}{3^2}-\frac{1}{4^2}+\cdots+(-1)^{n-1}\frac{1}{n^2}+\cdots$

(2) $1-\frac{1}{2}+\frac{1}{3}-\frac{1}{4}+\cdots+(-1)^{n-1}\frac{1}{n}+\cdots$

풀이 (1) 각 항에 절대값을 취하여 얻어진 급수

$$1+\frac{1}{2^2}+\frac{1}{3^2}+\frac{1}{4^2}+\cdots+\frac{1}{n^2}+\cdots$$

은 수렴하는 $p-$급수이므로, $\sum\frac{(-1)^{n-1}}{n^2}$은 절대수렴한다.

(2) 각 항에 절대값을 취하여 얻어진 급수

$$1+\frac{1}{2}+\frac{1}{3}+\frac{1}{4}+\cdots+\frac{1}{n}+\cdots$$

은 발산하는 조화급수이므로 $\sum(-1)^{n-1}\frac{1}{n}$은 절대수렴급수가 아니다. 한편 교대급수판정법에 의하면 $\sum(-1)^{n-1}\frac{1}{n}$은 수렴하므로 이 급수는 조건수렴급수이다. □

정리 6.1 절대수렴 판정법(Absolute Convergence Test)

$\sum|a_n|$이 수렴하면 $\sum a_n$도 수렴한다.

증명 $b_n = a_n + |a_n|$라 놓으면

$$a_n = b_n - |a_n|.$$

그런데 $0 \le b_n \le 2|a_n|$이므로, 가정에 의하여 $\sum|a_n|$이 수렴하므로, 비교판정법에 의하여, $\sum b_n$도 수렴한다. 그런데

$$\sum a_n = \sum(b_n - |a_n|)$$

이 성립하고, $\sum b_n$과 $\sum|a_n|$이 수렴하므로 $\sum a_n$도 수렴한다. □

【예제 2】 다음 급수의 수렴과 발산을 판정하여라.

$$\sin 1 + \frac{\sin 2}{2^2} + \frac{\sin 3}{3^2} + \cdots + \frac{\sin n}{n^2} + \cdots$$

풀이 이 급수는 양의 항과 음의 항을 모두 포함하고 있으나 교대급수는 아니다. 왜냐하면 양의 항과 음의 항이 차례로 번갈아 나타나는 것이 아니라, 처음 세항은 양수이고, 다음 세항은 음수이기 때문이다. 따라서 각 항에 절대값을 취하여 살펴보면

$$|a_n| = \left|\frac{\sin n}{n^2}\right| = \frac{|\sin n|}{n^2} \le \frac{1}{n^2}.$$

그런데 $\sum\frac{1}{n^2}$은 수렴하는 $p-$급수이므로 $\sum\left|\frac{(\sin n)}{n^2}\right|$도 수렴급수이다. 따라서 주어진 급수는 절대수렴 한다. □

【예제 3】 다음 급수들의 절대수렴, 조건수렴, 또는 발산여부를 판정하라.

$$\sum_{n=1}^{\infty}(-1)^n\frac{3^n}{n!}$$

풀이 $\lim_{n\to\infty}\left|\frac{a_{n+1}}{a_n}\right| = \lim_{n\to\infty}\left|\frac{3^{n+1}}{(n+1)!}\cdot\frac{n!}{3^n}\right| = 0 < 1$

이므로 주어진 급수는 절대수렴한다. □

연습문제 (11.6)

1. 다음 급수들의 절대수렴, 조건수렴, 발산을 판정하여라.

(1) $\sum_{n=1}^{\infty}(-1)^{n-1}\frac{3n+1}{2^n}$

(2) $\sum_{n=1}^{\infty}\frac{5^n}{n\cdot 3^{n+1}}$

(3) $\sum_{n=1}^{\infty}\frac{(-100)^n}{n!}$

(4) $\sum_{n=1}^{\infty}(-1)^{n-1}\frac{1}{n^2+1}$

(5) $\sum_{n=1}^{\infty}(-1)^{n}\frac{n^2+1}{n^3+1}$

(6) $\sum_{n=1}^{\infty}(-1)^{n}\frac{1}{n(\ln n)^5}$

(7) $\sum_{n=1}^{\infty}(-1)^{n-1}\frac{2}{n^3+e^n}$

(8) $\sum_{n=1}^{\infty}\frac{(n!)^2}{(2n)!}$

(9) $\sum_{n=1}^{\infty}(-1)^{n}\frac{\sin n}{n\sqrt{n}}$

(10) $\sum_{n=1}^{\infty}(-1)^{n}\frac{1}{n\ln n}$

(11) $\sum_{n=1}^{\infty}(-1)^{n+1}\frac{n^2}{2^n}$

(12) $\sum_{n=1}^{\infty}(-1)^{n}\frac{\sin n}{n\sqrt{n}}$

(13) $\sum_{n=1}^{\infty}(-1)^{n+1}\frac{1}{\sqrt{n(n+1)}}$

(14) $\sum_{n=1}^{\infty}\frac{(-3)^{n+1}}{n^2}$

11.7 멱 급 수

앞에서 우리는 각 항이 상수로 이루어진 급수들에 관하여 공부하였다. 그러나 실제로 우리가 관심을 기울여야할 급수들은 대부분 변수를 포함하고 있으며, 이 변수를 포함하고 있는 급수들을 응용하여 널리 생활에 적용시키고 있다. 이제 변수 x에 관한 멱급수를 다음과 같이 정의하자.

$$\sum_{n=0}^{\infty} a_n x^n = a_0 + a_1 x + a_2 x^2 + \cdots + a_n x^n + \cdots \tag{1}$$

혼동을 피하기 위하여 모든 실수 x에 대하여 $x^0=1$로 약속한다. 즉, 0^0 역시 1이 된다. 물론 이 때 $x=0$은 무한소의 0이 아니고 실제 0이므로 부정형 0^0과는 전혀 다른 값이라는 사실을 구별해야 한다. 위 급수에서 x대신 적당한 상수를 대입하면, 이제까지 우리가 공부하였던 상수들로만 이루어진 급수가 된다. 이 절에서 가장 중요한 점은 멱급수가 수렴하기 위한 x의 값을 결정하는 일이다.

x에 관한 멱급수 (1)은 $x=0$일 때 수렴한다.

일반적으로, $\sum_{n=0}^{\infty} c_n(x-a)^n = c_0 + c_1(x-a) + c_2(x-a)^2 + \cdots$과 같은 형태의 급수를 a에 관한 멱급수라고 한다.

【예제 1】 다음 급수가 수렴하기 위한 x의 값을 구하여라.

$$1 + \frac{1}{5}x + \frac{2}{5^2}x^2 + \cdots + \frac{n}{5^n}x^n + \cdots$$

풀이 $a_n = \left(\frac{n}{5^n}\right)x^n$이라고 하면

$$\lim_{n\to\infty}\left|\frac{a_{n+1}}{a_n}\right| = \lim_{n\to\infty}\left|\frac{(n+1)x^{n+1}}{5^{n+1}} \cdot \frac{5^n}{nx^n}\right| = \lim_{n\to\infty}\left|\frac{(n+1)x}{5n}\right| = \frac{1}{5}|x|.$$

비판정법에 의하여, 주어진 급수는 $\frac{|x|}{5} < 1$일 때 절대수렴하고 $\frac{|x|}{5} > 1$일 때 발산하며, $\frac{|x|}{5} = 1$일 때는 판정을 할 수 없으므로 다른 방법을 사용하여야 한다. 이제 $x=5$와 $x=-5$를 멱급수에 대입하여 수렴과 발산에 대해서 살펴보자. $x=5$인 경우 급수는

$$1+1+2+3+\cdots+n+\cdots$$

이 되어 발산하며, $x=-5$인 경우 급수는

$$1-1+2-3+4-\cdots$$

가 되어 진동하므로 역시 발산한다. 따라서 주어진 급수는 개구간$(-5, 5)$에서 수렴하며 그 이외의 구간에서 발산한다. □

【예제 2】 다음의 멱급수가 수렴하는 x의 값을 구하여라.

$$1+\frac{1}{1!}x+\frac{1}{2!}x^2+\cdots+\frac{1}{n!}x^n+\cdots$$

풀이 예제 1과 같은 방법에 의하여 우리는 다음 식을 얻는다.

$$\lim_{n\to\infty}\left|\frac{x^{n+1}}{(n+1)!}\cdot\frac{n!}{x^n}\right|=\lim_{n\to\infty}\left|\frac{x}{n+1}\right|=0<1$$

위의 극한값은 모든 실수 x에 대하여 항상 1보다 작으므로 비판정법에 의하여, 주어진 급수는 임의의 실수 x에 대하여 항상 절대수렴한다. □

【예제 3】 멱급수 $\sum n!x^n$이 수렴하기 위한 x의 값을 구하여라.

풀이 $$\rho=\lim_{n\to\infty}\left|\frac{(n+1)!\,x^{n+1}}{n!x^n}\right|=\lim_{n\to\infty}|(n+1)x|=\begin{cases}0, & x=0\text{일 때}\\ \infty, & x\neq 0\text{일 때}\end{cases}$$

따라서 이 급수는 $x=0$일 때만 수렴한다. □

멱급수의 수렴 또는 발산에 대하여 다음 정리가 있다.

> **정리 7.1** (1) $x=c(c\neq 0)$일 때 멱급수 $\sum a_nx^n$이 수렴하면, $|x|<|c|$일 때 역시 수렴한다.
>
> (2) $x=d(d\neq 0)$일 때 멱급수 $\sum a_nx^n$이 발산하면, $|x|>|d|$일 때 역시 발산한다.

증명 (1) $c\neq 0$ 일 때 $\sum a_nx^n$이 수렴하면, 3절의 정리 3.2에 의하여 $\lim_{n\to\infty}a_nc^n=0$이 된다. $\varepsilon=1$일 때 $|a_nc^n|<1=\varepsilon(n\geq m)$이 되는 적당한 자연수 m이 존재하여 다음의 식이 성립한다.

$$|a_n x^n| = \left|\frac{a_n c^n x^n}{c^n}\right| = |a_n c^n| \times \left|\frac{x}{c}\right|^n < \left|\frac{x}{c}\right|^n, \ (n \geq m)$$

이 때 $|x| < |c|$이면 $\left|\frac{x}{c}\right| < 1$이 되므로 $\sum\left|\frac{x}{c}\right|^n$은 수렴하는 기하급수가 된다. 이에 비교판정법을 적용시키면 급수 $\sum|a_n x^n|$의 처음 m항을 제외한 나머지 급수는 수렴한다는 사실을 알 수 있다. 따라서 $\sum|a_n x^n|$도 역시 수렴한다.

(2) $d \neq 0$일 때 $\sum a_n d^n$은 발산하는 급수이고, 부등식 $|c_1| > |d|$를 만족하는 c_1에 대하여 $\sum a_n c_1{}^n$이 수렴하는 급수라고 가정하면, (1)에 의하여 부등식 $|x| < |c_1|$을 만족하는 모든 x에 대하여 $\sum a_n x^n$이 수렴한다. 특히 $x=d$일 때도 수렴하게 되므로 이는 가정과 서로 모순이다. 따라서 멱급수 $\sum a_n x^n$은 $|x| > |d|$일 때 발산한다. □

정리 7.2 x에 관한 멱급수 $\sum a_n x^n$은 다음 세 가지 가운데 하나를 반드시 만족한다.

(1) $\sum a_n x^n$은 $x=0$일 때만 수렴한다.

(2) $\sum a_n x^n$은 모든 실수 x에 대하여 절대수렴한다.

(3) $\sum a_n x^n$은 적당한 양의 상수 r에 대하여 $|x| < r$일 때 절대수렴하고, $|x| > r$일 때 발산한다.

증명 이 급수가 $x=x_1(\neq 0)$에서 수렴한다고 가정하면, $\lim_{n\to\infty} a_n x_1{}^n=0$이므로, $n \geq N$에 대하여 $|a_n x_1{}^n| < 1$을 만족하는 어떤 실수 N이 존재한다. 그러므로 $|x| < |x_1|$인 x에 대하여

$$|a_n x^n| = |a_n x_1{}^n|\left|\frac{x}{x_1}\right|^n < \left|\frac{x}{x_1}\right|^n < 1, \ n \geq N$$

이 성립한다. 그런데 $\sum|x/x_1|^n$은 수렴하는 기하급수이므로 비교판정법에 의하여 $\sum|a_n x^n|$도 수렴한다. 이제 우리는 멱급수가 x_1에서 수렴하면 $|x| < |x_1|$인 모든 x에서 수렴한다는 것을 증명하였다.

한편, 멱급수가 x_2에서 발산한다고 하면, 급수는 $|x| > |x_2|$인 모든 x에서 발산하여야 한다(정리 7.1). 왜냐하면, 만약 $|x_1| > |x_2|$인 x_1에서 수렴한다고 하면, 이미 증명하였듯이, x_2에서 수렴하여야 한다. 이것은 가정에 모순이다.

위의 두가지 설명은 이 정리에서 말하는 세가지 형식을 제외한 수렴할 수 있는 모든 형식을 소거시킨다. 따라서 이 정리는 성립한다. □

위 정리의 조건 (3)을 만족하는 경우, 멱급수 $\sum a_n x^n$은 개구간 $(-r, r)$에서 절대수렴하고, 폐구간 $[-r, r]$ 밖에서 발산하는데 이 때 r을 급수의 **수렴반경**(radius of convergence)이라고 한다. $x=-r$ 또는 $x=r$인 경우, 급수에 따라서 수렴할 수도 있고 발산할 수도 있다. 이런 경우들을 모두 따져보아 멱급수가 수렴할 모든 x의 범위를 찾았을 때, 이 범위를 x에 관한 멱급수의 **수렴구간**(interval of convergence)이라고 한다. 그러므로 위 정리에서 (1), (2), (3)에서의 수렴반경은 각각 0, ∞, r이다.

정리 7.2 (3)에서 유의할 것은, $x=-r$과 $x=r$이 수렴구간에 포함되는가를 조사하는 것이다. 그러므로 수렴반경이 r인 경우, 수렴구간은

$$(-r,\ r),\ (-r,\ r],\ [-r,\ r),\ [-r,\ r]$$

중 어느 하나가 될 것이다.

【예제 4】 다음 급수의 수렴구간을 결정하여라.

$$1-\frac{1}{2}(x-3)+\frac{1}{3}(x-3)^2+\cdots+(-1)^n\times\frac{1}{n+1}(x-3)^n+\cdots$$

풀이 $a_n=\dfrac{(-1)^n(x-3)^n}{(n+1)}$이라 하고 비판정법을 적용하자.

$$\begin{aligned}\lim_{n\to\infty}\left|\frac{a_{n+1}}{a_n}\right| &= \lim_{n\to\infty}\left|\frac{(x-3)^{n+1}}{n+2}\cdot\frac{n+1}{(x-3)^n}\right| \\ &= \lim_{n\to\infty}\left|\frac{n+1}{n+2}(x-3)\right| \\ &= |x-3|\end{aligned}$$

이므로 $|x-3|<1$일 때는 절대수렴하고 $|x-3|>1$이면 발산한다. 즉, 개구간 (2, 4)에서 주어진 급수는 절대수렴한다.

한편, $x=4$일 때 급수는

$$1-\frac{1}{2}+\frac{1}{3}-\cdots+(-1)^n\frac{1}{n+1}+\cdots$$

가 되어 수렴하고, $x=2$일 때

$$1+\frac{1}{2}+\frac{1}{3}+\cdots+\frac{1}{n+1}+\cdots$$

가 되어 발산한다. 따라서 수렴구간은 (2, 4]이다. □

연습문제 (11.7)

1. 다음 급수들의 수렴구간을 결정하여라.

(1) $\frac{x}{1\cdot 2}-\frac{x^2}{2\cdot 3}+\frac{x^3}{3\cdot 4}-\frac{x^4}{4\cdot 5}+\cdots$

(2) $x-\frac{x^3}{3!}+\frac{x^5}{5!}-\frac{x^7}{7!}+\cdots$

(3) $x+2x^2+3x^3+4x^4+\cdots$

(4) $1-x+\frac{x^2}{2}-\frac{x^3}{3}+\frac{x^4}{4}-\cdots$

(5) $1-\frac{x}{1\cdot 3}+\frac{x^2}{2\cdot 4}-\frac{x^3}{3\cdot 5}+\frac{x^4}{4\cdot 6}\cdots$

(6) $1-\frac{x}{2}+\frac{x^2}{2^2}-\frac{x^3}{2^3}+\frac{x^4}{2^2}-\cdots$

(7) $\frac{x-1}{1}+\frac{(x-1)^2}{2}+\frac{(x-1)^3}{3}+\frac{(x-1)^4}{4}+\cdots$

(8) $1+\frac{x+1}{2}+\frac{(x+1)^2}{2^2}+\frac{(x+1)^3}{2^3}+\frac{(x+1)^4}{2^4}+\cdots$

(9) $\frac{x+5}{1\cdot 2}+\frac{(x+5)^2}{2\cdot 3}+\frac{(x+5)^3}{3\cdot 4}+\frac{(x+5)^4}{4\cdot 5}+\cdots$

(10) $\sum_{n=1}^{\infty}\frac{(3x+1)^n}{7\cdot 2^n}$

2. 모든 $n\geq 0$에 대하여 $a_{n+3}=a_n$이고 $S(x)=\sum_{n=0}^{\infty}a_nx^n$이라 하자. 이때 이 급수의 수렴 구간을 구하고 $S(x)$에 대한 구체적인 식을 구하여라.

11.8 멱급수의 미분과 적분

x에 관한 멱급수 $\sum a_n x^n$의 수렴구간을 정의역으로 하는 함수 f에 관하여 조사해 보자.

우리는 멱급수

$$f(x)=\sum_{n=0}^{\infty} a_n x^n = a_0 + a_1 x + a_2 x^2 + \cdots + a_n x^n + \cdots$$

로 정의되는 함수 f를 미분도 하고 적분도 할 수 있기를 원하는데 다음 정리는 다항식과 마찬가지로 멱급수의 각 항들을 개별적으로 미분하거나 적분함으로 그렇게 할 수 있음을 말해 준다. 이러한 방법을 항별 미분법과 항별 적분법(term by term differentiation and integration)이라 부른다.

증명은 생략하기로 한다.

정리 8.1 멱급수 $\sum a_n x^n$의 수렴 반경이 r일 때,

$$f(x)=\sum_{n=0}^{\infty} a_n x^n$$

로 정의된 함수 f는 구간 $(-r, r)$에서 미분 및 적분가능하고 또한

(1) $f'(x)=\sum_{n=0}^{\infty} \frac{d}{dx} a_n x^n = \sum_{n=1}^{\infty} n a_n x^{n-1} = a_1 + 2a_2 x + 3a_3 x^2 + \cdots + n a_n x^{n-1} + \cdots$

(2) $\int_0^x f(t)dt = \sum_{n=0}^{\infty} a_n \int_0^x t^n dt = \sum_{n=0}^{\infty} \frac{a_n}{n+1} x^{n+1} + C$

가 성립하고 (1), (2)에서 얻어진 멱급수들의 수렴 반경도 모두 r이다.

【예제 1】 $\ln(1-x)$를 멱급수로 나타내고 그의 수렴 반경을 구하여라.

풀이

$$\frac{1}{1-x}=1+x+x^2+\cdots+x^n+\cdots, \qquad -1<x<1 \tag{1}$$

임을 알고 있다. $\ln(1-x)$의 도함수는 인자 -1을 제외하면 $\frac{1}{1-x}$이므로, 방정식 (1)의 양변을 적분하면 다음을 얻는다.

$$-\ln(1-x)=\int\frac{1}{1-x}dx=\int(1+x+x^2+\cdots)dx=x+\frac{x^2}{2}+\frac{x^3}{3}+\cdots+C$$
$$=\sum_{n=0}^{\infty}\frac{x^{n+1}}{n+1}+C=\sum_{n=1}^{\infty}\frac{x^n}{n}+C,\ |x|<1$$

적분 상수 C의 값을 구하기 위하여 x에 0을 대입하면, $-\ln(1-0)=C$이다. 따라서 $C=0$이고

$$\ln(1-x)=-x-\frac{x^2}{2}-\frac{x^3}{3}-\cdots=-\sum_{n=1}^{\infty}\frac{x^n}{n},\quad |x|<1$$

수렴반경은 처음 급수의 수렴반경과 같은 1이다. □

예제 1의 결과에 $x=\frac{1}{2}$을 대입하면 $\ln\frac{1}{2}=-\ln 2$이므로

$$\ln 2=\frac{1}{2}+\frac{1}{8}+\frac{1}{24}+\frac{1}{64}+\cdots=\sum_{n=1}^{\infty}\frac{1}{n\cdot 2^n}$$

【예제 2】 $f(x)=\tan^{-1}x$에 관한 멱급수 표현을 구하여라.

풀이 $f'(x)=\frac{1}{1+x^2}$이므로 식 (1)을 이용하여 $\frac{1}{1+x^2}$에 관한 멱급수를 적분함으로써 $f(x)$의 멱급수를 구할 수 있다.

$$\tan^{-1}x=\int\frac{1}{1+x^2}dx=\int(1-x^2+x^4-x^6+\cdots)dx$$
$$=C+x-\frac{x^3}{3}+\frac{x^5}{5}-\frac{x^7}{7}+\cdots$$

C를 구하기 위하여 $x=0$을 대입하면, $C=\tan^{-1}0=0$이다. 따라서

$$\tan^{-1}x=x-\frac{x^3}{3}+\frac{x^5}{5}-\frac{x^7}{7}+\cdots=\sum_{n=0}^{\infty}(-1)^n\frac{x^{2n+1}}{2n+1}$$

$\frac{1}{1+x^2}$에 관한 멱급수의 수렴반경이 1이므로, $\tan^{-1}x$에 관한 멱급수의 수렴반경도 1이다. □

연습문제 (11.8)

1. 다음 함수들을 멱급수의 형태로 전개하고 수렴반경 r을 구하여라.

(1) $f(x)=\dfrac{1}{1+x}$

(2) $f(x)=\dfrac{1}{(1+x)^2}$

(3) $f(x)=\dfrac{1}{(1-x)^3}$

(4) $f(x)=\dfrac{1}{2-3x}$

(5) $f(x)=\dfrac{x^2}{1-x^4}$

(6) $f(x)=\int_0^x \ln(1+t)dt$

(7) $f(x)=e^{-x}$

(8) $f(x)=e^{-x}\cdot\dfrac{1}{1-x}$

11.9 Taylor 급수와 Maclaurin 급수

앞절에서는 몇 가지 특별한 종류의 함수들에 대해서만 멱급수 표현을 구할 수 있었다. 이 절에서는, 보다 더 일반적인 문제로 어떤 함수들이 멱급수 표현을 가지며 그러한 표현을 어떻게 구할 수 있는가에 관하여 공부하고자 한다.

이제 함수 f가 멱급수로 나타낼 수 있는 임의의 함수라 하고

$$f(x)=\sum_{n=0}^{\infty} c_n(x-a)^n=c_0+c_1(x-a)+c_2(x-a)^2+c_3(x-a)^3+\cdots,\ |x-a|<r \quad (1)$$

의 형태로 전개되었다 가정하자. 각 계수 c_n을 f로 표현하도록 하자.

$$f'(x)=\sum_{n=1}^{\infty} nc_n(x-a)^{n-1}$$

$$f''(x)=\sum_{n=1}^{\infty} n(n-1)c_n(x-a)^{n-2}$$

$$f'''(x)=\sum_{n=1}^{\infty} n(n-1)(n-2)c_n(x-a)^{n-3}$$

$$\vdots$$

$$f^{(k)}(x)=\sum_{n=1}^{\infty} n(n-1)\cdots(n-k+1)c_n(x-a)^{n-k},\ k\in N$$

위에서 구한 멱급수들은 모두 (1)의 멱급수와 같은 수렴반경을 가진다. $x=a$를 대입하여 상수들을 구하면

$$f(a)=c_0,\ f'(a)=c_1,\ f''(a)=2c_2,\ \cdots,\ f^{(n)}(a)=n!c_n,\ n\in N.$$

즉 모든 자연수 n에 대하여

$$c_n=\frac{f^{(n)}(a)}{n!}$$

이므로, (1)은 다음의 형태가 된다.

$$f(x)=f(a)+f'(a)(x-a)+\frac{f''(a))}{2!}(x-a)^2+ + \cdots +\frac{f^{(n)}(a)}{n!}(x-a)^n+\cdots \quad (2)$$

이 식을 $x=a$에서 전개한 f의 **Taylor 급수**라 하고, 특히 $a=0$인 경우

$$f(x)=f(0)+f'(0)x+\frac{f''(0)}{2!}x^2+\cdots+\frac{f^{(n)}(0)}{n!}x^n+\cdots$$

을 Maclaurin 급수라 한다.

즉, 함수 f를 a에 관한 멱급수로 전개할 수 있다면, f는 그 Taylor 급수와 같음을 말한다.

정리 9.1 [테일러의 정리(Taylor's theorem)] 함수 f가 a를 포함하는 개구간 I에서 $(n+1)$차 미분가능하면 a가 아닌 임의의 $x\in I$에 대하여

(1) $f(x)=f(a)+f'(a)(x-a)+\cdots+\dfrac{f^{(n)}(a)}{n!}(x-a)^n+R_n(x)$

(2) $R_n(x)=\dfrac{f^{(n+1)}(t_x)}{(n+1)!}(x-a)^{n+1}$

인 t_x가 $a<t_x<x$(또는 $x<t_x<a$) 범위에서 존재한다.

식 (1)의 우변에서 $f(a)+f'(a)(x-a)+\cdots+\dfrac{f^{(n)}(a)}{n!}(x-a)^n$을 a에서의 f의 n차 Taylor 다항식, 식 (2)는 라그랑지 나머지(Lagrange's remainder)라 부른다.

증명 구간 I에 있는 임의의 고정된 $x(\neq a)$와 임의의 t에 대하여

$$\begin{aligned}g(t)=&f(x)-f(t)-f'(t)(x-t)-\frac{f''(t)}{2!}(x-t)^2\\&-\frac{f^{(3)}(t)}{3!}(x-t)^3-\cdots-\frac{f^{(n)}(t)}{n!}(x-t)^n\\&-R_n(x)\frac{(x-t)^{n+1}}{(x-a)^{n+1}}\end{aligned}$$

이라 하자. 그러면 $R_n(x)$의 정의로부터 $g(x)=g(a)=0$이고, $g(t)$는 I에서 미분가능하므로 $g(t)$에 롤의 정리를 적용하면 $g'(t_x)=0$인 점 t_x가 $a<t_x<x$ (또는 $x<t_x<a$)인 범위에서 존재한다. 실제로 $g'(t)$는

$$g'(t)=\frac{-f^{(n+1)}(t)}{n!}(x-t)^n+(n+1)R_n(x)\frac{(x-t)^n}{(x-a)^{n+1}}$$

이고, $g'(t_x)=0$이므로

$$\frac{-f^{(n+1)}(t_x)}{n!}(x-t_x)^n+(n+1)R_n(x)\frac{(x-t_x)^n}{(x-a)^{n+1}}=0$$

이다. 그러므로

$$R_n(x)=\frac{f^{(n+1)}(t_x)}{(n+1)!}(x-a)^{n+1}$$

이 되어 정리가 증명된다. □

위 정리에서 $\frac{t_x-a}{x-a}=\theta$라 놓으면, $0<\theta<1$이 되고, $t_x=a+\theta(x-a)$가 되어 나머지는

$$R_n(x)=\frac{f^{(n)}(a+\theta(x-a))}{(n+1)!}(x-a)^{n+1}$$

형으로 쓸 수 있다. 또한 위 정리에서 특별히, $a=0$인 경우를 **매클로린 정리**(Maclaurin's theorem)라고 한다.

테일러의 정리에 의하여 적당한 $t_x(a<t_x<x)$가 존재하여

$$R_n(x)=\frac{f^{(n+1)}(t_x)}{(n+1)!}(x-a)^{n+1}$$

임을 알고 있다. 따라서

$$f(x)=\sum_{n=0}^{\infty}\frac{f^{(n)}(a)}{n!}(x-a)^n$$

이 될 필요충분조건은 $\lim_{n\to\infty}R_n(x)=0$이다. $\lim_{n\to\infty}R_n(x)=0$인 x값에 대하여 $f(x)$는 테일러 급수로 전개될 수 있다.

$\lim_{n\to\infty}R_n(x)=0$을 보이려고 할 때 다음 사실을 이용하면 때로는 도움이 된다.

모든 실수 x에 대하여, $\lim_{n\to\infty}\frac{x^n}{n!}=0$이다.

【예제 1】 $\sin x$에 대한 Maclaurin 급수를 구하여라.

풀이 $f(x)=\sin x\Rightarrow f(0)=0$, $f'(x)=\cos x\Rightarrow f'(0)=1$,
$f''(x)=-\sin x\Rightarrow f''(0)=0$, $f'''(x)=-\cos x\Rightarrow f'''(0)=-1$, $\cdots$
이므로, Taylor 정리에 의하여

$$\sin x = x - \frac{x^3}{3!} + \frac{x^5}{5!} + \frac{x^7}{7!} + \cdots + \cdots + (-1)^{n-1}\frac{x^{2n-1}}{(2n-1)!} + R_n(x) \qquad (3)$$

을 얻는다. 그런데 임의의 자연수 n에 대하여

$$|f^{(n+1)}(x)| = |\cos x| \leq 1, \quad \text{또는} \quad |f^{(n+1)}(x)| = |\sin x| \leq 1$$

이므로 나머지는

$$R_n(x) = \left|\frac{f^{(n+1)}(c)}{(n+1)!}\right| |x|^{n+1} \leq \frac{|x|^{n+1}}{(n+1)!}$$

(단, c는 0과 x사이의 값)이다. 그런데 $\lim_{n\to\infty}\frac{x^n}{n!}=0$이므로 결국 $\lim_{n\to\infty}R_n(x)=0$이 된다. 따라서 $\sin x$의 Maclaurin 급수는 모든 x에 대하여

$$\sin x = \sum_{n=0}^{\infty}(-1)^n\frac{x^{2n+1}}{(2n+1)!}$$

이다. □

【예제 2】 $\cos x$를 Maclaurin 급수의 형태로 전개하여라.

풀이 예제 1과 같은 방법으로 구할 수 있으나, 식 (3)의 각 항을 미분함으로써 구할 수도 있다. 따라서 $\cos x$의 Maclaurin 급수는 아래와 같다.

$$\cos x = 1 - \frac{x^2}{2!} + \frac{x^4}{4!} - \cdots + (-1)^n\frac{x^{2n}}{(2n)!} + \cdots$$ □

【예제 3】 x가 임의의 실수일 때 e^x를 Maclaurin 급수의 형태로 전개하여라.

풀이 $f(x)=e^x$이면 모든 자연수 n에 대하여 $f^{(n)}(x)=e^x$이므로 $f^{(n)}(0)=e^0=1$이다. Taylor정리에 의하여

$$e^x = 1 + x + \frac{x^2}{2!} + \cdots + \frac{x^n}{n!} + R_n(x)$$

이고,

$$R_n(x) = \frac{e^c}{(n+1)!}x^{n+1}$$

(c는 0과 x 사이의 값)이다. 그런데, 모든 x에 대하여

$$\lim_{n\to\infty}R_n(x) = \lim_{n\to\infty}\frac{e^c}{(n+1)!}x^{n+1} = 0$$

이므로 모든 실수 x에 대하여

$$e^x = \sum_{n=0}^{\infty} \frac{1}{n!} x^n \text{이다.}$$ □

【예제 4】 $\sin x$를 $\left(x - \frac{\pi}{2}\right)$에 관한 테일러 급수를 구하여라.

풀이 $f(x) = \sin x$라 하면

$$f\left(\frac{\pi}{2}\right) = \sin \frac{\pi}{2} = 1$$

이다. $f'(x) = \cos x$이므로 $f'(\pi/2) = 0$이다. 그러므로 $x = \pi/2$에서의 $\sin x$의 테일러 급수는

$$1 - \frac{1}{2!}\left(x - \frac{\pi}{2}\right)^2 + \frac{1}{4!}\left(x - \frac{\pi}{2}\right)^4 - \frac{1}{6!}\left(x - \frac{\pi}{2}\right)^6 + \cdots$$

이다. 모든 x에 대하여 $|f^{(n+1)}(x)| \leq 1$이므로

$$0 \leq |R_n(x)| = \left| \frac{f^{(n+1)}(c)}{(n+1)!}\left(x - \frac{\pi}{2}\right)^{n+1} \right| \leq \frac{\left| x - \frac{\pi}{2} \right|^{n+1}}{(n+1)!}$$

이고, 따라서 모든 x에 대해서 $\lim_{n \to \infty} R_n(x) = 0$이므로

$$\sin x = 1 - \frac{1}{2!}\left(x - \frac{\pi}{2}\right)^2 + \frac{1}{4!}\left(x - \frac{\pi}{2}\right)^4 - \frac{1}{6!}\left(x - \frac{\pi}{2}\right)^6 + \cdots$$

이다. □

e^x의 Maclaurin 급수를 이용하여, e^x에 관계되는 함수들의 Maclaurin 급수를 구할 수 있다.

$$e^{-x^2} = 1 - x^2 + \frac{x^4}{2!} - \cdots + (-1)^n \frac{x^{2n}}{n!} + \cdots$$

$$e^{-x} = 1 - x + \frac{x^2}{2!} - \cdots + (-1)^n \frac{x^n}{n!} + \cdots$$

$$\cosh x = \frac{1}{2}(e^x + e^{-x}) = 1 + \frac{x^2}{2!} + \frac{x^4}{4!} + \cdots + \frac{x^{2n}}{(2n)!} + \cdots$$

Taylor 급수와 Maclaurin 급수는 함수값의 근사값을 구할 때 주로 사용된다. 예를 들어 sin(0.1)를 구해 보자. 식 (3)으로부터

$$\sin(0.1) = 0.1 - \frac{0.001}{6} + \frac{0.00001}{120} - \cdots$$

을 얻는다. 이 때 $0.1 - \frac{0.001}{6}$을 근사값으로 택하면, 교대급수의 특성에 의해 오차가 $\frac{0.00001}{120}$을 넘지 못한다. 이 사실을 일반화하여 $\sin x$의 근사값으로 $x - \frac{x^3}{6}$을 취하면 오차의 한계는 $\frac{|x^5|}{5}$이 된다.

다음의 예제는 무한급수가 정적분에 어떻게 응용되는가를 보여준다.

【예제 5】 $\int_0^1 \sin x^2 dx$의 근사값을 소수점 넷째 자리까지 정확하게 구하여라.

풀이 식 (3)에 x대신 x^2을 대입하면

$$\sin x^2 = x^2 - \frac{x^6}{3!} + \frac{x^{10}}{5!} - \frac{x^{14}}{7!} + \cdots$$

을 얻는다. 양변을 각각 적분하면

$$\int_0^1 \sin x^2 dx = \frac{1}{3} - \frac{1}{42} + \frac{1}{1320} - \frac{1}{75600} + \cdots$$

따라서 처음 세 항의 합을 근사값으로 취하면

$$\int_0^1 \sin x^2 dx \approx 0.3103$$

오차는 $\frac{1}{75600} \approx 0.000013$을 넘지 않는다. □

이 예제에서 우리는 소수점 넷째 자리까지의 유효숫자를 얻기 위하여 단 세항까지만의 합의 근사항으로 계산하였을 뿐이지만, 같은 정도의 정밀도를 얻기 위하여 Simpson의 공식이나 사다리꼴 공식을 사용한다면 훨씬 더 복잡한 계산과 수고가 필요할 것이다. 이 점이 바로 우리가 Taylor 급수를 공부한 매우 유익한 이유 가운데 하나이다.

연습문제 (11.9)

1. 다음 함수들을 Maclaurin 급수로 전개하고 수렴반경을 구하여라.

(1) $\dfrac{1-x}{1+x}$ (2) $\ln(1+x)$

(3) $\tan^{-1}x$ (4) $e^x \sin x$

(5) $\cosh(2x)$ (6) $\dfrac{\cosh x}{1-x}$

(7) $\cos \pi x$ (8) $\dfrac{\cos x}{\sqrt{1+x}}$

(9) $\sin(x^2)$ (10) e^{x^2}

2. 함수 $f(x)=e^{-x}$를 $(x+2)$항의 멱급수로 전개하여라.

3. $\int_0^1 \cos(x^2)dx$을 소수점 넷째 자리까지 정확히 구하여라.

11.10 이항급수

함수 $f(x)=(1+x)^m$, (m은 임의의 실수)에 대하여

$$f^{(n)}(x)=m(m-1)\cdots(m-n+1)(1+x)^{m-n},\quad n=1,\ 2,\ 3,\ \cdots$$

이므로

$$f(0)=1,\quad f^{(n)}(0)=m(m-1)\cdots(m-n+1),\ n=1,\ 2,\ 3,\ \cdots$$

이다. 따라서 Maclaurin 급수에 의하여

$$(1+x)^m=1+\binom{m}{1}x+\binom{m}{2}x^2+\cdots+\binom{m}{n-1}x^{n-1}+R_n(x),$$
$$R_n(x)=\binom{m}{n}(1+\theta x)^{n-n}x^n,\ 0<\theta<1$$

을 얻는다. 이 때 $|x|<1$에 대하여 $\lim_{n\to\infty}R_n(x)=0$이므로, 윗식은

$$(1+x)^m=1+\binom{m}{1}x+\binom{m}{2}x^2+\cdots+\binom{m}{n}x^n+\cdots,\ |x|<1$$

으로 표현된다. 이 식을 **이항정리의 일반형**, 또는 **이항급수**(binomial series)라고 한다.

여기에서 주의해야 할 것은, 기호 $\binom{m}{n}$은

$$\binom{m}{n}=\frac{1}{n!}m(m-1)(m-2)\cdots(m-n+1),\ m\text{은 실수}$$

을 의미한다. 그러므로 m이 자연수일 경우에는 $\binom{m}{n}={}_mC_n$을 의미하지만, m이 자연수가 아닐 경우에는 ${}_mC_n$의 기호로 표시할 수가 없다.

【예제 1】 $-1<x<1$에 대하여, $(1-x)^{-2}$을 Maclaurin 급수로 나타내어라.

풀이 $\binom{m}{1}=\binom{-2}{1}=\frac{1}{1!}(-2)=-2,\ \binom{m}{2}=\frac{1}{2!}(-2)(-3),\ \binom{m}{3}=\frac{1}{3!}(-2)(-3)(-4),\ \cdots$

이므로

$$(1+x)^{-2}=1+(-2)x+\frac{(-2)(-3)}{2!}x^2+\frac{(-2)(-3)(-4)}{3!}x^3+\cdots$$
$$=1-2x+3x^2-4x^3+\cdots$$

따라서 x대신 $-x$을 윗식에 대입하면

$$(1-x)^{-2}=1+2x+3x^2+4x^3+\cdots$$

을 얻는다. □

【예제 2】 $\sqrt{1+x}$를 Maclaurin 급수로 나타내고, $\sqrt{1.1}$을 소수점 다섯째 자리까지 구하여라.

풀이

$$\begin{aligned}(1+x)^{\frac{1}{2}}&=1+\frac{1}{2}x+\frac{\left(\frac{1}{2}\right)\left(-\frac{1}{2}\right)}{2!}x^2+\frac{\frac{1}{2}\left(-\frac{1}{2}\right)\left(-\frac{3}{2}\right)}{3!}x^3\\&\quad+\frac{\left(\frac{1}{2}\right)\left(-\frac{1}{2}\right)\left(-\frac{3}{2}\right)\left(-\frac{5}{2}\right)}{4!}x^4+\cdots\\&=1+\frac{1}{2}x-\frac{1}{8}x^2+\frac{1}{16}x^3-\frac{5}{128}x^4+\cdots.\end{aligned} \tag{1}$$

그러므로 윗식에 $x=0.1$을 대입하면

$$\begin{aligned}\sqrt{1.1}&=1+\frac{0.1}{2}-\frac{1}{8}(0.1)^2+\frac{1}{16}(0.1)^3-\frac{5}{128}(0.1)^4+\cdots\\&\approx 1.04881\end{aligned}$$

□

【예제 3】 $\int_0^{0.4}\sqrt{1+x^4}\,dx$을 소수점 다섯째 자리까지 구하여라.

풀이 식 (1)에서 x 대신 x^4을 대입하면

$$\sqrt{1+x^4}=1+\frac{1}{2}x^4-\frac{1}{8}x^8+\frac{1}{16}x^{12}-\frac{5}{128}x^{16}+\cdots$$

이므로

$$\int_0^{0.4}\sqrt{1+x^4}\,dx=\left[x+\frac{x^5}{10}-\frac{x^9}{72}+\frac{x^{13}}{208}-\cdots\right]_0^{0.4}\approx 0.40102.$$

□

연습문제 (11.10)

1. 다음 함수들을 멱급수의 형태로 전개하고 수렴반경을 구하여라.

   (1) $\sqrt{1-x^2}$ (2) $\sqrt{1+x^3}$

   (3) $(1+x)^{-3}$ (4) $\sqrt[3]{8+x}$

2. 관계식 $\sin^{-1}x=\int_0^x \frac{dt}{\sqrt{1-t^2}}$를 이용하여 $\sin^{-1}x$를 멱급수의 형태로 전개하고 수렴반경을 구하여라.

3. $\int_0^1 \sqrt{1-x^3}\,dx$의 근사값을 소수점 셋째 자리까지 구하여라.

4. $\int_0^{0.2} \frac{e^x-1}{x}\,dx$의 근사값을 소수점 다섯째 자리까지 구하여라.

12장

편미분법

12.1 다변수함수

지금까지 살펴본 함수들은 정의역이 주로 실수거나 또는 그 부분집합인 것으로, 한 개의 독립변수를 갖는 일변수함수만을 다루어왔다. 그런데 주변에서 일어나는 여러 현상들은 두 개 이상의 독립변수를 요구하기도 한다. 간단한 예로, 직사각형의 넓이는 가로와 세로의 두 개의 변수를 필요로 하고, 직육면체의 부피는 가로, 세로, 높이 3개의 변수를 필요로 한다. 이제 우리는 독립변수가 여러 개인 다변수함수에 관한 이론을 소개하고, 그 미분법과 응용에 관하여 공부하려고 한다.

앞 장에서와 같이 n차원 공간 $\mathbb{R}^n$은 다음과 같이 정의한다.

$$\mathbb{R}^n := \mathbb{R}\times\mathbb{R}\times \cdots \times\mathbb{R} = \{(x_1, x_2, \cdots, x_n) \mid x_i \in \mathbb{R},\ i=1, 2, \cdots, n\}$$

〈정의 1.1〉

$\mathbb{R}^n$의 부분집합을 U라 하고 U 안의 각각의 원소에 대하여 한 개씩의 실수가 대응되는 규칙을 f라 할 때, f를 n**변수함수**(function of n variables)라 하고 이것을 기호로

$$f : U \to \mathbb{R},\ z=f(x_1, x_2, \cdots, x_n)$$

와 같이 나타낸다. 이 때 U를 f의 **정의역**, $\mathbb{R}$을 f의 **공역**이라 하며, $f(x_1, x_2, \cdots, x_n)$을 f에 의한 $(x_1, x_2, \cdots, x_n)$의 **상**이라고 한다.

위 정의에서 U가 2차원 공간의 부분집합이면 함수 f는 **2변수함수**(function of two variables)라 부르고, U가 3차원 공간의 부분집합이면 함수 f는 **3변수함수**(function of three variables)라 부른다. 일반적으로 $n \geq 2$일 때, 함수 f를 **다변수함수**(function of several variables)라고 한다.

【예제 1】 함수 $f(x, y)=x^2+2xy$는 2변수함수이고, 함수 $g(x, y, z)=x^2+y^2+z^2$은 3변수함수이다.

$\mathbb{R}^n$의 부분집합 U에서 정의된 다변수함수 f를 이해하는 방법 중의 하나가 함수의 그래프를 그려보는 것이다.

〈정의 1.2〉

2변수함수 $f: U \rightarrow \mathbb{R}$, $z=f(x, y)$에 대하여 정의역 내의 모든 점(x, y)와 f에 의한 상 z를 순서쌍의 집합으로 나타낸 것을 f의 **그래프**(graph)라 하고 기호로 $\text{Gr}\, f$와 같이 나타낸다. 즉,

$$\text{Gr}\, f=\{(x, y, z) \in \mathbb{R}^3 \mid z=f(x, y),\ (x, y) \in U\}$$

이다. 이것을 **곡면**(surface) $z=f(x, y)$라고도 말한다.

【예제 2】 2변수함수 $f(x, y)=\sqrt{4-x^2-y^2}$의 정의역과 치역을 구하고 그래프의 개형을 그려라.

풀이 이 함수 f의 정의역 U는

$$U=\{(x, y) \mid 4-x^2-y^2 \geq 0\}=\{(x, y) \mid x^2+y^2 \leq 2^2\}$$

이다. 따라서 이 함수의 치역은 $\{z \mid 0 \leq z \leq 2\}$가 되어 함수 f의 그래프는 그림 12.1과 같다. □

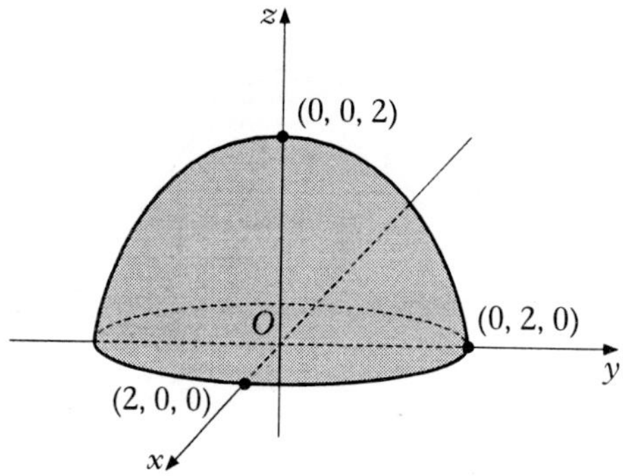

[그림 12.1]

2변수함수의 그래프를 그릴 때 등위곡선(level curve)의 개념을 이용하면 편리하며 정의는 다음과 같다.

〈**정의 1.3**〉

2변수함수 $z=f(x, y)$에서 임의의 상수 k에 대하여

$$f(x, y)=k$$

인 곡선을 xy-평면에 나타내었을 때, 이 곡선을 함수 $z=f(x, y)$의 높이가 k인 **등위곡선**(level curve of height k)이라 한다.

함수 $z=f(x, y)$의 등위곡선은 $z=f(x, y)$를 3차원공간 중에서 xy-평면에 평행한 평면 $z=k$ (k는 상수)로 잘랐을 때 생기는 공간곡선을 xy-평면에 사영시킨 평면곡선으로 이해할 수 있다. 따라서 높이가 다른 등위곡선들을 그리고 각각의 높이까지 등위곡선 연속적으로 올려서 나타내면 함수 f의 그래프 또는 곡면을 구할 수 있다. 다음 그림 12.2는 주어진 2변수함수 f에 대한 등위곡선과 원래 곡면 사이의 관계를 보여준다.

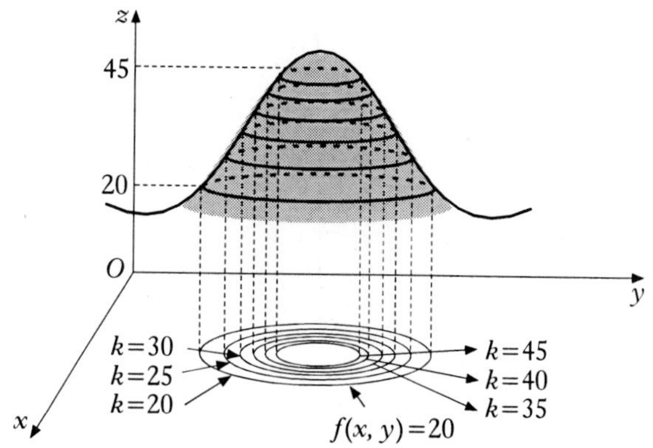

[그림 12.2]

【예제 3】 2변수함수 $z=x^2+y^2$의 등위곡선을 그려라.

풀이 $x^2+y^2=k$라 두면 $x^2+y^2 \geq 0$이므로 $k \geq 0$이다. 그러므로 등위곡선

$$x^2+y^2=(\sqrt{k})^2$$

은 반지름이 $\sqrt{k}$인 원을 나타낸다. 따라서 $k=0$, 1, 4, 9일 때의 등위곡선은 그림 12.3과 같다. □

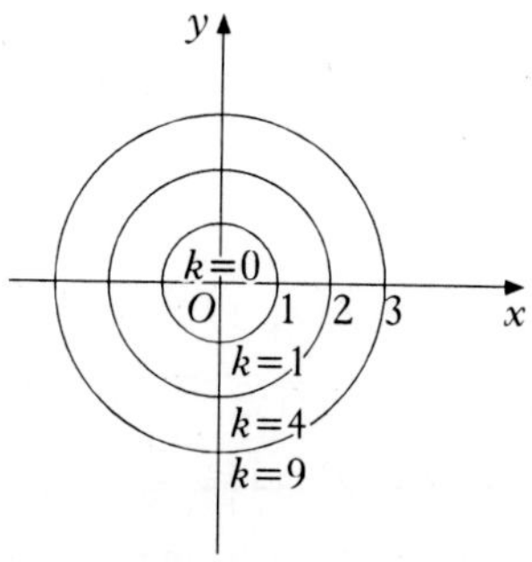

[그림 12.3]

【예제 4】 2변수함수 $z=y^2-x^2$의 등위곡선을 그려라.

풀이 $y^2-x^2=k$라 두면, $k>0$에 대해서 등위곡선은 y을 주축으로 하는 쌍곡선이고, $k<0$에 대해서는 x축을 주축으로 하는 쌍곡선이 된다. $k=0$인 경우는 두 직선 $x+y=0$, $x-y=0$이 된다. 이를 나타내면 그림 12.4와 같다. □

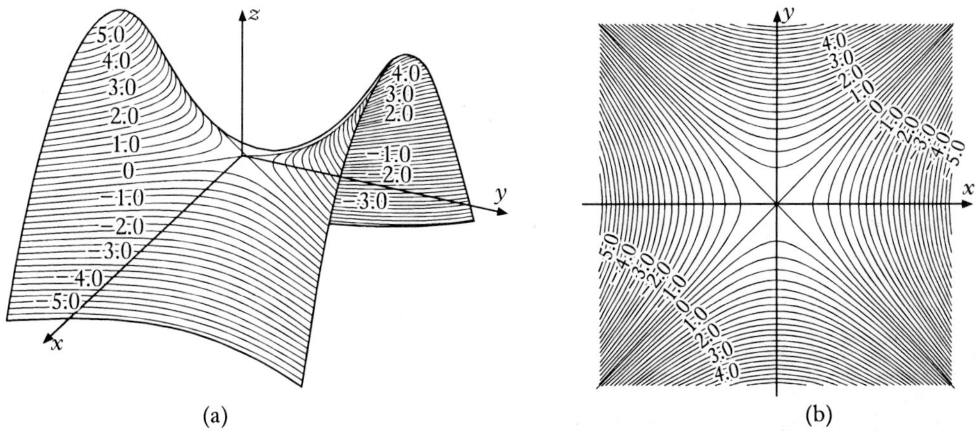

[그림 12.4]

xy-평면 위에 놓여 있는 얇은 금속판이 있다. 이 때 점 $(x,\ y)$에서 금속판의 온도를 나타내는 함수를 $T(x,\ y)$라 두면, 2변수함수 T의 등위곡선을 우리는 등온곡선(isothermal curve)라고 부른다. 따라서 등온곡선 위의 모든 점에서는 항상 일정한 온도를 갖는다. 만약 얇은 금속판이 온도를 나타내는 2변수함수 $T(x,\ y)=xy$라고 하자. 이 때, $k=1,\ 2,\ 3$에 대한 등온곡선을 나타내면 다음과 같다.

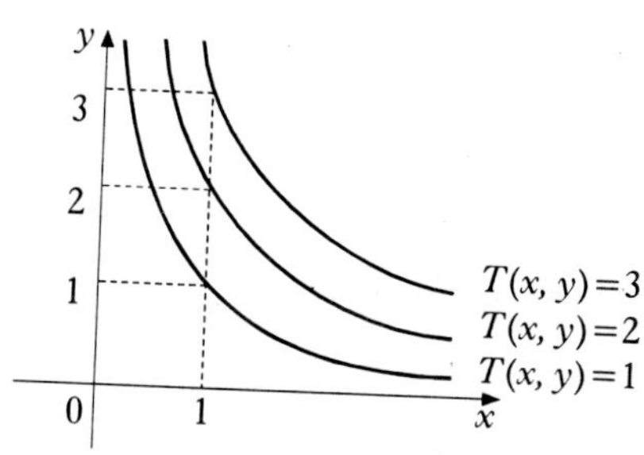

[그림 12.5]

연습문제 (12.1)

1. $f(x, y)=xy^2-1$에서 다음을 구하여라.

(1) $f(0, 0)$ (2) $f(2, 1)$

(3) $f(1, 4)$ (4) $f(2, -4)$

2. $f(x, y)=xy+3$에 대하여 다음을 구하여라.

(1) $f(x+y, x-y)$ (2) $f(xy, 3x^2y)$

3. 2변수함수 $f(x, y)=4x^2+y^2$의 그래프의 개형을 그려라.

4. $z=-1, 0, 3$일 때 곡면 $z=4-xy$의 등위곡선을 구하여라.

5. 다음 함수들의 몇 개의 등위곡선을 그려라.

(1) $f(x, y)=xy$ (2) $f(x, y)=x^2-y^2$

(3) $f(x, y)=x^2+12y^2$ (4) $f(x, y)=e^{xy}$

6. 다음 함수들의 최대 정의역을 구하고, 각각 그래프의 개형을 구하여라.

(1) $f(x, y)=2x^2+y^2$ (2) $f(x, y)=\ln(1-x^2-y^2)$

(3) $f(x, y)=\sqrt{2x-y+2}$ (4) $f(x, y)=\dfrac{1}{x-y^2}$

7. xy-평면 위의 한 점 (x, y)에서의 전압을 나타내는 함수를 $V(x, y)$라고 할 때, 2변수함수 V의 등위곡선을 등전압곡선(eguipotential curve)이라고 부른다. 등전압곡선 위에서는 전압이 항상 일정하다. 전압곡선 $V(x, y)=\dfrac{8}{\sqrt{16+x^2+y^2}}$에 대하여 $k=\dfrac{1}{2}$, 1, 2일 때의 등전압곡선을 각각 그려라.

12.2 극한과 연속

일변수함수 $f(x)$의 극한값에서 $x \to a$라는 뜻은 x가 a의 왼쪽이나 오른쪽에서 a에 충분히 가까워진다는 뜻이다. 그러나 다변수함수의 경우, 상황은 좀더 복잡해진다. 왜냐하면 n차원 공간 위의 점 $(x_1, \cdots, x_n)$이 점 $(a_1, \cdots, a_n)$에 가까워지는 경로가 무수히 많기 때문이다. 본 절에서는 2변수 함수의 극한과 연속에 대하여 살펴보도록 한다.

2변수함수 $z=f(x, y)$에서 이 함수의 정의역 U는 $\mathbb{R}^2$의 부분집합이므로 (x, y)는 무수히 많은 서로 다른 경로로 일정한 점 (a, b)에 충분히 가까워진다. 따라서 $(x, y) \to (a, b)$일 때 $f(x, y) \to L$이라는 것은, (x, y)가 (a, b)에 충분히 가까워지는 모든 경로에 대하여 $f(x, y)$의 극한이 L이라는 뜻이다. 이것을

$$\lim_{(x, y)\to(a, b)} f(x, y) = L$$

과 같이 나타내며, 정확한 정의는 다음과 같다.

〈정의 2.1〉

2변수함수 f가 (a, b)의 어떤 근방 U에서 정의된 함수라 하자. 임의의 $\varepsilon > 0$에 대해 이에 대응하는 $\delta > 0$가 존재해서

$$(x, y) \in U\text{이고 } 0 < \sqrt{(x-a)^2+(y-b)^2} < \delta\text{일 때, } |f(x, y)-L| < \varepsilon$$

를 만족하는 실수 L이 주어지면, 2변수함수 f의 (a, b)에서의 극한은 L이라 하고 이를 기호로

$$\lim_{(x, y)\to(a, b)} f(x, y) = L$$

과 같이 나타낸다.

위 정의를 그래프에서 설명하면 다음과 같다.

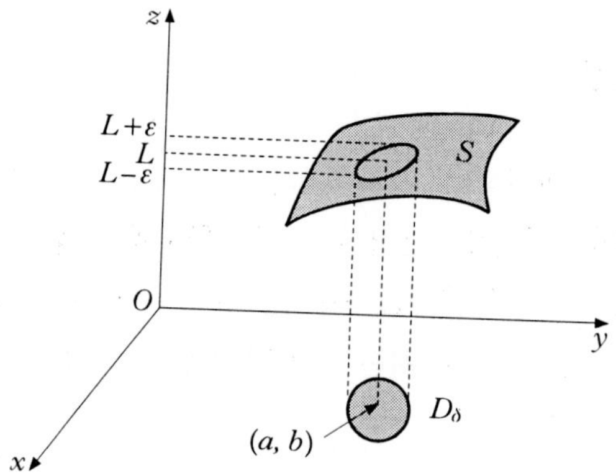

[그림 12.6]

그림 12.6에서 곡면 S가 2변수함수 f의 그래프이다. 만약 $\varepsilon > 0$이 주어졌을 때 (a, b)가 아닌 점 (x, y)가 원판 D_δ 안에서 제한적으로 움직여서 $f(x, y)$가 $L-\varepsilon$와 $L+\varepsilon$ 사이에 놓이게 되는 $\delta > 0$을 찾을 수 있으면 $f(x, y)$의 (a, b)에서의 극한은 L이 된다.

【예제 1】 $\displaystyle\lim_{(x, y)\to(x_0, y_0)} x = x_0$ 와 $\displaystyle\lim_{(x, y)\to(x_0, y_0)} y = y_0$ 임을 보여라.

풀이 임의의 $\varepsilon > 0$에 대하여 $0 < \sqrt{(x-x_0)^2+(y-y_0)^2} < \delta$일 때 $|x-x_0| < \varepsilon$이 되는 양의 실수 δ를 찾으면 된다. 그런데
$|x-x_0| = \sqrt{(x-x_0)^2} \le \sqrt{(x-x_0)^2+(y-y_0)^2} < \delta$ 이므로
$|x-x_0| < \varepsilon$이 되려면 $\delta = \varepsilon$인 값을 취하면 된다.
두 번째 극한도 똑같은 방법으로 설명할 수 있다.
즉, $(x, y) \to (x_0, y_0) \Longleftrightarrow x \to x_0$ 그리고 $y \to y_0$. □

【예제 2】 2변수함수 $f(x, y) = x+y$가 $(1, 1)$에서 극한값 2를 가짐을 정의를 이용하여 증명하여라.

풀이 임의의 $\varepsilon > 0$에 대하여 $0 < \sqrt{(x-1)^2+(y-1)^2} < \delta$일 때 $|x+y-2| < \varepsilon$이 되는 양의 실수 δ를 찾으면 된다. 즉

$$|x+y-2| = |(x-1)+(y-1)| \le |x-1|+|y-1|$$

이므로 $0 < \sqrt{(x-1)^2+(y-1)^2} < \delta$일 때 $|x-1|+|y-1| < \varepsilon$이라면 그림 12.7에 의하여 $2\delta^2 = \varepsilon^2$이므로 δ는 $0 < \delta \le \dfrac{\varepsilon}{\sqrt{2}}$인 값을 택하면 된다. □

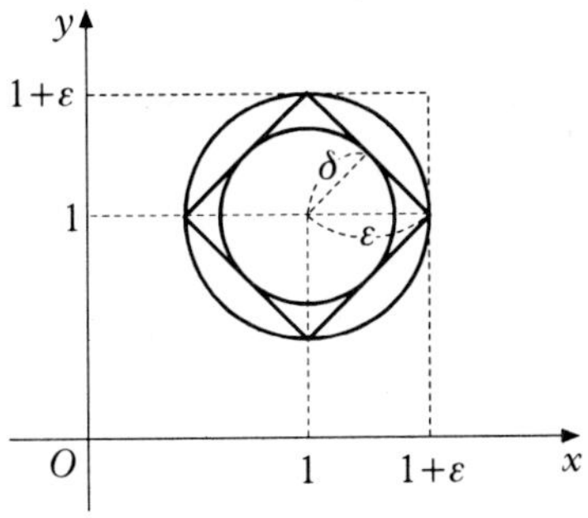

[그림 12.7]

2변수함수에서 점 $(x,\ y)$가 점 $(a,\ b)$로 접근하는 방법은 그림 12.8에서 알 수 있는 바와 같이 무수히 많다. 앞의 정의 2.1은 $(x,\ y)$와 $(a,\ b)$ 사이의 거리에 관한 조건이며 접근하는 방법을 의미하는 것이 아니다.

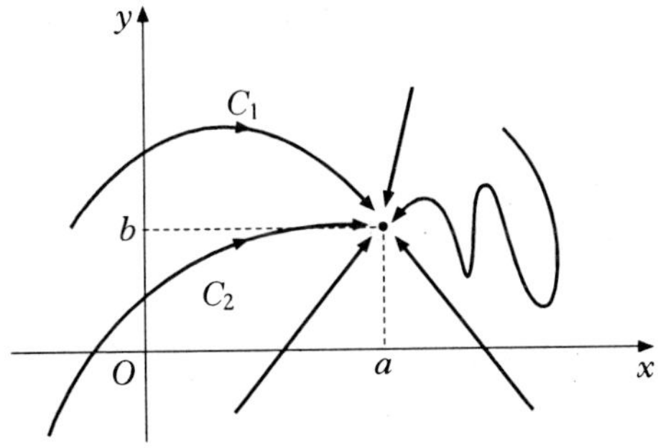

[그림 12.8]

따라서 만약 C_1 경로를 따라서 $(x,\ y) \to (a,\ b)$에 접근할 때 $f(x,\ y) \to L_1$이고, C_2 경로를 따라서 $(x,\ y) \to (a,\ b)$에 접근할 때 $f(x,\ y) \to L_2$이면, 극한값 $\lim\limits_{(x,\ y)\to(a,\ b)} f(x,\ y)$는 존재하지 않는다. 따라서 경로에 따른 극한의 조사는 함수의 극한이 존재함을 보일 때가 아니라 함수의 극한이 존재하지 않음을 보일 때 많이 사용한다.

【예제 3】 2변수함수 $f(x,\ y) = \dfrac{xy}{x^2+y^2}$에 대하여 다음 경로에 따른 극한값을 구하여라.

(1) 점 $(x,\ y)$가 x축을 따라 원점에 수렴하는 경우

(2) 점 $(x,\ y)$가 직선 $y=x$를 따라 원점에 수렴하는 경우

(3) 위의 (1)−(2)는 $f(x,\ y)$의 원점에서의 극한값에 대해 무엇을 말하는가?

풀이 (1) x축 위의 점들의 집합이므로 $(x, y) \to (0, 0)$이며 $y=0$이다. 따라서

$$\begin{aligned}\lim_{\substack{(x, y)\to(0, 0)\\ y=0}} f(x, y) &= \lim_{\substack{(x, y)\to(0, 0)\\ y=0}} f(x, y)\\ &= \lim_{(x, y)\to(0, 0)} f(x, 0)\\ &= \lim_{x\to 0} f(x, 0)\\ &= \lim_{x\to 0}\frac{0}{x^2+0}\\ &= 0.\end{aligned}$$

(2)
$$\begin{aligned}\lim_{\substack{(x, y)\to(0, 0)\\ y=x}} \frac{xy}{x^2+y^2} &= \lim_{(x, x)\to(0, 0)} \frac{x^2}{x^2+x^2}\\ &= \lim_{x\to 0}\frac{1}{2}\\ &= \frac{1}{2}.\end{aligned}$$

(3) 원점 (0, 0)에 수렴하는 경로가 다르면 극한값이 서로 다르므로 함수 f는 원점에서 극한값을 갖지 않는다. □

【예제 4】 함수 $f(x, y)=\dfrac{2x^2y}{x^2+y^2}$일 때 $\displaystyle\lim_{(x,y)\to(0,0)} f(x, y)$를 구하여라.

풀이 원점을 지나는 어떠한 직선을 따라 극한값을 구해도 0이다. 또 포물선 $y=x^2$과 $x=y^2$을 따른 극한값도 0이다. 따라서 극한이 존재한다고 생각된다. 임의의 $\varepsilon > 0$에 대하여 다음 조건을 만족하는 $\delta > 0$를 구하기로 한다.

$$0 < \sqrt{x^2+y^2} < \delta \text{일 때}, \quad \left|\frac{2x^2y}{x^2+y^2}-0\right| < \varepsilon$$

즉

$$0 < \sqrt{x^2+y^2} < \delta \text{일 때}, \quad \frac{2x^2|y|}{x^2+y^2} < \varepsilon.$$

여기서 $y^2 \geq 0$이므로 $x^2 \leq x^2+y^2$이다. 그러므로

$$\frac{2x^2|y|}{x^2+y^2} \leq 2|y| = 2\sqrt{y^2} \leq 2\sqrt{x^2+y^2}$$

이다. 따라서 $\delta=\dfrac{\varepsilon}{2}$으로 택하면

$$\left|\frac{2x^2y}{x^2+y^2}-0\right| \leq 2\sqrt{x^2+y^2} \leq 2\delta = 2\left(\frac{\varepsilon}{2}\right) = \varepsilon$$

이다. 따라서 정의 2.1에 의하여

$$\lim_{(x,\,y)\to(0,\,0)} \frac{2x^2y}{x^2+y^2}=0. \qquad \square$$

일변수함수의 극한에서와 같이 2변수함수의 극한에서도 다음과 같은 성질이 있다.

> **정리 2.2** $\displaystyle\lim_{(x,\,y)\to(a,\,b)} f(x,\ y)=A,\ \lim_{(x,\,y)\to(a,\,b)} g(x,\ y)=B$ 이면,
>
> (1) $\displaystyle\lim_{(x,\,y)\to(a,\,b)} (f+g)(x,\ y)=A+B$ (2) $\displaystyle\lim_{(x,\,y)\to(a,\,b)} (f-g)(x,\ y)=A-B$
>
> (3) $\displaystyle\lim_{(x,\,y)\to(a,\,b)} (f\cdot g)(x,\ y)=AB$ (4) $\displaystyle\lim_{(x,\,y)\to(a,\,b)} \left(\frac{f}{g}\right)(x,\ y)=\frac{A}{B}\quad (B\neq 0)$

증명 (1) f와 g가 $(a,\ b)$에서의 극한이 존재하므로 임의의 $\varepsilon>0$에 대하여 $\delta_1>0$이 존재해서,

$$0<\sqrt{(x-a)^2+(y-b)^2}<\delta_1\text{일 때 } |f(x,\ y)-A|<\frac{\varepsilon}{2},$$

또한 $\delta_2>0$이 존재해서,

$$0<\sqrt{(x-a)^2+(y-b)^2}<\delta_2\text{일 때 } |g(x,\ y)-B|<\frac{\varepsilon}{2}.$$

여기서 $\delta=\min\{\delta_1,\ \delta_2\}$를 택하면 다음과 같이 된다.
즉 임의의 $\varepsilon>0$에 대하여 $\delta>0$가 존재해서

$$0<\sqrt{(x-a)^2+(y-b)^2}<\delta$$

일 때,

$$|(f+g)(x,\ y)-(A+B)|\le|f(x,\ y)-A|+|g(x,\ y)-B|<\frac{\varepsilon}{2}+\frac{\varepsilon}{2}=\varepsilon.$$

따라서

$$\lim_{(x,y)\to(a,b)} (f+g)(x,\ y)=A+B$$

이다.
(2)에서 (4)까지의 증명은 (1)과 같은 방법으로 증명할 수 있다. $\square$

【예제 5】 $\displaystyle\lim_{(x,\,y)\to(-1,\,2)} \frac{x^3+y^3}{x^2+y^2}=\frac{7}{5}$임을 보여라.

풀이 $(x, y) \to (-1, 2) \Longleftrightarrow x \to -1$이고 $y \to 2$ 이므로

$$\lim_{(x, y)\to(-1, 2)} x^3 = -1, \quad \lim_{(x, y)\to(-1, 2)} y^3 = 8$$

$$\lim_{(x, y)\to(-1, 2)} x^2 = 1, \quad \lim_{(x, y)\to(-1, 2)} y^2 = 4$$

이기 때문에

$$\lim_{(x, y)\to(-1, 2)} \frac{x^3+y^3}{x^2+y^2} = \frac{\lim_{(x, y)\to(-1, 2)} (x^3+y^3)}{\lim_{(x, y)\to(-1, 2)} (x^2+y^2)}$$

$$= \frac{-1+8}{1+4} = \frac{7}{5}. \qquad \square$$

〈**정의 2.3**〉

2변수함수 $f(x, y)$가 점(a, b)의 어떤 근방 U에서 정의된 함수일 때,

$$\lim_{(x, y)\to(a, b)} f(x, y) = f(a, b)$$

가 성립하면 f는 점(a, b)에서 **연속**이라고 한다.

위의 정의를 ε-δ 방법에 의하여 나타내면 다음과 같다.

〈**정의 2.4**〉

2변수함수 $f(x, y)$가 점 (a, b)의 어떤 근방 U에서 정의된 함수일 때, 임의의 $\varepsilon > 0$에 대하여 $\delta > 0$가 존재해서 $(x, y) \in U$이고,

$$\sqrt{(x-a)^2+(y-b)^2} < \delta \text{일 때, } |f(x, y)-f(a, b)| < \varepsilon$$

이 성립하면 함수 f는 점(a, b)에서 **연속**이라 한다.

【예제 6】 2변수함수

$$f(x, y) = \begin{cases} \dfrac{2x^2y}{x^2+y^2}, & (x, y) \neq (0, 0) \\ 0, & (x, y) = (0, 0) \end{cases}$$

의 연속성을 조사하여라.

풀이 (i) $(x, y) \neq (0, 0)$일 때는 함수 $f(x, y)$가 유리함수이므로 연속이다.
(ii) $(x, y) = (0, 0)$일 때는 예제 4로부터

$$\lim_{(x, y)\to(0, 0)} f(x, y) = 0 = f(0, 0)$$

이다. 그러므로 함수 $f(x, y)$는 2차원 평면 $\mathbb{R}^2$에서 연속이다. □

【예제 7】 함수

$$f(x, y) = \begin{cases} \dfrac{2x^2y}{x^2+y^2}, & (x, y) \neq (0, 0) \\ 3, & (x, y) = (0, 0) \end{cases}$$

의 연속성을 조사하여라.

풀이 예제 4로부터

$$\lim_{(x, y)\to(0, 0)} f(x, y) = 0 \neq 3 = f(0, 0)$$

이다. 이것은 점 $(0, 0)$에서 $f(x, y)$가 불연속임을 보여준다.
그러나 집합 $\mathbb{R}^2 \setminus \{(0, 0)\}$에서 주어진 함수 f는 다항함수의 분수식으로 표시된 유리함수이므로 연속이다. □

정리 2.5 2변수함수 $h(x, y)$가 점(a, b)에서 연속이고 일변수함수 g가 점 $h(a, b)$에서 연속이면, 합성함수 $f(x, y) := g(h(x, y))$로 정의되는 2변수함수 f도 점 (a, b)에서 연속이다.

증명 g는 점 $h(a, b) \in \mathbb{R}$에서 연속이고, h는 점 $(a, b) \in \mathbb{R}^2$에서 연속이므로

$$\begin{aligned} \lim_{(x,y)\to(a,b)} f(x, y) &= \lim_{(x,y)\to(a,b)} g(h(x, y)) \\ &= g\left(\lim_{(x,y)\to(a,b)} h(x, y)\right) \\ &= g(h(a, b)) \\ &= f(a, b) \end{aligned}$$

따라서 $f(x, y)$는 점 (a, b)에서 연속이다. □

【예제 8】 $f(x, y) = \cos(x^2+y^2-1)$은 어떤 영역에서 연속인가?

풀이 함수 $h(x, y) = x^2+y^2-1$은 평면 위의 모든 점에서 연속이며 $g(t) = \cos t$도 연속이다. 따라서 정리 2.5에 의하여 $f(x, y) = g(h(x, y))$는 평면 위의 모든 점에서 연속이다. □

연습문제 (12.2)

1. 다음 극한값을 구하여라. 만약 극한값이 존재하지 않으면 그 이유를 설명하여라.

(1) $\lim_{(x,\, y)\to(2,\, 3)} x^2y^2-2xy^5+3y$ (2) $\lim_{(x,\, y)\to(-3,\, 4)} x^3+3x^2y^2-5y^3+1$

(3) $\lim_{(x,\, y)\to(0,\, 0)} \frac{x^2y^3+x^3y^2-5}{2-xy}$ (4) $\lim_{(x,\, y)\to(-2,\, 1)} \frac{x^2+xy+y^2}{x^2-y^2}$

2. 다음 함수가 연속이 되는 최대영역을 구하여라.

(1) $f(x,\ y)=y\ln(1+x)$ (2) $f(x,\ y)=\frac{x^2y}{\sqrt{25-x^2-y^2}}$

(3) $f(x,\ y)=\cos\left(\frac{xy}{1+x^2+y^2}\right)$ (4) $f(x,\ y)=\sin^{-1}(xy)$

3. $f(x,\ y)=\begin{cases} \frac{\sin(x^2+y^2)}{x^2+y^2}, & (x,\ y)\neq(0,\ 0) \\ 1, & (x,\ y)=(0,\ 0) \end{cases}$

일 때, f가 원점(0, 0)에서 연속임을 보여라.

4. $f(x,\ y)=\frac{xy}{x^2-y}$가 연속이 되는 점을 찾아라.

5. $f(x,\ y)=\frac{x^2+y^2}{x^2-y^2}$일 때 $x=1$, $x=4$, $y=5$, $y=9$로 둘러싸인 영역의 모든 점에서 f가 연속인가를 조사하여라.

6. 다음 2변수함수 f의 (0, 0)에서의 연속성을 조사하여라.

$$f(x,\ y)=\begin{cases} \frac{4xy}{x^2+y^2}, & (x,\ y)\neq(0,\ 0) \\ 0, & (x,\ y)=(0,\ 0) \end{cases}$$

12.3 편도함수

어떤 회사에서 제품을 만드는데 필요한 비용 C를 노동비용 l과 재료비용 m의 함수라고 하자. 만일 노동비용을 l_0로 고정시킬 때 C의 m에 대한 의존도를 분석하려면 m만의 함수인 $C(m, l_0)$를 다루어야 한다. 이 경우 $C(m, l_0)$는 m만의 일변수 함수로서 일변수 미분을 계산해야 한다. 이 때 m에 관한 $C(m, l_0)$의 도함수를 m에 관한 편도함수라 부르고 이것은 재료비용의 변화에 따른 제품을 만드는 비용의 변화율을 의미한다. 마찬가지로 m을 m_0로 고정시키고 C를 l만의 함수로 간주하여 l에 대한 C의 편도함수를 계산할 수 있다. 이와 같이 여러 개의 변수로 하나의 값을 결정할 때, 각각의 변수에 대한 의존도와 변화의 정도를 알려면, 편도함수의 개념을 이용하여야 한다.

〈정의 3.1〉

2변수함수 $f: U \to \mathbb{R}$, $z=f(x, y)$의 정의역 $U \subset \mathbb{R}^2$의 각 점 (x, y)에 대하여 각각의 변수 x, y에 대한 미분계수

$$f_x(x, y) = \lim_{\Delta x \to 0} \frac{f(x+\Delta x, y) - f(x, y)}{\Delta x}$$

$$f_y(x, y) = \lim_{\Delta y \to 0} \frac{f(x, y+\Delta y) - f(x, y)}{\Delta y}$$

가 존재할 때 2변수함수 $f(x, y)$가 x, y에 대하여 **편미분 가능**(partially differentiable)하다고 한다. 함수 $f_x: U \to \mathbb{R}$, $f_y: U \to \mathbb{R}$를 각각 함수 f의 x, y에 대한 **편도함수**(partial derivative)라고 하며, $f_x(a, b)$, $f_y(a, b)$를 점 (a, b)에서 x 및 y에 대한 **편미분계수**라고 한다.

함수 $z=f(x, y)$의 독립변수 x 및 y에 대한 편도함수는 다음과 같이 표기하기도 한다.

$$f_x(x, y) = f_x = \frac{\partial f}{\partial x} = \frac{\partial z}{\partial x} = f_1 = D_1 f = D_x f$$

$$f_y(x, y) = f_y = \frac{\partial f}{\partial y} = \frac{\partial z}{\partial y} = f_2 = D_2 f = D_y f$$

2변수함수 $z=f(x, y)$의 정의역 U 안의 한 점 $P(x_0, y_0)$에서의 편미분계수 $f_x(x_0, y_0)$, $f_y(x_0, y_0)$를 곡면에서의 기하학적 의미는, 다음의 그림에서와 같이 각각의 곡선 C_1과 C_2에 대하여, 곡선 위의 점 $P(x_0, y_0)$에서의 접선의 기울기와 같음을 알 수 있다.

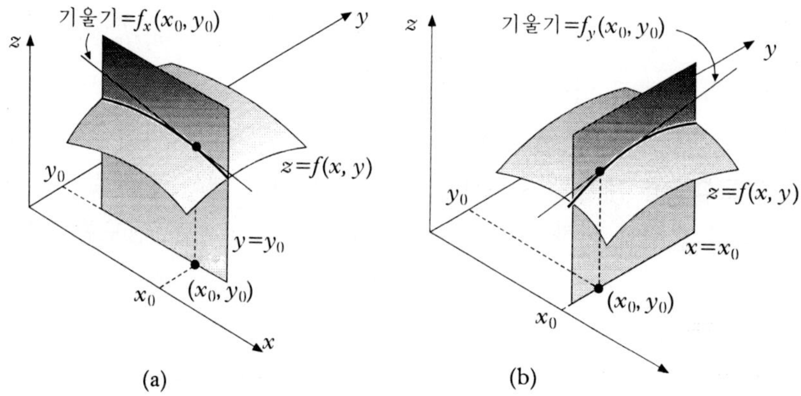

[그림 12.9]

【예제 1】 $f(x, y)=x^2+2xy$일 때, 편도함수 $f_x(x, y)$와 $f_y(x, y)$를 구하여라.

풀이

$$\begin{aligned} f_x(x, y) &= \lim_{\Delta x \to 0} \frac{f(x+\Delta x, y)-f(x, y)}{\Delta x} \\ &= \lim_{\Delta x \to 0} \frac{(x+\Delta x)^2+2(x+\Delta x)y-(x^2+2xy)}{\Delta x} \\ &= \lim_{\Delta x \to 0} \frac{x^2+2x\Delta x+(\Delta x)^2+2xy+2y\Delta x-x^2-2xy}{\Delta x} \\ &= \lim_{\Delta x \to 0} (2x+\Delta x+2y) \\ &= 2x+2y \end{aligned}$$

마찬가지로 계산하면, $f_y(x, y)=2x$이다. □

예제 1에서 함수 $f(x, y)$의 x에 대한 편도함수는 f에서 y를 상수로 보고 f를 변수 x에 대하여 미분한 것과 같으며, $f(x, y)$의 y에 대한 편도함수는 f에서 x를 상수로 보고 f를 변수 y에 대하여 미분한 것과 같음을 알 수 있다.

【예제 2】 함수 $f(x, y)=x^2y+3y^3$ 일 때 $f_x(1, 2)$와 $f_y(1, 2)$를 구하여라.

풀이 (i) $f_x(x, y)=2xy+0$ 이므로

$$f_x(1, 2) = 2xy\Big|_{(1, 2)} = 2 \cdot 1 \cdot 2 = 4$$

(ii) $f_y(x, y)=x^2+9y^2$이므로

$$f_y(1, 2) = x^2+9y^2\Big|_{(1, 2)} = 1^2+9 \cdot 2^2 = 37$$ □

점 (a, b)에서 f의 편미분계수가 존재한다면 정의 3.1을 변형하여 다음과 같이 구할 수 있다. 즉,

$$f_x(a, b)=\lim_{x\to a}\frac{f(x, b)-f(a, b)}{x-a}, \qquad f_y(a, b)=\lim_{y\to b}\frac{f(a, y)-f(a, b)}{y-b}$$

【예제 3】 2변수함수

$$f(x, y)=\begin{cases} \dfrac{xy(x^2-y^2)}{x^2+y^2}, & (x, y)\neq(0, 0) \\ 0, & (x, y)=(0, 0) \end{cases}$$

에서 $f_x(0, y)=-y$ 임을 보여라.

풀이 (i) 만약 $y\neq 0$ 이면,

$$\begin{aligned} f_x(0, y) &= \lim_{x\to 0}\frac{f(x, y)-f(0, y)}{x-0} \\ &= \lim_{x\to 0}\frac{\dfrac{xy(x^2-y^2)}{x^2+y^2}-0}{x} \\ &= \lim_{x\to 0}\frac{y(x^2-y^2)}{x^2+y^2} \\ &= -\frac{y^3}{y^2}=-y \end{aligned}$$

(ii) 만약 $y=0$ 이면,

$$\begin{aligned} f_x(0, 0) &= \lim_{x\to 0}\frac{f(x, 0)-f(0, 0)}{x-0} \\ &= \lim_{x\to 0}\frac{0-0}{x}=0. \end{aligned}$$

따라서 $y \neq 0$일 때 $f_x(0, y) = -y$이고 $f_x(0, 0) = 0$이므로, $f_x(0, y) = -y$이다. □

2변수함수 $z = f(x, y)$의 그래프가 그림 12.10과 같은 곡면일 때 곡면 위의 한 점 $P(a, b, f(a, b))$를 잡고 이 점을 지나 xz-평면에 평행인 평면 $y = b$로 곡면을 자르면 이 곡면 위의 곡선 APB를 얻게 된다. 점 P가 이 곡선을 따라 움직이면 x와 z는 변화하지만 y의 값은 일정하다. 그러므로 점 P에서의 이 곡선 APB의 접선의 기울기는 이 점에서의 $z = f(x, y)$의 편미분계수 $f_x(a, b)$와 같다.

마찬가지로 점 P를 지나 yz-평면에 평행인 평면 위에서도 이와 같이 생각할 수 있다. 따라서 다음을 알 수 있다.

$$\begin{aligned} f_x(a, b) &= (a, b)\text{에서의 } x\text{에 대한 편미분계수} = \tan\alpha \\ &= (a, b)\text{에서의 곡선 } APB\text{의 접선의 기울기} \end{aligned}$$

$$\begin{aligned} f_y(a, b) &= (a, b)\text{에서의 } y\text{에 대한 편미분계수} = \tan\beta \\ &= (a, b)\text{에서의 곡선 } CPD\text{의 접선의 기울기} \end{aligned}$$

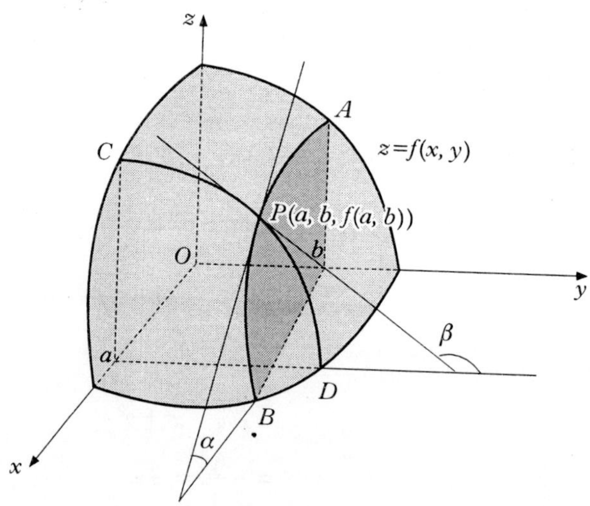

[그림 12.10]

【예제 4】 곡면 $z=\sqrt{24-x^2-2y^2}$과 평면 $y=2$가 교차하여 만든 곡선 위의 점 $(2,\ 2,\ 2\sqrt{3})$에서 이 곡선의 접선의 기울기를 구하여라.

풀이 구하는 접선의 기울기는 점 $(2,\ 2)$에서 $\dfrac{\partial z}{\partial x}$인 값이므로

$$\left.\frac{\partial z}{\partial x}\right|_{(2,\ 2)}=\left.\frac{-2x}{2\sqrt{24-x^2-2y^2}}\right|_{(2,\ 2)}=\frac{-4}{2\sqrt{12}}=-\frac{1}{\sqrt{3}}$$

이다. □

2변수함수 $z=f(x,\ y)$의 편도함수도 2변수함수이다. 편도함수의 편도함수가 존재하면 그것도 2변수함수인데 그것을 $z=f(x,\ y)$의 **2계 편도함수**라 한다. 그리고 함수 $z=f(x,\ y)$의 2계 편도함수의 편도함수가 계속 존재하면 그것을 차례로 함수 $z=f(x,\ y)$의 **3계 편도함수, 4계 편도함수**라고 같이 부른다. 이 때 2계 이상의 편도함수를 **고계 편도함수**라 한다.

2변수함수 $z=f(x,\ y)$의 가능한 2계 편도함수의 네 가지 경우를 기호로 나타내면 다음과 같다.

$$(f_x)_x=f_{xx}=f_{11}=\frac{\partial}{\partial x}\left(\frac{\partial f}{\partial x}\right)=\frac{\partial^2 f}{\partial x^2}=\frac{\partial^2 z}{\partial x^2}$$

$$(f_x)_y=f_{xy}=f_{12}=\frac{\partial}{\partial y}\left(\frac{\partial f}{\partial x}\right)=\frac{\partial^2 f}{\partial y\partial x}=\frac{\partial^2 z}{\partial y\partial x}$$

$$(f_y)_x=f_{yx}=f_{21}=\frac{\partial}{\partial x}\left(\frac{\partial f}{\partial y}\right)=\frac{\partial^2 f}{\partial x\partial y}=\frac{\partial^2 z}{\partial x\partial y}$$

$$(f_y)_y=f_{yy}=f_{22}=\frac{\partial}{\partial y}\left(\frac{\partial f}{\partial y}\right)=\frac{\partial^2 f}{\partial y^2}=\frac{\partial^2 z}{\partial y^2}$$

여기서 f_{xy}는 2변수함수 f를 우선 x에 관해 편미분한 다음 y에 관해 다시 편미분하는 것이고, 반면에 f_{yx}는 반대순서로 계산한다.

【예제 5】 함수 $f(x,\ y)=x^2+x^3y^2-2y^3$의 2계 편도함수를 모두 구하라.

풀이 $f_x(x,\ y)=2x+3x^2y^2$, $f_y(x,\ y)=2x^3y-6y^2$ 이므로 2계 편도함수는

$$f_{xx}=\frac{\partial}{\partial x}(2x+3x^2y^2)=2+6xy^2$$

$$f_{xy}=\frac{\partial}{\partial y}(2x+3x^2y^2)=6x^2y$$

$$f_{yx}=\frac{\partial}{\partial x}(2x^3y-6y^2)=6x^2y$$

$$f_{yy}=\frac{\partial}{\partial y}(2x^3y-6y^2)=2x^3-12y$$

이다. □

위 예제 5에서는 f_{xy}와 f_{yx}는 일치하지만 일반적으로 2변수함수 f에 대하여 f_{xy}와 f_{yx}는 일치하지 않을 수 있다. 그러나 다음 정리는 f_{xy}와 f_{yx}가 일치하는 충분조건을 제시한다.

정리 3.2 2변수함수 $z=f(x, y)$에서 f_x, f_y, f_{xy}가 모두 존재하고 f_{xy}가 연속함수이면, f_{yx}도 존재하고 $f_{xy}=f_{yx}$이다.

정리 3.2의 조건과 같이 고계편도함수가 모두 연속함수인 2변수함수 f의 경우에 고계 편미분하는 순서는 상관이 없다. 예를 들면,

$$\frac{\partial^3 z}{\partial x^2\partial y}=\frac{\partial}{\partial x}\left(\frac{\partial^2 z}{\partial x\partial y}\right)=\frac{\partial}{\partial x}\left(\frac{\partial^2 z}{\partial y\partial x}\right)=\frac{\partial^3 z}{\partial x\partial y\partial x}=\frac{\partial^2}{\partial x\partial y}\left(\frac{\partial z}{\partial x}\right)=\frac{\partial^2}{\partial y\partial x}\left(\frac{\partial z}{\partial x}\right)=\frac{\partial^3 z}{\partial y\partial x^2}.$$

이제 2변수함수의 미분가능성에 대하여 알아보자. 먼저 2변수함수 $z=f(x, y)$의 점 (x, y)에서의 **증분**은 $\Delta f(x_0, y_0)$는

$$\Delta z=\Delta f(x_0, y_0)=f(x_0+\Delta x, y_0+\Delta y)-f(x_0, y_0)$$

과 같이 정의된다.

【예제 6】 2변수함수 $f(x, y)=3x-xy^2$의 점 (x_0, y_0)에서의 증분을 구하여라.

풀이 점 (x_0, y_0)에서의 f의 증분 $\Delta f(x_0, y_0)$는

$$\begin{aligned}\Delta f(x_0, y_0)&=f(x_0+\Delta x, y_0+\Delta y)-f(x_0, y_0)\\&=3(x_0+\Delta x)-(x_0+\Delta x)(y_0+\Delta y)^2-(3x_0-x_0y_0^2)\\&=3x_0+3\Delta x-x_0y_0^2-y_0^2\Delta x-2x_0y_0\Delta y-2y_0\Delta x\Delta y\\&\quad -x_0(\Delta y)^2-\Delta x(\Delta y)^2-3x_0+x_0y_0^2\\&=3\Delta x-y_0^2\Delta x-2x_0y_0\Delta y-2y_0\Delta x\Delta y-x_0(\Delta y)^2-\Delta x(\Delta y)^2\end{aligned}$$

□

〈정의 3.3〉

2변수함수 $z=f(x, y)$가 정의역 U의 점 (x_0, y_0)에서,

(i) $f_x(x_0, y_0)$, $f_y(x_0, y_0)$가 존재하고,

(ii) $(\Delta x, \Delta y) \to (0, 0)$일 때, Δx, Δy의 함수 ε_1, ε_2이 존재하여 $\varepsilon_1 \to 0$이고 $\varepsilon_2 \to 0$을 만족하여 $\Delta f(x_0, y_0)=f_x(x_0, y_0)\Delta x+f_y(x_0, y_0)\Delta y+\varepsilon_1\Delta x+\varepsilon_2\Delta y$이면,

함수 $z=f(x, y)$는 점 (x_0, y_0)에서 **미분가능**(differentiable)하다고 한다.

일반적으로 위의 정의 3.3를 써서 2변수함수 f의 미분가능을 보이는 것은 매우 복잡하다. 하지만 다음의 정리를 이용하면 2변수함수의 미분가능성을 쉽게 판별할 수 있다.

정리 3.4 2차원 평면의 부분집합 U에서 정의된 함수 $f(x, y)$가 편도함수 f_x, f_y를 갖고, 임의의 점 $(x, y) \in U$의 근방에서 각각의 편도함수가 모두 연속이면 $f(x, y)$는 미분가능하다.

【예제 7】 2변수함수 $f(x, y)=3x-xy^2$은 2차원 평면 위의 모든 점에서 미분가능함을 보여라.

풀이 $f_x(x, y)=3-y^2$, $f_y(x, y)=-2xy$이고 두 함수 모두 $\mathbb{R}^2$ 위에서 연속이므로 정리 3.4에 의하여 $f(x, y)$는 미분가능하다. □

일변수함수의 경우와 마찬가지로 다음 정리는 2변수함수가 미분가능하기 위한 필요조건으로 활용된다.

정리 3.5 2변수함수 $z=f(x, y)$가 정의역 U의 점 (x_0, y_0)에서 미분가능하면, f는 (x_0, y_0)에서 연속인 함수이다.

〈정의 3.6〉

미분가능한 2변수함수 $z=f(x, y)$에서 Δx, Δy를 비교적 작게 잡으면 Δz의 근사값을 다음과 같이 얻을 수 있다.

$$\Delta z \approx \frac{\partial z}{\partial x}\Delta x+\frac{\partial z}{\partial y}\Delta y$$

이제 윗 식의 오른쪽에서 $\Delta x=dx$, $\Delta y=dy$일 때, 이를 z의 **전미분**(total differential)이라 하고 기호로

$$dz = \frac{\partial z}{\partial x}dx+\frac{\partial z}{\partial y}dy$$

와 같이 나타낸다.

일반적으로 미분가능한 n변수함수 $z=f(x_1, x_2, \cdots, x_n)$에 대하여도 같은 뜻으로 전미분을 정의할 수 있다. 즉

$$dz=\frac{\partial z}{\partial x_1}dx_1+\frac{\partial z}{\partial x_2}dx_2+ \cdots +\frac{\partial z}{\partial x_n}dx_n$$

【예제 8】 2변수함수 $z=f(x, y)=x^2+3xy-y^2$일 때 미분 dz를 구하고 x가 2에서 2.05, y가 3에서 2.96까지 변하면 Δz와 dz의 값을 구하여라.

풀이 $f(2, 3)=2^2+3 \cdot 2 \cdot 3-3^2=13$

$f(2.05, 2.96)=(2.05)^2+3 \cdot (2.05)(2.96)-(2.96)^2$
$=13.6449$이므로

$$\Delta z=f(2.05, 2.96)-f(2, 3)=0.6449.$$

정의 3.6에서, $dx=\Delta x=0.05$, $dy=\Delta y=-0.04$일 때,

$$\begin{aligned} dz&=\frac{dz}{dx}dx+\frac{dz}{dy}dy\Big|_{(2,\ 3)} \\ &=(2x+3y)dx+(3x-2y)dy\Big|_{(2,\ 3)} \\ &=[2(2)+3(3)]0.05+[3(2)-2(3)](-0.04)=0.65. \end{aligned}$$ □

어떤 실험실에서 두 가지 성분 x, y의 양에 따라서 새로운 물질 z가 생성이 된다

고 한다. 즉, x, y에 따라서 새로운 물질 z가 $z=f(x, y)$로서 결정된다고 한다. 이 때 x, y가 측정값이라고 하면 그 측정의 오차로 인하여 z값에 오차가 생긴다. 지금 x, y의 측정값에 비교적 작은 오차 dx, dy가 생겼다고 하면 그에 대응하는 z의 오차는 근사값으로 z의 전미분

$$\frac{\partial z}{\partial x}dx+\frac{\partial z}{\partial y}dy$$

가 됨을 Δz와 dz의 사이의 관계로부터 알 수 있다. 이 때, dz를 z의 **근사오차**, $\frac{dz}{z}$를 z의 **상대오차**라고 한다.

【예제 9】 원뿔의 반지름과 높이를 측정하였더니 각각 10cm, 25cm였다고 한다. 이 측정에 각각 0.1cm의 오차가 있다고 하면 이 값으로 계산한 원뿔의 부피의 근사오차는 얼마인가?

풀이 반지름 r과 높이 h인 원뿔의 부피 V는 $V=\frac{\pi r^2 h}{3}$이다. 따라서 V의 전미분은

$$dV=\frac{\partial V}{\partial r}dr+\frac{\partial V}{\partial h}dh=\frac{2\pi rh}{3}dr+\frac{\pi r^2}{3}dh$$

이다. 그런데 $dr=0.1$, $dh=0.1$, $r=10$, $h=25$이므로

$$dV=\frac{500\pi}{3}(0.1)+\frac{100\pi}{3}(0.1)=20\pi$$

이다. 따라서 원뿔의 부피의 근사오차는 20π cm^{3}이다. □

연습문제 (12.3)

1. 다음 함수들의 1계 편도함수들을 각각 정의에 의하여 구하여라.

(1) $f(x,\ y)=6x+3y-7$ (2) $f(x,\ y)=3xy+6x-y^2$

(3) $f(x,\ y,\ z)=x^2y-3xy^2+2yz$ (4) $f(x,\ y)=x^2+xy+y^2$

2. 다음 함수들의 1계 편도함수를 각각 구하여라.

(1) $f(x,\ y)=\dfrac{2}{3}x^{\frac{3}{2}}$ (2) $f(x,\ y)=2x+3x^2y^4$

(3) $f(x,\ y,\ z)=x^2y^5+xz^2$ (4) $f(x,\ y)=xe^y+ye^x$

3. 한 물체 내의 임의의 점 $(x,\ y,\ z)$에서의 온도가 $T=x^2+3y^2-6z$이다. 점 (4, 3, 2)에서 온도의 x, y, z에 대한 순간변화율을 각각 구하여라.

4. 다음의 각 식은 Laplace 미분방정식 $w_{xx}+w_{yy}=0$의 해가 됨을 보여라.

(1) $w=2x+3y-1$ (2) $w=e^x\cos y$

(3) $w=x^2-y^2$ (4) $w=\ln(x^2+y^2)$

(5) $w=\tan^{-1}\dfrac{y}{x}$ (6) $w=\cos x\cosh y$

5. 높이가 $z=17-2x^2-3y^2$의 식으로 주어진 산 위에 점(1, 2, 3)이 있다. 이 점에서 x축 양의 방향으로 내려오는 것과 y축 양의 방향으로 내려오는 것 중 어느 것이 더 가파른가?

6. 다음 함수에서 x가 1에서 0.03으로, y가 4에서 3.98로 변하였을 때 함수의 증분 Δz를 구하여라.

(1) $z=3x^2+2xy-y^2$ (2) $z=2x^2+5xy+4y^2$

7. 다음 함수들의 전미분 dz를 각각 구하여라.

(1) $z=4x^3-xy^2+3y-7$ (2) $z=x\cos y-y\sin x$

(3) $z=2x^3+x^2y-3y^2$ (4) $z=(x-y^2)^2$

8. 직각삼각형의 빗변을 제외한 두 변이 하나는 3cm에서 3.2cm로, 또 다른 하나는 4cm에서 3.96cm로 변하였다. 이 때 빗변 길이의 변화량의 근사값을 전미분을 이용하여 구하여라.

12.4 연쇄법칙

연쇄법칙(chain rule)이란 합성함수의 미분법을 말한다. 일변수함수의 경우에 미분가능한 함수 $f:(a, b) \to (c, d)$와 미분가능한 함수 $g:(c, d) \to \mathbb{R}$의 합성함수

$$g \circ f:(a, b) \to \mathbb{R}$$

의 도함수는

$$(g \circ f)'(x) = g'(f(x)) \cdot f'(x)$$

이다. 즉, 합성함수 $g \circ f$의 순간변화율은 g의 순간변화율과 f의 순간변화율의 곱이다. 이러한 원리는 다변수함수의 경우에도 성립함을 알 수 있다.

2변수함수 $z=f(x, y)$와 일변수함수 $x=x(t)$, $y=y(t)$에 대하여 t의 증분 Δt에 대한 x, y, z의 증분을 각각 Δx, Δy, Δz라 하면 이들 사이에

$$\Delta z = \left(\frac{\partial z}{\partial x}\Delta x + \frac{\partial z}{\partial y}\Delta y\right) + \varepsilon_1 \Delta x + \varepsilon_2 \Delta y$$

인 관계가 있음을 알 수 있다. 이 식의 양변을 Δt로 나누고 $\Delta t \to 0$일 때 이 식의 극한이 존재하면 그 값은 다음과 같이 된다.

$$\frac{dz}{dt} = \frac{\partial z}{\partial x}\frac{dx}{dt} + \frac{\partial z}{\partial y}\frac{dy}{dt}$$

정리 4.1 2변수함수 $z=f(x, y)$가 (x, y)에서 미분가능 함수이고 $x=g(t)$, $y=h(t)$가 t에 대하여 각각 미분가능한 함수이면, 합성함수 $z(t)=f(x(t), y(t))$는 미분가능한 함수이고

$$\frac{dz}{dt} = \frac{\partial z}{\partial x}\frac{dx}{dt} + \frac{\partial z}{\partial y}\frac{dy}{dt}$$

이다.

【예제 1】 $z=x\ln y$, $x=u^2$, $y=e^u$에서 $\dfrac{dz}{du}$를 구하여라.

풀이 $\dfrac{\partial z}{\partial x}=\ln y$, $\dfrac{\partial z}{\partial y}=\dfrac{x}{y}$, $\dfrac{dx}{du}=2u$, $\dfrac{dy}{du}=e^u$이므로

$$\begin{aligned}\frac{dz}{du}&=\frac{\partial z}{\partial x}\frac{dx}{du}+\frac{\partial z}{\partial y}\frac{dy}{du}=\ln y\cdot 2u+\frac{x}{y}\cdot e^u\\&=2u\cdot\ln e^u+\frac{u^2}{e^u}\cdot e^u=3u^2\end{aligned}$$

□

【예제 2】 이상기체의 상태방정식에 의하여, 기체 1몰의 압력이 P, 부피가 V, 온도가 T일 때의 관계식이 $PV=8.31\,T$로 주어진다. 온도가 300 K이고 온도변화율이 0.1 K/sec, 부피가 100 ℓ 이고 부피변화율이 0.2 ℓ /sec일 때 P의 변화율을 구하여라.

풀이 만약 t가 초 단위로 흐르는 시간을 표시하면 주어진 순간에 $T=300$, $\dfrac{dT}{dt}=0.1$ $V=100$, $\dfrac{dV}{dt}=0.2$를 얻는다. $P=\dfrac{8.31T}{V}$이므로 연쇄법칙에 의해

$$\begin{aligned}\frac{dP}{dt}&=\frac{\partial P}{\partial T}\frac{dT}{dt}+\frac{\partial P}{\partial V}\frac{dV}{dt}=\frac{8.31}{V}\frac{dT}{dt}-\frac{8.31T}{V^2}\frac{dV}{dt}\\&=\frac{8.31}{100}(0.1)-\frac{8.31(300)}{100^2}(0.2)\\&=-0.04155\end{aligned}$$

따라서 압력은 약 0.042 KPa/sec 정도 감소율을 나타낸다. □

n변수함수

$$z=f(x_1,\ x_2,\ \cdots,\ x_n),\quad x_1=x_1(t),\ x_2=x_2(t),\ \cdots,\ x_n=x_n(t)$$

에 대하여도

$$\frac{dz}{dt}=\frac{\partial z}{\partial x_1}\frac{dx_1}{dt}+\frac{\partial z}{\partial x_2}\frac{dx_2}{dt}+\cdots+\frac{\partial z}{\partial x_n}\frac{dx_n}{dt}$$

와 같이 성립한다. 이제 2변수함수들의 합성함수에 대한 연쇄법칙을 알아본다.

2변수함수 $z=f(x,\ y)$이고 x와 y는 각각 u, v의 2변수함수이다. 즉,

$$x=g(u,\ v),\ y=h(u,\ v)$$

그러면 z는 u와 v의 2변수함수이고, 이 때 $\dfrac{\partial z}{\partial u}$, $\dfrac{\partial z}{\partial v}$를 구해보자. 먼저 u를 고정하고 v에 관해 z의 편도함수를 계산하자. 정리 4.1을 이용하여

$$\frac{\partial z}{\partial v}=\frac{\partial z}{\partial x}\frac{\partial x}{\partial v}+\frac{\partial z}{\partial y}\frac{\partial y}{\partial v}$$

를 얻을 수 있다. 같은 방법으로 u에 관한 z의 편도함수

$$\frac{\partial z}{\partial u}=\frac{\partial z}{\partial x}\frac{\partial x}{\partial u}+\frac{\partial z}{\partial y}\frac{\partial y}{\partial u}$$

을 구할 수 있다.

정리 4.2 $x=g(u, v)$, $y=h(u, v)$이고 $z=f(x, y)$가 미분가능한 함수이며 편도함수 g_u, g_v, h_u, h_v가 존재하면,

$$\frac{\partial z}{\partial u}=\frac{\partial z}{\partial x}\frac{\partial x}{\partial u}+\frac{\partial z}{\partial y}\frac{\partial y}{\partial u}, \qquad \frac{\partial z}{\partial v}=\frac{\partial z}{\partial x}\frac{\partial x}{\partial v}+\frac{\partial z}{\partial y}\frac{\partial y}{\partial v}$$

이다.

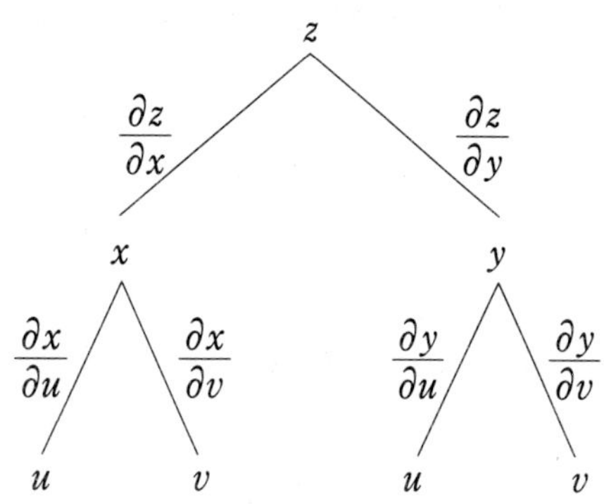

정리 4.2를 이해하기 위해 위의 그림은 도움이 된다. z가 x, y의 함수임을 알 수 있도록 종속변수 z로부터 매개변수 x, y까지 가지로 연결된다. 또 x, y로부터 독립변수 u, v까지 가지로 연결한다. 그리고 각각 가지에 대응하는 편도함수를 쓰자. 먼저 $\dfrac{\partial z}{\partial u}$를 구하기 위해 z로부터 u까지 각각의 경로를 따라 편도함수들을 곱하고 다시 이들을 더하면 된다. 즉

$$\frac{\partial z}{\partial u}=\frac{\partial z}{\partial x}\frac{\partial x}{\partial u}+\frac{\partial z}{\partial y}\frac{\partial y}{\partial u}$$

마찬가지로 $\frac{\partial z}{\partial v}$는 z부터 v까지 경로를 이용하여 구할 수 있다.

정리 4.2는 다음 정리와 같이 일반적으로 n변수함수에 대해서도 성립한다.

> **정리 4.3** n변수함수 $z=f(x_1,\ x_2,\ \cdots,\ x_n)$은 미분가능 함수이고 각각의 변수 x_j는 m개의 변수 $t_1,\ t_2,\ \cdots,\ t_m$의 함수이며 이들의 모든 편도함수 $\frac{\partial x_j}{\partial t_i}$ $(j=1,\ 2,\ \cdots,\ n,\ i=1,\ 2,\ \cdots,\ m)$가 존재한다고 하자. 그러면 z는 변수 $t_1,\ t_2,\ \cdots,\ t_m$에 관한 m변수함수이고 각각의 편도함수는
>
> $$\frac{\partial z}{\partial t_i}=\frac{\partial z}{\partial x_1}\frac{\partial x_1}{\partial t_i}+\frac{\partial z}{\partial x_2}\frac{\partial x_2}{\partial t_i}+\cdots+\frac{\partial z}{\partial x_n}\frac{\partial x_n}{\partial t_i}\qquad (i=1,\ \cdots,\ m)$$
>
> 이다.

【예제 3】 $x=re^s,\ y=re^{-s}$ 이고 $z=\ln\sqrt{x^2+y^2}$이라 할 때 $\frac{\partial z}{\partial r},\ \frac{\partial z}{\partial s}$를 구하여라.

풀이

$$\frac{\partial z}{\partial x}=\frac{x}{x^2+y^2},\quad \frac{\partial z}{\partial y}=\frac{y}{x^2+y^2},\quad \frac{\partial x}{\partial r}=e^s$$

$$\frac{\partial x}{\partial s}=rs^s,\qquad \frac{\partial y}{\partial r}=e^{-s},\qquad \frac{\partial y}{\partial s}=-re^{-s}$$

이므로 정리 4.2를 이용하여 계산하면

$$\frac{\partial z}{\partial r}=\frac{x}{x^2+y^2}(e^s)+\frac{y}{x^2+y^2}(e^{-s})=\frac{xe^s+ye^{-s}}{x^2y^2}$$

$$\frac{\partial z}{\partial s}=\frac{x}{x^2+y^2}(re^s)+\frac{y}{x^2+y^2}(-re^{-s})=\frac{r(xe^s-ye^{-s})}{x^2y^2}$$

이 된다. □

【예제 4】 $x=r,\ y=r\cos t,\ z=r\sin t$이고 $u=xy+xz+yz$일 때, $\frac{\partial u}{\partial r},\ \frac{\partial u}{\partial t}$를 구하여라.

풀이 정리 4.3에 의하여

$$\begin{aligned}\frac{\partial u}{\partial r}&=\left(\frac{\partial u}{\partial x}\right)\left(\frac{\partial x}{\partial r}\right)+\left(\frac{\partial u}{\partial y}\right)\left(\frac{\partial y}{\partial r}\right)+\left(\frac{\partial u}{\partial z}\right)\left(\frac{\partial z}{\partial r}\right)\\&=(y+z)(1)\ +(x+z)(\cos t)+(x+y)(\sin t)\\&=y+z+x\cos t+z\cos t+x\sin t+y\sin t\\&=r\cos t+r\sin t+r\cos t+(r\sin t)(\cos t)+r\sin t+(r\cos t)(\sin t)\\&=2r(\cos t+\sin t)+r(2\sin t\cos t)\\&=2r(\cos t+\sin t)+r\sin 2t\end{aligned}$$

$$\begin{aligned}\frac{\partial u}{\partial t}&=\left(\frac{\partial u}{\partial x}\right)\left(\frac{\partial x}{\partial t}\right)+\left(\frac{\partial u}{\partial y}\right)\left(\frac{\partial y}{\partial t}\right)+\left(\frac{\partial u}{\partial z}\right)\left(\frac{\partial z}{\partial t}\right)\\&=(y+z)(0)+(x+z)(-r\sin t)+(x+y)(r\cos t)\\&=(r+r\sin t)(-r\sin t)+(r+r\cos t)(r\cos t)\\&=-r^2\sin t-r^2\sin^2 t+r^2\cos t+r^2\cos^2 t\\&=r^2(\cos t-\sin t)+r^2(\cos^2 t-\sin^2 t)\\&=r^2(\cos t-\sin t)+r^2\cos 2t\end{aligned}$$

이다. □

【예제 5】 2변수함수 $z=f(x,\ y)$가 연속인 2계 편도함수를 가지고, $x=r^2+s^2$이고 $y=2rs$ 일 때, (i) $\dfrac{\partial z}{\partial r}$과 (ii) $\dfrac{\partial^2 z}{\partial r^2}$을 구하여라.

풀이 (i) 정리 4.2에 의해서

$$\frac{\partial z}{\partial r}=\frac{\partial z}{\partial x}\frac{\partial x}{\partial r}+\frac{\partial z}{\partial y}\frac{\partial y}{\partial r}=\frac{\partial z}{\partial x}(2r)+\frac{\partial z}{\partial y}(2s)$$

(ii) (i)에 곱의 법칙을 적용하면

$$\begin{aligned}\frac{\partial^2 z}{\partial r^2}&=\frac{\partial}{\partial r}\left(2r\frac{\partial z}{\partial x}+2s\frac{\partial z}{\partial y}\right)\\&=2\frac{\partial z}{\partial x}+2r\frac{\partial}{\partial r}\left(\frac{\partial z}{\partial x}\right)+2s\frac{\partial}{\partial r}\left(\frac{\partial z}{\partial y}\right)\qquad(1)\end{aligned}$$

을 얻는다. 여기에 정리 4.2를 다시 적용하면

$$\frac{\partial}{\partial r}\left(\frac{\partial z}{\partial x}\right)=\frac{\partial}{\partial x}\left(\frac{\partial z}{\partial x}\right)\frac{\partial x}{\partial r}+\frac{\partial}{\partial y}\left(\frac{\partial z}{\partial x}\right)\frac{\partial y}{\partial r}$$
$$=\frac{\partial^2 z}{\partial x^2}(2r)+\frac{\partial^2 z}{\partial y\partial x}(2s)$$
$$\frac{\partial}{\partial r}\left(\frac{\partial z}{\partial y}\right)=\frac{\partial}{\partial x}\left(\frac{\partial z}{\partial y}\right)\frac{\partial x}{\partial r}+\frac{\partial}{\partial y}\left(\frac{\partial z}{\partial y}\right)\frac{\partial y}{\partial r}$$
$$=\frac{\partial^2 z}{\partial x\partial y}(2r)+\frac{\partial^2 z}{\partial y^2}(2s)$$

을 얻는다. 윗 식을 식 (1)에 대입하면

$$\frac{\partial^2 z}{\partial r^2}=2\frac{\partial z}{\partial x}+2r\left(2r\frac{\partial^2 z}{\partial x^2}+2s\frac{\partial^2 z}{\partial y\partial x}\right)+2s\left(2r\frac{\partial^2 z}{\partial x\partial y}+2s\frac{\partial^2 z}{\partial y^2}\right)$$
$$=2\frac{\partial z}{\partial x}+4r\frac{\partial^2 z}{\partial x^2}+8rs\frac{\partial^2 z}{\partial x\partial y}+4s^2\frac{\partial^2 z}{\partial y^2}$$

이다. □

이제 연쇄법칙을 이용하여 음함수의 미분법에 대하여 생각해 보자. 함수 $z=f(x,\ y)$에서 $y=y(x)$, $z=f(x,\ y)=0$이면, y는

$$f(x,\ y)=0$$

에 의한 x의 음함수가 된다.

정리 4.4 y가 $f(x,\ y)=0$에 의한 x의 음함수일 때, 도함수 $\frac{dy}{dx}$는 다음과 같다.

$$\frac{dy}{dx}=-\frac{\dfrac{\partial f}{\partial x}}{\dfrac{\partial f}{\partial y}}\qquad\left(\text{단, }\frac{\partial f}{\partial y}\neq 0\right)$$

증명 식 $f(x,\ y)=0$의 양변을 정리 4.2를 사용하여 x에 관하여 미분하면

$$\frac{\partial f}{\partial x}\frac{dx}{dx}+\frac{\partial f}{\partial y}\frac{dy}{dx}=0$$

이다. 이것을 $\frac{dy}{dx}$에 관하여 풀면

$$\frac{dy}{dx} = -\frac{\frac{\partial f}{\partial x}}{\frac{\partial f}{\partial y}}$$

이다. □

【예제 6】 $x \sin y + y \cos x = 0$일 때 $\frac{dy}{dx}$를 구하여라.

풀이 $f(x, y) = x \sin y + y \cos x = 0$이라 하자. 정리 4.4에 의해

$$\frac{dy}{dx} = -\frac{\frac{\partial f}{\partial x}}{\frac{\partial f}{\partial y}} = -\frac{\sin y - y \sin x}{x \cos y + \cos x}$$ □

정리 4.4의 증명 방법을 이용하면 다음을 얻을 수 있다.

정리 4.5 z가 $f(x, y, z) = 0$에 의한 x, y의 2변수 음함수일 때,

$$\frac{\partial z}{\partial x} = -\frac{\frac{\partial f}{\partial x}}{\frac{\partial f}{\partial z}}, \quad \frac{\partial z}{\partial y} = -\frac{\frac{\partial f}{\partial y}}{\frac{\partial f}{\partial z}} \qquad \left(\text{단, } \frac{\partial f}{\partial z} \neq 0\right)$$

이다.

【예제 7】 $x^3 + y^3 + z^3 + 3xyz = 0$일 때 $\frac{\partial z}{\partial x}, \frac{\partial z}{\partial y}$를 구하여라.

풀이 $f(x, y, z) = x^3 + y^3 + z^3 + 3xyz$라 하자. 정리 4.5에 의해

$$\frac{\partial z}{\partial x} = -\frac{\frac{\partial f}{\partial x}}{\frac{\partial f}{\partial z}} = -\frac{x^2 + yz}{z^2 + xy}$$

$$\frac{\partial z}{\partial y} = -\frac{\frac{\partial f}{\partial y}}{\frac{\partial f}{\partial z}} = -\frac{y^2 + xz}{z^2 + xy}$$

이다. □

연습문제 (12.4)

1. 연쇄법칙을 사용하여 $\dfrac{dw}{dt}$를 구하고, t에 관한 항으로 정리하여라.

(1) $w=x^2y^3$; $x=t^3$, $y=t^2$

(2) $w=e^x\sin y+e^y\sin x$; $x=3t$, $y=2t$

2. 연쇄법칙을 사용하여 $\dfrac{dw}{dt}$를 구하고 t와 s에 관한 항으로 정리하여라.

(1) $w=x^2y$; $x=st$, $y=s-t$

(2) $w=e^{x^2+y^2}$; $x=s\sin t$, $y=t\sin s$

3. 다음 문제에서 $\dfrac{dy}{dx}$를 구하여라.

(1) $x^2y^3+\cos y=0$

(2) $x^3-3xy^2+y^3=5$

(3) $e^{xy}+ye^y=1$

(4) $x-\sqrt{xy}+3y=4$

4. $z=f(u, v)$, $u=x+y$, $v=x-y$이고 f의 편도함수들이 모두 연속이라 할 때, 다음을 증명하여라.

$$\frac{\partial z}{\partial x}\frac{\partial z}{\partial y}=\left(\frac{\partial f}{\partial u}\right)^2-\left(\frac{\partial f}{\partial v}\right)^2$$

5. $z=f(x, y)$의 1계 편도함수가 모두 연속이고 $x=r\cos\theta$, $y=r\sin\theta$인 극방정식으로 표시될 때, 다음을 증명하여라.

(a) $\dfrac{\partial z}{\partial r}=f_x\cos\theta+f_y\sin\theta$

(b) $\dfrac{1}{r}\dfrac{\partial x}{\partial\theta}=-f_x\sin\theta+f_y\cos\theta$

6. $z=f\left(\dfrac{x}{y}\right)$일 때, 다음을 증명하여라.

$$x\frac{\partial z}{\partial x}+y\frac{\partial z}{\partial y}=0$$

12.5 방향도함수와 기울기벡터

2변수함수 $z=f(x, y)$에서 x 및 y에 대한 편도함수 $f_x(x, y)$, $f_y(x, y)$는 각각의 변수 x, y에 대한 순간변화율을 의미하였다. 이제 임의의 단위벡터 $\mathbf{u}=(a_1, a_2)$ 방향으로의 변화에 대한 순간변화율에 대하여 생각해 보기로 하자.

이제 그림 12.11과 같이 $z=f(x, y)$의 그래프로 주어지는 곡면 S에서 $z_0=f(x_0, y_0)$라 하자. 그러면 점 $P(x_0, y_0, z_0)$는 곡면 S 위의 점이다. 한 고정점 $P'(x_0, y_0, 0)$을 잡고 점 $Q'(x, y, 0)$이 $\mathbf{u}$ 방향의 직선을 따라 움직이는 점이라 하면 곡면 S 위에서는 대응하는 점 $Q(x, y, z)$가 직선에 대응하는 곡선 C를 따라 움직이는 점이 된다. 점 P에서 C에 대한 접선 T의 기울기는 $\mathbf{u}$ 방향으로의 함수 z의 변화율이다.

만약 P'와 Q'가 xy-평면 위로 P, Q를 투사한 것이라면 벡터 $\overrightarrow{P'Q'}$는 $\mathbf{u}$에 평행이고

$$\overrightarrow{P'Q'} = h\mathbf{u} = (ha_1, ha_2), \quad h \in \mathbb{R}$$

이다. 그러므로 $x-x_0=ha_1$, $y-y_0=ha_2$이다. 따라서

$$\frac{\Delta z}{h} = \frac{z-z_0}{h} = \frac{f(x_0+ha_1, y_0+ha_2)-f(x_0, y_0)}{h}$$

이다. 만약 $h \to 0$로 극한을 취하여 극한값이 존재하면 $\mathbf{u}$ 방향으로 z의 변화율을 얻고, 이것을 $\mathbf{u}$ 방향으로 f의 **방향도함수**(directional derivative)라고 부른다.

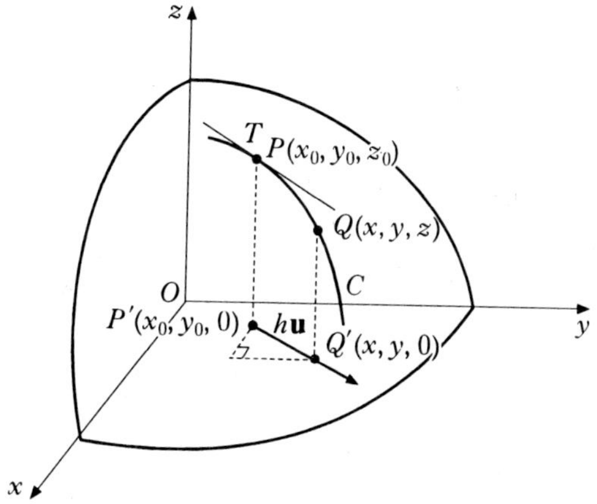

[그림 12.11]

〈정의 5.1〉

2변수함수 $z=f(x, y)$가 점(x_0, y_0)의 근방 U에서 정의된 함수라 하고, 또 $\mathbf{u}=a_1\mathbf{i}+a_2\mathbf{j}$가 단위벡터라 하자. 그러면 단위벡터 $\mathbf{u}$ 방향으로 점 (x_0, y_0)에서의 f의 방향도함수는

$$D_{\mathbf{u}}f(x_0, y_0)=\lim_{h\to0}\frac{f(x_0+ha_1, y_0+ha_2)-f(x_0, y_0)}{h}$$

이다.

정의 5.1에서 $\mathbf{u}=(1, 0)$이면 $D_{\mathbf{u}}f=f_x$이고, $\mathbf{u}=(0, 1)$이면 $D_{\mathbf{u}}f=f_y$임을 알 수 있다. 다시 말하면 x와 y에 관한 f의 편도함수는 방향도함수의 특별한 경우이다.

정리 5.2 2변수함수 $z=f(x, y)$가 점(x_0, y_0)에서 미분가능이면, f는 단위벡터 $\mathbf{u}=(a_1, a_2)$의 방향에서 방향도함수를 갖고

$$D_{\mathbf{u}}f(x_0, y_0)=f_x(x_0, y_0)a_1+f_y(x_0, y_0)a_2$$

이다.

증명 일변수함수 F를 다음과 같이 정의해 보자.

$$F(h):=f(x_0+ha_1, y_0+ha_2)$$

그러면 도함수의 정의에 의하여,

$$\begin{aligned}F'(0)&=\lim_{h\to0}\frac{F(h)-F(0)}{h}\\&=\lim_{h\to0}\frac{f(x_0+ha_1, y_0+ha_2)-f(x_0, y_0)}{h}\\&=D_{\mathbf{u}}f(x_0, x_0).\end{aligned}$$

한편 $g_1(h)=x_0+ha_1$, $g_2(h)=y_0+ha_2$라 두면, $F(h)=f(g_1(h)), g_2(h))$이고 또한 $g_1(0)=x_0$, $g_2(0)=y_0$라 쓸 수 있다. 윗 식에서 h를 t로, 0을 t_0로 놓고 연쇄법칙을 이용하여 t_0에서 $F(t)$를 t에 관하여 미분하면

$$F'(t_0)=f_x(x_0,\ y_0)g_1'(t_0)+f_y(x_0,\ y_0)g_2'(t_0),\ t_0=0$$

이므로

$$\begin{aligned}D_{\mathbf{u}}f(x_0,\ y_0)&=F'(0)=f_x(x_0,\ y_0)g_1'(0)+f_y(x_0,\ y_0)g_2'(0)\\&=f_x(x_0,\ y_0)a_1+f_y(x_0,\ y_0)a_2\end{aligned}$$

이다. □

만약 단위벡터 $\mathbf{u}$가 x축의 양의 방향과 θ만큼 각을 이루면 $\mathbf{u}=(\cos\theta,\ \sin\theta)$로 쓸 수 있으므로 정리 5.2의 식은 다음과 같이 쓸 수 있다.

$$D_{\mathbf{u}}f(x,\ y)=f_x(x,\ y)\cos\theta+f_y(x,\ y)\sin\theta$$

【예제 1】 $f(x,\ y)=xy^2$일 때 점$(-3,\ 1)$에서 벡터 $\mathbf{a}=\mathbf{i}-2\mathbf{j}$ 방향의 방향도함수 $D_{\mathbf{u}}f(-3,\ 1)$를 구하여라. (단, $\mathbf{i}=(1,\ 0)$, $\mathbf{j}=(0,\ 1)$)

풀이 $\mathbf{a}$ 방향의 단위벡터는 $\mathbf{u}=\dfrac{1}{\sqrt{5}}\mathbf{i}-\dfrac{2}{\sqrt{5}}\mathbf{j}$이다.

또한

$$f_x(x,\ y)=y^2,\ f_y(x,\ y)=2xy$$

이므로,

$$f_x(-3,\ 1)=1,\ f_y(-3,\ 1)=-6$$

따라서

$$\begin{aligned}D_{\mathbf{u}}f(-3,\ 1)&=f_x(-3,\ 1)\left(\frac{1}{\sqrt{5}}\right)+f_y(-3,\ 1)\left(\frac{-2}{\sqrt{5}}\right)\\&=1\left(\frac{1}{\sqrt{5}}\right)+(-6)\left(\frac{-2}{\sqrt{5}}\right)=\frac{13}{5}\sqrt{5}\end{aligned}$$

□

【예제 2】 $f(x,\ y)=x^3-3xy+4y^2$이고 단위벡터 $\mathbf{u}$와 x축과 양의 방향으로 이루는 각 θ가 $\theta=\dfrac{\pi}{6}$일 때, $D_{\mathbf{u}}f(1,\ 2)$의 값을 구하여라.

풀이

$$\begin{aligned}D_{\mathbf{u}}f(x,\ y)&=f_x(x,\ y)\cos\frac{\pi}{6}+f_y(x,\ y)\sin\frac{\pi}{6}\\&=(3x^2-3y)\ \frac{\sqrt{3}}{2}+(-3x+8y)\ \frac{1}{2}\end{aligned}$$

$$=\frac{1}{2}[3\sqrt{3}x^2-3x+(8-3\sqrt{3})y].$$

그러므로

$$\begin{aligned} D_{\mathbf{u}}f(1,\ 2) &= \frac{1}{2}[3\sqrt{3}(1)^2-3(1)+(8-3\sqrt{3})(2)] \\ &= \frac{13-3\sqrt{3}}{2} \end{aligned}$$

□

정리 5.2로부터 방향도함수는 두 벡터의 내적으로 쓸 수 있다.

$$\begin{aligned} D_{\mathbf{u}}f(x,\ y) &= f_x(x,\ y)a_1+f_y(x,\ y)a_2 \\ &= (f_x(x,\ y),\ f_y(x,\ y))\cdot(a_1,\ a_2) \\ &= (f_x(x,\ y),\ f_y(x,\ y))\cdot \mathbf{u} \end{aligned}$$

이 때 벡터 $(f_x(x_0,\ y_0),\ f_y(x_0,\ y_0))$를 점 $(x_0,\ y_0)$에서의 f**의 기울기벡터** 또는 **그래디언트 벡터**(gradient vector)라 하고, grad f 또는 ∇f으로 표기하고 'del f'라고 읽는다.

〈정의 5.3〉

2변수 함수 $z=f(x,\ y)$가 $(x_0,\ y_0)$에서 편미분계수를 가질 때 점 $(x_0,\ y_0)$에서 f의 기울기벡터는

$$\text{grad}\, f(x_0,\ y_0)=\nabla f(x_0,\ y_0)=f_x(x_0,\ y_0)\mathbf{i}+f_y(x_0,\ y_0)\mathbf{j}$$

와 같이 나타낸다.

【예제 3】 $f(x,\ y)=\sin xy$일 때 점 $\left(\frac{\pi}{3},\ 1\right)$에서의 f의 기울기벡터를 구하여라.

풀이 $\nabla f(x,\ y)=f_x(x,\ y)\mathbf{i}+f_y(x,\ y)\mathbf{j}=y\cos xy\,\mathbf{i}+x\cos xy\,\mathbf{j}$

따라서

$$\begin{aligned} \nabla f\left(\frac{\pi}{3},\ 1\right) &= \cos\frac{\pi}{3}\,\mathbf{i}+\frac{\pi}{3}\cos\frac{\pi}{3}\,\mathbf{j} \\ &= \frac{1}{2}\mathbf{i}+\frac{\pi}{6}\mathbf{j} \end{aligned}$$

□

기울기벡터에 대한 표기법을 사용해서 방향도함수를 다음과 같이 다시 쓸 수 있다.

$$D_{\mathbf{u}}f(x, y)=\nabla f(x, y)\cdot\mathbf{u}$$

【예제 4】 벡터 $\mathbf{a}=2\mathbf{i}+5\mathbf{j}$의 방향으로 점 $(6, -1)$에서의 함수 $f(x, y)=x^3y^4$의 방향도함수를 구하여라.

풀이 점 $(6, -1)$에서 기울기벡터를 계산하면 $\nabla f(6, -1)=108\mathbf{i}-864\mathbf{j}$이다. 그런데 $\mathbf{a}$는 단위벡터가 아니므로 먼저 $\mathbf{a}$ 방향의 단위벡터를 구하면

$$\mathbf{u}=\frac{\mathbf{a}}{\|\mathbf{a}\|}=\frac{2}{\sqrt{29}}\mathbf{i}+\frac{5}{\sqrt{29}}\mathbf{j}$$

이다. 그러므로

$$\begin{aligned}D_{\mathbf{u}}(6, -1)&=\nabla f(6, -1)\cdot\mathbf{u}\\&=(108\mathbf{i}-864\mathbf{j})\cdot\left(\frac{2}{\sqrt{29}}\mathbf{i}+\frac{5}{\sqrt{29}}\mathbf{j}\right)\\&=-\frac{4104}{\sqrt{29}}\end{aligned}$$

□

정리 5.4 2변수함수 $z=f(x, y)$에서 $P(x, y)$에서의 $D_{\mathbf{u}}f(x, y)$의 최대값은

$$\|\nabla f(x, y)\|$$

이고, 이 때 $\mathbf{u}$의 방향은 ∇f의 방향과 같다.

증명 단위벡터 $\mathbf{u}$가 $\nabla f(x, y)$와 이루는 편각을 θ라 하자.

$$\begin{aligned}D_{\mathbf{u}}f(x, y)&=\nabla f(x, y)\cdot\mathbf{u}\\&=\|\nabla f(x, y)\|\ \|\mathbf{u}\|\cos\theta\\&=\|\nabla f(x, y)\|\cos\theta\end{aligned}$$

여기서 $D_{\mathbf{u}}f(x, y)$값이 최대가 되는 때는 $\theta=0$일 때이다. 그러므로 $D_{\mathbf{u}}f(x, y)$의 최대값은 $\theta=0$일 때 $\|\nabla f(x, y)\|$이며 $\mathbf{u}$의 방향은 $\nabla f(x, y)$의 방향과 같다. □

【예제 5】 점 $(2, 3)$에서의 $f(x, y)=x^2y^3$의 최대인 방향미분계수는 얼마이며 그

때의 방향은 어떠한가?

풀이 $f(x, y)=x^2y^3$에서 $\nabla f(x, y)=f_x(x, y)\mathbf{i}+f_y(x, y)\mathbf{j}=2xy^3\mathbf{i}+3x^2y^2\mathbf{j}$ 이다. 따라서

$$\nabla f(2, 3)=108\mathbf{i}+108\mathbf{j}$$

그리고 그림 12.12에서와 같이 ∇f의 x, y성분이 각각 108로서 같으므로 이 때 방향은 x축의 양의 방향과의 각 $\theta=\frac{\pi}{4}$가 되는 방향이다. 따라서 최대인 방향미분계수는

$$\|\nabla f\|=108\sqrt{2}$$

이고 방향은 $\theta=\frac{\pi}{4}$의 방향이다.

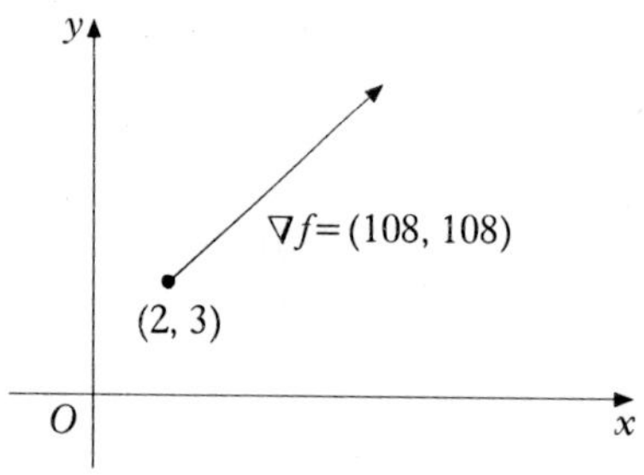

[그림 12.12] □

일반적으로 3변수함수 $s=f(x, y, z)$일 때도 앞에서의 이론이 일반화된다. 즉, f가 3변수 x, y, z의 함수이고 단위벡터가 $\mathbf{u}=u_1\mathbf{i}+u_2\mathbf{j}+u_3\mathbf{k}$라고 하면 다음이 성립한다.

$$D_{\mathbf{u}}f(x, y, z)=f_x u_1+f_y u_2+f_z u_3$$

$$D_{\mathbf{u}}f(x, y, z)=\nabla f(x, y, z)\cdot\mathbf{u}$$

$$\nabla f(x, y, z)=f_x\mathbf{i}+f_y\mathbf{j}+f_z\mathbf{k}$$

【예제 6】 3차원 공간상의 점(x, y, z)에서의 온도가

$$T(x, y, z)=\frac{80}{(1+x^2+2y^2+3z^3)} \quad \text{(단, } T\text{의 단위는 °}C\text{이고 } x, y, z\text{의 단위는 m)}$$

으로 주어졌다고 하자. 점 $(1, 1, -2)$에서 가장 빨리 온도가 증가하는 방향은?

또, 온도의 최대 증가율은 얼마인가?

풀이 T의 기울기벡터는

$$\begin{aligned}\nabla T &= \frac{\partial T}{\partial x}\mathbf{i}+\frac{\partial T}{\partial y}\mathbf{j}+\frac{\partial T}{\partial z}\mathbf{k}\\ &=-\frac{160x}{(1+x^2+2y^2+3z^2)^2}\mathbf{i}-\frac{320y}{(1+x^2+2y^2+3z^2)^2}\mathbf{j}\\ &\quad-\frac{480z}{(1+x^2+2y^2+3z^2)^2}\mathbf{k}\\ &=\frac{160}{(1+x^2+2y^2+3z^2)^2}(-x\mathbf{i}-2y\mathbf{j}-3z\mathbf{k})\end{aligned}$$

점 $(1,\ 1,\ -2)$에서 기울기벡터는

$$\nabla T(1,\ 1,\ -2)=\frac{160}{256}(-\mathbf{i}-2\mathbf{j}+6\mathbf{k})=\frac{5}{8}(-\mathbf{i}-2\mathbf{j}+6\mathbf{k})$$

정리 5.4를 이용하면 온도의 기울기벡터는 $\nabla T(1,\ 1,\ -2)=\frac{5}{8}(-\mathbf{i}-2\mathbf{j}+6\mathbf{k})$이며, 단위벡터 $\mathbf{u}=\dfrac{(-\mathbf{i}-2\mathbf{j}+6\mathbf{k})}{\sqrt{41}}$ 방향으로 가장 빨리 증가한다. 증가율의 최대값은 기울기벡터의 길이이므로

$$\|T(1,\ 1,\ -2)\|=\frac{5}{8}\|-\mathbf{i}-2\mathbf{j}+6\mathbf{k}\|=\frac{5\sqrt{41}}{8}$$

그러므로 온도의 최대증가율은 $\dfrac{5\sqrt{41}}{8}\approx 4°/\mathrm{m}$이다. □

연습문제 (12.5)

1. 다음의 점 P에서 주어진 방향으로의 함수 f의 방향도함수를 구하여라.

(1) $f(x, y)=x^2-5xy+3y^2$, $P(3, -1)$, $\theta=\dfrac{\pi}{4}$

(2) $f(x, y)=\tan^{-1}\left(\dfrac{y}{x}\right)$, $P(4, -4)$, $\mathbf{a}=2\mathbf{i}-3\mathbf{j}$

(3) $f(x, y)=\sqrt{9x^2-4y^2-1}$, $P(3, -2)$, $\mathbf{a}=\mathbf{i}+5\mathbf{j}$

(4) $f(x, y)=x^2\ln y$, $P(5, 1)$, $\mathbf{a}=-\mathbf{i}+4\mathbf{j}$

(5) $f(x, y)=xe^{3y}$, $P\left(2, \dfrac{\pi}{4}\right)$, $\mathbf{a}=(5, 1)$

2. 다음에서 주어진 점과 함수에 대하여 방향도함수 $f_{\mathbf{u}}$가 0이 되는 단위 벡터 $\mathbf{u}$를 찾아라.

(1) $f(x, y, z)=x^2+y^2-z^2$; $(2, 2, -1)$

(2) $f(x, y, z)=6xy-x^3-y^2+z$; $(1, 1, 1)$

3. $f(x, y, z)=ze^{xy}$의 점$(0, 1, 2)$에서 함수의 값이 가장 빨리 증가하는 방향을 구하라. 또, 최대 증가율은 얼마인가?

4. 다음 등식을 증명하여라.

(1) $\nabla(f+g)=\nabla f+\nabla g$

(2) $\nabla(af)=a\nabla f$

(3) $\nabla(fg)=f\nabla g+g\nabla f$

(4) $\nabla(f^n)=nf^{n-1}\nabla f$

5. $r=\sqrt{x^2+y^2}$이라 하자. 함수 $f(r)$이 미분가능일 때 다음을 증명하여라.

(1) $\nabla r=\dfrac{\mathbf{r}}{r}$ (단, $\mathbf{r}=x\mathbf{i}+y\mathbf{j}$)

(2) $\nabla f(r)=f'(r)\nabla r=\dfrac{f'(r)}{r}\mathbf{r}$

6. 문제 5번을 이용하여 다음을 계산하여라.

(1) $\nabla f(r)$ (단, $f(r)=re^{-3r}$)

(2) $f(r)$ (단, $\nabla f(r)=3r^2\mathbf{r}$ 이고 $f(0)=0$)

7. 좌표평면에서 각 점의 온도분포가

$$f(x, y)=273\,e^{-2x^2-y^2}\ (°K)$$

으로 주어졌다고 한다. 이 때 위치 (0, 1)에서 온도가 가장 빨리 증가하는 방향은 어느 방향인가? 또, 그 방향으로의 온도변화율을 구하여라. ($°K$는 절대온도의 단위이다.)

12.6 접평면과 법선

이 절에서는 미분가능한 함수 f에 대하여 점 $P(x_0, y_0, z_0)$에서 기울기벡터 grad $f(P)$의 기하학적 성질을 알아본다. 먼저 그림 12.13과 같이 $f(x, y, z)=k$로 표현되는 곡면 위의 점 $P(x_0, y_0, z_0)$에서의 접평면의 방정식에 대하여 알아보기로 하자. 이 때, 점 $P(x_0, y_0, z_0)$에서의 편미분계수값이

$$f_x(x_0, y_0, z_0)\neq 0, \quad f_y(x_0, y_0, z_0)\neq 0, \quad f_z(x_o, y_0, z_0)\neq 0$$

이라고 가정하자.

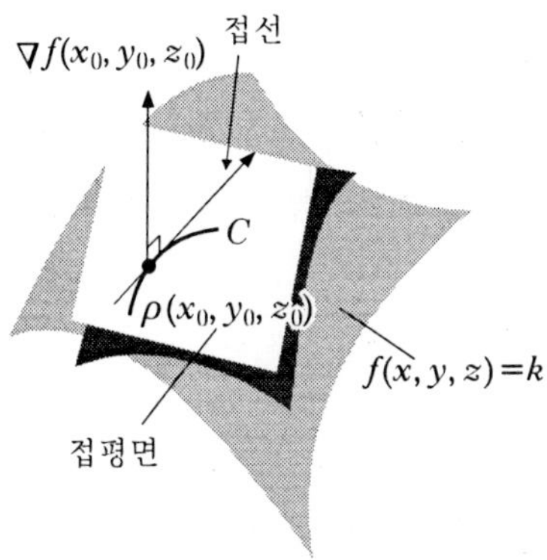

[그림 12.13]

이제 $x=x(t)$, $y=y(t)$, $z=z(t)$는 곡면 $f(x, y, z)=k$ 위에 놓여 있는 어떤 미분가능한 곡선 C의 매개방정식이라고 하자. 그러면 모든 t에 대하여 $f(x(t), y(t), z(t))=k$이고 연쇄법칙에 의하면

$$\frac{df}{dt}=f_x\frac{dx}{dt}+f_y\frac{dy}{dt}+f_z\frac{dz}{dt}=0 \tag{1}$$

이다. 이 때 $t=t_0$에서의 값을 각각 $x_0=x(t_0)$, $y=y(t_0)$, $z=z(t_0)$라고 하자.

식 (1)은 f의 기울기벡터와 곡선에 대한 벡터 표현 $\mathbf{r}(t)=x(t)\mathbf{i}+y(t)\mathbf{j}+z(t)\mathbf{k}$의 도함수로 다음과 같이 표시할 수 있다. 즉,

$$\frac{df}{dt}=\nabla f\cdot\mathbf{r}'(t)=0$$

이다. 특히 이것은 점 $P(x_0, y_0, z_0)$에 대하여도 만족하므로

$$\nabla f(x_0, y_0, z_0) \cdot \mathbf{r}'(t_0)=0$$

과 같이 나타낼 수 있다.

이 때 $\mathbf{r}'(t_0)$는 곡선 C 위의 $t=t_0$에서의 접선벡터를 나타내며, 앞의 식은 벡터 $\nabla f(x_0, y_0, z_0)$와 $\mathbf{r}'(t_0)$의 벡터 내적이 항상 0이 된다. 이것은 점 $P(x_0, y_0, z_0)$를 지나는 곡선 C의 접선이 $\nabla f(x_0, y_0, z_0)$와 수직이 되는 것을 의미한다. 여기서 C는 곡면 위에 놓여 있는 임의의 곡선이므로 $\nabla f(x_0, y_0, z_0)$는 점 $P(x_0, y_0, z_0)$에서의 곡면 $f(x, y, z)=k$의 접평면에 수직이 되는 법선벡터가 된다.

〈정의 6.1〉

$f(x, y, z)=k$가 한 곡면을 결정하고 f가 이 곡면 위의 점 $P(x_0, y_0, z_0)$에서 미분가능하고 $\nabla f(x_0, y_0, z_0)\neq 0$이라 하자. 이 때 점 P를 지나 $\nabla f(x_0, y_0, z_0)$에 수직인 평면을 점 P에서의 곡면 $f(x, y, z)=k$의 **접평면**(tangent plane)이라고 하고, $\nabla f(x_0, y_0, z_0)$는 곡면 위의 점 $P(x_0, y_0, z_0)$에서의 **법벡터**(normal vector)라고 한다.

정리 6.2 곡면 $f(x, y, z)=k$ 위의 점 $P(x_0, y_0, z_0)$에서의 접평면의 방정식은

$$f_x(x_0, y_0, z_0)(x-x_0)+f_y(x_0, y_0, z_0)(y-y_0)+f_z(x_0, y_0, z_0)(z-z_0)=0$$

이다. 그리고 곡면 $z=f(x, y)$에 있어서 점 $P(x_0, y_0, f(x_0, y_0))$에서의 접평면의 방정식은

$$z-z_0=f_x(x_0, y_0)(x-x_0)+f_y(x_0, y_0)(y-y_0)$$

이다.

【예제 1】 곡면 $x^2+y^2+z^2=4$ 위의 점 $(-1, 1, \sqrt{2})$에서의 접평면과 법선의 방정식을 구하여라.

풀이 $f(x, y, z)=x^2+y^2+z^2$이라 하면

$$f_x(-1, 1, \sqrt{2})=-2, \quad f_y(-1, 1, \sqrt{2})=2, \quad f_z(-1, 1, \sqrt{2})=2\sqrt{2}$$

따라서 정리 6.2에 의하여 접평면의 방정식은

$$-2(x-(-1))+2(y-1)+2\sqrt{2}(z-\sqrt{2})=0.$$

즉

$$-x+y+\sqrt{2}z=4$$

이다. 그리고 점$(-1,\ 1,\ \sqrt{2})$를 지나는 법선의 방정식은 다음과 같다.

$$\frac{x+1}{-1}=\frac{y-1}{1}=\frac{z-\sqrt{2}}{\sqrt{2}}$$ □

【예제 2】 곡면 $f(x,\ y)=6-3x^2-y^2$ 위의 점 $(1,\ 2,\ -1)$에서의 접평면과 법벡터를 구하여라.

풀이 $f(x,\ y)=6-3x^2-y^2$에서

$$f_x(1,\ 2)=-6,\quad f_y(1,\ 2)=-4.$$

정리 6.2에 의하여 접평면의 방정식은

$$-6(x-1)-4(y-2)-(z+1)=0$$

이고 법벡터는

$$f_x(1,\ 2)\mathbf{i}+f(1,\ 2)\mathbf{j}-\mathbf{k}=(-6,\ -4,\ -1)$$

이다. □

연습문제 (12.6)

1. 다음 각 점 P에서의 주어진 곡면의 접평면의 방정식을 구하여라.
   (1) $f(x, y)=xy-x+y+5$, $P(0, 2, 7)$
   (2) $f(x, y)=\sin \pi xy$, $P(-\sqrt{2}, \sqrt{2}, 0)$
   (3) $f(x, y)=(2+x-y)^2$, $P(2, 1, 9)$

2. 다음 각 점에서의 주어진 곡면의 접평면과 법선의 방정식을 구하여라.
   (1) $x^2+y^2+z^2=49$, $P(2, 3, 6)$
   (2) $xy+yz+zx=11$, $P(1, 2, 3)$

3. 구 $x^2+y^2+z^2=1$에 수직인 모든 직선들은 원점을 지나게 됨을 증명하여라.

4. 법선이 두 점 $P(1, -2, 1)$과 $Q(4, 0, -1)$을 지나는 직선에 평행하게 되는 곡면 $x^2+y^2-z^2=1$ 위의 점을 모두 구하여라.

5. 곡면 $z=x^2-2xy-y^2-8x+4y$ 위에서 접평면이 수평인 점들을 모두 구하여라.

6. 곡면 $x^2+4y+z^2=0$과 $x^2+y^2+z^2-6z+7=0$이 점$(0, -1, 2)$에서 서로 접하는 것을 밝혀라. 즉, 점$(0, -1, 2)$에서 두 곡면 위의 접평면이 같다는 것을 밝혀라.

7. 두 곡면이 교점 $P(x, y, z)$에서 **직교한다**(orthogonal)는 말은 점 P에서의 두 곡면의 법선이 서로 직교할 때를 말한다. 두 곡면 $F(x, y, z)=0$과 $G(x, y, z)=0$이 주어졌을 때 (단, F와 G가 모두 연속인 편도함수를 갖는다고 하자), 점 P에서 직교할 필요충분 조건은 다음과 같음을 증명하여라.

$$F_xG_x+F_yG_y+F_zG_z=0$$

8. 구면 $x^2+y^2+z^2=a^2$과 원뿔면 $x^2+y^2-z^2=0$은 만나는 모든 점에서 직교함을 증명하여라.

12.7 2변수함수의 최대값과 최소값

이 절에서는 2변수함수 $z=f(x, y)$의 최대값과 최소값을 편도함수를 이용하여 구하는 법을 알아본다.

〈**정의 7.1**〉

2변수함수 $z=f(x, y)$가 점(x_0, y_0)의 근방의 모든 점(x, y)에 대하여

$$f(x, y) \le f(x_0, y_0)$$

이면, $f(x_0, y_0)$를 $f(x, y)$의 **극대값**(relative maximum)이라 하고, 또

$$f(x, y) \ge f(x_0, y_0)$$

이면 $f(x_0, y_0)$를 $f(x, y)$의 **극소값**(relative minimum)이라고 한다. 그리고 **극대값**, **극소값**을 통틀어 **극값**이라고 한다.

2변수함수 $z=f(x, y)$의 정의역의 모든 점 (x, y)에서 정의 7.1의 부등식이 성립할 때 $z=f(x, y)$는 (x_0, y_0)에서 **최대값**(또는 **최소값**)으로 $f(x_0, y_0)$를 가진다고 한다.

여러 개의 극대값과 극소값을 가지는 함수의 그래프는 그림 12.14와 같이 그려진다. 극대값을 산의 맨 꼭대기의 점으로, 극소값을 계곡의 맨 아래의 점으로 생각할 수 있다.

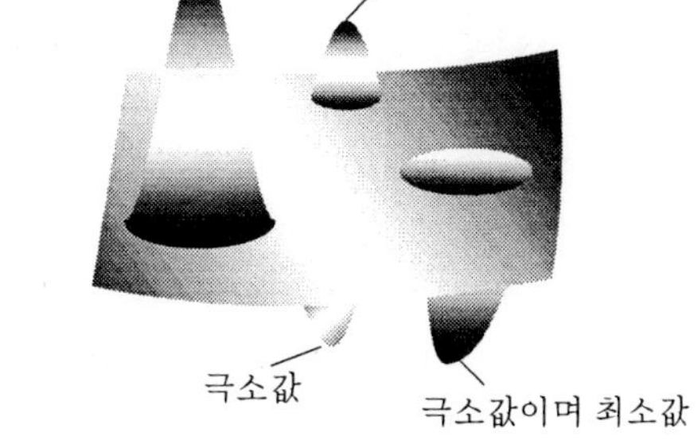

[그림 12.14]

2변수함수 $z=f(x, y)$가 점(x_0, y_0)에서 극값(극대값 또는 극소값)을 가지며, $g(x)$, $h(y)$는 각각 일변수함수

$$g(x):=f(x, y_0), \quad h(y):=f(x_0, y)$$

라고 하자. 그러면 g는 x_0에서 극값을 가지며 또 h 역시 y_0에서 극값을 갖는다. 그러므로 만약 $f_x(x_0, y_0)$와 $f_y(x_0, y_0)$가 존재하면,

$$f_x(x_0, y_0)=g'(x_0)=0, \quad f_y(x_0, y_0)=h'(y_0)=0$$

이다. 따라서 다음의 정리를 얻을 수 있다.

정리 7.2 2변수함수 $z=f(x, y)$가 점(x_0, y_0)의 근방에서 연속이고, $f_x(x_0, y_0)$, $f_y(x_0, y_0)$가 존재하며 점(x_0, y_0)에서 극값을 가지면,

$$f_x(x_0, y_0)=0, \quad f_y(x_0, y_0)=0$$

이다.

【예제 1】 2변수함수 $f(x, y)=x^2+y^2+2x-4y$의 극값을 구하여라.

풀이 $f_x=2x+2=0$, $f_y=2y-4=0$에서 $x=-1$, $y=2$이고 $f(-1, 2)=-5$이다. 그런데 $(-1, 2)$ 근방에서는

$$f(x, y)=(x+1)^2+(y-2)^2-5 > -5=f(-1, 2)$$

이므로 이 함수는 $(-1, 2)$에서 극소값 -5를 갖는다. □

【예제 2】 2변수함수 $f(x, y)=y^2-x^2$에서 $f(0, 0)$는 극값이 아님을 보여라.

풀이 $f_x=-2x=0$, $f_y=2y=0$에서 $f(0, 0)=0$이다. 그런데 $(0, 0)$의 근방에서

$$x=0\text{일 때 } f(0, y)=y^2>0,$$
$$y=0\text{일 때 } f(x, 0)=-x^2<0$$

이다.

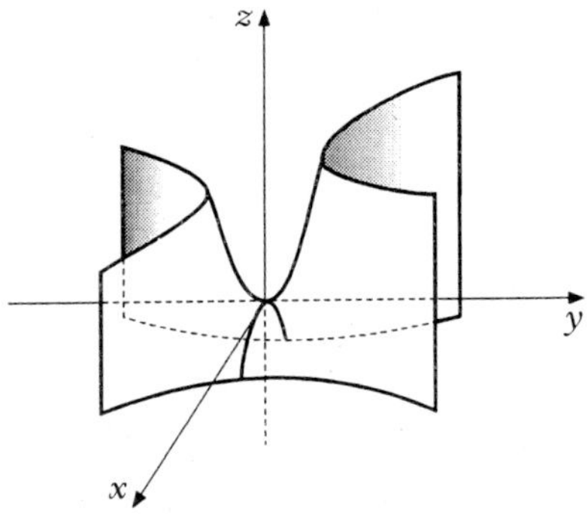

[그림 12.15]

따라서 중심 (0, 0)의 근방 내의 점들에 대해서 f가 양의 값을 취하기도 하고 음의 값을 취하기도 한다. 따라서 $f(0, 0)=0$는 f의 극값이 될 수 없다. 그러므로 주어진 함수는 그림 12.15에서 알 수 있는 바와 같이 극값을 갖지 않는다. □

2변수함수 $f(x, y)=y^2-x^2$의 그래프는 쌍곡포물선 $z=y^2-x^2$이고 이것은 원점에서 수평의 접평면을 가진다. $f(0, 0)=0$는 x축 방향에서는 최대이나 y축 방향에서는 최소라는 것을 그림 12.15에서 알 수 있다. 이 그래프는 원점 근방에서 말안장 모양을 하는데 점 (0, 0)은 f의 **안장점**(saddle point)이라고 한다.

다음은 일변수함수의 2계 도함수 판정법과 유사한 정리로서 2변수함수의 극대, 극소를 판정하는데 유용한 정리이다.

정리 7.3 2변수함수 $z=f(x, y)$가 점(x_0, y_0)의 근방에서 연속인 2계 편도함수를 갖고 D를

$$D=D(x_0, y_0):=f_{xx}(x_0, y_0)f_{yy}(x_0, y_0)-[f_{xy}(x_0, y_0)]^2$$

이라 하자. 이 때, $f_x(x_0, y_0)=0$, $f_y(x_0, y_0)=0$ 이면, $f(x, y)$의 극대, 극소는 다음과 같이 된다.

(1) $D>0$이고 $f_{xx}(x_0, y_0)<0$ (또는 $f_{yy}(x_0, y_0)<0$)이면, $f(x_0, y_0)$는 극대값;
(2) $D>0$이고 $f_{xx}(x_0, y_0)>0$ (또는 $f_{yy}(x_0, y_0)>0$)이면, $f(x_0, y_0)$는 극소값;
(3) $D<0$이면, $f(x_0, y_0)$는 극값이 아니다.
(4) $D=0$이면 극값의 판정이 불가능하다.

정리 7.3에서 (3)의 경우에 (x_0, y_0)는 f의 안정점이고 f의 그래프는 (x_0, y_0)에서 그 접평면이 교차하며 (4)의 경우에서 $D=0$이면 f는 (x_0, y_0)에서 극대값 또는 극소값을 갖는지 판정할 수 없으며 (x_0, y_0)가 안장점일 수도 있다.

예를 들면,

$$f(x, y)=y^4-x^4, \quad g(x, y)=x^4+y^4, \quad h(x, y)=x^5+x^3+y^3$$

에서 각 경우에 $D(0, 0)=0$인데 $(0, 0)$이 f의 안장점이고, g는 $(0, 0)$에서 극소값을 갖고, h는 $(0, 0)$에서 극값을 갖지 않으며 안장점도 아니다.

【예제 3】 2변수함수 $f(x, y)=x^2-2xy+\frac{1}{3}y^3-3y$에서 f의 극값을 구하여라.

풀이 먼저 $f(x, y)$의 임계점을 찾는다.

$f_x(x, y)=2x-2y=0$, $f_y(x, y)=-2x+y^2-3=0$에서 2개의 임계점 $(3, 3)$, $(-1, -1)$을 얻는다. 다음은 2계 편도함수와 $D(x, y)$를 구하면

$$f_{xx}(x, y)=2, \ f_{yy}(x, y)=2y, \ f_{xy}(x, y)=-2$$

이다. $D(x, y)=f_{xx}(x, y)f_{yy}(x, y)-[f_{xy}(x, y)]^2$이므로

$$\begin{aligned} D(3, 3)&=f_{xx}(3, 3)f_{yy}(3, 3)-[f_{xy}(3, 3)]^2 \\ &=(2)(6)-(-2)^2=8>0 \end{aligned}$$

이고,

$$\begin{aligned} D(-1, -1)&=f_{xx}(-1, -1)f_{yy}(-1, -1)-[f_{xy}(-1, -1)]^2 \\ &=(2)(-2)-(-2)^2=-8<0. \end{aligned}$$

따라서 $D(3, 3)>0$이고 $f_{xx}(3, 3)=2>0$이므로 극소값 $f(3, 3)=-9$이고 $D(-1, -1)<0$이므로 점 $(-1, -1)$은 f의 말안장점이다. 그리고 주어진 함수의 그래프는 다음 그림 12.16과 같다. □

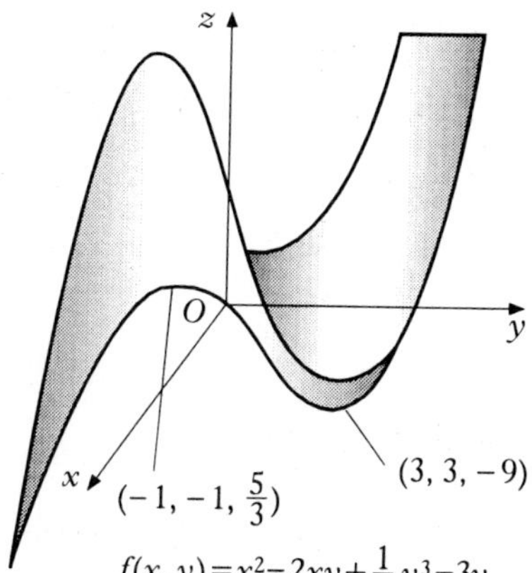

[그림 12.16]

【예제 4】 3차원 공간에서 원점과 곡면 $z^2=x^2y+4$ 사이의 최소거리를 구하여라.

풀이 임의의 점 $P(x, y, z)$에서 원점$(0, 0, 0)$까지의 거리를 d라 하면 $d^2=x^2+y^2+z^2$이다. 따라서 d^2은

$$d^2=f(x, y)=x^2+y^2+x^2y+4$$

이고 x, y의 2변수함수이다. 2변수함수 $f(x, y)$에서

$$f_x(x, y)=2x+2xy=0, \quad f_y(x, y)=2y+x^2=0$$

이 되고, 연립방정식을 풀면 임계점들은 $(0, 0)$, $(\sqrt{2}, -1)$, $(-\sqrt{2}, -1)$이 된다. 또

$$f_{xx}(x, y)=2+2y, \quad f_{yy}(x, y)=2, \quad f_{xy}(x, y)=2x$$

이 된다. 그러므로 $D(\sqrt{2}, -1)=-8$이고 $D=(-\sqrt{2}, -1)=-8$이므로 정리 7.3을 이용하면 점 $(\sqrt{2}, -1)$과 점 $(-\sqrt{2}, -1)$에서는 극값을 갖지 않는다. 그러나 $D(0, 0)=4>0$이고 $f_{xx}(0, 0)=2>0$이므로 점 $(0, 0)$에서 d^2의 최소가 되고 최소값을 $d^2=4$이다. 그러므로 원점에서 주어진 곡면까지 최소거리는 $d=2$이다. □

일변수함수 f에 관한 극값정리에서, 폐구간 $[a, b]$에서 f가 연속이면 f는 $[a, b]$에서 최대값과 최소값을 갖는다. 이와 비슷하게 2변수함수에서도 $\mathbb{R}^2$ 상의 유계인 폐

집합 D에서 2변수함수 $z=f(x, y)$가 연속이면 D 안에 있는 점 (x_1, y_1), 점 (x_2, y_2)에서 각각 최대값 $f(x_1, y_1)$, 최소값 $f(x_2, y_2)$를 갖는다. 따라서 유계인 폐집합 D에서 연속인 2변수함수 $z=f(x, y)$의 최대값, 최소값을 구하기 위해서는 D에 있는 임계점에서의 함수값을 구하고 또 D의 경계에서 f의 함수값을 구한 다음 여기서 구한 함수값 중 가장 큰 값이 최대값이고 가장 작은 값이 최소값이다.

【예제 5】 $D=\{(x, y)|0 \le x \le 1, 0 \le y \le 1\}$에서 정의된 2변수함수 $f(x, y)=xy-x^2$의 최대값과 최소값을 구하여라.

풀이 2변수함수 $f(x, y)=xy-x^2$은 다항식이므로 D에서 연속이다. 따라서 주어진 함수 f의 최대값과 최소값이 존재한다.

먼저

$$f_x(x, y)=y-2x=0 \text{과} \quad f_y(x, y)=x=0$$

에서 유일한 임계점은 $(0, 0)$이고 $f(0, 0)=0$이다. 다음은 그림 12.17에서 네 개의 선분 l_1, l_2, l_3, l_4로 구성된 D의 경계에서 f의 값을 찾는다.

l_1에서 $x=0$이고 $0 \le y \le 1$이고 $f(0, y)=0$이므로 l_1에서 f의 값은 0이다.

l_2에서 $y=0$이고 $0 \le x \le 1$이고 $f(x, 0)=-x^2$이므로 l_2에서 f의 값은 최대값은 0이고 최소값은 -1이다.

l_3에서 $x=1$이고 $0 \le y \le 1$이고 $f(1, y)=y-1$이므로 l_3에서 f의 최대값은 0이고 최소값은 -1이다.

마지막으로 l_4에서 $y=1$이고 $0 \le x \le 1$이고 $f(x, 1)=x-x^2$이므로 l_4에서 f의 최대값은 $\frac{1}{4}$이고 최소값은 0이다.

따라서 주어진 영역 D에서의 f의 최대값은 $\frac{1}{4}$이고 최소값은 -1이다. □

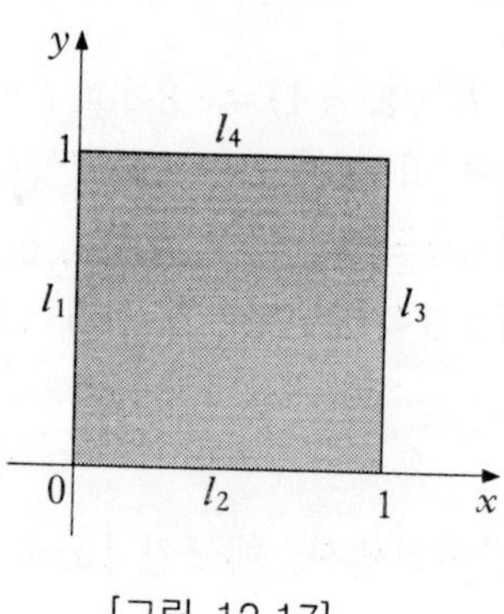

[그림 12.17]

연습문제 (12.7)

1. 다음 2변수함수 $f(x, y)$의 모든 임계점을 구하고 그 점이 극대나 극소 혹은 안장점인지를 결정하여라.

   (1) $f(x, y)=x-xy+y^4+4$ (2) $f(x, y)=3x^2-2xy+y^2-8y$

   (3) $f(x, y)=4xy-x^4-y^4$ (4) $f(x, y)=\sin x+\cos y$

2. 뚜껑이 없는 직육면체의 상자를 만드는데 부피가 32 m^3가 되게하려 할 때 겉넓이가 최소가 되는 가로, 세로, 높이를 구하여라.

3. 다음 함수의 임계점과 극대 또는 극소가 되는 점을 구하여라.

$$f(x, y)=x^4+y^4-x^2-y^2+1$$

4. 다음 함수들의 임계점을 구하고 각 임계점들이 극대점, 극소점 또는 안장점이 되는지를 알아보아라.

   (1) $f(x, y)=x^2+2y^2-6x+8y-1$

   (2) $f(x, y)=x^2-2y^2-6x+8y+3$

   (3) $f(x, y)=x^2+6xy+2y^2-6x+10y-2$

   (4) $f(x, y)=x^2-xy-2y^2-7x-8y+3$

   (5) $f(x, y)=x^2+2xy+2y^2-6x+10y-5$

13 장

다중적분

13.1 적분가능 함수

8장에서는 한 구간에서 일변수함수의 정적분을 공부하였다. 본 장에서는 2변수 또는 3변수함수, 즉, 다변수함수의 적분인 이중적분, 삼중적분을 정의하여 보다 복잡한 영역의 넓이, 입체의 부피, 2차원 또는 3차원 물체의 무게중심 등을 계산하는 방법들을 자세히 알아본다. 일반적으로 이러한 적분들을 **다중적분**(multiple integral)이라 한다.

함수 f가 직사각형 영역

$$R=[a,\ b]\times[c,\ d]=\{(x,\ y)\in\mathbb{R}^2 \mid a\leq x\leq b,\ c\leq y\leq d\}$$

에서 정의된 2변수 연속함수일 때, f에 대하여 적분가능하다는 개념을 정의하려고 한다.

8.1절에서 일변수함수의 적분을 정의할 때와 마찬가지로, 우선 구간 $[a,\ b]$의 분할 $P_1=\{x_0,\ x_1,\ \cdots,\ x_m\}$과 구간 $[c,\ d]$의 분할 $P_2=\{y_0,\ y_1,\ \cdots,\ y_n\}$라 두면

$$P=P_1\times P_2=\{(x_i,\ y_j)\mid x_i\in P_1,\ y_j\in P_2\}$$

를 영역 R의 **분할**(partition)이라 한다. 이 때, $1\leq i\leq m$, $1\leq j\leq n$에 대하여

$$P_{ij}=[x_{i-1},\ x_i]\times[y_{j-1},\ y_j],\quad \mathrm{Vol}(P_{ij})=(x_i-x_{i-1})(y_j-y_{j-1})=a_{ij},$$

δ_{ij}는 P_{ij}의 대각선의 길이, $|P|=\max\{\delta_{ij}\mid 1\le i\le m,\ 1\le j\le n\}$이라 두자.
이 때 $|P|$는 분할 P의 **노름**(norm)이라 부른다.

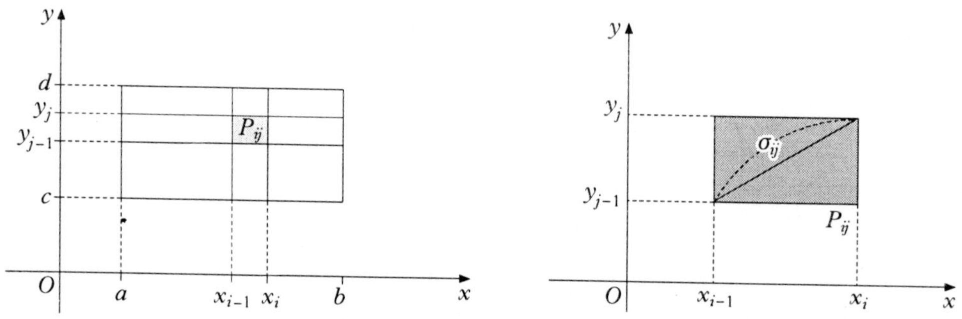

[그림 13.1]

$(\bar{x}_i,\ \bar{y}_j)$가 P_{ij}의 임의의 한 점일 때,

$$\sum_{i=1}^{m}\sum_{j=1}^{n} f(\bar{x}_i,\ \bar{y}_j)a_{ij}$$

를 영역 R에서 분할 P에 대한 함수 f의 **이중 리만합**(double Riemann sum)이라 부른다.

〈정의 1.1〉

영역 R에서 유계인 함수 $f(x,\ y)$의 **이중적분**(double integral)은

$$\iint_R f(x,\ y)dA=\lim_{|P|\to 0}\sum_{i=1}^{m}\sum_{j=1}^{n} f(\bar{x}_i,\ \bar{y}_j)\ a_{ij}$$

로 정의하고, $\int_R f$ 또는 $\iint_R f(x,\ y)dxdy$로 나타내기도 한다.

만일 R의 모든 점$(x,\ y)$에 대하여 $f(x,\ y)\ge 0$이면, $\int_R f$는 직사각형 R 위로 그려진 그래프 f와 xy-평면으로 경계지어지는 입체의 부피를 나타낸다.

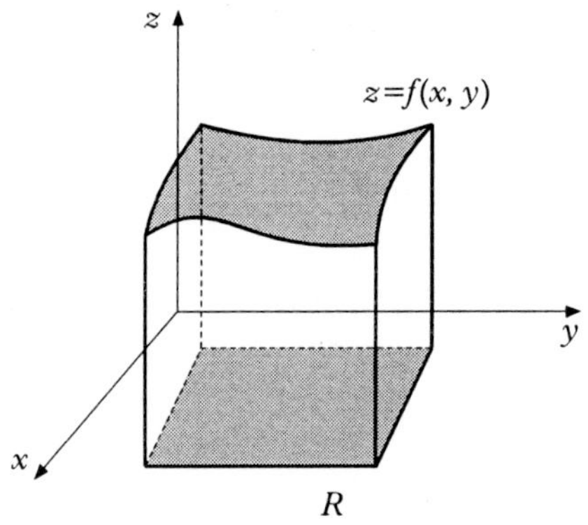

[그림 13.2]

【예제 1】 R이 그림 13.3처럼 주어지는 정사각형의 영역일 때, 다음 이중적분 $\iint_R ([x]+[y])dx\,dy$를 계산하여라.

풀이 그림 13.3은 영역 R 위에 놓여 있는 $z=[x]+[y]$의 그래프의 부분을 나타낸 것이다. 이 그래프 아래의 영역을 두 개의 $1\times1\times1$인 정육면체와 하나의 $1\times1\times2$인 직육면체를 생각하면 그 부피는 4이다. 따라서

$$\iint_R ([x]+[y])dA = 4$$ □

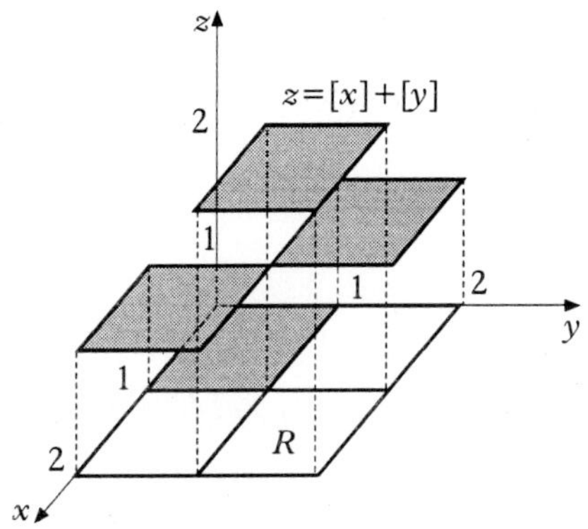

[그림 13.3]

앞에서와 같이 적분가능하다는 개념은 일반적인 $\mathbb{R}^n$ 공간에서도 정의할 수 있다. 예를 들어 $n=3$이면, 직육면체

$$R=[a_1,\ b_1]\times[a_2,\ b_2]\times[a_3,\ b_3]$$
$$=\{(x_1,\ x_2,\ x_3)\in\mathbb{R}^3 \mid a_i\le x_i\le b_i,\ i=1,\ 2,\ 3\}$$

에서 정의된 유계인 함수 f에 대하여,

$$P:\begin{cases} a_1=x_0<x_1<\cdots<x_m=b_1 \\ a_2=y_0<y_1<\cdots<y_n=b_2 \\ a_3=z_0<z_1<\cdots<z_l=b_3 \end{cases}$$

가 R의 분할이면, R은 부분 영역

$$P_{ijk}=[x_{i-1},\ x_i]\times[y_{j-1},\ y_j]\times[z_{k-1},\ z_k],\ 1\le i\le m,\ 1\le j\le n,\ 1\le k\le l$$

들로 나뉘며, P_{ijk}의 부피는 $\mathrm{Vol}(P_{ijk})=(x_i-x_{i-1})(y_j-y_{j-1})(z_k-z_{k-1})=v_{ijk}$이다. 이 때 R에서 유계인 함수 f의 **삼중 리만합**(triple Riemann sum)은

$$\sum_{i=1}^{m}\sum_{j=1}^{n}\sum_{k=1}^{l} f(\bar{x}_i,\ \bar{y}_j,\ \bar{z}_k)\cdot v_{ijk},\qquad (\bar{x}_i,\ \bar{y}_j,\ \bar{z}_k)\in P_{ijk}$$

로 쓸 수 있다. δ_{ijk}는 P_{ijk}의 대각선의 길이로 놓으면, 분할 P의 노름은 $|P|=\max\{\delta_{ijk}|1\le i\le m,\ 1\le j\le n,\ 1\le k\le l\}$로 정의된다. 만일 $|P|\to 0$일 때, 삼중 리만합의 극한값이 존재한다면, R에서 함수 f는 **적분가능하다**고 말하고 그 극한값을 f의 **삼중적분**(triple integral)이라 하며,

$$\int_R f \quad \text{또는} \quad \iiint_R f(x,\ y,\ z)dV \quad \text{또는} \quad \iiint_R f(x,\ y,\ z)dxdydz$$

로 나타낸다.

일반적으로 $\mathbb{R}^n$ 공간의 영역

$$R=[a_1,\ b_1]\times\cdots\times[a_n,\ b_n]=\{(x_1,\ \cdots,\ x_n)\in\mathbb{R}^n \mid a_i\le x_i\le b_i,\ i=1,\ \cdots,\ n\}$$

에서 정의된 유계인 함수 f에 대하여도, 적분가능하다는 개념을 위와 같이 정의할 수 있고, 이 때의 적분값을

$$\int_R f \quad \text{또는} \quad \int\cdots\int_R f(x_1,\ x_2,\ \cdots,\ x_n)dx_1dx_2\cdots dx_n$$

으로 나타낸다.

이번에는 유계인 함수 $f(x_1, \cdots x_n)$의 정의역 A가 앞에서처럼 상자가 아닌 경우에 적분을 정의해 보자. 우리는 정의역 A가 유계인 경우에 다루기로 한다. 그러면, A를 포함하는 상자 R이 존재하고, 이때 f의 자명한 확장 $\tilde{f}$는

$$\tilde{f}(x_1, \cdots, x_n) := \begin{cases} f(x_1, \cdots, x_n), & (x_1, \cdots, x_n) \in A \\ 0, & (x_1, \cdots, x_n) \in R-A \end{cases}$$

로 정의하고, f의 R에서의 적분은 다음과 같이 정의한다.

〈정의 1.2〉

함수 $\tilde{f}$가 R에서 적분가능하면, 함수 f가 A에서 적분가능하다고 하고, 이 때

$$\int_A f := \int_R \tilde{f}$$

로 정의한다.

위 정의에서 주목할 것은 f가 A에서 적분가능하다는 것은 A를 포함하는 다른 상자를 택하더라도 $\int_A f$의 값은 일정하다.

일변수 함수의 적분의 성질과 같이 $\mathbb{R}^n$ 공간에서의 적분도 다음과 같은 성질을 갖고 있음을 알 수 있다.

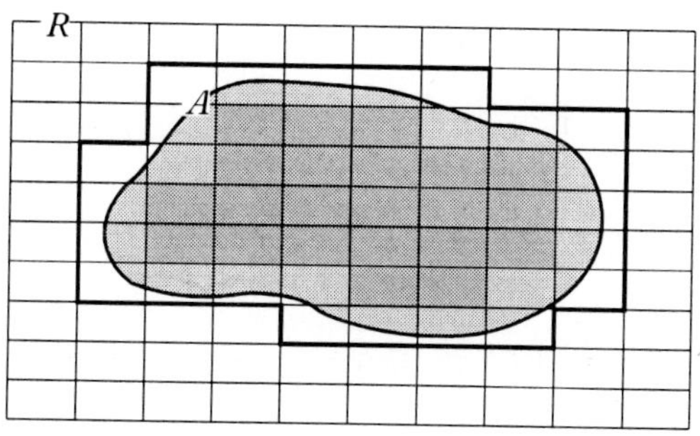

[그림 13.4]

정리 1.3 $\mathbb{R}^n$ 공간의 유계인 부피가 있는 집합 A에 대하여,

(1) f와 g가 A에서 적분가능한 유계함수이면,

$$\int_A (f+g) = \int_A f + \int_A g$$

이고, 또 상수 α에 대하여

$$\int_A \alpha f = \alpha \int_A f$$

이다.

(2) 만약 $f \leq g$이면,

$$\int_A f \leq \int_A g$$

이다. 특히 모든 $x \in A$에 대하여 $|f(x)| \leq M$이면,

$$\left| \int_A f \right| \leq M \cdot \mathrm{Vol}(A) \qquad \left(\mathrm{Vol}(A) = \int_A 1 \text{ 이며, } A\text{의 부피} \right)$$

(3) 유계인 연속함수 f는 항상 적분가능하다.

(4) B가 A의 부분집합이고, 부피가 있다고 하자. 유계함수 f가 A에서 적분가능하면, f는 B, $A-B$에서 적분가능하고,

$$\int_A f = \int_B f + \int_{A-B} f$$

위 정리의 증명은 일변수 함수의 적분의 성질 증명과 유사하므로 생략한다.

〈**정의 1.4**〉

A가 $\mathbb{R}^n$ 공간 속의 $\mathrm{Vol}(A) \neq 0$인 유계인 집합이라고 하고, f를 A에서 적분가능한 유계함수라고 하자.

(1) 이 때

$$\frac{\int_A f}{\mathrm{Vol}(A)}$$

를 f의 A에서의 **평균값**이라고 한다.

(2) 또

$$\bar{x}_1 = \frac{\int_A x_1 f(x_1, \cdots, x_n)dV_n}{\int_A f}$$

$$\vdots$$

$$\bar{x}_n = \frac{\int_A x_n f(x_1, \cdots, x_n)dV_n}{\int_A f}$$

라고 할 때, $(\bar{x}_1, \cdots, \bar{x}_n)$를 밀도함수 f에 대한 A의 **무게중심**(center of mass)이라고 한다. 밀도함수 $f=1$일 때는 $(\bar{x}_1, \cdots, \bar{x}_n)$를 단순히 A의 **중심**이라고 한다.

【예제 2】 앞의 예제 1의 함수 f의 평균값을 구하여 보면, 먼저 f의 정의역의 넓이는 4이고, 적분값 $\int_R f=4$이므로 함수 f의 R에서의 평균값은 1임을 알 수 있다.

끝으로, 좌표평면의 한 영역 A에서 정의된 곡면 $z=f(x, y)$의 넓이를 구하는 방법을 알아보도록 하자.

이제 A 안의 충분히 작은 직사각형의 꼭지점을 (x, y), $(x+\Delta x, y)$, $(x, y+\Delta y)$, $(x+\Delta x, y+\Delta y)$라고 하면, 이 때 그래프 위의 대응되는 네 점은

$$\begin{aligned}
P_1&=(x, y, f(x, y))\\
P_2&=(x+\Delta x, y, f(x+\Delta x, y))\approx(x+\Delta x, y, f(x, y)+D_1f(x, y)\Delta x)\\
P_3&=(x, y+\Delta y, f(x, y+\Delta y))\approx(x, y+\Delta y, f(x, y)+D_2f(x, y)\Delta y)\\
P_4&=(x+\Delta x, y+\Delta y, f(x+\Delta x, y+\Delta y))\\
&\approx(x+\Delta x, y+\Delta y, f(x, y)+D_1f(x, y)\Delta x+D_2f(x, y)\Delta y)
\end{aligned}$$

이므로 도형 $\square P_1P_2P_3P_4$는 거의 평행사변형을 이루고, 이 평행사변형의 넓이는 벡터

$$\begin{aligned}
&(\Delta x, 0, D_1f(x, y)\Delta x)\times(0, \Delta y, D_2f(x, y)\Delta y)\\
&=(-D_1f(x, y)\Delta x\Delta y, -D_2f(x, y)\Delta x\Delta y, \Delta x\Delta y)
\end{aligned}$$

의 길이

$$\sqrt{1+D_1f(x, y)^2+D_2f(x, y)^2}\Delta x\Delta y$$

와 같다. 따라서 구하는 곡면의 넓이는

$$\iint_A \sqrt{1+\left(\frac{\partial z}{\partial x}\right)^2+\left(\frac{\partial z}{\partial y}\right)^2}\,dxdy$$

와 같이 구할 수 있다.

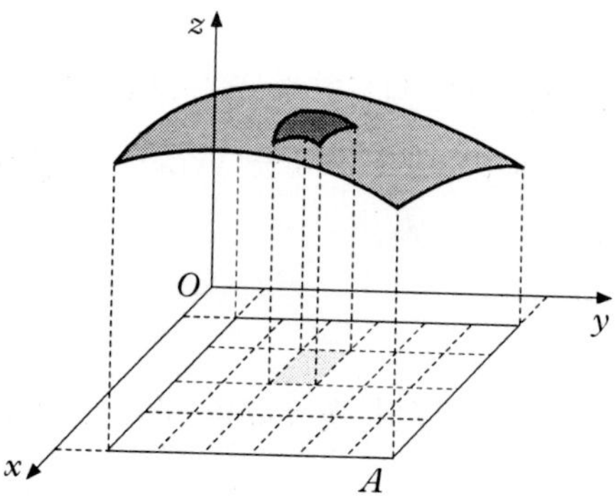

[그림 13.5]

연습문제 (13.1)

1. 영역 $R=[a, b]\times[c, d]$이고 t가 상수일 때 이중적분 $\iint_R t\,dA$를 구하여라.

2. 함수 $f:[0, 1]\times[0, 1]\to\mathbb{R}$이

$$f(x, y)=\begin{cases}0, & (x, y)\in[0, 1]\times[0, 1],\ x,\ y\text{는 모두 유리수},\\ 1, & (x, y)\in[0, 1]\times[0, 1],\ x\text{ 또는 }y\text{가 무리수},\end{cases}$$

와 같이 정의될 때, 함수 f는 $[0, 1]\times[0, 1]$에서 적분가능한가?

13.2 반복적분

이 절에서는 앞에서 정의한 이중적분을 간단히 계산하는 방법에 대하여 알아보자.

$f(x, y)$를 직사각형 영역 $[a, b]\times[c, d]$에서 정의된 함수라고 하자. a와 b 사이에 x를 고정하고, 이 때 y의 함수 $f(x, y)$가 적분가능하면 y만의 함수로서 정적분

$$\int_c^d f(x, y)dy$$

를 얻을 수 있다. 이 값은 x에 대한 함수이고, 이 함수가 다시 적분가능하면,

$$\int_a^b\int_c^d f(x, y)dy\,dx$$

를 얻는다. 마찬가지로, x에 대한 함수로 먼저 정적분하면

$$\int_c^d\int_a^b f(x, y)dx\,dy$$

를 얻을 수 있다. 이 때 위의 두 적분을 f의 **반복적분**(iterated integral)이라고 부른다.

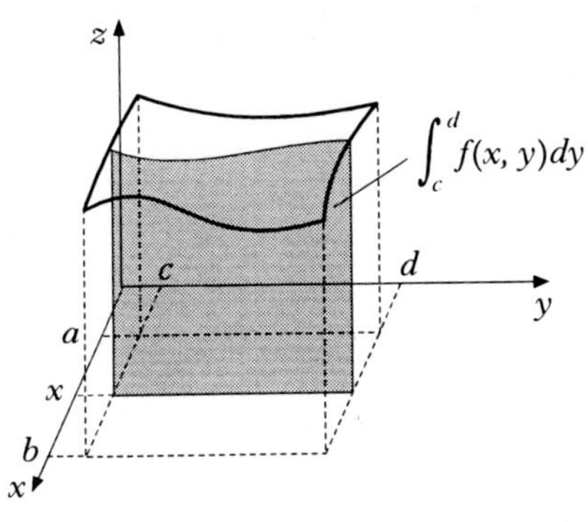

[그림 13.6]

【예제 1】 직사각형 영역 $R=[0, a]\times[0, b]$에서 정의된 함수 $f(x, y)=e^{x+y}$의 반복적분을 구하여라.

풀이 $$\int_0^b\int_0^a e^{x+y}dx\,dy=\int_0^b[e^{x+y}]_0^a\,dy=\int_0^b(e^{a+y}-e^{y})dy$$

$$=[e^{a+y}-e^{y}]_0^b=e^{a+b}-e^b-e^a+1$$

또, 적분의 순서를 바꾸어 계산하면

$$\int_0^a\int_0^b e^{x+y}dy\,dx=\int_0^a[e^{x+y}]_0^b dx=e^{a+b}-e^b-e^a+1$$

이다. □

위의 예제에서 두 가지 방법으로 반복적분을 계산하여 얻은 부피가 직사각형 영역 R에서의 이중적분

$$\int_R f$$

의 값과 같음을 알 수 있다. 또, 적분의 순서를 바꾸어서 계산하여도 같은 값이 얻어진다.

다음의 정리는 직사각형 영역에서 정의된 임의의 연속함수의 이중적분은 반복적분으로 계산할 수 있고, 반복적분의 순서에는 관계가 없음을 알려주는 중요한 결과이다.

정리 2.1 (푸비니 정리)

함수 $f(x, y)$가 직사각형 영역 R: $a \le x \le b$, $c \le y \le d$에서 연속이면,

$$\iint_R f(x, y)dA=\int_c^d\int_a^b f(x, y)dx\,dy=\int_a^b\int_c^d f(x, y)dy\,dx$$

정리 2.1의 엄밀한 증명은 여기서는 다루지 않으며, 푸비니 정리를 일반화하면 $\mathbb{R}^n$에서 정의된 연속인 다변수함수 f에 대한 다중적분의 값도 거듭한 반복적분의 값으로 계산할 수 있음을 알 수 있다. 즉,

$$\int_{[a_1,\, b_1]\times\cdots\times[a_n,\, b_n]} f=\int_{a_1}^{b_1}\cdots\int_{a_n}^{b_n} f(x_1, \cdots, x_n)dx_n \cdots dx_1$$

을 얻는다. 또, 적분의 순서를 바꾸어서 계산하여도 같은 값을 얻는다.

【예제 2】 직육면체 영역 $R=[0, 1]\times[0, 2]\times[0, 3]$ 위에서 정의된 연속함수 $f(x, y, z)=x+y^2+z^3$의 삼중적분의 값을 구하여라.

풀이 푸비니 정리에 의하여 f의 삼중적분은

$$\int_R f = \int_0^3 \left[\int_0^2 \left[\int_0^1 (x+y^2+z^3)\,dx \right] dy \right] dz$$
$$= \frac{103}{2}$$
□

구간 $[a, b]$에서 정의된 두 연속함수 ϕ_1, ϕ_2가 임의의 x에 대하여

$$c < \phi_1(x) \le \phi_2(x) < d$$

라고 하자. 이 때 식

$$\begin{cases} a \le x \le b \\ \phi_1(x) \le y \le \phi_2(x) \end{cases}$$

로 주어지는 영역(그림 13.7)을 A라 하고 $R=[a, b]\times[c, d]$로 두자.

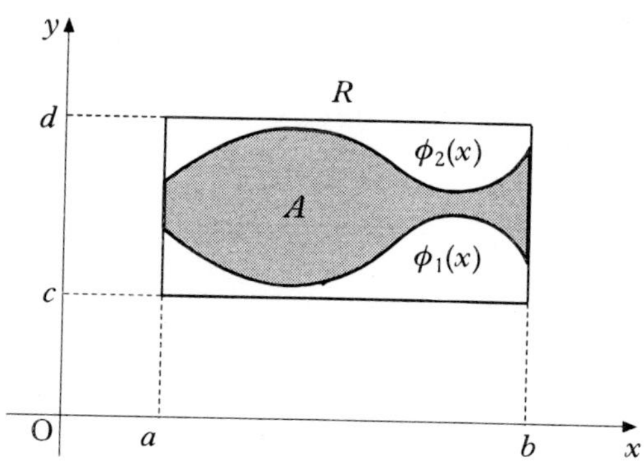

[그림 13.7]

이 때 f가 영역 A에서 연속이고, $\tilde{f}$를 영역 R에서 f의 자명한 확장이라고 하면,

$$\int_A f = \int_R \tilde{f}$$
$$= \int_a^b \int_c^d \tilde{f}(x, y)\,dy\,dx$$
$$= \int_a^b \int_{\phi_1(x)}^{\phi_2(x)} f(x, y)\,dy\,dx$$

이다. 만약 영역 A가 다음 그림 13.8과 같으면

$$\int_A f = \int_c^d \int_{\psi_1(y)}^{\psi_2(y)} f(x, y)\,dx\,dy$$

가 된다.

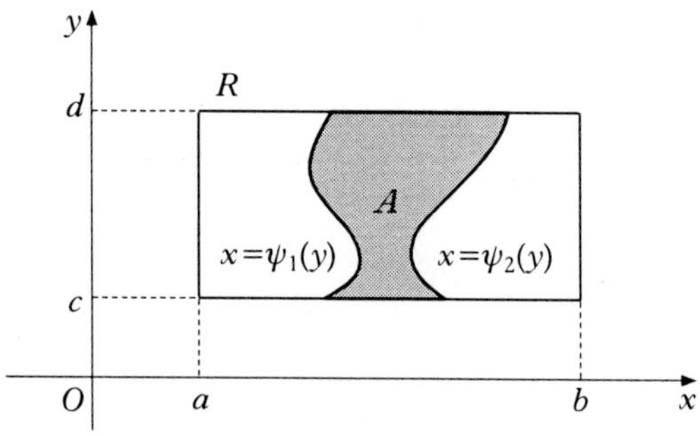

[그림 13.8]

【예제 3】 직선 $y=x$와 포물선 $y=x^2$으로 둘러싸인 영역 A에서 함수 $f(x, y)=x^2-y$의 이중적분을 구하여라.

풀이

$$\int_A f = \int_0^1 \int_{x^2}^{x} (x^2-y)\,dy\,dx$$
$$= \int_0^1 \left[x^2y - \frac{1}{2}y^2 \right]_{x^2}^{x} dx = -\frac{1}{60}$$

또, 앞의 이중적분은 반복적분

$$\int_0^1 \int_y^{\sqrt{y}} (x^2-y)\,dx\,dy = \int_0^1 \left[\frac{1}{3}x^3 - yx \right]_y^{\sqrt{y}} dy = -\frac{1}{60}$$

와 같이 구할 수도 있다. □

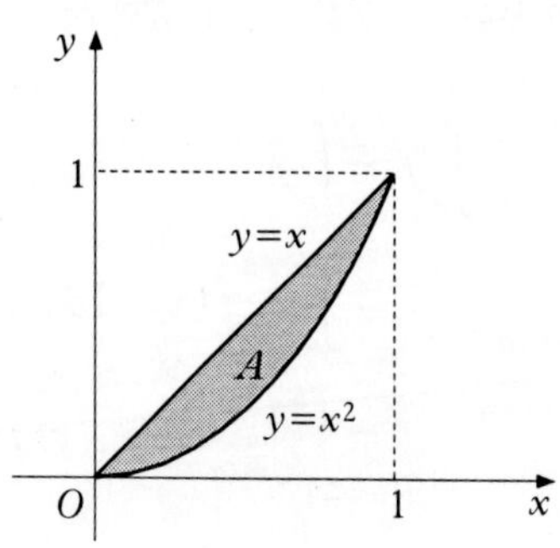

[그림 13.9]

주어진 영역 A에서 연속함수 f의 이중적분에서 두 가지 순서가 가능할 때, 한 쪽은 쉬우나 다른 쪽은 어려울 때도 있다. 예를 들면, A가 그림 13.10과 같을 때 이중적분

$$\iint_A \cos\left(\frac{1}{2}\pi x^2\right)dx\,dy$$

를 생각하자. 먼저 y만의 함수로서 정적분을 구하여 계산하면

$$\int_0^1\int_0^x \cos\left(\frac{1}{2}\pi x^2\right)dy\,dx$$

와 같고, 먼저 x만의 함수로서 정적분을 구하여 계산하면

$$\int_0^1\int_y^1 \cos\left(\frac{1}{2}\pi x^2\right)dx\,dy$$

로 쓸 수가 있는데, 이 때 첫째 적분은 계산이 쉽지만 둘째 적분은 그렇지 못하다.

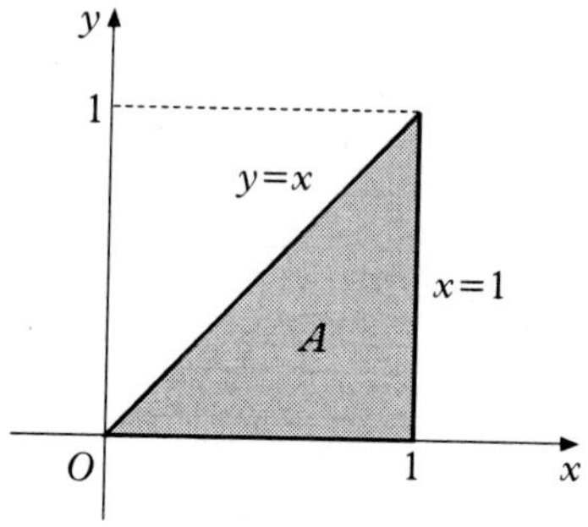

[그림 13.10]

일반적으로 적분영역 A의 형태가 복잡한 경우에는 A를 유한 개의 서로 겹치지 않은 영역들 A_1, A_2, $\cdots$, A_n으로 분할하여 계산할 수 있다. 즉, 이중적분은 가법적이므로

$$\int_A f = \int_{A_1} f + \int_{A_2} f + \cdots + \int_{A_n} f$$

이고, 앞에서의 방법으로 각각의 영역에서 이중적분을 구하면 된다.

【예제 4】 반복적분

$$\int_0^1 \int_{\sqrt{x}}^1 \sqrt{1+y^3}\,dy\,dx$$

를 구하여라.

풀이 이 적분은 다음 영역 A에서의 적분이다.

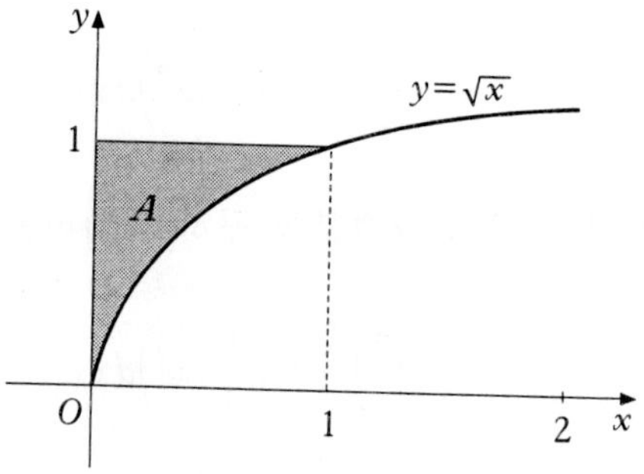

[그림 13.11]

따라서, 이 값은

$$\begin{aligned}\int_0^1 \int_0^{y^2} \sqrt{1+y^3}\,dx\,dy &= \int_0^1 y^2\sqrt{1+y^3}\,dy \\ &= \frac{2}{9}(2\sqrt{2}-1)\end{aligned}$$

이다. □

【예제 5】 $a^2 > b > 0$일 때, 원기둥 $x^2+y^2=b^2$의 내부 중에서 평면 $y+z=a^2$과 평면 $z=0$ 사이에 놓인 부분의 부피를 구하여라.

풀이 그림 13.12에서 이 입체는 밑면으로는

$$D:\ 0 \le x^2+y^2 \le b^2$$

으로 경계가 되고 있고, 위는 평면 $z=a^2-y$가 경계가 되고 있다.

따라서 이 입체의 부피는

$$\iint_D (a^2-y)\,dx\,dy$$

로 주어진다. D를 x축으로 사영하여 보면 이 영역은

$$-b \le x \le b, \ -\sqrt{b^2-x^2} \le y \le \sqrt{b^2-x^2}$$

으로 되므로, 구하는 부피는

$$\begin{aligned} V=\iint_D (a^2-y)\,dx\,dy &= \int_{-b}^{b}\int_{-\sqrt{b^2-x^2}}^{\sqrt{b^2-x^2}} (a^2-y)\,dy\,dx \\ &= \int_{-b}^{b}\left[a^2y-\frac{1}{2}y^2\right]_{-\sqrt{b^2-x^2}}^{\sqrt{b^2-x^2}} dx \\ &= \int_{-b}^{b} 2a^2\sqrt{b^2-x^2}\,dx \\ &= \pi a^2 b^2 \end{aligned}$$

이다. □

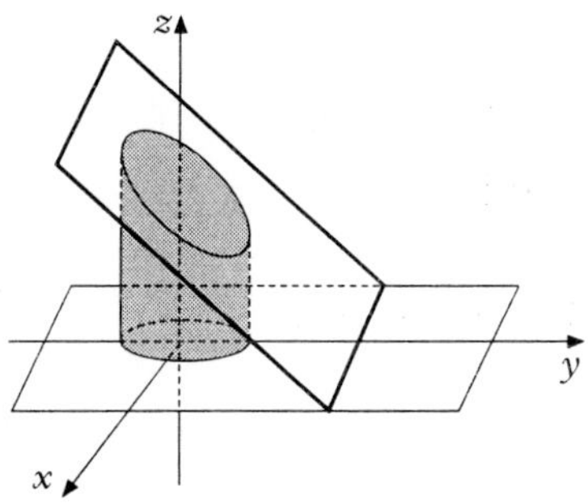

[그림 13.12]

【예제 6】 원점 O와 세 단위벡터 $e_1=(1,\ 0,\ 0)$, $e_2=(0,\ 1,\ 0)$, $e_3=(0,\ 0,\ 1)$을 꼭지점으로 하는 사면체 T는

$$\begin{cases} 0 \le x \le 1 \\ 0 \le y \le 1-x \\ 0 \le z \le 1-x-y \end{cases}$$

이다.(그림 13.13 참조) 따라서 3변수 함수 $f(x,\ y,\ z)$가 T에서 적분가능하면

$$\int_T f = \int_0^1\int_0^{1-x}\int_0^{1-x-y} f(x,\ y,\ z)\,dz\,dy\,dx$$

가 된다.

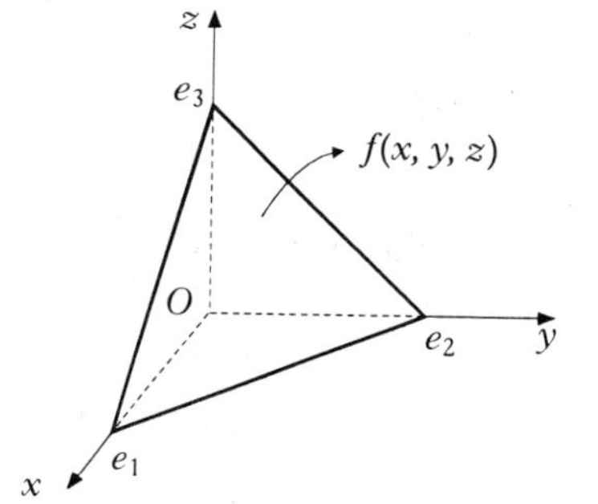

[그림 13.13]

연습문제 (13.2)

1. 직사각형 영역 $R=[-3, 2]\times[0, 1]$ 위에서 정의된 연속함수 $f(x, y)=y^2x$의 이중적분의 값을 구하여라.

2. 다음 반복적분의 값을 구하여라.

(1) $\displaystyle\int_0^1\int_0^1 \frac{x}{(xy+1)^2}\,dy\,dx$ (2) $\displaystyle\int_0^{\ln 2}\int_0^1 xye^{y^2x}dy\,dx$

(3) $\displaystyle\int_{\sqrt{\pi}}^{\sqrt{2\pi}}\int_0^{x^3} \sin\frac{y}{x}\,dy\,dx$ (4) $\displaystyle\int_0^1\int_0^x e^{x^2}dy\,dx$

3. 세 직선 $y=-x+1$, $y=x+1$, $y=3$으로 둘러싸인 삼각형을 A라고 할 때, A에서 정의된 함수 $f(x, y)= 2x-y^2$의 이중적분 $\displaystyle\iint_A (2x-y^2)dx\,dy$를 계산하여라.

4. 다음 반복적분에서 적분순서를 바꾸어 표시하여라.

(1) $\displaystyle\int_0^2\int_1^{e^y} f(x, y)dx\,dy$ (2) $\displaystyle\int_1^e\int_0^{\ln x} f(x, y)dx\,dy$

(3) $\displaystyle\int_0^1\int_{\sin^{-1}y}^{\frac{\pi}{2}} f(x, y)dx\,dy$ (4) $\displaystyle\int_0^2\int_0^{\sqrt{x}} f(x, y)dy\,dx$

5. 반복적분

$$\int_0^4\int_{\sqrt{y}}^2 e^{x^3}dx\,dy$$

를 구하여라.

6. 이중적분을 이용하여 원기둥 $x^2+y^2=9$와 평면 $z=0$, $z=3-x$로 둘러싸인 입체의 부피를 구하여라.

7. 포물면 $z=9x^2+y^2$의 아래쪽, 평면 $z=0$의 위쪽, 옆으로는 평면 $x=0$, $y=0$, $x=3$, $y=2$로 둘러싸인 입체의 부피를 구하여라.

8. 삼중적분을 이용하여 원기둥 $x^2+y^2=9$와 두 평면 $z=1$, $x+z=5$로 둘러싸인 입체의 부피를 구하여라.

13.3 치환적분

그림 13.14와 같이 uv-평면의 영역 G가, 좌표변환의 관계식

$$x=g(u,\ v),\ y=h(u,\ v)$$

에 의해 xy-평면의 영역 R로 변환되었다고 하자. 그러면 R에서 정의된 함수 $F(x,\ y)$와 G에서 정의된 함수 $F(g(u,\ v),\ h(u,\ v))$의 이중적분은 어떤 관계가 있는지 알아보자.

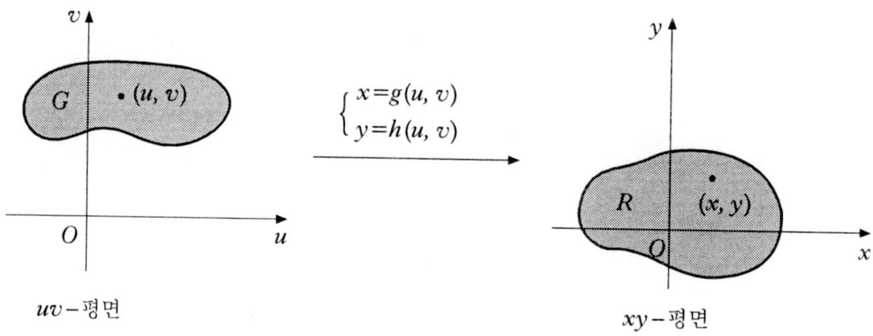

[그림 13.14]

정리 3.1 함수 g, h, F가 연속이고 또 이들의 편도함수들도 연속이면, 이중적분들은 다음의 관계식

$$\iint_R F(x,\ y)dx\,dy=\iint_G F(g(u,\ v),\ h(u,\ v))\,|J(u,\ v)|\,dudv \tag{1}$$

을 만족시킨다. 여기서 절대값 안의 $J(u,\ v)$는 다음과 같다.

$$J(u,\ v)=\begin{vmatrix} \dfrac{\partial x}{\partial u} & \dfrac{\partial x}{\partial v} \\ \dfrac{\partial y}{\partial u} & \dfrac{\partial y}{\partial v} \end{vmatrix}=\frac{\partial(x,\ y)}{\partial(u,\ v)} \tag{2}$$

행렬식 $J(u,\ v)$를 **야코비**[1] **행렬식**(Jacobi Matrix) 또는 **야코비안**(Jacobian)이라고

1) Carl Gustav Jacob Jacobi (1804-1851): 독일의 수학자

부르며, 이 행렬식이 어떻게 정의되는가를 알려주는 표기법 $\dfrac{\partial(x, y)}{\partial(u, v)}$에 주의하여야 한다. 앞의 정리 3.1의 증명과정은 여기서는 다루지 않는다.

【예제 1】 영역 R이 그림 13.15와 같을 때, R에서 정의된 함수 $F(x, y)=\dfrac{2x-y}{2}$의 이중적분 $\int_R F$를 다음의 좌표변환

$$u=\frac{2x-y}{2}, \quad v=\frac{y}{2}$$

를 이용하여 $uv-$평면의 적절한 영역에서의 적분으로 바꾸어서 계산하여라.

풀이 xy-평면에서의 적분영역 R를 그려서, 영역 R의 경계를 구한다. 정리 3.1을 사용하기 위해서는, R에 대응되는 uv-평면의 영역 G와 변환식의 야코비안을 알아야 한다. 이를 위해 우선 주어진 식에서 x, y를 u, v에 관하여 풀면

$$x=u+v, \quad y=2v \tag{3}$$

이다. 이것을 R을 경계를 알려주는 방정식에 대입하여 G의 경계를 구한다.

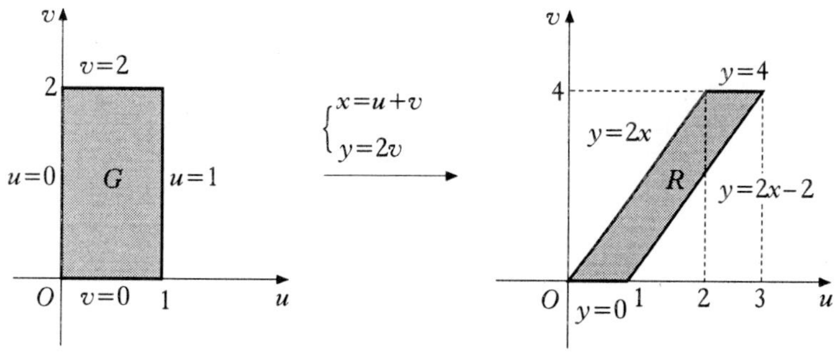

[그림 13.15]

R의 경계	대응되는 G의 경계	G의 경계의 방정식
$x=\dfrac{y}{2}$	$u+v=\dfrac{2v}{2}=v$	$u=0$
$x=\dfrac{y}{2}+1$	$u+v=\dfrac{2v}{2}+1=v+1$	$u=1$
$y=0$	$2v=0$	$v=0$
$y=4$	$2v=4$	$v=2$

(3)으로부터 야코비안을 계산하면 다음과 같다.

$$J(u,\ v)=\begin{vmatrix} \frac{\partial x}{\partial u} & \frac{\partial x}{\partial v} \\ \frac{\partial y}{\partial u} & \frac{\partial y}{\partial v} \end{vmatrix}=\begin{vmatrix} \frac{\partial}{\partial u}(u+v) & \frac{\partial}{\partial v}(u+v) \\ \frac{\partial}{\partial u}(2v) & \frac{\partial}{\partial v}(2v) \end{vmatrix}=\begin{vmatrix} 1 & 1 \\ 0 & 2 \end{vmatrix}=2$$

이제 정리 3.1을 이용하여 계산하면

$$\begin{aligned}\int_0^4\int_{x=\frac{y}{2}}^{x=\frac{y}{2}+1}\frac{2x-y}{2}\,dx\,dy&=\int_{v=0}^{v=2}\int_{u=0}^{u=1}u|J(u,\ v)|\,du\,dv\\&=\int_0^2\int_0^1 2u\,du\,dv\\&=\int_0^2\Big[u^2\Big]_0^1 dv\\&=\int_0^2 dv\\&=2\end{aligned}$$

□

극좌표의 경우에는 $u,\ v$ 대신에 $r,\ \theta$를 사용하여 $x=r\cos\theta,\ y=r\sin\theta$로부터, 야코비안을 계산하면

$$J(r,\ \theta)=\begin{vmatrix} \frac{\partial x}{\partial r} & \frac{\partial x}{\partial \theta} \\ \frac{\partial y}{\partial r} & \frac{\partial y}{\partial \theta} \end{vmatrix}=\begin{vmatrix} \cos\theta & -r\sin\theta \\ \sin\theta & r\cos\theta \end{vmatrix}=r(\cos^2\theta+\sin^2\theta)=r$$

이고, 따라서 정리 3.1의 식 (1)을

$$\begin{aligned}\iint_R F(x,\ y)\,dx\,dy&=\iint_G F(r\cos\theta,\ r\sin\theta)|r|\,dr\,d\theta\\&=\iint_G F(r\cos\theta,\ r\sin\theta)r\,dr\,d\theta \qquad (4)\end{aligned}$$

와 같이 쓸 수 있다.

방정식 $x=r\cos\theta,\ y=r\sin\theta$에 의하여 직사각형 영역 $G: 0\le r\le 1,\ 0\le\theta\le 2\pi$가 xy-평면의 제1사분면에 있는 원 $x^2+y^2=1$의 내부로 이루어진 영역 R로 어떻게 변환되는가를 그림 13.16은 보여주고 있다. 또, 식 (4)의 우변이 단순히 극좌표 평면의 영역에서의 함수 $F(r\cos\theta,\ r\sin\theta)$의 적분이 아님에 주의하여야 한다. 그것은

직교 $r\theta$-평면의 영역 G에서 함수 $F(r\cos\theta, r\sin\theta)$와 r과의 곱을 이중적분한 것이다.

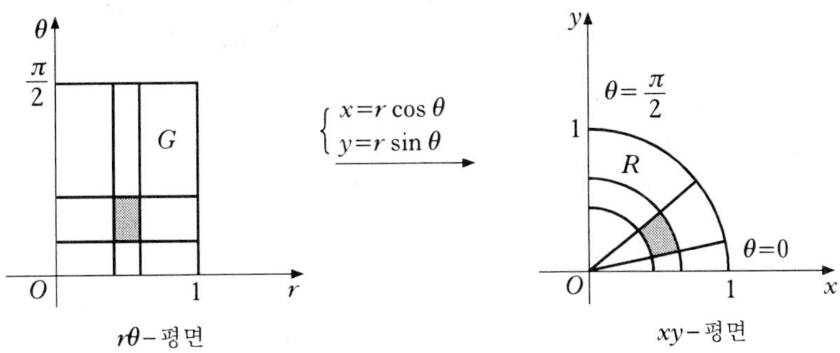

[그림 13.16]

【예제 2】 Ω가 원점을 중심으로 하고 반지름이 a인 원의 내부일 때, 다음 이중적분의 값을 구하여라.

$$\iint_{\Omega} e^{-(x^2+y^2)}dxdy$$

풀이 이중적분을 xy-좌표에서 직접 적분하는 것은 매우 어렵다. 그러나 극좌표로 바꾸면

$$\iint_{\Omega} e^{-(x^2+y^2)}dx\,dy=\iint_{R} e^{-r^2}\cdot r\,dr\,d\theta$$

로 되며 적분의 영역 R은

$$0\le\theta\le 2\pi,\ 0\le r\le a$$

이므로, 이중적분은

$$\begin{aligned}\int_0^{2\pi}\int_0^a e^{-r^2}\cdot r\,dr\,d\theta&=\int_0^{2\pi}\left[-\frac{1}{2}e^{-r^2}\right]_0^a d\theta\\&=\int_0^{2\pi}\frac{1}{2}\left(1-\frac{1}{e^{a^2}}\right)d\theta\\&=\pi\left(1-\frac{1}{e^{a^2}}\right)\end{aligned}$$

□

【예제 3】 Ω가 그림 13.17의 삼각형의 내부일 때 다음을 구하여라.

$$\iint_{\Omega}\frac{1}{(1+x^2+y^2)^{\frac{3}{2}}}dx\,dy$$

풀이 변수변환의 공식에 의하여

$$\iint_{\Omega} \frac{1}{(1+x^2+y^2)^{\frac{3}{2}}} dx\,dy = \iint_{R} \frac{r}{(1+r^2)^{\frac{3}{2}}} dr\,d\theta$$

이고 적분 영역 R은

$$0 \le \theta \le \frac{1}{4}\pi,\ 0 \le r \le \sec\theta$$

로 나타내어지므로 주어진 이중적분은

$$\begin{aligned}
\int_0^{\frac{\pi}{4}} \int_0^{\sec\theta} \frac{r}{(1+r^2)^{\frac{3}{2}}} dr\,d\theta &= -\int_0^{\frac{\pi}{4}} \left[(1+r^2)^{\frac{-1}{2}}\right]_0^{\sec\theta} d\theta \\
&= \int_0^{\frac{\pi}{4}} \left[1-(1+\sec^2\theta)^{\frac{-1}{2}}\right] d\theta \\
&= \int_0^{\frac{\pi}{4}} \left(1-\frac{\cos\theta}{\sqrt{2-\sin^2\theta}}\right) d\theta \\
&= \left[\theta - \sin^{-1}\left(\frac{1}{\sqrt{2}}\sin\theta\right)\right]_0^{\frac{\pi}{4}} \\
&= \frac{1}{4}\pi - \frac{1}{6}\pi = \frac{1}{12}\pi
\end{aligned}$$

□

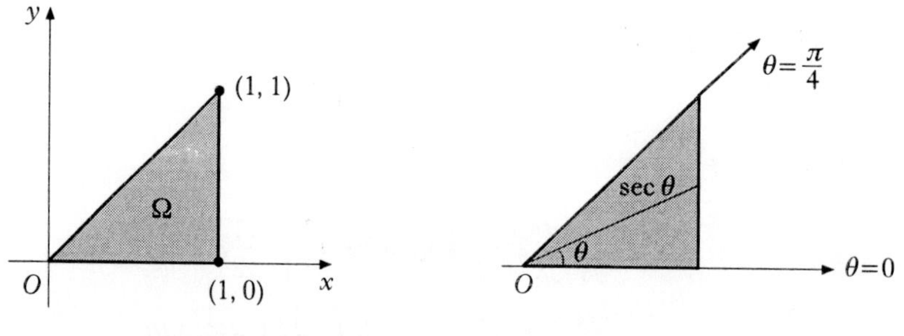

[그림 13.17]

이제 앞에서 배운 원기둥좌표계와 구면좌표계를 이용하여 직교좌표로 나타내어진 삼중적분을 계산하는 방법을 알아보자.

〈정의 3.2〉

(1) **원기둥좌표계**(cylindrical coordinate system): 점 P의 직교좌표가 (x, y, z)일 때,

$$\begin{cases} x = r\cos\theta \\ y = r\sin\theta \\ z = z \end{cases}$$

을 만족하는 (r, θ, z)를 P의 **원기둥좌표**라 한다.

(2) **구면좌표계**(spherical coordinate system): 점 P의 직교좌표가 (x, y, z)일 때,

$$\begin{cases} x = \rho\sin\phi\cos\theta \\ y = \rho\sin\phi\sin\theta \\ z = \rho\cos\phi \end{cases}$$

을 만족하는 (ρ, ϕ, θ)를 P의 **구면좌표**라 한다.

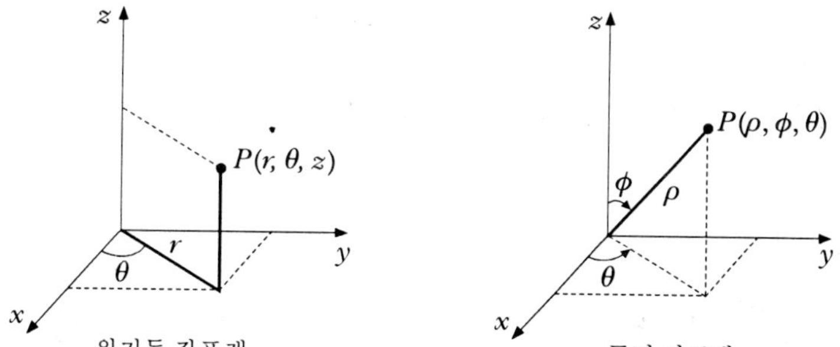

원기둥 좌표계 　　　　 구면 좌표계

[그림 13.18]

회전체를 표현할 때에는 원기둥좌표계를 쓰는 것이 편리하고, 구면 위의 점을 표현할 때에는 구면좌표계가 편리하다. 원기둥좌표계에서는 $r \geq 0$, $0 \leq \theta < 2\pi$, $-\infty < z < \infty$의 범위에서 공간의 모든 점을 표현할 수 있고, 구면좌표계에서는 $\rho \geq 0$, $0 \leq \phi \leq \pi$, $0 \leq \theta < 2\pi$의 범위에서 모든 점을 표현할 수 있다. 그러나 이 좌표계들은 직교좌표계와는 달리 공간의 모든 점들과 일대일 대응관계를 주지는 않는다.

그림 13.19와 같이 uvw-공간의 영역 G가 좌표변환의 관계식

$$x = g(u, v, w), \quad y = h(u, v, w), \quad z = k(u, v, w)$$

에 의해 xyz-공간의 영역 R로 변환되었다고 하자. 그러면 R에서 정의된 함수 $F(x, y, z)$를 G에서 정의된 함수

$$F(g(u, v, w), h(u, v, w), K(u, v, w))=H(u, v, \mathrm{w})$$

로 생각할 수 있다. R에서의 $F(x, y, z)$의 적분과, G에서의 $H(u, v, w)$의 적분은

$$\iiint_R F(x, y, z)dx\,dy\,dz=\iiint_G H(u, v, w)\,|J(u, v, w)|\,du\,dv\,dw \tag{5}$$

와 같은 관계가 있다.

여기서, 절대값 속의 $J(u, v, w)$는 야코비안

$$J(u, v, w)=\begin{vmatrix} \dfrac{\partial x}{\partial u} & \dfrac{\partial x}{\partial v} & \dfrac{\partial x}{\partial w} \\ \dfrac{\partial y}{\partial u} & \dfrac{\partial y}{\partial v} & \dfrac{\partial y}{\partial w} \\ \dfrac{\partial z}{\partial u} & \dfrac{\partial z}{\partial v} & \dfrac{\partial z}{\partial w} \end{vmatrix}=\frac{\partial(x, y, z)}{\partial(u, v, w)}$$

이다. 이중적분의 경우와 마찬가지로 (5) 식의 증명은 복잡하므로 생략한다.

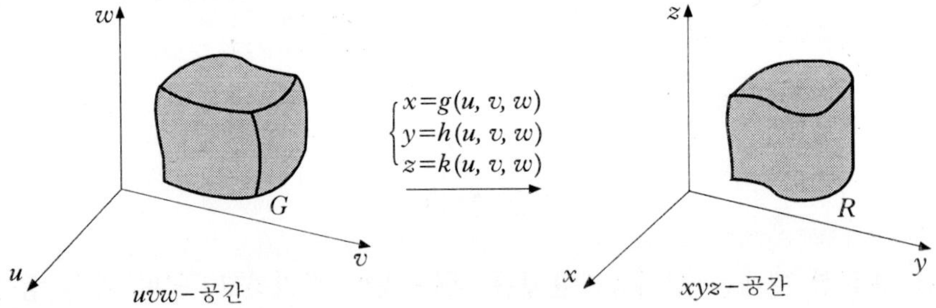

[그림 13.19]

원기둥좌표의 경우에는 u, v, w 대신에 r, θ, z가 될 것이고, 방정식

$$x=r\cos\theta,\ y=r\sin\theta,\ z=z$$

으로 주어진 직교 $r\theta z$-공간으로부터 직교 xyz-공간으로의 변환(그림 13.20)에 대한 야코비안을 계산하면

$$J(r,\ \theta,\ z)=\begin{vmatrix} \dfrac{\partial x}{\partial r} & \dfrac{\partial x}{\partial \theta} & \dfrac{\partial x}{\partial z} \\ \dfrac{\partial y}{\partial r} & \dfrac{\partial y}{\partial \theta} & \dfrac{\partial y}{\partial z} \\ \dfrac{\partial z}{\partial r} & \dfrac{\partial z}{\partial \theta} & \dfrac{\partial z}{\partial z} \end{vmatrix}=\begin{vmatrix} \cos\theta & -r\sin\theta & 0 \\ \sin\theta & r\cos\theta & 0 \\ 0 & 0 & 1 \end{vmatrix}$$

$$=r\cos^2\theta+r\sin^2\theta=r$$

이다. 이에 따라 (5)식은

$$\iiint_R F(x,\ y,\ z)dx\,dy\,dz=\iiint_G H(r,\ \theta,\ z)|r|dr\,d\theta\,dz \tag{6}$$

가 된다. 여기서 $r \geq 0$이므로 절대값을 생략해도 된다.

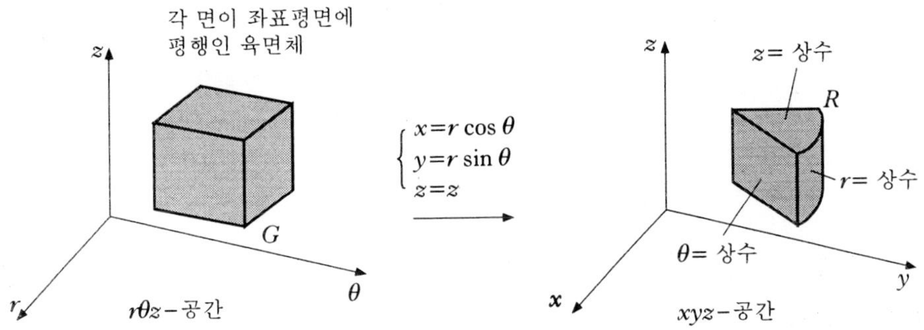

[그림 13.20]

구면좌표의 경우에는 u, v, w 대신에 ρ, ϕ, θ가 될 것이고, 방정식

$$\begin{cases} x=\rho\sin\phi\cos\theta \\ y=\rho\sin\phi\sin\theta \\ z=\rho\cos\phi \end{cases}$$

로 주어지는 직교 $\rho\phi\theta$-공간으로부터 직교 xyz-공간으로의 변환(그림 13.21)에 대한 야코비안을 계산하면

$$J(\rho,\ \phi,\ \theta)=\begin{vmatrix} \dfrac{\partial x}{\partial \rho} & \dfrac{\partial x}{\partial \phi} & \dfrac{\partial x}{\partial \theta} \\ \dfrac{\partial y}{\partial \rho} & \dfrac{\partial y}{\partial \phi} & \dfrac{\partial y}{\partial \theta} \\ \dfrac{\partial z}{\partial \rho} & \dfrac{\partial z}{\partial \phi} & \dfrac{\partial z}{\partial \theta} \end{vmatrix}=-\rho^2\sin\phi \tag{7}$$

이다. 이에 따라 (5)식은

$$\iiint_R F(x,\ y,\ z)\,dx\,dy\,dz = \iiint_G H(\rho,\ \phi,\ \theta)\,|-\rho^2 \sin\phi|\,d\rho\,d\phi\,d\theta \tag{8}$$

가 된다. 여기서 $\sin\phi$는 음이 아니므로 절대값을 생략하고 $\rho^2\sin\phi$로 쓸 수 있다.

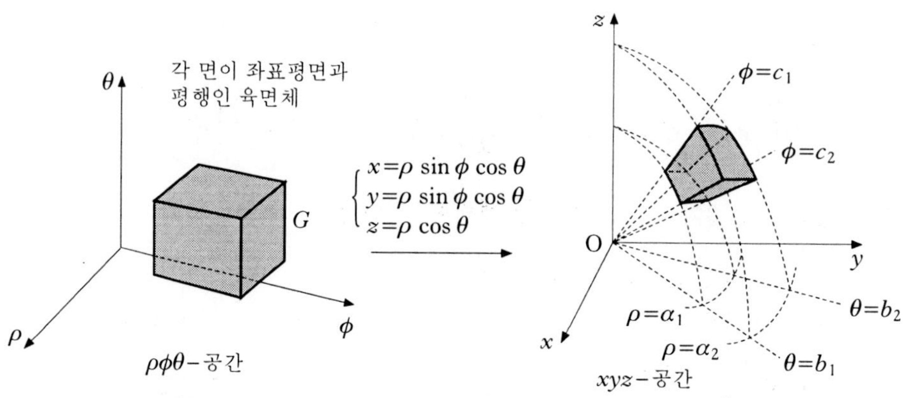

[그림 13.21]

【예제 4】 원뿔 $z^2=x^2+y^2$의 위쪽으로서 구면 $x^2+y^2+z^2=z$의 내부로 되는 부분의 부피를 구하여라.

풀이 주어진 구의 방정식을 구면좌표로 표시하면, $\rho^2=x^2+y^2+z^2$, $z=\rho\cos\phi$에서

$$\rho=\cos\phi$$

를 얻는다. 또, 원뿔의 방정식은 $\cos^2\phi=\sin^2\phi$인데 $0\le\phi\le\pi$이므로, $\phi=\dfrac{\pi}{4}$이다. 따라서 적분영역은

$$0\le\theta\le 2\pi,\ 0\le\phi\le\frac{\pi}{4},\ 0\le\rho\le\cos\phi$$

이다.

따라서 구하는 입체의 체적은

$$\int_0^{2\pi}\int_0^{\frac{\pi}{4}}\int_0^{\cos\phi}\rho^2\sin\phi\,d\rho\,d\phi\,d\theta=\frac{\pi}{8}$$

이다.(그림 13.22 참조) □

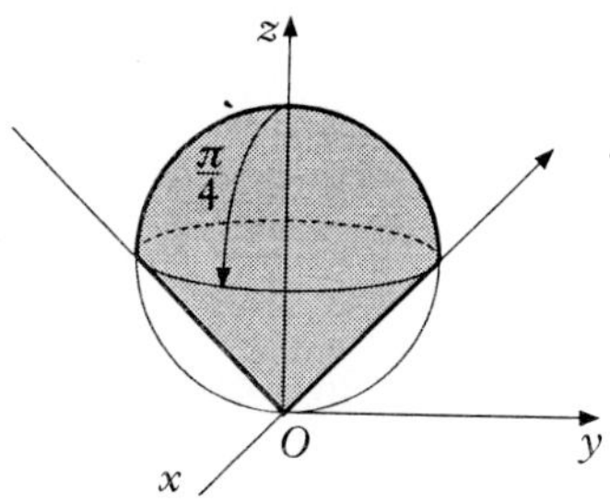

[그림 13.22]

연습문제 (13.3)

1. 예제 1의 주어진 이중적분을 직접 계산하여 적분값이 2가 됨을 확인하여라.

2. 변환 $u=x-y$, $v=2x+y$를 풀어서, x와 y를 u, v로 표시하고 야코비안 $\dfrac{\partial(x, y)}{\partial(u, v)}$를 구하여라.

3. 이중적분을 이용하여 극좌표 $r=\sin 3\theta$로 주어진 곡선으로 둘러싸인 영역의 면적을 구하여라.

4. 포물면 $z=x^2+y^2$ 위쪽으로서 평면 $z=1$ 아래 부분의 겉넓이를 구하여라.

5. 극좌표 $r=1-\cos\theta$로 둘러싸인 영역에서 $f(x, y)=x^2$의 적분을 구하여라.

6. 다음 반복적분을 극좌표로 바꾸어 계산하여라.

(1) $\displaystyle\int_0^1\int_0^{\sqrt{1-x^2}}(x^2+y^2)\,dy\,dx$ (2) $\displaystyle\int_{-2}^2\int_{-\sqrt{4-y^2}}^{\sqrt{4-y^2}}e^{-(x^2+y^2)}\,dx\,dy$

(3) $\displaystyle\int_0^a\int_0^{\sqrt{a^2-x^2}}\frac{1}{(1+x^2+y^2)^{3/2}}\,dy\,dx\ (a>0)$ (4) $\displaystyle\int_0^{\sqrt{2}}\int_y^{\sqrt{4-y^2}}\frac{1}{\sqrt{1+x^2+y^2}}\,dx\,dy$

7. 영역 R이 네 직선 $x-2y=1$, $x-2y=4$, $2x+y=1$, $2x+y=3$으로 둘러싸인 사각형일 때, 다음 이중적분을 변환 $u=x-2y$, $v=2x+y$를 이용하여 계산하여라.

$$\iint_R \frac{x-2y}{2x+y}\,dx\,dy$$

8. 영역 R이 꼭지점 (0, 0), (2, 0), (1, 1)로 이루어진 삼각형일 때, 다음 이중적분을 변환 $u=\frac{1}{2}(x+y)$ $v=\frac{1}{2}(x-y)$를 이용하여 계산하여라.

$$\iint_R \sin\frac{1}{2}(x+y)\cos\frac{1}{2}(x-y)\,dx\,dy$$

9. 영역 R이 타원면 $9x^2+4y^2+z^2=36$으로 둘러싸인 부분일 때, 삼중적분 $\iiint_R x^2\,dxdy\,dz$를 구하여라.

10. 원기둥좌표계 또는 구면좌표계를 이용하여 다음을 구하여라.

(1) $\displaystyle\int_{-3}^{3}\int_{-\sqrt{9-x^2}}^{\sqrt{9-x^2}}\int_0^{9-x^2-y^2} x^2dz\,dy\,dx$

(2) $\displaystyle\int_{-1}^{1}\int_0^{\sqrt{1-x^2}}\int_0^{\sqrt{1-x^2-y^2}} e^{-(x^2+y^2+z^2)^{\frac{3}{2}}}dz\,dy\,dx$

(3) $\displaystyle\int_{-2}^{2}\int_{-\sqrt{4-x^2}}^{\sqrt{4-x^2}}\int_0^{\sqrt{4-x^2-y^2}} z^2\sqrt{x^2+y^2+z^2}\,dz\,dy\,dx$

(4) $\displaystyle\int_0^{2}\int_0^{\sqrt{4-y^2}}\int_{\sqrt{x^2+y^2}}^{\sqrt{8x^2-y^2}} z^2dz\,dx\,dy$

11. 다음 입체의 부피를 구하여라.

(1) 곡면 $r^2+z^2=20$의 내부와 곡면 $z=r^2$의 아래로 둘러싸인 입체

(2) 구면 $x^2+y^2+z^2=9$의 내부, 원뿔 $z=\sqrt{x^2+y^2}$의 외부, xy평면의 윗 부분으로 둘러싸인 입체

(3) 포물면 $z=5x^2+5y^2$과 $z=6-7x^2-y^2$으로 둘러싸인 입체

12. 구 $x^2+y^2+z^2=4$의 부피를 나타내는 반복적분식을 (a) 직교좌표계, (b) 원기둥좌표계, (c) 구면좌표계를 사용하여 각각 구하여라.

13. 원뿔 $z=\sqrt{x^2+y^2}$과 평면 $z=3$으로 둘러싸인 입체의 밀도함수가 $\delta(x, y, z)=3-z$일 때, 입체의 질량을 구하여라.

13.4 다중적분의 응용

이 절에서는 다중적분의 응용으로서 (1) 평면의 무게중심과 관성능률 (2) 입체의 무게중심과 관성능률을 이중적분과 삼중적분을 이용하여 구할 수 있음을 보인다.

1. 평면의 중심과 관성능률

그림 13.23과 같이 곡선 $y=y_1(x)$, $y=y_2(x)$와 두 직선 $x=a$, $x=b$로 둘러싸인 부분 D의 넓이 A를 생각하자. 점 (x, y)를 한 정점으로 가지는 면적소 $\Delta A=\Delta y\Delta x$를 택하면 증분 $y\Delta y\Delta x$와 $x\Delta y\Delta x$는 각각 x축과 y축에 관한 ΔA의 1차능률의 근사값이 된다.

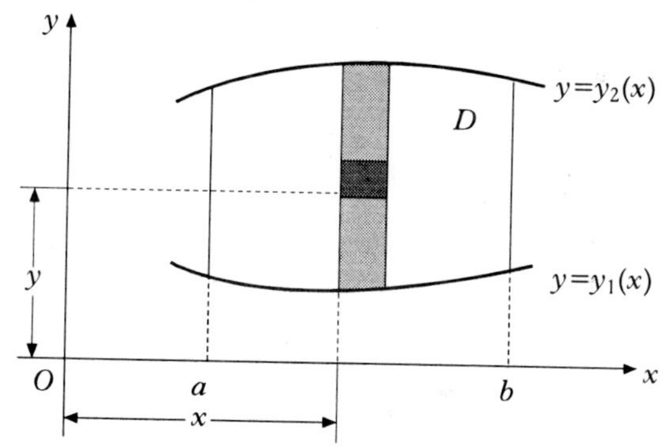

[그림 13.23]

이 경우는 D에서 각각 $f(x, y)=y$, $g(x, y)=x$인 경우이며, f와 g는 적분가능하므로 x축과 y축에 관한 수직면적소의 1차능률은 각각 다음과 같다.

$$\left[\int_{y_1(x)}^{y_2(x)} y\,dy\right]\Delta x,\quad \left[\int_{y_1(x)}^{y_2(x)} x\,dy\right]\Delta x$$

따라서 전면적 A의 1차능률은

$$M_x=\int_a^b\int_{y_1(x)}^{y_2(x)} y\,dy\,dx,\quad M_y=\int_a^b\int_{y_1(x)}^{y_2(x)} x\,dy\,dx \tag{1}$$

이고 (1)에 의해서 D의 무게중심의 좌표 $(\bar{x}, \bar{y})$는 다음 식으로 구한다.

$$A\bar{x}=\int_a^b\int_{y_1(x)}^{y_2(x)} x\,dy\,dx, \qquad A\bar{y}=\int_a^b\int_{y_1(x)}^{y_2(x)} y\,dy\,dx \tag{2}$$

증분 $y^2\Delta y\Delta x$와 $x^2\Delta y\Delta x$는 각각 면적소 ΔA의 관성능률 I_x와 I_y의 근사값이 되므로 위와 같은 이유로

$$I_x=\int_a^b\int_{y_1(x)}^{y_2(x)} y^2dy\,dx, \quad I_y=\int_a^b\int_{y_1(x)}^{y_2(x)} x^2dy\,dx \tag{3}$$

이다.

【예제 1】 포물선 $y=x^2$과 직선 $y=x+2$로 둘러싸인 부분의 무게중심을 구하여라.

풀이 주어진 방정식을 연립으로 풀면 교점은 $(-1, 1)$, $(2, 4)$이다.(그림 13.24)

$$A=\int_{-1}^2\int_{x^2}^{x+2} dy\,dx=\int_{-1}^2(x+2-x^2)dx=\frac{9}{2}$$

이므로 (2)에 의하여

$$\frac{9}{2}\bar{x}=\int_{-1}^2\int_{x^2}^{x+2} xdydx=\int_{-1}^2 x(x+2-x^2)dx=\frac{9}{4}$$

$$\frac{9}{2}\bar{y}=\int_{-1}^2\int_{x^2}^{x+2} ydydx=\frac{1}{2}\int_{-1}^2[(x+2)^2-(x^2)^2]dx=\frac{36}{5}.$$

따라서 구하는 무게중심은 $\left(\frac{1}{2}, \frac{8}{5}\right)$이다. □

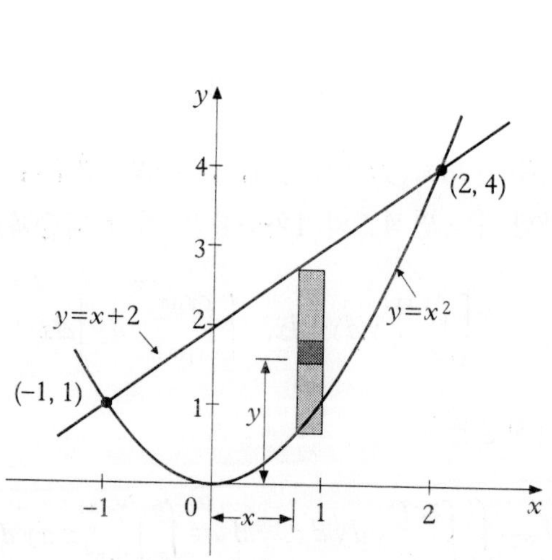

[그림 13.24]

【예제 2】 곡선 $xy=2$, $4y=x^2$과 직선 $3y=2x+4$로 둘러싸인 제 1 사분면에 있는 부분의 x축에 관한 관성능률을 구하여라.

풀이 주어진 방정식들을 한 쌍씩 연립으로 풀어서 교점을 구하면 (1, 2), (2, 1), (4, 4)이다. (그림 13.25) 점 A를 지나는 수평선으로 전체 넓이를 두 부분으로 나누고 각 부분을 x에 관하여 먼저 적분하면 (3)에 의하여

$$\begin{aligned} I_x &= \int_1^2 \int_{\frac{2}{y}}^{2\sqrt{y}} y^2 dx\, dy + \int_2^4 \int_{\frac{(3y-4)}{2}}^{2\sqrt{y}} y^2 dx\, dy \\ &= \int_1^2 (2y^{\frac{5}{2}} - 2y) dy + \int_2^4 (2y^{\frac{5}{2}} - \frac{3}{2}y^3 + 2y^2) dy \\ &= \frac{355}{21} \end{aligned}$$

점 B를 지나는 수직선으로 전체 넓이를 두 부분으로 나누고 각 부분을 y에 관하여 먼저 적분하여도 같은 결과를 얻는다. □

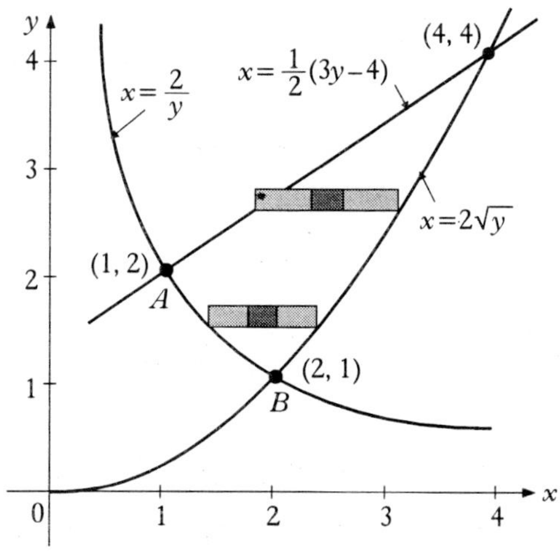

[그림 13.25]

2. 입체의 중심과 관성능률

어떤 입체 V의 밀도 ρ가 상수 또는 좌표 x, y, z의 함수일 때, 그 입체의 질량은 앞에서와 같이 삼중적분으로 구할 수 있다.

$$M=\iiint_V \rho\, dx\, dy\, dz \tag{1}$$

여기서 삼중적분은 그 입체 전체 V에 걸쳐서 계산한다.

같은 방법으로 어떤 입체의 무게중심의 좌표$(\bar{x},\ \bar{y},\ \bar{z})$는 다음 공식으로 주어진다.

$$M\bar{x}=\iiint_V \rho\, x\, dz\, dy\, dx \tag{2}$$

$$M\bar{y}=\iiint_V \rho\, y\, dz\, dy\, dx \tag{3}$$

$$M\bar{z}=\iiint_V \rho\, dz\, dy\, dx \tag{4}$$

여기서 M은 (1)에서 구한 입체 V의 질량이다.

【예제 3】 단위정육면체 $0\leqq x,\ y,\ z\leqq 1$의 어떤 점에서의 밀도가 정점 $(0,\ 0,\ 0)$으로부터 그 점 까지의 거리의 제곱에 비례할 때 그 입체의 무게중심을 구하여라.

풀이 (1)에 의하여

$$M=\int_0^1\int_0^1\int_0^1 k(x^2+y^2+z^2)dz\, dy\, dx=k.$$

따라서 단위정육면체의 대칭성에 의하여 (2)-(4)에서

$$\bar{x}=\bar{y}=\bar{z}=\int_0^1\int_0^1\int_0^1 x(x^2+y^2+z^2)dz\, dy\, dx=\frac{7}{12}$$

이므로 구하는 입체의 중심은 $\left(\frac{7}{12},\ \frac{7}{12},\ \frac{7}{12}\right)$이다. □

질량이 한 점에 집중되어 있을 때 어떤 축에 관한 그 질량의 관성능률은 질량의 크기에 축으로부터 그 점에 이루는 거리의 제곱을 곱한 것과 같다. 질량소의 미분 $dM=\rho\, dz\, dy\, dx$가 점 $(x,\ y,\ z)$에 집중되어 있다고 생각하면, 좌표축에 관한 입체의 관성능률은

$$I_x=\iiint_V \rho\,(y^2+z^2)dz\, dy\, dx \tag{5}$$

$$I_y=\iiint_V \rho\,(z^2+x^2)dz\, dy\, dx \tag{6}$$

$$I_z=\iiint_V \rho\,(x^2+y^2)dz\, dy\, dx \tag{7}$$

이다.

【예제 4】 균일한 밀도 ρ를 가진 입체 (그림 13.26)이 4개의 평면 $x+z=1$, $y=x$, $y=0$, $z=0$으로 둘러싸여 있다. 이 입체의 z축에 관한 관성능률을 구하여라.

풀이 (7)에 의하여

$$I_z=\int_0^1 dx\int_0^x dy\int_0^{1-x}\rho(x^2+y^2)dz$$
$$=\rho\int_0^1(1-x)dx\int_0^x(x^2+y^2)dy$$
$$=\frac{4}{3}\rho\int_0^1(1-x)x^3dx=\frac{1}{15}\rho. \qquad \square$$

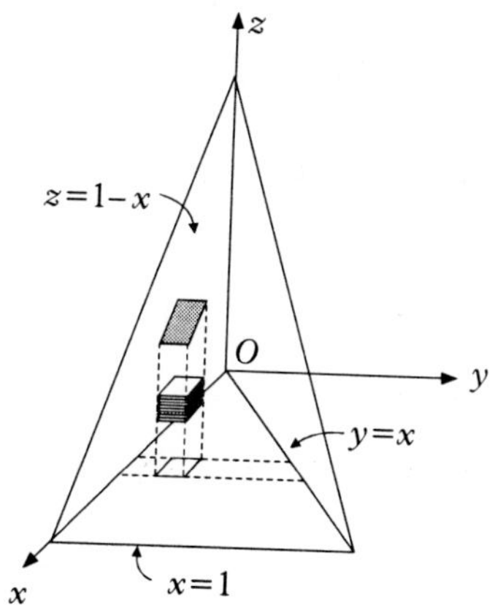

[그림 13.26]

연습문제 (13.4)

1. 다음 평면 영역의 무게중심을 구하여라.

(1) x축 위, 두 원 $x^2+y^2=a^2$, $x^2+y^2=b^2$ $(a<b)$ 사이로 둘러싸인 영역

(2) y축과 원 $x^2+y^2=a^2$의 오른쪽 반원으로 둘러싸인 영역

2. 다음 곡선으로 둘러싸인 면적의 관성능률 I_x와 I_y를 구하여라.

(1) $4y=x^3$, $y=|x|$　　　(2) $y=e^x$, $y=e$, $x=0$

3. 다음 곡면으로 둘러싸인 입체가 주어진 밀도를 가질 때 질량과 무게중심을 구하여라.

(1) $0\le x\le a$, $0\le y\le a$, $0\le z\le a$; $\rho=a-x$

(2) $x^2+y^2=a^2$, $z=0$, $z=h$; $\rho=h-z$

(3) $z=1-y^2$ $(y\ge 0)$, $z=0$ $x=1$, $x=-1$; $\rho=yz$

4. 다음 곡면으로 둘러싸인 입체가 주어진 밀도를 가질 때 각각 주어진 관성능률을 구하여라.

(1) I_x: $x=0$, $x=1$, $y=0$, $y=1$, $z=1$; $\rho=kz$

(2) I_y: $x^2+z^2=1$, $y=x$, $y=0$, $z=0$, (제 1 팔분공간); $\rho=kz$

(3) I_z: $x+y+2z=4$, $x=0$, $y=0$, $z=0$; $\rho=k$

14장

벡터장의 적분

14.1 벡터장

U를 n차원 공간 $\mathbb{R}^n$의 열린 집합이라고 하자. 이 때 U의 각 점에 대하여 그 점을 시점으로 하는 하나의 n차원 벡터를 대응시키는 사상을 **벡터장**(vector field)이라고 한다. 즉, 벡터장은 다변수함수

$$F : U \to \mathbb{R}^n$$

을 뜻한다.

벡터장 F를 좌표의 성분을 사용하여 나타내면

$$F(X) = (f_1(X),\ \cdots,\ f_n(X)),\quad X = (x_1,\ \cdots,\ x_n) \in U$$

이고, 각 성분함수 $f_i : U \to \mathbb{R}$는 실수값을 갖는 함수이다. 함수 $f_1,\ \cdots,\ f_n$이 연속(또는 미분가능)이면 F를 **연속**(또는 **미분가능**)인 **벡터장**이라고 부른다.

2차원 벡터장을 그리는 좋은 방법은 점 $(x,\ y)$를 출발해서 벡터 $F(x,\ y)$를 나타내는 화살을 그리는 것이다. 물론 모든 점에 대하여 항상 가능한 것은 아니지만, 그림 14.1에서와 같이 U에 속하는 대표적인 점에 대하여 화살을 그림으로써 벡터장 F의 적절한 자취를 얻을 수 있다.

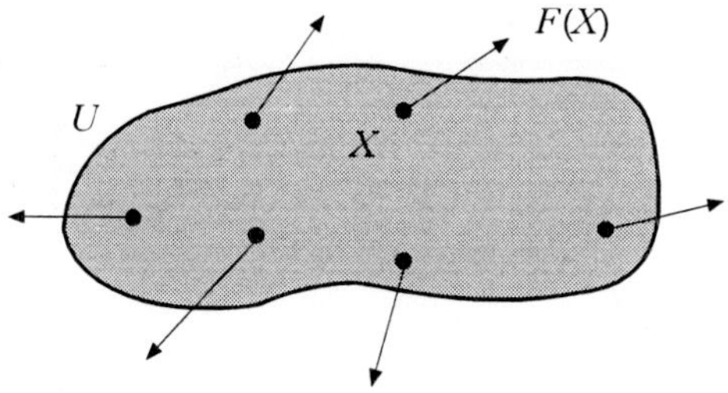

[그림 14.1]

【예제 1】 (1) 좌표평면에서 $F(x, y)=(x, y)$로 주어진 벡터장은 그림 14.2에서와 같이 원점으로부터 발산하는 모양으로 그려진다.

(2) $F(x, y)=\left(\frac{-x}{x^2+y^2}, \frac{-y}{x^2+y^2}\right)$는 그 크기가 원점으로부터의 거리에 반비례하는 벡터장으로, 그림 14.3과 같이 그려진다. 이 벡터장은 원점에서는 정의되어 있지 않다.

(3) $F(x, y)=(-y, x)$는 그림 14.4와 같이 그려진다.

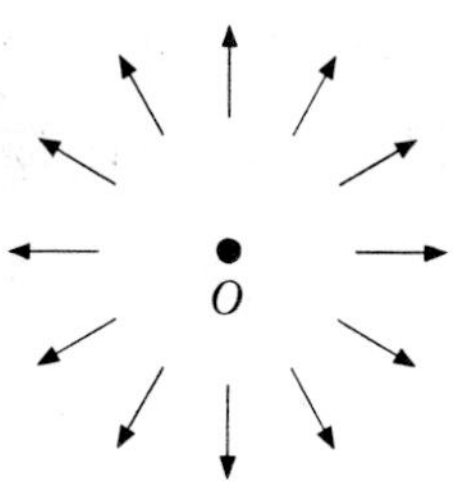

[그림 14.2]

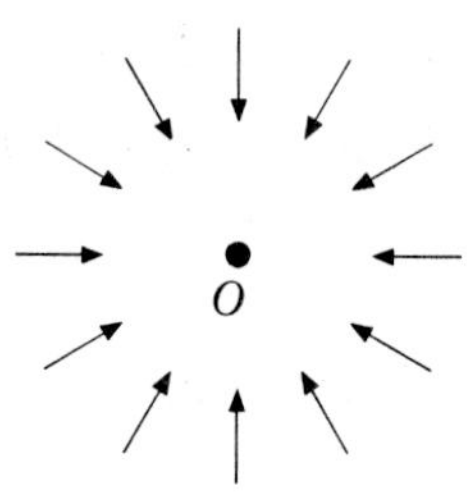

[그림 14.3]

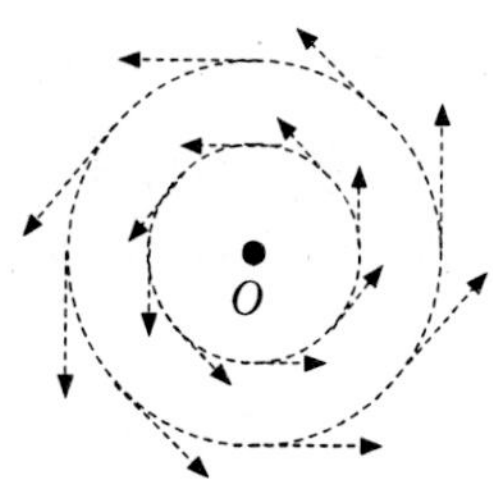

[그림 14.4]

이제 벡터장을 얻는 한 방법을 알아보자. 만약 $\varphi : U \to \mathbb{R}$가 미분가능한 함수이면, 편미분 연산을 이용하여 구한 **그래디언트 벡터**(gradient vector)

$$F = \operatorname{grad} \varphi = \nabla\varphi = \left(\frac{\partial\varphi}{\partial x_1}, \cdots, \frac{\partial\varphi}{\partial x_n}\right)$$

은 U 위의 벡터장이 된다. 이 때 φ를 F의 **포텐샬함수**(potential function)라고 부른다. φ가 F의 한 포텐샬함수이면, $\varphi+c$도 F의 포텐샬함수가 됨은 자명하다. 또, 앞의 12장에서 배운 것과 같이, 벡터장 F는 φ의 등위면에 수직이 된다.

【예제 2】 (1) $F(x, y)=(x, y)$로 주어졌을 때, $\varphi(x, y)=xy$는 F의 포텐샬함수이다.

(2) $F(x, y)=(2xy, x^2+y^2)$으로 주어졌을 때, $\varphi(x, y)=x^2y+\frac{1}{3}y^3$은 F의 포텐샬 함수이다.

(3) $F(x, y)=\left(\frac{-y}{x^2+y^2}, \frac{x}{x^2+y^2}\right)$로 주어졌을 때, $\varphi(x, y)=\tan^{-1}\frac{y}{x}$는 F의 포텐샬함수이다.

모든 벡터장이 항상 포텐샬함수를 갖는 것은 아니다. 예를 들면, 벡터장 $F(x, y)=(-y, x)$라고 하자. 만약 F의 포텐샬함수 φ가 존재한다고 가정하면, 방정식

$$\frac{\partial\varphi}{\partial x}=-y, \quad \frac{\partial\varphi}{\partial y}=x$$

를 만족한다. 따라서 처음 식을 x에 관하여 적분하여

$$\varphi(x, y)=-xy+f(y)$$

임을 알 수 있게 된다. 이제 이 식을 y에 대하여 미분하면

$$x=\frac{\partial\varphi}{\partial y}=-x+f'(y)$$

가 되어 $2x=f'(y)$를 얻게 된다. 그러나 이 식의 좌변은 x에 의존하고, 우변은 x에 의존하지 않으므로 모순을 얻게 된다. 따라서 벡터장 $F(x, y)=(-y, x)$는 포텐샬함수를 갖지 않는다.

마찬가지로, 벡터장 $F(x, y)=(y, -x)$, $F(x, y, z)=(z, xy, x)$ 등도 모두 포텐샬함수를 갖지 않는 벡터장이다.

이제 다음 정리에서 주어진 벡터장이 포텐샬함수를 가질 수 있는 필요조건을 얻을 수 있다.

정리 1.1 n차원 공간 $\mathbb{R}^n$ 위의 열린 집합 U에서 정의된 C^1인 벡터장

$$F(X)=\big(f_1(X), \cdots, f_n(X)\big), \quad X\in U$$

가 포텐샬함수를 가지면,

$$D_i f_j = D_j f_i \quad (1\le i, j\le n)$$

이다.

증명 φ를 F의 한 포텐샬함수라고 하자. 그러면, F가 C^1인 벡터장이고 $D_i\varphi=f_i$이므로,

$$D_if_j = D_i(D_j\varphi) = D_j(D_i\varphi) = D_jf_i$$

가 된다. □

【예제 3】 벡터장 $F(x, y)=\big(f(x, y), g(x, y)\big)=(y, -x)$는

$$D_2f = 1 \neq -1 = D_1g$$

이므로 포텐샬함수가 존재하지 않는다.

벡터장이 포텐샬함수를 갖는다는 것은 포텐샬함수를 이용하여 벡터장의 여러 성질을 알 수 있음을 의미한다.

다음의 벡터장은 유체역학 등의 동역학계에서 사용되는 중요한 개념들이다.

〈정의 1.2〉

3차원 실공간 $\mathbb{R}^3$ 위의 집합 U에서 정의된 벡터장

$$F=f(x, y, z)\mathbf{i}+g(x, y, z)\mathbf{j}+h(x, y, z)\mathbf{k}$$

에 대하여

(1) F의 **회전**(curl)을 $\nabla\times F$ 또는 curl F로 나타내고,

$$\nabla\times F = \text{curl } F := \left(\frac{\partial h}{\partial y}-\frac{\partial g}{\partial z}\right)\mathbf{i}+\left(\frac{\partial f}{\partial z}-\frac{\partial h}{\partial x}\right)\mathbf{j}+\left(\frac{\partial g}{\partial x}-\frac{\partial f}{\partial y}\right)\mathbf{k}$$

로 정의한다.

(2) F의 **발산**(divergence)을 $\nabla\cdot F$ 또는 div$F$로 나타내고,

$$\nabla\cdot F=\text{div}F := \frac{\partial f}{\partial x}+\frac{\partial g}{\partial y}+\frac{\partial h}{\partial z}$$

로 정의한다.

【예제 4】 3차원 실공간 $\mathbb{R}^3$에서 정의된 벡터장 $F(x, y, z)=x^2\mathbf{i}+yz\mathbf{j}+5z\mathbf{k}$에 대하여

$$\nabla\times F=-y\mathbf{i}, \quad \nabla\cdot F=2x+z+5$$

이다.

다음 정리는 앞 정의로부터 쉽게 얻을 수 있다.

정리 1.3 (1) $\varphi(x, y, z)$가 각 변수에 대하여 두 번 미분가능한 함수이면,

$$\nabla\times(\nabla\varphi)=O$$

(2) F가 각 변수에 대하여 두 번 미분가능한 벡터장이면,

$$\nabla\cdot(\nabla\times F)=0$$

어떤 관 속에서 정상상태로 흐르고 있는 유체를 생각하고, $V(x, y, z)$를 점(x, y, z)에서의 속도벡터라고 하자. 이 때 V는 정의역에 있는 임의의 점(x, y, z)에 대하여 속도벡터가 대응되며, 이 벡터장을 **속도장**(velocity field)이라 부른다.

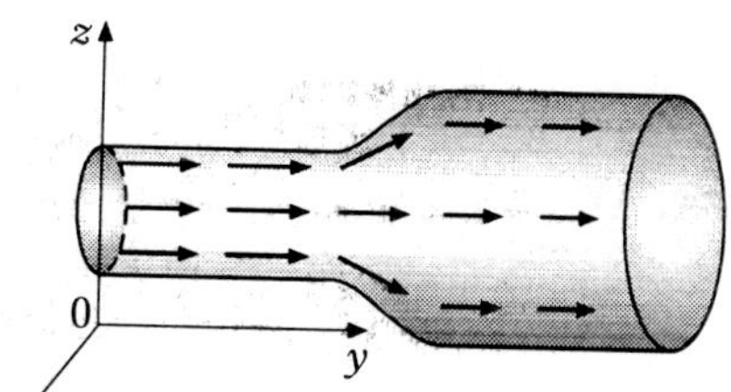

[그림 14.5] 유체 흐름의 속도장

3차원 실공간 $\mathbb{R}^3$에서 정의된 벡터장 $F(x, y, z)$에 대한 회전과 발산의 의미를 알아보도록 하자.

curl $F(x_0, y_0, z_0)$는 점(x_0, y_0, z_0)에서의 각 좌표축에 따른 유체의 흐름의 변화율을 의미한다. 즉, 주어진 입체영역에 물이 움직이고 있다고 할 때, 점 (x_0, y_0, z_0)에 작은 노를 넣었다면, 이 작은 노가 어느 방향으로 얼마나 빨리 회전하는가를 나타내는 것이 curl $F(x_0, y_0, z_0)$이다. 만약 curl $F(x_0, y_0, z_0)=O$이라면 점 (x_0, y_0, z_0)에서 유체는 회전하지 않음을 의미한다. 특히, curl F가 항등적으로 O인 벡터장 F를 **비회전장**(irrotational field)이라고 부른다.

한편, div $F(x_0, y_0, z_0)$는 점(x_0, y_0, z_0)에 있는 작은 구멍을 통하여 주어진 곡면으로 둘러싸인 입체영역으로 빠져 나오는(또는 흘러 들어가는) 유체의 변화율을 의미한다. 즉, 물이 흘러 들어오면 유선은 그 점에서 퍼져나갈 것이며 div $F(x_0, y_0, z_0)$

는 양수이다. 또, 물이 빠져나간다면 그 점에서의 $\mathrm{div}\, F(x_0,\ y_0,\ z_0)$는 음수이고, 물이 들어오고 나가는 양이 똑같다면 $\mathrm{div}\, F(x_0,\ y_0,\ z_0)=0$이 된다.

연습문제 (14.1)

1. 벡터장 $F(x,\ y)=(x+y,\ x-y)$의 모양을 그려라.

2. 벡터장 $F(x,\ y)=(-y,\ x)$는 원 $x^2+y^2=a^2$에 접함을 보여라.

3. 벡터장 $F(x,\ y)=(-2xy,\ x^2-y^2)$의 모양을 그리고, 이 때 각 점에서의 벡터는 x축 위의 한 점을 중심으로 하고 원점에 접하는 원에 접함을 보여라.

4. $\varphi(x,\ y)=x^2+y^2$일 때, φ를 포텐샬함수로 갖는 벡터장 F를 구하여라.

5. 벡터장 $F(x,\ y)=(3+2xy,\ x^2-3y^2)$은 포텐샬함수를 갖는지 알아보아라.

6. 다음 벡터장의 회전과 발산을 구하여라.

(1) $F(x,\ y,\ z)=x\mathbf{i}+y\mathbf{j}+z\mathbf{k}$
(2) $F(x,\ y,\ z)=yz\mathbf{i}+xz\mathbf{j}+xy\mathbf{k}$
(3) $G(x,\ y,\ z)=xyz\mathbf{i}+xy\mathbf{j}+z\mathbf{k}$
(4) $G(x,\ y,\ z)=y\mathbf{i}-x\mathbf{j}+z\mathbf{k}$

7. 다음 함수를 포텐샬함수로 갖는 벡터장을 구하여라.

(1) $f(x,\ y)=x^5-4x^2y^3$
(2) $f(x,\ y)=e^{3x}\cos 4y$
(3) $f(x,\ y,\ z)=xyz$
(4) $f(x,\ y,\ z)=x\ln(y-z)$

8. 다음 벡터장이 포텐샬함수를 갖는가 결정하고, 존재한다면 그것을 구하여라.

(1) $F(x,\ y)=(1+4x^3y^3,\ 3x^4y^2)$
(2) $F(x,\ y)=(x^2+y,\ x^2)$
(3) $F(x,\ y)=(e^{2x}+x\sin y,\ x^2\cos y)$
(4) $F(x,\ y)=(ye^{xy},\ xe^{xy})$

9. 다음 함수 f의 그래디언트 벡터장 ∇f를 구하고, 그것의 개형을 그려라.

(1) $f(x,\ y)=x^2-\dfrac{1}{2}y^2$
(2) $f(x,\ y)=\ln\sqrt{x^2+y^2}$

14.2 선적분

n차원 공간 $\mathbb{R}^n$ 위의 열린 집합 U에서 정의된 벡터장 $F=(f_1, \cdots, f_n)$과 U 안의 한 C^1 곡선 $C:[a, b]\to U$가

$$C(t):=(c_1(t), \cdots, c_n(t)), \quad t\in[a, b]$$

와 같이 정의되었다고 하자. 이때 곡선 $C(t)$ 위의 두 벡터 $F(C(t))$와 $C'(t)$의 내적을 정적분한 것을 곡선 C를 따른 F의 **선적분**(line integral)이라고 정의하고 $\int_C F$로 나타낸다. 즉,

$$\int_C F := \int_a^b F(C(t))\cdot C(t)dt$$

이다. 이러한 적분의 정의는 곡선 C를 어떠한 매개변수를 써서 나타내도 항상 같아야만 잘 정의되었다고 할 수 있다. 실제로 위의 선적분은 같은 방향이기만 하면 어떠한 매개변수를 써서 계산하여도 같은 값을 갖는다.

【예제 1】 포물선

$$C(t)=(t, t^2), \quad t\in[0, 1]$$

을 따라 움직이는 다음과 같은 벡터장 F의 선적분값을 구하여라.

$$F(x, y)=(xy, y^2)$$

풀이 $x(t)=t$, $y(t)=t^2$ 이라고 놓으면

$$F(C(t))=F\Big(x(t), (y(t))^2\Big)=(t^3, t^4)$$

이다. 이 때 $C'(t)=(1, 2t)$이므로

$$F(C(t)\cdot C'(t)=t^3+2t^5$$

이며, 따라서

$$\int_C F=\int_0^1 F(C(t))\cdot C'(t)dt=\int_0^1 (t^3+2t^5)dt=\frac{7}{12}$$ □

선적분의 개념은 곡선 C를 따라서 힘 F가 한 전체 일의 양으로도 생각할 수 있다.

【예제 2】 어떤 물체가 곡선 $C(t)=(t,\ t^2,\ t^3)$, $t\in[-1,\ 1]$을 따라 움직일 때, 다음과 같은 힘 F가 한 전체 일의 양을 구하여라.

$$F(x,\ y,\ z)=(xy,\ yz,\ zx)$$

풀이 $x(t)=t$, $y(t)=t^2$, $z(t)=t^3$이므로

$$F(C(t))=\big(x(t)y(t),\ y(t)z(t),\ z(t)x(t)\big)=(t^3,\ t^5,\ t^4)$$

이다. 한편 $C'(t)=(1,\ 2t,\ 3t^2)$이므로

$$F(C(t))\cdot C'(t)=t^3+2t^6+3t^6=t^3+5t^6$$

이고, 따라서 전체 일의 양 W는 다음과 같다.

$$W=\int_C F(C(t))\cdot C'(t)dt=\int_{-1}^{1}[t^3+5t^6]dt=\frac{10}{7}$$ □

곡선 C가 정칙은 아니지만 유한개의 정칙인 곡선 C_1, C_2, $\cdots$, C_n으로 이루어져 있다면, C 위에서의 선적분은 C_i 위에서의 선적분의 합으로 정의할 수 있다. 즉,

$$\int_C F:=\int_{C_1}F+\cdots+\int_{C_n}F$$

이다. 이와 같은 곡선 C를 **구분적으로 정칙**(piecewise regular)이라고 한다.

다음은 모두 구분적으로 정칙인 곡선들이며, 다각형들은 항상 구분적으로 정칙이 된다.

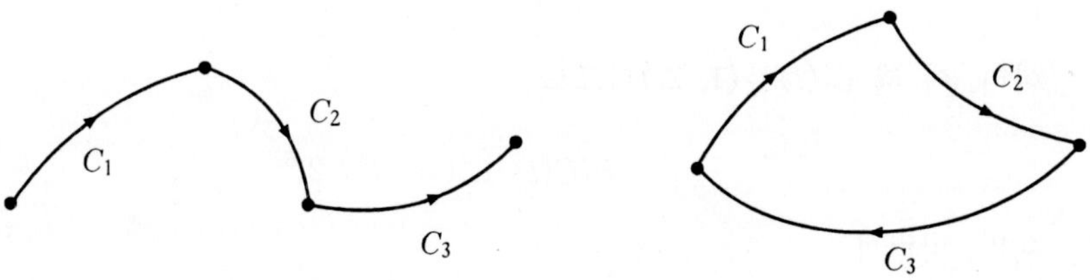

[그림 14.6]

정리 2.1 n차원 공간 $\mathbb{R}^n$ 위의 열린 집합 U에서 정의된 연속인 벡터장 $F : U \to \mathbb{R}^n$과 C^1인 곡선 $C : [a, b] \to U$가 주어졌다고 하자.

(1) $f : [\alpha, \beta] \to [a, b]$가 C^1함수이고, $f(\alpha)=a$, $f(\beta)=b$일 때, $\widetilde{C}=C\circ f$ 로 두면

$$\int_{\widetilde{C}} F = \int_C F$$

(2) C_-가 C의 역향곡선이면

$$\int_{C_-} F = -\int_C F$$

증명

$$\begin{aligned}\int_{\widetilde{C}} F &= \int_\alpha^\beta F(\widetilde{C}(s)) \cdot \widetilde{C}'(s)ds \\ &= \int_\alpha^\beta F(C(t)) \cdot C'(t)f'(s)ds \qquad (t=f(s)) \\ &= \int_{f(\alpha)}^{f(\beta)} F(C(t)) \cdot C'(t)dt\end{aligned}$$

따라서, $f(\alpha)=a$, $f(\beta)=b$인 경우는 (1)을 얻고, $f(\alpha)=b$, $f(\beta)=a$인 경우는 (2)를 얻는다. □

【예제 3】 원점 (0, 0)에서 (1, 1)까지 포물선 $y=x^2$을 따른 곡선 위에서의 벡터장 $F(x, y)=(x, y)$의 선적분 값을 구하여라.

풀이 곡선의 식을 $C(t)=(t, t^2)$ $(0 \le t \le 1)$로 두면,

$$\int_C F = \int_0^1 (t, t^2) \cdot (1, 2t)dt = \int_0^1 (t+2t^3)dt = 1$$

이다. □

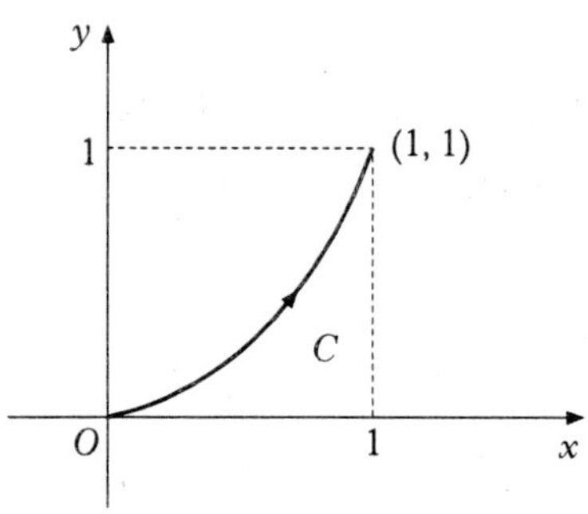

[그림 14.7]

다음 정리는 포텐샬함수의 중요성을 말해 주는 것으로, 일변수함수의 정적분에서 미적분학의 기본정리를 다변수함수의 선적분에서 확장한 것으로 이해할 수 있다.

정리 2.2 $C(t)$, $t \in [a, b]$를 점 $P=C(a)$에서 시작하고 $Q=C(b)$에서 끝나는 구분적으로 정칙인 곡선이라고 하자. 만약 f가 곡선 C를 포함하는 개구간에서 미분가능하고 그 도함수가 연속이라면,

$$\int_C \nabla f = f(Q) - f(P)$$

이다.

증명 만약에 C가 그림 14.8과 같은 원활한 곡선이라면,

$$\begin{aligned}\int_C \nabla f &= \int_a^b \nabla f(C(t)) \cdot C'(t)\,dt \\ &= \int_a^b \frac{d}{dt}[f(C(t))]dt = f(C(b)) - f(C(a)) = f(Q) - f(P)\end{aligned}$$

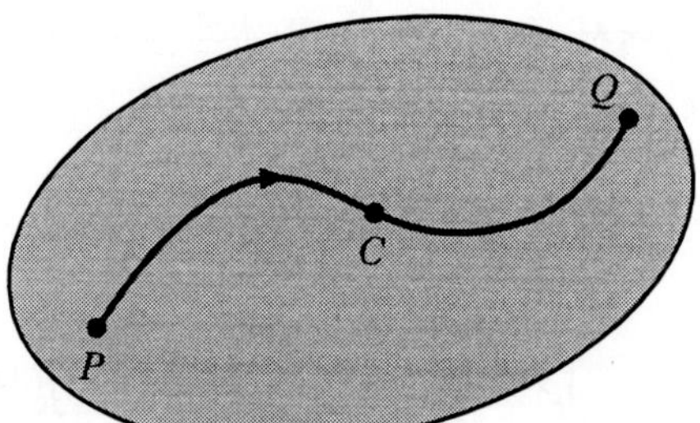

[그림 14.8]

만약에 C가 원활한 곡선이 아니라 그림 14.9와 같이 구분적으로 원활한 곡선이라면, C를 원활한 곡선들 $C = C_1 \cup C_2 \cup \cdots \cup C_n$으로 나타낼 수 있다. 그러면

$$\begin{aligned}\int_C \nabla f &= \int_{C_1} \nabla f + \int_{C_2} \nabla f + \cdots + \int_{C_n} \nabla f \\ &= [f(P_1) - f(P)] + [f(P_2) - f(P_1)] + \cdots + [f(Q) - f(P_{n-1})] \\ &= f(Q) - f(P)\end{aligned}$$

이므로 정리가 증명되었다. □

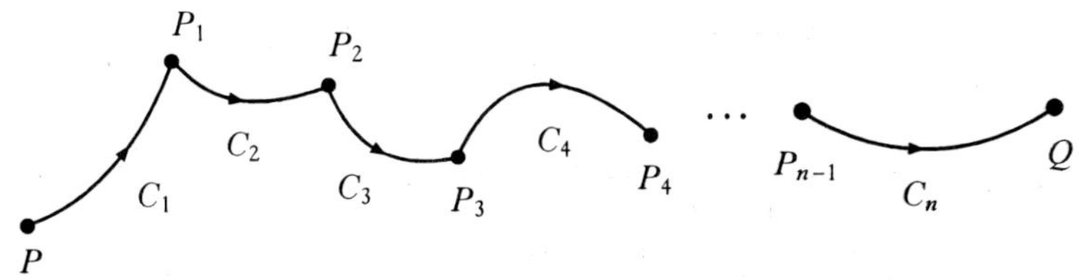

[그림 14.9]

만약 곡선 C가 폐곡선, 즉 $P=Q$이면, $f(P)=f(Q)$이므로, 곡선 C를 따른 벡터장 ∇f의 선적분은

$$\int_C \nabla f = f(Q) - f(P) = 0$$

이다. 그러므로 만약에 $F=\nabla f$이면 폐곡선 C를 따라 F가 한 일은 0이다. 다시 말하면 이 경우에 어떤 물체가 운동에너지를 가지고 한 점에서 출발하여 그 점으로 되돌아오면 운동에너지는 출발 당시에 갖고 있던 운동에너지와 같다.

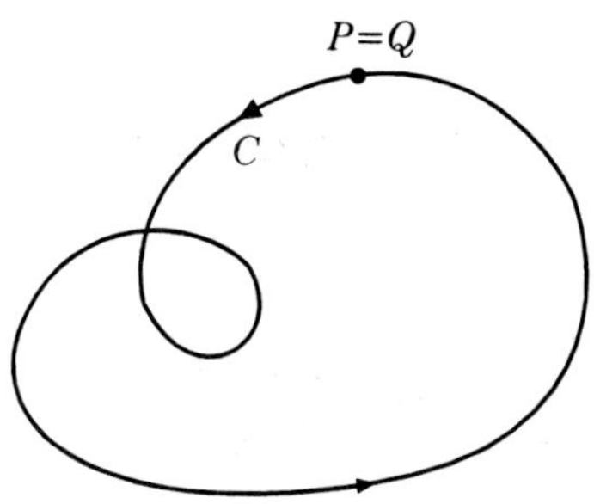

[그림 14.10]

【예제 4】 $r=(x^2+y^2+z^2)^{\frac{1}{2}}$이고, 벡터장 $F(x,\ y,\ z)=-\dfrac{1}{r^3}(x,\ y,\ z)$이면, $|F|=\dfrac{1}{r^2}$이 된다. 이 때, 3차원 좌표공간 속의 두 점 P와 Q가 $|P|=|Q|\neq 0$이면, P와 Q를 연결하는 원점을 지나지 않는 임의의 정칙인 곡선에 대한 F의 선적분은 0이 됨을 보여라.

풀이 F의 한 포텐샬함수가 $\varphi(x, y, z)=\dfrac{1}{r}$이 됨을 쉽게 알 수 있다. 따라서, 구하는 선적분 값은 $\varphi(Q)-\varphi(P)=\dfrac{1}{|Q|}-\dfrac{1}{|P|}=0$이 된다. □

벡터장 $F(x, y)=\left(\dfrac{-y}{x^2+y^2}, \dfrac{x}{x^2+y^2}\right)$는 원점을 제외한 좌표평면에서 정의되어 있다. 이 때 F의 성분을 (f, g)로 두면 $D_2f=D_1g$임을 알 수 있다. 그러나 이 벡터장을 단위원의 양의 방향을 따라 한 바퀴 도는 선적분을 하면 2π가 되므로, F는 포텐샬함수를 가지지 않는다. 따라서, 앞 절의 정리 1.1의 역은 성립되지 않음을 알 수 있다. 그러나 정의역 U가 좋은 성질을 가지고 있으면(예를 들어, 단순연결되어 있으면), 정리 1.1의 역이 성립한다. 이 개념은 이 책의 정도를 넘으므로, 우리는 다음과 같은 단순한 경우에 한정하여 생각하기로 한다.

> **정리 2.3** f와 g는 좌표평면의 개집합 위에서 정의된 미분가능한 함수라 하자. 만일 이 개집합이 평면 전체이거나, 원 또는 직사각형의 내부이며, f와 g의 편도함수들이 연속이고
>
> $$\frac{\partial f}{\partial y}=\frac{\partial g}{\partial x}$$
>
> 이면, 벡터장 $F(x, y)=(f(x, y), g(x, y))$는 포텐샬함수를 가진다.

증명 f와 g의 정의역인 개집합이 직사각형 내부

$$a<x<b, \quad c<y<d$$

인 경우에 대해서 증명한다. 나머지 경우도 이 방법을 이용하면 된다.
우리는 F의 포텐샬함수가

$$\varphi(x, y)=\int_a^x f(t, y)dt+\int_c^y g(a, u)du$$

임을 보이려고 한다. 먼저

$$D_1\varphi(x, y)=f(x, y)$$

가 되는 것은 위의 식에서 곧 알 수 있다. 다음에 주어진 가정을 쓰면 φ가 포텐샬함수이기 위한 나머지 조건도 다음과 같이 보일 수 있다.

$$D_2\varphi(x, y)=\int_a^x D_2 f(t, y)dt+g(a, y)=\int_a^x D_1 g(t, y)dt+g(a, y)$$
$$=g(x, y)-g(a, y)+g(a, y)=g(x, y)$$

위의 식 중 처음 등식을 증명하기 위하여는

$$\lim_{h\to 0}\int_a^x\left[\frac{f(t, y+h)-f(t, y)}{h}\right]dt=\int_a^x\left[\frac{f(t, y+h)-f(t, y)}{h}\right]dt$$

가 성립하는 것을 밝혀야 하는데 이것의 엄밀한 증명은 소위 ε-δ 논법을 사용해야 되기 때문에 이것은 생략하고 결과만을 인정하기로 한다.

따라서 $F(x, y)=(D_1\varphi(x, y), D_2\varphi(x, y))=\nabla\varphi(x, y)$이며, φ는 F에 대한 포텐샬함수인 것이 증명되었다. □

【예제 5】 $F(x, y)=(2xy, x^2+3y^2)$를 주어진 벡터장이라 하면, $f(x, y)=2xy$, $g(x, y)=x^2+3y^2$은 앞 정리의 조건들을 모두 만족한다. 이 때, F의 포텐샬함수를 구하여라.

풀이 이제 구하는 포텐샬함수를 $\varphi(x, y)$라면 $D_1\varphi=f$이어야 한다. 이 식의 양변을 x에 관하여 적분하면 $\varphi(x, y)=x^2y$를 얻는다. 그러나 $D_1\varphi=2xy$가 되는 가장 일반적인 경우는 여기에 y만의 함수 $u(y)$를 더한 모양의 함수

$$\varphi(x, y)=x^2y+u(y)$$

일 것이다. 따라서 우리는

$$D_2\varphi=\frac{\partial}{\partial y}[x^2y+u(y)]=x^2+3y^2$$

를 만족하는 $u(y)$를 구하면 된다. 즉,

$$x^2+\frac{du}{dy}=x^2+3y^2$$

이므로 $u(y)=y^3+k$ (k는 상수)를 얻는다. 따라서 벡터장 F의 포텐샬함수는

$$\varphi(x, y)=x^2y+y^3+k \ (k\text{는 상수})$$

이다. □

【예제 6】 원호 $C(t)=(\cos t, \sin t)$, $0\le t\le\frac{\pi}{2}$를 따라서 이동한 물체에 힘 $F(x, y)=(y^2, 2xy-e^y)$가 한 일의 양을 계산하여라.

풀이 벡터장 $F(x, y)=(y^2, 2xy-e^y)$는 정리 2.3의 조건을 만족하므로 포텐샬함수 $\varphi(x, y)$를 구할 수 있다. 즉, $\dfrac{\partial\varphi}{\partial x}=y^2$이고 $\dfrac{\partial\varphi}{\partial y}=2xy-e^y$이므로 $\varphi(x, y)=xy^2+f(y)$로 놓으면 $\dfrac{\partial\varphi}{\partial y}(x, y)=2xy+f'(y)$임을 알 수 있다. 그러므로 $f'(y)=-e^y$이고 따라서 $f(y)=-e^y+k$ (k는 상수)임을 알 수 있다. 따라서

$$\varphi(x, y)=xy^2-e^y+k \ (k\text{는 상수})$$

이다. 곡선 C는 점(1, 0)에서 점(0, 1)로 움직이기 때문에 정리 2.2에 의하여

$$\int_C F=f(0, 1)-f(0, 1)=(-e+k)-(-1+k)=1-e$$ □

연습문제 (14.2)

1. 벡터장 $F(x, y)=(y, -x)$의 다음 곡선을 따른 선적분을 구하여라.

(1) $C(t)=(\cos t, \sin t),\ 0 \le t \le 2\pi$

(2) $C(t)=(2t+1, t^2+3t),\ 0 \le t \le 1$

2. 벡터장 $F(x, y, z)=(xy, yz, zx)$의 곡선 $C(t)=(t, t^2, t^3),\ 0 \le t \le 1$을 따른 선적분을 구하여라.

3. 벡터장 $F(x, y)=(-y, x)$의 다음 곡선을 따른 선적분을 구하여라.

(1) $C(t)=(\cos t, \sin t),\ 0 \le t \le 2\pi$

(2) $C(t)=(\cos t, \sin t),\ 0 \le t \le 4\pi$

4. 어떤 입자가 반원 $\mathbf{r}(t)=\cos t\mathbf{i}+\sin t\mathbf{j},\ 0 \le t \le \dfrac{\pi}{2}$를 따라 움직일 때, 힘의 장

$$F(x, y)=x^2\mathbf{i}-xy\mathbf{j}$$

가 행한 일의 양을 구하여라.

5. 벡터장 $F(x, y)=(y\cos x-\cos y, \sin x+x\sin y)$의 단위원주의 양의 방향을 따라 한 바퀴 도는 곡선을 따른 선적분의 값을 구하여라.

6. 다음 벡터장에 대한 포텐샬함수를 구하여라.(단, $r=\|X\|$, $X \neq O$)

(1) $F(x, y)=(2xy, x^2+1)$ (2) $F(x, y)=(4xy, 2x^2)$

(3) $F(X)=\frac{1}{r}X$ (4) $F(X)=\frac{1}{r^2}X$

7. 벡터장 $F(x, y)=(3+2xy, x^2-3y^2)$, 곡선 $C(t)=(e^t\sin t, e^t\cos t)$, $0 \le t \le \pi$일 때, 선적분

$$\int_C F$$

를 구하여라.

8. 다음 벡터장 F의 포텐샬함수를 구하고, 그것을 이용하여 주어진 곡선 C를 따른 선적분 $\int_C F$를 구하여라.

(1) $F(x, y)=(2xy^3, 3x^2y^2)$; $C(t)=(\sin t, t^2+1)$, $0 \le t \le \frac{\pi}{2}$

(2) $F(x, y)=(y, x)$; C는 점 $(1, 0)$에서 $(2, 8)$까지의 곡선 $y=x^4-x^3$의 호

(3) $F(x, y, z)=(y, x+z, y)$; C는 점 $(2, 1, 4)$에서 $(8, 3, -1)$까지의 선분

9. 곡선 C가 점$(2, 0, 0)$에서 점$(3, 4, 5)$까지의 선분 C_1과 점$(3, 4, 5)$에서 점 $(3, 4, 0)$까지의 수직선분 C_2로 구성될 때,

$$\int_C y\,dx+z\,dy+x\,dz$$

를 구하여라.

14.3 그린 정리

이 절에서는 단순폐곡선인 평면곡선 위에서 2차원 벡터장 F의 선적분을 알아 본다. 먼저 한 점을 두 번 이상 지나지 않는 폐곡선을 **단순폐곡선** 또는 **조르단곡선**(Jordan curve)이라고 부른다. 평면에서 원, 타원, 삼각형 등은 모두 단순폐곡선이다. 그러나 다음 그림은 단순폐곡선이 아니다.

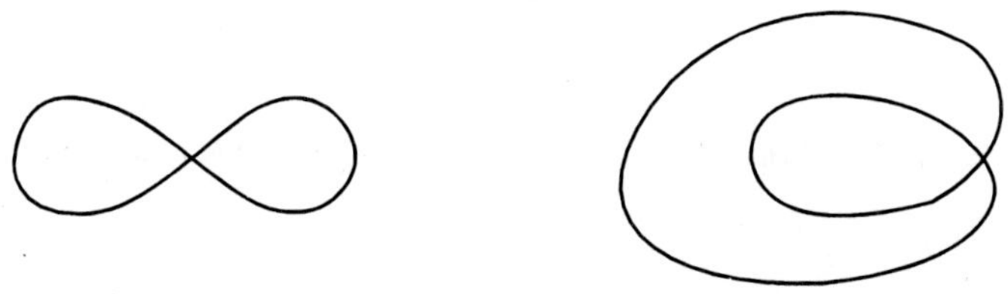

[그림 14.11]

단순폐곡선 위에서의 선적분은 다음 정리에 의하여 단순폐곡선으로 둘러싸인 영역에서의 이중적분으로 계산할 수 있다.

정리 3.1 (그린[1] 정리) Ω를 구분적으로 미분가능한 조르단곡선 C를 경계로 하는 평면의 닫힌 영역이라 하자. 만약 $F(x, y)=(P(x, y), Q(x, y))$가 Ω를 포함하는 개집합에서 미분가능하고 그 도함수가 연속이면,

$$\int_C P(x, y)dx+Q(x, y)dy=\iint_\Omega \left[\frac{\partial Q}{\partial x}(x, y)-\frac{\partial P}{\partial y}(x, y)\right]dx\,dy$$

(단, 식의 좌변은 곡선 C 위에서 반시계 방향으로 선적분한 것이다.)

증명 그림 14.12 (I)의 모양을 갖는 영역 Ω에 대해서만 증명하자.
Ω가 모양 (I)을 가지면 다음을 보일 수 있다.

$$\int_C P(x, y)dx=\iint_\Omega -\frac{\partial P}{\partial y}(x, y)dx\,dy \tag{1}$$

영역 Ω에서 이중적분을 먼저 계산하면

1) George Green (1793-1841): 영국의 수학자이자, 물리학자

$$\iint_{\Omega} -\frac{\partial P}{\partial y}(x,\ y)dx\,dy = -\int_a^b \int_{\phi_1(x)}^{\phi_2(x)} \frac{\partial P}{\partial y}(x,\ y)dy\,dx$$
$$= -\int_a^b \{P(x,\ \phi_2(x)) - P(x,\ \phi_1(x))\}dx$$
$$= \int_a^b P(x,\ \phi_1(x))dx - \int_a^b P(x,\ \phi_2(x))dx. \qquad (*)$$

이제 ϕ_1의 그래프는 곡선 $C_1(t)=(t,\ \phi_1(t))$, $t \in [a,\ b]$로 표시하고, ϕ_2의 그래프는 곡선 $C_2(t)=(t,\ \phi_2(t))$, $t \in [a,\ b]$로 표시하자. 곡선 C는 C_1과 $-C_2$에 의해 시계 반대방향으로 움직이기 때문에 다음을 알 수 있다.

$$\int_C P(x,\ y)dx = \int_{C_1} P(x,\ y)dx - \int_{C_2} P(x,\ y)dx$$
$$= \int_a^b P(t,\ \phi_1(t))dt - \int_a^b P(t,\ \phi_2(t))dt$$

위의 (*)와 비교하면 (1)을 증명할 수 있다. 위와 같은 방법으로

$$\int_C Q(x,\ y)dy = \iint_{\Omega} \frac{\partial Q}{\partial x}(x,\ y)dx\,dy \qquad (2)$$

를 증명할 수 있을 것이다. 이것을 종합하면

$$\int_C P(x,\ y)dx + Q(x,\ y)dy = \iint_{\Omega} \left[\frac{\partial Q}{\partial x}(x,\ y) - \frac{\partial P}{\partial y}(x,\ y)\right]dx\,dy$$

를 얻는다.

영역 Ω가 형태 (II)의 모양을 가지고 있어도 위와 같은 방법으로 증명할 수 있다. □

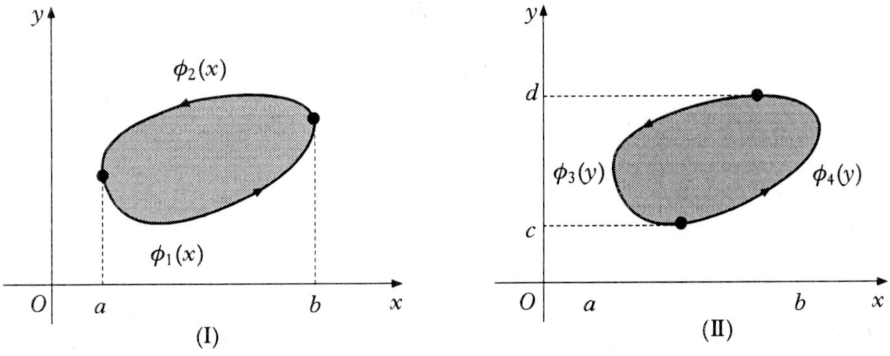

[그림 14.12]

앞의 정리는 그림 14.13과 같은 영역에서도 마찬가지 방법으로 증명할 수 있다.

그림 14.14와 같은 일반적인 경우에는 영역 D를 그림 14.13 모양의 영역으로 나누어 증명할 수 있다. 이 때 주의할 점은 나눌 때 생겨나는 새로운 경계는 인접한 부분영역들의 공통 경계이지만 서로 방향이 다르게 나타나므로 공통 경계에서의 적분값의 합은 0이다.

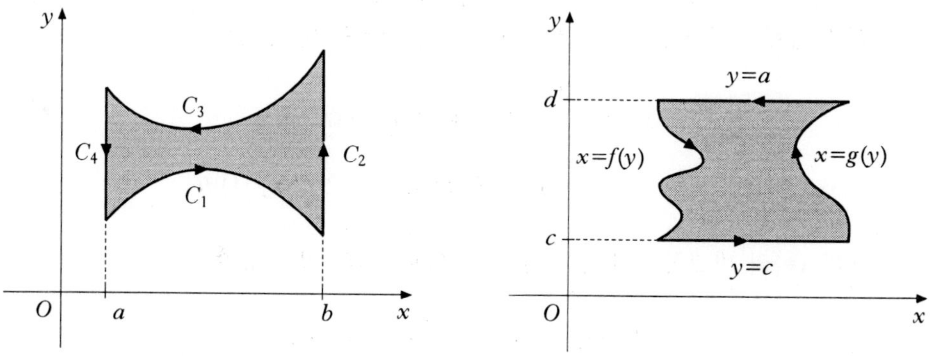

[그림 14.13]

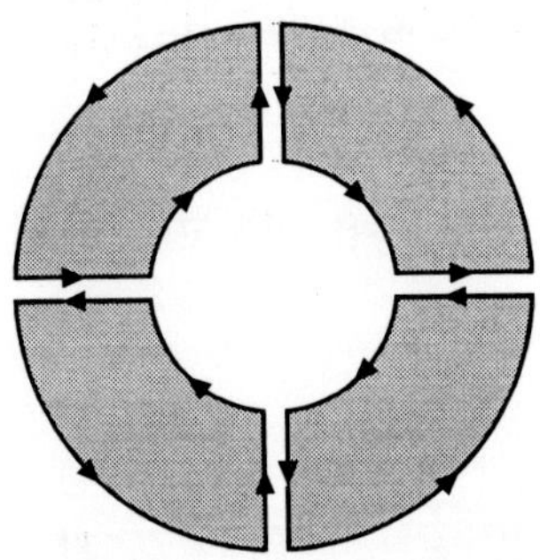

[그림 14.14]

【예제 1】 그린 정리를 사용하여

$$\int_C xy^2dx + x^2ydy$$

를 계산하여라. (단, C는 $x^2+y^2=a^2$인 원으로 반시계 방향의 순서를 갖는다.)

풀이 Ω를 원판 $0 \leq x^2+y^2 \leq a^2$이라 하자. 그러면 그린 정리에 의하여

$$\int_C xy^2dx+x^2y\,dy=\iint_\Omega (2xy-2xy)dx\,dy=0$$ □

【예제 2】 반시계 방향의 순서를 갖는 곡선 $C: x^2+y^2=4$를 따른 다음 선적분을 구하여라.

$$\int_C (2y+\sqrt{9+x^3})dx+(5x+e^{\tan^{-1}y})dy$$

풀이 그린 정리에 의하여 이 선적분 값은

$$\iint_{x^2+y^2\le 4}(5-2)dx\,dy=3\cdot 4\pi=12\pi.$$ □

그린 정리의 응용으로 다음을 증명할 수 있다.

> **정리 3.2** 만약 C가 구분적으로 원활한 단순폐곡선이면, C로 둘러싸인 영역의 넓이는
>
> $$\frac{1}{2}\int_C -y\,dx+x\,dy$$
>
> 와 같다.

증명 Ω를 C에 의하여 둘러싸인 영역이라 하자. 여기서 $P(x,\ y)=-y$이고 $Q(x,\ y)=x$이므로

$$\frac{\partial P}{\partial y}(x,\ y)=-1,\quad \frac{\partial Q}{\partial y}(x,\ y)=1$$

따라서 그린 정리에 의해서

$$\int_C -y\,dx+x\,dy=\iint_\Omega [1-(-1)]dx\,dy=2\cdot(\Omega\text{의 면적})$$ □

【예제 3】 정리 3.2를 사용하여 타원 $\frac{x^2}{a^2}+\frac{y^2}{b^2}\le 1$의 넓이를 구하여라. (단, $a, b>0$)

풀이 타원을 매개화하여 $x=a\cos t,\ y=b\sin t,\ 0\le t\le 2\pi$로 두면, 정리 3.2에 의하여 타원의 넓이는

$$\frac{1}{2}\int_C -y\,dx+x\,dy=\frac{1}{2}\int_0^{2\pi}(ab\sin^2 t+ab\cos^2 t)dt$$
$$=\frac{ab}{2}\int_0^{2\pi}1\,dt=\pi ab \qquad \square$$

【예제 4】 C가 반시계 방향의 순서를 갖는 원 $x^2+y^2=9$일 때,

$$\int_C(3y-e^{\sin x})dx+(7x+\sqrt{y^4+1})dy$$

를 구하여라.

풀이 C에 의하여 유계인 영역 D는 원판 $x^2+y^2\le 9$이다. 그린 정리를 적용한 후에 극좌표를 이용하여 계산하면,

$$\int_C(3y-e^{\sin x})dx+(7x+\sqrt{y^4+1})dy$$
$$=\iint_D \frac{\partial}{\partial x}(7x+\sqrt{y^4+1})-\frac{\partial}{\partial y}(3y-e^{\sin x})dx\,dy$$
$$=\int_0^{2\pi}\int_0^3(7-3)r\,dr\,d\theta$$
$$=4\int_0^{2\pi}\int_0^3 r\,dr\,d\theta=36\pi \qquad \square$$

연습문제 (14.3)

1. 그린 정리에 의하여 다음 적분을 구하여라. 단, 모든 곡선 C는 반시계 방향의 순서를 갖는다.

(1) $\int_C 3y\,dx+5x\,dy$; C : $x^2+y^2=1$

(2) $\int_C 5x\,dx+3y\,dy$; C : $(x-1)^2+(y+1)^2=1$

(3) $\int_C x\,dy$; C는 $(0, 0)$, $(a, 0)$, (a, b), $(0, b)$를 꼭지점으로 갖는 직사각형

(4) $\int_C y\,dy$; C는 $(0, 0)$, $(a, 0)$, (a, b), $(0, b)$를 꼭지점으로 갖는 직사각형

2. 다음 선적분을 직접계산과 그린 정리를 이용하여 각각 구하여라.
단, 곡선 C는 $(0, 0)$에서 $(2, 4)$까지 포물선 $y=x^2$의 호와 $(2, 4)$에서 $(0, 4)$까

지의 선분, (0, 4)에서 (0, 0)까지 선분으로 구성된 반시계 방향의 순서를 갖는 곡선이다.

$$\int_C (x^2+y^2)dx+2xydy$$

3. 그린 정리를 이용하여 x축과 사이클로이드 $x=a(t-\sin t)$, $y=a(1-\cos t)$, $0 \le t \le 2\pi$ 로 둘러싸인 부분의 넓이를 구하여라.

4. $x \ge 0$, $y \ge 0$인 범위에서 $x^3+y^3=3xy$로 둘러싸인 영역의 넓이를 구하여라.

5. 그린 정리를 이용하여 반시계 방향의 주어진 곡선 C를 따른 선적분을 각각 구하여라.

(1) $\int_C xy\,dx+y^5dy$; C는 (0, 0), (2, 0), (2, 1)을 꼭지점으로 갖는 삼각형

(2) $\int_C (y+e^{\sqrt{x}})dx+y^5dy$; C는 포물선 $y=x^2$과 $x=y^2$에 의하여 둘러싸인 영역의 경계

(3) $\int_C (y^2-\tan^{-1}x)dx+(3x+\sin y)dy$; C는 포물선 $y=x^2$과 직선 $y=4$에 의하여 둘러싸인 영역의 경계

6. (1) C가 점 (x_1, y_1)에서 점(x_2, y_2)까지 연결한 선분일 때,

$$\int_C x\,dy-y\,dx=x_1y_2-x_2y_1$$

임을 보여라.

(2) 다각형의 꼭지점이 반시계 방향의 순서로 (x_1, y_1), (x_2, y_2), $\cdots$, (x_n, y_n)과 같이 나열되었을 때, 다각형의 넓이 A는

$$A=\frac{1}{2}[(x_1y_2-x_2y_1)+(x_2y_3-x_3y_2)+\cdots+(x_ny_1-x_1y_n)]$$

임을 보여라.

(3) (0, 0), (2, 1), (1, 3), (0, 2), (−1, 1)을 꼭지점으로 하는 오각형의 넓이를 구하여라.

14.4 면적분

이 절에서는 3차원 공간 $\mathbb{R}^3$에서 곡면과 이 곡면 위에서의 적분에 관한 성질을 알아보기로 한다.

〈정의 4.1〉

3차원 공간 $\mathbb{R}^3$의 한 부분집합 S가 조건
"uv－평면 위의 한 영역 D를 정의역으로 하는 C^1 함수 $X : D \to \mathbb{R}^3$가 존재하여 $X(D)=S$이고, X가 단사이며, $X_u=\dfrac{\partial X}{\partial u}$와 $X_v=\dfrac{\partial X}{\partial v}$가 일차독립이다."
를 만족하면, S를 **곡면**(surface)이라고 부르고 X를 S의 **매개화**(parametrization)라고 부른다. 또 매개화가 주어진 곡면을 **매개곡면**(parametrized surface)이라고 부른다.

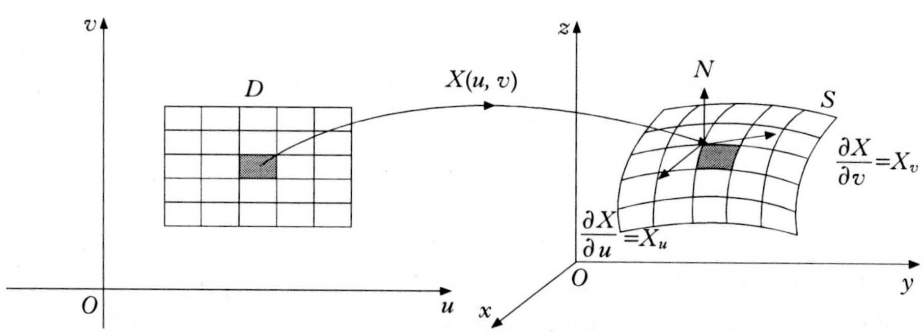

[그림 14.15]

【예제 1】 (1) $X(u,\ v)=u^2+v^2$이고, $(u,\ v)$는 조건 $u^2+v^2 \le 4^2$을 만족하면 곡면 S는 그림 14.16과 같은 포물면이 된다.

(2) $X(u,\ v)=u^2-v^2$이고, $(u,\ v)$가 조건 $|u| \le 1,\ |v| \le 1$을 만족하면 곡면 S는 그림 14.17과 같은 쌍곡면이 된다.

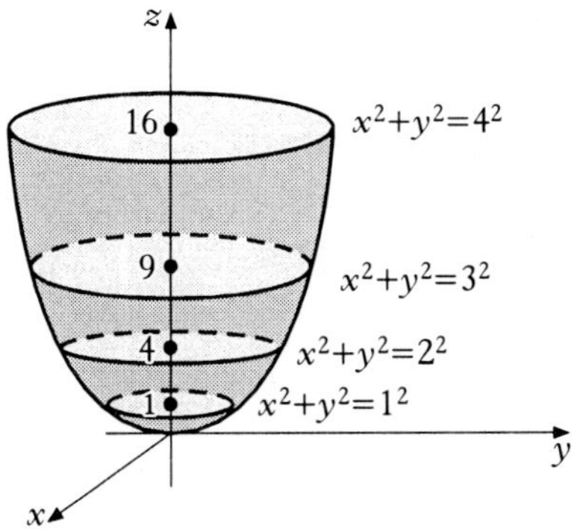

[그림 14.16]

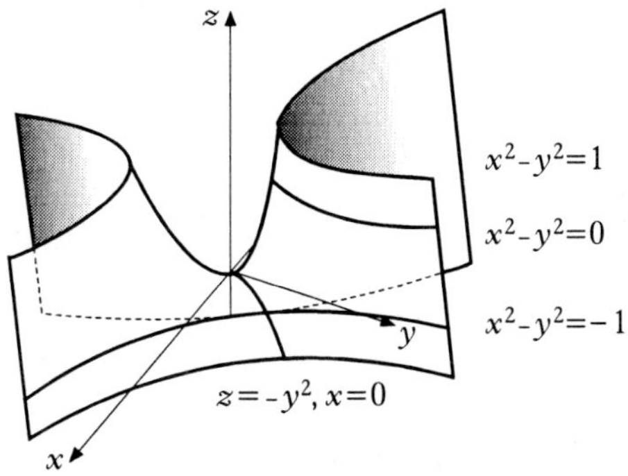

[그림 14.17]

이제 매개곡면 $S : X(u, v)=\big(x(u, v), y(u, v), z(u, v)\big)$, $(u, v)\in D$에 대하여 벡터 $N(u, v)=X_u\times X_v\neq O$는 곡면 S에 수직임을 알 수 있다. 우선 이 곡면의 넓이를 구하기 위해 영역 D를 잘게 나누면, 그림 14.15와 같이 곡면 위의 조그만 조각

$$\begin{aligned} S_{ij} : X(u_i+a\Delta u,\ v_j+b\Delta v)\ \ (0\le a,\ b\le 1) \\ \approx X(u_i, v_j)+aX_u(u_i, v_j)\Delta u+bX_v(u_i, v_j)\Delta v \end{aligned}$$

는 거의 평행사변형이고, 따라서 S_{ij}의 넓이 $A(S_{ij})$는

$$A(S_{ij})\approx |X_u(u_i, v_j)\times X_v(u_i, v_j)|\Delta u\Delta v=|N(u_i, v_j)|\Delta u\Delta v$$

이고, 따라서 S의 넓이 $A(S)$는

$$A(S)\approx\sum_{i,j}|N(u_i, v_j)|\Delta u\Delta v$$

가 된다. 이제 D의 분할을 더욱 잘게하여, 극한을 취하면

$$A(S)=\iint_D |N(u, v)|du\,dv$$

를 얻는다.

정리 4.2 곡면 S에서 정의된 함수 $f(x, y, z)$에 대하여

$$\iint_S f(x, y, z)d\sigma := \iint_D f(X(u, v))|N(u, v)|du\,dv$$
$$= \iint_D f(X(u, v))\left|\frac{\partial X}{\partial u}\times\frac{\partial X}{\partial v}\right|du\,dv$$

를 곡면 S 위에서 함수 f의 **면적분**(surface integral)이라고 부른다. 또,

$$d\sigma = |N(u, v)|du\,dv = \left|\frac{\partial X}{\partial u}\times\frac{\partial X}{\partial v}\right|du\,dv$$

를 **면적소**(area element)라고 부른다.

위의 정의에서 곡면이 $z=f(x, y)$로 주어진 경우에는

$$N(u, v) = \left(1, 0, \frac{\partial f}{\partial x}\right)\times\left(0, 1, \frac{\partial f}{\partial y}\right) = \left(-\frac{\partial f}{\partial x}, -\frac{\partial f}{\partial y}, 1\right)$$

이고,

$$d\sigma = \sqrt{1+\left(\frac{\partial f}{\partial x}\right)^2+\left(\frac{\partial f}{\partial y}\right)^2}\,dx\,dy$$

로 주어진다. 따라서 앞의 13.1절에서 공부했던 곡면의 넓이를 다시 구할 수 있다. 즉, 좌표평면의 한 영역 A에서 정의된 곡면 $z=f(x, y)$의 넓이는

$$\iint_A 1\,d\sigma = \iint_A \sqrt{1+\left(\frac{\partial f}{\partial x}\right)^2+\left(\frac{\partial f}{\partial y}\right)^2}\,dx\,dy$$

이다.

〈정의 4.3〉

$G : D_1 \to D$가 평면 위의 두 영역 사이의 C^1 가역인 함수이면, $X\circ G : D_1 \to \mathbb{R}^3$를 곡면 $S=X(D)$의 **재매개화**(reparamerization)라고 한다. 이 때 Δ_G가 항상 양(또는 항상 음)이면 **동향**(또는 역향) **재매개화**라고 부른다.

정리 4.4 매개곡면 S 위의 적분값은 곡면의 매개화와 관계없이 일정하다.

증명 치환적분의 공식을 쓰면

$$\iint_S f(x, y, z)dS=\iint_D f(X(u, v))|X_u\times X_v|du\,dv$$
$$=\iint_{D_1} f(X\circ G(s,t))|X_u\times X_v|\left|\frac{\partial(u, v)}{\partial(s, t)}\right|ds\,dt$$

이다. 여기서

$$|X_u\times X_v|\left|\frac{\partial(u, v)}{\partial(s, t)}\right|=|(X\circ G)_s\times(X\circ G)_t| \tag{1}$$

임을 보이면 증명이 끝난다. 그런데

$$(X\circ G)_s = X_u\frac{\partial u}{\partial s}+X_v\frac{\partial v}{\partial s}$$
$$(X\circ G)_t = X_u\frac{\partial u}{\partial t}+X_v\frac{\partial v}{\partial t}$$

에서

$$(X\circ G)_s\times(X\circ G)_t=(X_u\times X_v)\left(\frac{\partial u}{\partial s}\frac{\partial v}{\partial t}-\frac{\partial u}{\partial t}\frac{\partial v}{\partial s}\right)$$
$$=(X_u\times X_v)\left|\frac{\partial(u, v)}{\partial(s, t)}\right|$$

이므로 (1)을 얻을 수 있다. □

매개곡면 $S_1, \cdots, S_n$이 연속적으로 연결되어 있을 때 $S=S_1\cup S_2\cup\cdots\cup S_n$을 새로운 곡면이라고 하자. 이 때 S에서 정의된 연속함수 $f(x, y, z)$의 적분은 선적분의 경우와 마찬가지로 각각의 매개곡면에서의 적분값의 합

$$\iint_S f\,d\sigma:=\iint_{S_1} f\,d\sigma+\cdots+\iint_{S_n} f\,d\sigma$$

로 정의한다.

이번에는 곡면 위에서의 벡터장의 적분을 알아본다. 이 때에는 선적분의 경우처럼 곡면의 향이 중요한 역할을 한다. 곡면의 향이란 각 점에서 연속적인 방법으로 수직인 방향을 정해 주는 것이다. 만약 $S=X(u, v)$가 매개곡면이면, 단위벡터

$$\mathbf{n}=\frac{X_u\times X_v}{|X_u\times X_v|}$$

가 향을 정해준다. 그러나 S를 재매개화하여 $Y(u, v)=X(v, u)$로 두면

$$Y_u\times Y_v=-X_u\times X_v$$

이므로, 향은 반대가 된다.

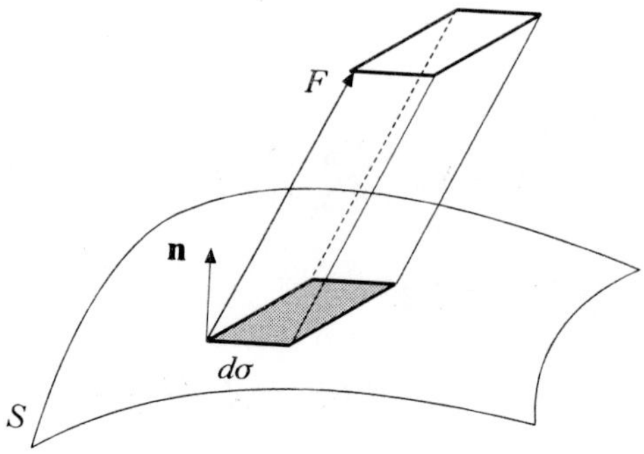

[그림 14.18]

〈정의 4.5〉

유향곡면 S 위의 각 점에서 정의된 벡터장 $F(x, y, z)$의 S 위에서의 면적분은

$$\iint_S F := \iint_S F\cdot\mathbf{n}\,d\sigma$$

로 정의한다.

만약 벡터장 F가 유체의 속도를 나타내면, 위 적분값은 단위시간에 곡면 S를 통과하는 유체의 양을 나타낸다. 이런 뜻에서 위 적분값을 **유량**(flux)이라고도 부른다.

【예제 2】 벡터장 $F=x\mathbf{i}+y\mathbf{j}+z\mathbf{k}$에 대하여, 포물면 $z=x^2+y^2$과 평면 $z=3$으로 둘러싸인 영역으로부터 빠져나가는 유량을 구하여라.

풀이 위쪽 원판을 S_1이라고 하고, $\mathbf{n}_1=\mathbf{k}$를 외향 단위법벡터라고 하자. 또 포물면의 부분을 S_2라고 하고, $\mathbf{n}_2$를 외향 단위법벡터라고 하자. 그러면, S_1의 반지름의

길이가 $\sqrt{3}$이므로

$$\iint_{S_1} F \cdot \mathbf{n}_1 \, d\sigma = \iint_{S_1} (x, y, z) \cdot (0, 0, 1) d\sigma = \iint_{S_1} 3 \, d\sigma = 9\pi$$

가 된다.

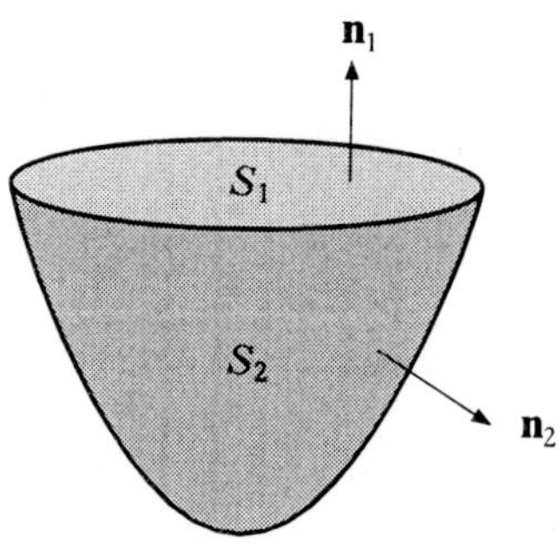

[그림 14.19]

한편

$$\mathbf{n} = \left(\frac{\partial z}{\partial x}, \frac{\partial z}{\partial y}, -1\right) = (2x, 2y, -1)$$

이 S_2의 외향법벡터이다. 따라서 $D = \{(x, y) \mid x^2 + y^2 \le 3\}$에 대하여

$$\begin{aligned}\iint_{S_2} F \cdot \mathbf{n}_2 \, d\sigma &= \iint_D F \cdot \mathbf{n} \, dx \, dy \\ &= \iint_D (x, y, x^2 + y^2) \cdot (2x, 2y, -1) dx \, dy \\ &= \iint_D (x^2 + y^2) dx \, dy \\ &= \int_0^{2\pi} \int_0^{\sqrt{3}} r^3 dr \, d\theta \\ &= \frac{9}{2}\pi.\end{aligned}$$

따라서 구하는 적분값은 $\frac{27}{2}\pi$이다. □

연습문제 (14.4)

1. 영역 $\{(x, y) \mid x^2+y^2 \le 1\}$에서 정의된 곡면 $z=x^2+y^2$의 넓이를 구하여라.

2. 다음에서 면적분 $\iint_S f\, d\sigma$를 구하여라.

(1) $f(x, y, z)=xyz$, S는 평면 $x+y+z=1$의 x, y, z가 모두 양인 부분

(2) $f(x, y, z)=x+y$, S는 평면 $z=x+y$로 주어지고 원기둥 $x^2+y^2=9$의 내부

3. S를 좌표평면들과 평면 $2x+3y+z=6$으로 둘러싸인 부분의 경계라고 할 때, 벡터장 $F=x\mathbf{i}-y\mathbf{j}$의 곡면 S로부터 빠져 나오는 유량을 구하여라.

4. S를 포물면 $z=4-x^2-y^2$과 xy-평면으로 둘러싸인 부분의 경계라고 할 때, 벡터장 $F=2x\mathbf{i}+2y\mathbf{j}+3\mathbf{k}$의 곡면 S로부터 빠져 나오는 유량을 구하여라.

5. $\nabla \times F=(xy^2, yz^2, zx^2)$인 $\mathbb{R}^3$에서의 벡터장 F가 존재하는가 알아보아라.

6. 다음 주어진 벡터장 F와 유향곡면 S에 대하여 면적분 $\iint_S F$를 구하여라. (단, 닫힌곡면 S의 $\mathbf{n}$은 위쪽 방향의 단위법벡터이다.)

(1) $F(x, y, z)=(e^y, ye^x, x^2y)$; S는 정사각형 영역 $[0, 1]\times[0, 1]$ 위에서 정의된 포물면 $z=x^2+y^2$의 부분

(2) $F(x, y, z)=(x, y, z)$; S는 구면 $x^2+y^2+z^2=9$

(3) $F(x, y, z)=(x, 2y, 3z)$; S는 점 $(\pm 1, \pm 1, \pm 1)$을 꼭지점으로 갖는 정육면체의 표면

7. 면적분을 이용하여 반지름이 a인 구의 겉넓이를 구하여라.

8. 평면 $z=9$ 아래에 놓여 있는 포물면 $z=x^2+y^2$의 넓이를 구하여라.

9. (1) 매개방정식 $x=au\cos v$, $y=bu\sin v$, $z=u^2$, $0 \le u \le 2$, $0 \le v \le 2\pi$로 주어진 곡면의 넓이를 구하는 이중적분의 식을 구하여라.

(2) 매개변수를 제거하여 이 곡면이 포물면임을 보이고, 포물면의 넓이를 구하는 또 다른 이중적분의 식을 구하여라.

14.5 스토크스 정리

이 절에서는 매개곡면 $S=X(u, v)$에 대하여 항상 향은 단위 법벡터

$$\mathbf{n}=\frac{X_u\times X_v}{|X_u\times X_v|}$$

에 의하여 결정된 것으로 생각한다. 또, X의 정의역 D의 경계가 부분적으로 C^1인 곡선의 합으로 이루어져 있을 때, 곡면 S의 경계는 D의 경계의 X에 위한 상으로 정의되며, 곡면 S의 경계의 방향은 D의 경계의 방향으로부터 얻는다고 생각하자.

다음의 스토크스[1)] 정리는 공간에 놓여 있는 단순폐곡선을 따른 선적분은 보다 계산하기 쉬운 면적분으로 바꾸어 계산할 수 있음을 알려준다.

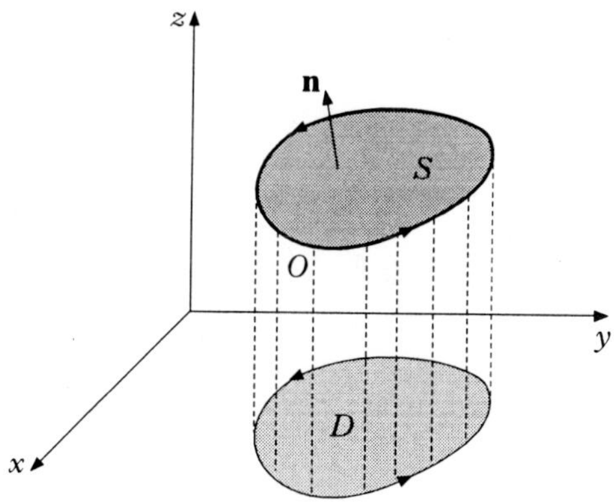

[그림 14.20]

정리 5.1 (스토크스 정리) S는 $z=f(x, y)$, $(x, y)\in D$로 정의된 곡면이고 S의 경계 C가 구분적으로 미분가능한 곡선이라고 할 때, S 위에서 정의된 C^1 벡터장 $F=(f_1, f_2, f_3)$에 대하여

$$\iint_S \nabla\times F = \int_C F$$

가 성립한다.

1) George Gabriel Stokes (1819-1903) : 영국의 수학자

증명 벡터장 $F=f_1\mathbf{i}+f_2\mathbf{j}+f_3\mathbf{k}$라 하면

$$\nabla\times F=\left(\frac{\partial f_3}{\partial y}-\frac{\partial f_2}{\partial z}\right)\mathbf{i}+\left(\frac{\partial f_1}{\partial z}-\frac{\partial f_3}{\partial x}\right)\mathbf{j}+\left(\frac{\partial f_2}{\partial x}-\frac{\partial f_1}{\partial y}\right)\mathbf{k} \text{ 이고,}$$

법벡터

$$\begin{aligned}\boldsymbol{n}&=X_u\times X_v\\&=\left(\frac{\partial y}{\partial u}\frac{\partial z}{\partial v}-\frac{\partial z}{\partial u}\frac{\partial y}{\partial v}\right)\mathbf{i}+\left(\frac{\partial z}{\partial u}\frac{\partial x}{\partial v}-\frac{\partial x}{\partial u}\frac{\partial z}{\partial v}\right)\mathbf{j}+\left(\frac{\partial x}{\partial u}\frac{\partial y}{\partial v}-\frac{\partial y}{\partial u}\frac{\partial x}{\partial v}\right)\mathbf{k}\end{aligned}$$

이다. 따라서

$$\nabla\times F\cdot\mathbf{n}=F_u\cdot X_v-F_v\cdot X_u=\frac{\partial}{\partial u}(F\cdot X_v)-\frac{\partial}{\partial v}(F\cdot X_u)$$

이므로 주어진 면적분을 계산하면

$$\begin{aligned}\iint_S\nabla\times F&=\iint_D(\nabla\times F\cdot\boldsymbol{n})du\,dv\\&=\iint_D\left(\frac{\partial}{\partial u}(F\cdot X_u)-\frac{\partial}{\partial v}(F\cdot X_v)\right)du\,dv\end{aligned}$$

가 된다. 그런데 이 적분값은 그린 정리로부터

$$\int_C(F\cdot X_u)du+(F\cdot X_v)dv$$

이고, 이것은 선적분 $\int_C F$와 같다. 따라서,

$$\iint_S\nabla\times F=\int_C F$$

이다. □

【예제 1】 (1) 매개곡면 S의 경계가 단순폐곡선 C라고 하자. 이 때 벡터장 $F=y\mathbf{i}+(z\cos yz+x)\mathbf{j}+(y\cos yz)\mathbf{k}$에 대하여, $\nabla\times F=O$이므로 스토크스 정리에 의하여 C 위에서 F의 선적분은

$$\int_C F=\iint_S\nabla\times F=0$$

이 된다.

(2) 매개곡면 S의 경계가 단순폐곡선 C라고 하자. 이 때 벡터장 $F = ye^z\mathbf{i} + xe^z\mathbf{j} + xye^z\mathbf{k}$에 대하여, $\nabla\times F = O$ 이므로 C 위에서 F의 선적분은

$$\int_C F = \iint_S \nabla\times F = 0$$

【예제 2】 $\mathbb{R}^3$ 공간에서 구의 위쪽부분

$$S : x^2 + y^2 + z^2 = a^2,\ z \geq 0$$

과 이것의 경계를 이루는 곡선

$$C : x^2 + y^2 = a^2,\ z = 0$$

및 벡터장

$$F(x,\ y,\ z) = y\mathbf{i} - x\mathbf{j}$$

에 대하여, 스토크스 정리에 나오는 선적분과 면적분을 각각 구하여라.

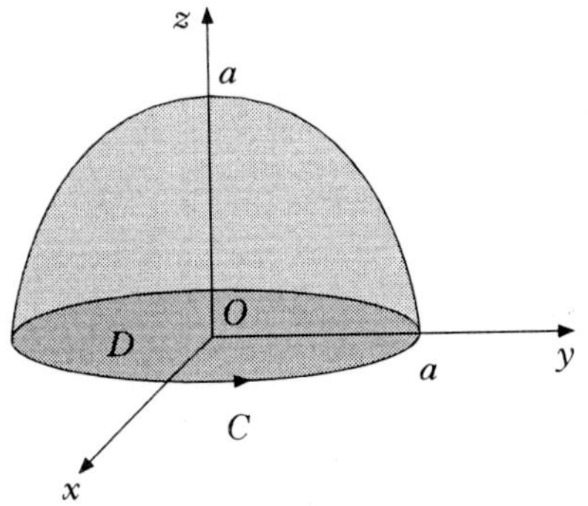

[그림 14.21]

풀이 C 위에서 F의 선적분의 피적분함수는

$$\begin{aligned} F \cdot dC &= F \cdot (dx\mathbf{i} + dy\mathbf{j} + dz\mathbf{k}) \\ &= y\,dx - x\,dy \end{aligned}$$

이다. 따라서 평면에서의 그린 정리에 의하여

$$\begin{aligned}\int_C F \cdot dC &= \int_C (y\,dx - x\,dy) \\ &= \iint_D \left(\frac{\partial(-x)}{\partial x} - \frac{\partial y}{\partial y}\right) dx\,dy \\ &= \iint_{x^2+y^2 \le a^2} -2\,dx\,dy \\ &= -2\pi a^2\end{aligned}$$

이다. S 위에서 벡터장 $F=(M,\ N,\ P)=y\mathbf{i}-x\mathbf{j}$의 면적분에 대해서는 다음과 같다.

$$\begin{aligned}\nabla \times F &= \left(\frac{\partial P}{\partial y} - \frac{\partial N}{\partial z}\right)\mathbf{i} + \left(\frac{\partial M}{\partial z} - \frac{\partial P}{\partial x}\right)\mathbf{j} + \left(\frac{\partial N}{\partial x} - \frac{\partial M}{\partial y}\right)\mathbf{k} \\ &= (0-0)\mathbf{i} + (0-0)\mathbf{j} + (-1-1)\mathbf{k} = -2\mathbf{k}.\end{aligned}$$

$$\boldsymbol{n} = \frac{x\mathbf{i}+y\mathbf{j}+z\mathbf{k}}{\sqrt{x^2+y^2+z^2}} = \frac{x\mathbf{i}+y\mathbf{j}+z\mathbf{k}}{a}, \qquad d\sigma = \frac{a}{z}\,dA$$

$$\nabla \times F \cdot \boldsymbol{n}\,d\sigma = -\frac{2z}{a}\,\frac{a}{z}\,dA = -2dA$$

$$\iint_S \nabla \times F \cdot \boldsymbol{n}\,d\sigma = \iint_{x^2+y^2 \le a^2} -2dA = -2\pi a^2$$

따라서 선적분과 면적분의 두 값이 일치하여 스토크스 정리가 성립함을 알 수 있다. □

이제 스토크스 정리로부터 전자기학에서의 암페어의 법칙을 얻을 수 있다. 즉,

$$\begin{aligned}\oint_C \mathbf{B} \cdot d\mathbf{R} &= \iint_S \nabla \times \mathbf{B} \cdot \boldsymbol{n}\,d\sigma \\ &= \frac{4\pi}{c}\iint_S \mathbf{J} \cdot \boldsymbol{n}\,d\sigma \\ &= \frac{4\pi}{c} I\end{aligned}$$

여기서 $\mathbf{B}$는 공간에서의 자기장, C는 전류 I를 에워싸는 공간의 곡선, S는 C를 경계로 하는 곡면, $\mathbf{J}$는 전류밀도(단위면적당 전류)이고 c는 빛의 속도이다. 또, C의 방향과 전류의 방향은, 곡면의 법벡터 $\boldsymbol{n}$과 C의 방향이 만족시키는 오른손법칙을 역시 만족시킨다고 가정하고 있다. 이 법칙은, 폐곡선을 따른 $\mathbf{B}$의 적분은, 이 폐곡선

을 경계로 갖는 임의의 곡면을 지나는 전류에 비례함을 말해주고 있다.

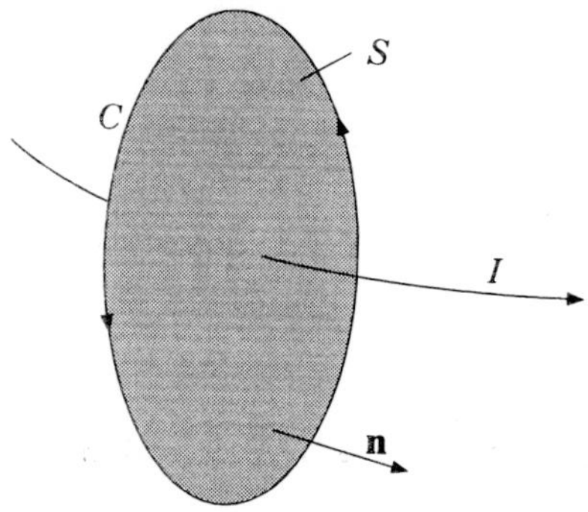

[그림 14.22] 암페어 법칙에서의 C, $\mathbf{n}$ 및 전류의 방향

연습문제 (14.5)

1. 곡선 C가 원기둥면 $x^2+y^2=1$과 평면 $x+y+z=1$의 교차하는 부분이라고 하자. 이 때 선적분

$$\int_C -y^3dx+x^3dy-z^3dz$$

를 스토크스 정리를 사용하여 구하여라. 이 때 C의 방향은 xy-평면으로의 정사영이 시계 반대방향이 되도록 정한다.

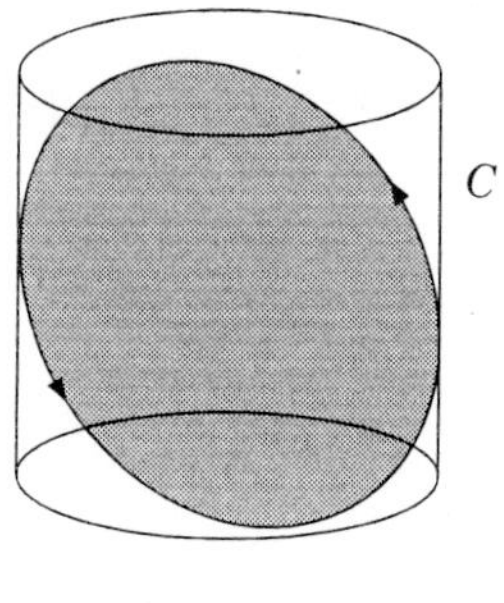

[그림 14.23]

2. 주어진 벡터장 F의 회전 $\nabla\times F$를 구하여라.

(1) $F(x, y, z)=(x^2y, yz^2, zx^2)$ (2) $F(x, y, z)=(y^2z, 0, -x^2yz)$

(3) $F(x, y, z)=(\sin x, \cos x, z^2)$ (4) $F(x, y, z)=(xe^y, -ze^{-y}, y\ln z)$

3. 벡터장 $F(x, y, z)=(3y, -xy, yz^2)$일 때 곡면 $S: 2z=x^2+y^2,\ z\le 2$에 대하여

$$\iint_S \nabla\times F$$

를 구하여라.

4. 스토크스 정리를 이용하여 다음 각 경우에 대하여 $\iint_S \operatorname{curl} F$를 구하여라.

(1) $F(x, y, z)=(xyz, xy, x^2yz)$이고, S는 $(\pm1, \pm1, \pm1)$을 꼭지점으로 하는 정육면체의 윗면과 네 개의 옆면(바닥면은 제외한다)으로 구성되고 바깥쪽으로의 방향을 갖는 곡면이다.

(2) $F(x, y, z)=(y, z, x)$이고, S는 제일 팔분공간에 속하는 평면 $x+y+z=1$의 부분으로 위쪽 방향을 갖는 곡면이다.

5. S와 C가 스토크스 정리의 가정을 만족하고 f와 g가 연속인 이계의 편도함수를 가질 때, 다음이 성립함을 보여라.

(1) $\int_C f\nabla g=\iint_S \nabla f\times\nabla g$ (2) $\int_C f\nabla f=0$

(3) $\int_C (f\nabla g+g\nabla f)=0$

6. (1) S가 구면이고 벡터장 F가 스토크스 정리의 가정을 만족할 때, $\iint_S \nabla\times F=0$임을 보여라.

(2) 벡터장 F가 곡면 S의 경계에 수직이면, $\iint_S \nabla\times F=0$임을 보여라.

14.6 발산정리

이번 절에서는 3차원 공간 $\mathbb{R}^3$에서 부피를 갖는 영역 D를 둘러싸고 있는 곡면 S 위에서 정의된 벡터장 F에 대한 면적분을 영역 D에서의 삼중적분으로 바꾸어 계산할 수 있음을 보인다.

정리 6.1 (발산정리)[1] $\mathbb{R}^3$에서의 영역 D를 둘러싸고 있는 곡면 S가 구분적으로 원활하다고 가정하고, S 위에서 정의된 C^1 벡터장 $F=f_1\mathbf{i}+f_2\mathbf{j}+f_3\mathbf{k}$라고 하면,

$$\iint_S F=\iiint_D \nabla\cdot F\,dx\,dy\,dz$$

가 성립한다.

증명 우리는 영역 D가 공이나 육면체 또는 타원면 등의 내부와 같이 속이 빈 곳이 없는 볼록한 모양의 영역이고 곡면 S는 구분적으로 원활한 곡면으로 이루어진 경우에만 위 정리를 증명하기로 한다.

다음 그림의 영역은 D를 xy-평면에 정사영하여 얻는 영역 R_{xy}가 단순연결영역이고, R_{xy}의 내부에 있는 점을 지나며 xy-평면과 수직한 직선과 S와의 공통부분은 꼭 2개의 점으로 이루어져 있어서, 이로부터 다음과 같은 두 곡면

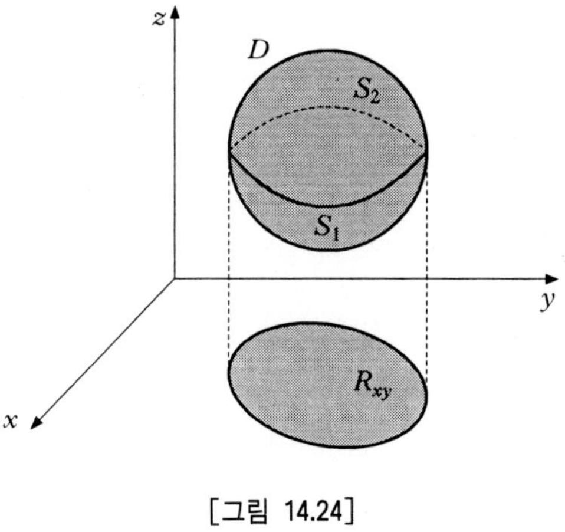

[그림 14.24]

1) 이 정리는 독일의 수학자 Carl Friedrich Gauss (1777-1855)와 러시아의 수학자 Michel Ostrogradski (1801-1862)에 의해 1830년대에 발견되었다.

$$S_1 : z = g_1(x,\ y),\ (x,\ y)\text{는 } R_{xy}\text{의 점}$$
$$S_2 : z = g_2(x,\ y),\ (x,\ y)\text{는 } R_{xy}\text{의 점}$$

을 얻을 수 있다고 가정하고 곡면 S의 단위법벡터 $\boldsymbol{n}=n_1\mathbf{i}+n_2\mathbf{j}+n_3\mathbf{k}$의 성분은 각각 $\boldsymbol{n}$이 $\mathbf{i}$, $\mathbf{j}$, $\mathbf{k}$와 이루는 각 α, β, γ의 코사인이다. 즉,

$$n_1=\boldsymbol{n}\cdot\mathbf{i}=|\boldsymbol{n}||\mathbf{i}|\cos\alpha=\cos\alpha$$
$$n_2=\boldsymbol{n}\cdot\mathbf{j}=|\boldsymbol{n}||\mathbf{j}|\cos\beta=\cos\beta$$
$$n_3=\boldsymbol{n}\cdot\mathbf{k}=|\boldsymbol{n}||\mathbf{k}|\cos\gamma=\cos\gamma$$

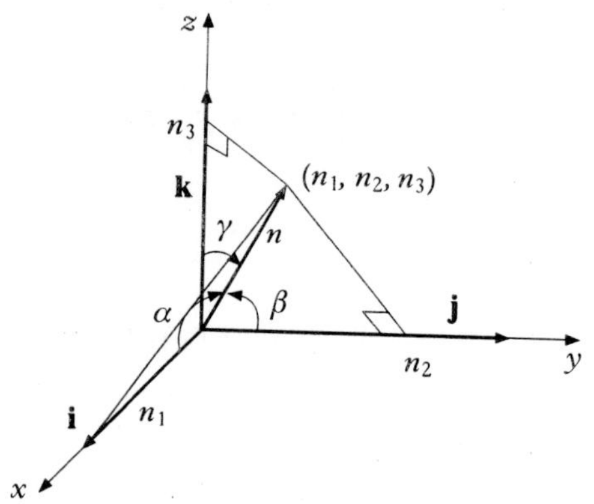

[그림 14.25]

이므로

$$\boldsymbol{n}=(\cos\alpha)\mathbf{i}+(\cos\beta)\mathbf{j}+(\cos\gamma)\mathbf{k}$$

따라서

$$F\cdot\boldsymbol{n}=f_1\cos\alpha+f_2\cos\beta+f_3\cos\gamma$$

이므로 발산정리를 쓰면,

$$\iint_S(f_1\cos\alpha+f_2\cos\beta+f_3\cos\gamma)\,d\sigma=\iiint_D\left(\frac{\partial f_1}{\partial x}+\frac{\partial f_2}{\partial y}+\frac{\partial f_3}{\partial z}\right)dx\,dy\,dz$$

이고, 이것을 보이기 위해서는

$$\iint_S f_1\cos\alpha\,d\sigma=\iiint_D\frac{\partial f_1}{\partial x}dx\,dy\,dz$$
$$\iint_S f_2\cos\beta\,d\sigma=\iiint_D\frac{\partial f_2}{\partial x}dx\,dy\,dz$$
$$\iint_S f_3\cos\gamma\,d\sigma=\iiint_D\frac{\partial f_3}{\partial x}dx\,dy\,dz$$

를 보이면 된다. 증명방법이 비슷하므로, 마지막 식을 증명하도록 한다. 곡면 S_2에서 바깥쪽을 향하고 있는 단위법벡터 $\boldsymbol{n}$의 $\mathbf{k}$성분은 양수이고

$$d\sigma=\frac{dA}{|\cos\gamma|}=\frac{dx\,dy}{\cos\gamma}$$

이므로

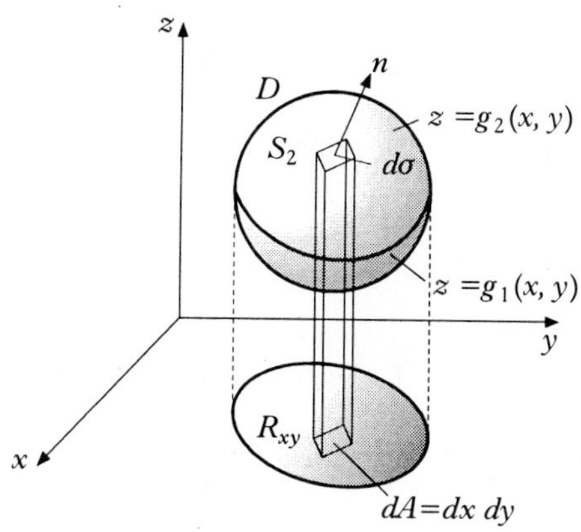

[그림 14.26]

$$\cos\gamma\,d\sigma=dx\,dy$$

이다. 또 곡면 S_1에서는 바깥쪽을 향하고 단위법벡터 $\boldsymbol{n}$의 $\mathbf{k}$성분이 음수이므로

$$\cos\gamma\,d\sigma=-dx\,dy$$

이다. 따라서

$$\begin{aligned}\iint_S f_3\cos\gamma\,d\sigma&=\iint_{S_2} f_3\cos\gamma\,d\sigma+\iint_{S_1} f_3\cos\gamma\,d\sigma\\&=\iint_{R_{xy}} f_3(x,\ y,\ z_2)dx\,dy-\iint_{R_{xy}} f_3(x,\ y,\ z_1)dx\,dy\\&=\iint_{R_{xy}}[f_3(x,\ y,\ z_2)-f_3(x,\ y,\ z_1)]dx\,dy\\&=\iint_{R_{xy}}\left[\int_{z_1}^{z_2}\frac{\partial f_3}{\partial z}dz\right]dx\,dy\\&=\iiint_D\frac{\partial f_3}{\partial z}dz\,dx\,dy\end{aligned}$$

이므로

$$\iint_S f_3\cos\gamma\,d\sigma=\iiint_D\frac{\partial f_3}{\partial z}dx\,dy\,dz$$

를 얻는다. □

2차원 벡터장에 대한 그린 정리

$$\int_C F \cdot \boldsymbol{n}\, ds = \iint_R \nabla \cdot F\, dA$$

를 나타낸 식과 3차원 벡터장에 대한 발산정리

$$\int_C F \cdot \boldsymbol{n}\, d\sigma = \iiint_D \nabla \cdot F\, dV$$

는 같은 꼴을 갖고 있음을 알 수 있다.

【예제 1】 구면 $x^2+y^2+z^2=a^2$과 벡터장

$$F(x,\ y,\ z)=x\mathbf{i}+y\mathbf{j}+z\mathbf{k}$$

에 대하여 발산정리에 나오는 면적분과 삼중적분을 각각 구하여라.

풀이 바깥쪽을 향하는 S의 단위법벡터를 $f(x,\ y,\ z)=x^2+y^2+z^2-a^2$의 ∇f로부터 구하면

$$\boldsymbol{n}=\frac{2(x\mathbf{i}+y\mathbf{j}+z\mathbf{k})}{\sqrt{4(x^2+y^2+z^2)}}=\frac{x\mathbf{i}+y\mathbf{j}+z\mathbf{k}}{a}$$

또, 구면은 $x^2+y^2+z^2=a^2$이므로

$$F \cdot \boldsymbol{n}\, d\sigma = \frac{x^2+y^2+z^2}{a}d\sigma = \frac{a^2}{a}d\sigma = a\, d\sigma$$

$$\iint_S F \cdot \boldsymbol{n}\, d\sigma = \iint_S a\, d\sigma = a\iint_S d\sigma = a(4\pi a^2) = 4\pi a^3$$

이다. 벡터장 F의 발산은

$$\nabla \cdot F = \frac{\partial x}{\partial x}+\frac{\partial y}{\partial y}+\frac{\partial z}{\partial z}=3$$

이므로

$$\iiint_D \nabla \cdot F\, dV=\iiint_D 3\, dV=3\left(\frac{4}{3}\pi a^3\right)=4\pi a^3$$

이다. 따라서 면적분과 삼중적분의 구한 값이 일치하므로 발산정리가 성립함을 확인할 수 있다. □

연습문제 (14.6)

1. 곡면 S를 평면 $z=0$, $y=0$, $y=2$와 포물기둥면 $z=1-x^2$으로 둘러싸인 영역 R의 경계라고 하자. 이 때 벡터장

$$F=(x+\cos y)\mathbf{i}+(y+\sin z)\mathbf{j}+(z+e^x)\mathbf{k}$$

에 대하여

$$\iint_S F$$

를 구하라.

2. 주어진 벡터장 F의 발산 $\nabla \cdot F$를 구하여라.

   (1) $F(x, y, z)=(x^2y, yz^2, zx^2)$
   (2) $F(x, y, z)=(y^2z, 0, -x^2yz)$
   (3) $F(x, y, z)=(\sin x, \cos x, z^2)$
   (4) $F(x, y, z)=(xe^y, -ze^{-y}, y\ln z)$

3. S를 포물면 $z=4-x^2-y^2$과 xy-평면으로 둘러싸인 부분의 경계라고 할 때, 벡터장 $F(x, y, z)=(2x, 2y, 3)$의 곡면 S로 빠져나오는 유량을 구하여라.

4. 다음 경우에 발산정리가 성립함을 보여라.

   (1) $F(x, y, z)=(x, y, z)$; $S: x^2+y^2+z^2=1$
   (2) $F(x, y, z)=|r|r$, $r=(x, y, z)$; $S: x^2+y^2+z^2=4$
   (3) $F(x, y, z)=(x, y, z)$; S는 세 좌표평면과, $x=2$, $y=2$, $z=2$로 둘러싸인 영역의 경계

5. f와 g가 연속인 이계편도함수를 가질 때,

$$\mathrm{div}(\nabla f\times\nabla g)$$

를 계산하여라.

6. 단위구($x^2+y^2+z^2\leqq 1$)에 대하여 발산정리를 적용하여 벡터장 F의 유량을 구하여라.

   (1) $F(x, y, z)=(1-x, 2-y, 3-z)$
   (2) $F(x, y, z)=(x^2, y^2, z^2)$
   (3) $F(x, y, z)=(1-x^2, -y^2, z)$

부 록

1. 수치표
2. 미분공식
3. 적분공식

1. 수 치 표

멱·근·역수

n	n^2	$\sqrt{n}$	$\sqrt{10n}$	n^3	$\sqrt[3]{n}$	$\sqrt[3]{10n}$	$\sqrt[3]{100n}$	$1/n$
1.0	1.00	1.00000	3.16228	1.000	1.00000	2.15443	4.64159	1.00000
1.1	1.21	1.04881	3.31662	1.331	1.03228	2.22398	4.79142	.90909
1.2	1.44	1.09545	3.46410	1.728	1.06266	2.28943	4.93242	.83333
1.3	1.69	1.14018	3.60555	2.197	1.09139	2.35133	5.16580	.76923
1.4	1.96	1.18322	3.74166	2.744	1.11869	2.41014	1.19249	.71429
1.5	2.25	1.22474	3.87298	3.375	1.14471	2.46621	5.31329	.66667
1.6	2.56	1.26491	4.00000	4.096	1.16961	2.51984	5.42884	.62500
1.7	2.89	1.30384	4.12311	4.913	1.19348	2.57128	5.53966	.58824
1.8	3.24	1.34164	4.24264	5.832	1.21644	2.62074	5.64622	.55556
1.9	3.61	1.37840	4.35890	6.859	1.23856	2.66840	5.74890	.52632
2.0	4.00	1.41421	4.47214	8.000	1.25992	2.71442	5.84804	.50000
2.1	4.41	1.44914	4.58258	9.261	1.28058	2.75892	5.94392	.47619
2.2	4.84	1.48324	4.69042	10.648	1.30059	2.80204	6.03681	.45455
2.3	5.29	1.51658	4.79583	12.167	1.32001	2.84387	6.12693	.43478
2.4	5.76	1.54919	4.89898	13.824	1.33887	2.88450	6.21447	.41667
2.5	6.25	1.58114	5.00000	15.625	1.35721	2.92402	6.29961	.40000
2.6	6.76	1.61245	5.09902	17.576	1.37507	2.96250	6.38250	.38462
2.7	7.29	1.64317	5.19615	19.683	1.39248	3.00000	6.46330	.37037
2.8	7.84	1.67332	5.29150	21.952	1.40946	3.03659	6.54213	.35714
2.9	8.41	1.70294	5.38516	24.389	1.42604	6.07232	6.61911	.34483
3.0	9.00	1.73205	5.47723	27.000	1.44225	3.10723	6.69433	.33333
3.1	9.61	1.76068	5.56776	29.791	1.45810	3.14138	6.76790	.32258
3.2	10.24	1.78885	5.65685	32.768	1.47361	3.17480	6.83990	.31250
3.3	10.89	1.81659	5.74456	35.937	1.48881	3.20753	6.91042	.30303
3.4	11.56	1.84391	5.83095	39.304	1.50369	3.23961	6.97953	.29412
3.5	12.25	1.87083	5.91608	42.875	1.51829	3.27107	7.04730	.28571
3.6	12.96	1.89737	6.00000	46.656	1.53262	3.30193	7.11379	.27778
3.7	13.69	1.92354	6.08276	50.653	1.54668	3.33222	7.17905	.27027
3.8	14.44	1.94936	6.16441	54.872	1.56049	3.36198	7.24316	.26316
3.9	15.21	1.97484	6.24500	59.319	1.57406	3.39121	7.30614	.25641
4.0	16.00	2.00000	6.32456	64.000	1.58740	3.41995	7.36806	.25000
4.1	16.81	2.02485	6.40312	68.921	1.60052	3.44822	7.42896	.24390
4.2	17.64	2.04939	6.48074	74.088	1.61343	3.47603	7.48887	.23810
4.3	18.49	2.07364	6.55744	79.507	1.62613	3.50340	7.54784	.23256
4.4	19.36	2.09762	6.63325	85.184	1.63864	3.53035	7.60590	.22727
4.5	20.25	2.12132	6.70820	91.125	1.65096	3.55689	7.66309	.22222
4.6	21.16	2.14476	6.78233	97.336	1.66310	3.58305	7.71944	.21739
4.7	22.09	2.16795	6.85565	103.823	1.67507	3.60883	7.77498	.21277
4.8	23.04	2.19089	6.92820	110.592	1.68687	3.63424	7.82974	.20333
4.9	24.01	2.21359	7.00000	117.649	1.69850	3.65931	7.88374	.20408
5.0	25.00	2.23607	7.07107	125.000	1.70998	3.68403	7.93701	.20000
5.1	26.01	2.25832	7.14143	132.651	1.72130	3.70843	7.98957	.19608
5.2	27.04	2.23035	7.21110	140.608	1.73248	3.73251	8.04145	.19231
5.3	28.09	2.30217	7.28011	148.877	1.74351	3.75629	8.09267	.18868
5.4	29.16	2.32379	7.34847	157.464	1.75441	3.77976	8.14325	.18519

멱·근·역수

n	n^2	$\sqrt{n}$	$\sqrt{10n}$	n^3	$\sqrt[3]{n}$	$\sqrt[3]{10n}$	$\sqrt[3]{100n}$	$1/n$
5.5	30.25	2.34521	7.41620	16.6375	1.76517	3.80295	8.19321	.18182
5.6	31.36	2.36643	7.48331	17.5616	1.77581	3.82586	8.24257	.17857
5.7	32.49	2.38747	7.54983	18.5193	1.78632	3.84850	8.29134	.17544
5.8	33.64	2.40832	7.61577	19.5112	1.79670	3.87088	8.33955	.17241
5.9	34.81	2.42899	7.68115	20.5379	1.80698	3.89300	8.38721	.16949
6.0	36.00	2.44949	7.74597	21.6000	1.81712	3.91487	8.43433	.16667
6.1	37.21	2.46982	7.81025	22.6981	1.82716	3.93650	8.48093	.16393
6.2	38.44	2.48998	7.87401	23.8238	1.83709	3.95789	8.52702	.16129
6.3	39.69	2.50998	7.93725	25.0047	1.84691	3.97906	8.57262	.15873
6.4	40.96	2.52982	8.00000	23.2144	1.85664	4.00000	8.61774	.15625
6.5	42.25	2.54951	8.06226	27.4625	1.86626	4.02073	8.66239	.15385
6.6	43.56	2.56905	8.12404	28.7496	1.87578	4.04124	8.70659	.15152
6.7	44.89	2.58844	8.18535	30.0763	1.88520	4.06155	8.75034	.14925
6.8	46.24	2.60768	8.24621	31.4432	1.89454	4.08166	8.79366	.14706
6.9	47.61	2.62679	8.30662	32.8509	1.90378	4.10157	8.83656	.14493
7.0	49.00	2.64575	8.36660	34.3000	1.91293	4.12129	8.87904	.14286
7.1	50.41	2.66458	8.42615	35.7911	1.92200	4.14082	8.92112	.14085
7.2	51.84	2.68328	8.48528	37.3248	1.93096	4.16017	8.96281	.13889
7.3	53.29	2.70185	8.54400	38.9017	1.93988	4.17934	9.00411	.13699
7.4	54.76	2.72029	8.60233	40.5224	1.94870	4.19834	9.04504	.13514
7.5	56.25	2.73861	8.66025	42.1875	1.95743	4.21716	9.08560	.13333
7.6	57.76	2.75681	8.71780	43.8976	1.96610	4.23582	9.12581	.13158
7.7	59.29	2.77489	8.77496	45.6533	1.97468	4.25432	9.16566	.12987
7.8	60.84	2.79285	8.83176	47.4552	1.98319	4.27266	9.20516	.12821
7.9	62.41	2.81069	8.88819	49.3039	1.99463	4.29084	9.24434	.12658
8.0	64.00	2.82843	8.94427	51.2000	2.00000	4.30887	9.28318	.12500
8.1	65.61	2.84605	9.00000	53.1441	2.00830	4.32675	9.32170	.12346
8.2	67.24	2.86356	9.05539	55.1368	2.01653	4.34448	9.35990	.12195
8.3	68.89	2.88097	9.11046	57.1787	2.02469	4.36207	9.39780	.12048
8.4	70.56	2.89828	9.16515	59.2704	2.03279	4.37952	9.43539	.11905
8.5	72.25	2.91548	9.21954	61.4125	2.04083	4.39683	9.47268	.11765
8.6	73.96	2.93258	9.27362	63.6056	2.04880	4.41400	9.50969	.11628
8.7	75.69	2.94958	9.32738	65.8503	2.05671	4.43105	9.54640	.11494
8.8	77.44	2.96648	9.38083	68.1472	2.06456	4.44796	9.58284	.11364
8.9	79.21	2.98329	9.43398	70.4969	2.07235	4.46475	9.61900	.11236
9.0	81.00	3.00000	9.48683	72.9000	2.08008	4.48140	9.65489	.11111
9.1	82.81	3.01662	9.53939	75.3571	2.08776	4.49794	9.69052	.10989
9.2	84.64	3.03315	9.59166	77.8688	2.09538	4.51436	9.72589	.10870
9.3	86.49	3.04959	9.64365	80.4357	2.10294	4.53065	9.76100	.10753
9.4	88.36	3.06594	9.69536	83.0584	2.11045	4.54684	9.79586	.10638
9.5	90.25	3.08212	9.74679	85.7375	2.11791	4.56290	9.83048	.10526
9.6	92.16	3.09839	9.79796	88.4736	2.12532	4.57886	9.86485	.10417
9.7	94.09	3.11448	9.84886	91.2673	2.13267	4.59470	9.89898	.10309
9.8	96.04	3.13050	9.89949	94.1192	2.13997	4.61044	9.93288	.10204
9.9	98.01	3.14643	9.94987	97.0299	2.14723	4.62607	9.96655	.10101

자 연 log

10보다 크거나 1보다 작은 수의 log를 구할 때 ln 10 = 2.30259를 이용하라.

N	0	1	2	3	4	5	6	7	8	9
1.0	0.0000	0100	0198	0296	0392	0488	0583	0677	0770	0862
1.1	0953	1044	1133	1222	1310	1398	1484	1570	1655	1740
1.2	1823	1906	1989	2070	2151	2231	2311	2390	2469	2546
1.3	2624	2700	2776	2852	2927	3001	3075	3148	3221	3293
1.4	3365	3436	3507	3577	3646	3716	3784	3853	3920	3988
1.5	0.4055	4121	4187	4253	4318	4383	4447	4511	4574	4637
1.6	4700	4762	4824	4886	4947	5008	5068	5128	5188	5247
1.7	5306	5365	5423	5481	5539	5596	5653	5710	5766	5822
1.8	5878	5933	5988	6043	6098	6152	6206	6259	6313	6366
1.9	6419	6471	6575	6575	6627	6678	6729	6780	6831	6881
2.0	0.6931	6981	7031	7080	7129	7178	7227	7275	7324	7372
2.1	7419	7467	7514	7561	7608	7655	7701	7747	7793	7839
2.2	7885	7930	7975	8020	8065	8109	8154	8498	8242	8286
2.3	8329	8372	8416	8459	8502	8544	8587	8629	8671	8713
2.4	8755	8796	8838	8879	8920	8961	9002	9042	9083	9123
2.5	0.9163	9203	9243	9282	9322	9361	9400	9439	9478	9517
2.6	9555	9594	9632	9670	9708	9746	9783	9821	9858	9895
2.7	9933	9969	*0006	*0043	*0080	*0116	*0152	*0188	*0225	*0260
2.8	1.0296	0332	0367	0403	0438	0473	0508	0543	0578	0613
2.9	0647	0682	0716	0750	0784	0818	0852	0886	0919	0953
3.0	1.0986	1019	1053	1086	1119	1151	1184	1217	1249	1282
3.1	1314	1346	1378	1410	1442	1474	1506	1537	1569	1600
3.2	1632	1663	1694	1725	1756	1787	1817	1848	1878	1909
3.3	1939	1969	2000	2030	2060	2090	2119	2149	2179	2208
3.4	2238	2267	2296	2326	2355	2384	2413	2442	2470	2499
3.5	1.2528	2556	2585	2613	2641	2669	2698	2726	2754	2782
3.6	2809	2837	2865	2892	2920	2947	2975	3002	3029	3056
3.7	3083	3110	3137	3164	3191	3218	3244	3271	3297	3324
3.8	3350	3376	3403	3429	3455	3481	3507	3533	3558	3584
3.9	3610	3635	3661	3686	3712	3737	3762	3788	3813	3838
4.0	1.3863	3888	3913	3938	3962	3987	4012	4036	4061	4085
4.1	4110	4134	4159	4183	4207	4231	4255	4279	4303	4327
4.2	4351	4375	4398	4422	4446	4469	4493	4516	4540	4563
4.3	4586	4609	4633	4656	4679	4702	4725	4748	4770	4793
4.4	4816	4839	4861	4884	4907	4929	4951	4974	4996	5019
4.5	1.5041	5063	5085	5107	5129	5151	5173	5195	5217	5239
4.6	5261	5282	5304	5326	5347	5369	5390	5412	5433	5454
4.7	5476	5497	5518	5539	5560	5581	5602	5623	5644	5665
4.8	5686	5707	5728	5748	5769	5790	5810	5831	5851	5872
4.9	5892	5913	5933	5953	5974	5994	6014	6034	6054	6074
5.0	1.6094	6114	6134	6154	6174	6194	6214	6233	6253	6273
5.1	6296	6312	6332	6351	6371	6390	6409	6429	6448	6467
5.2	6487	6502	6525	6544	6563	6582	6601	6620	6639	6658
5.3	6677	6696	6715	6734	6752	6771	6790	6808	6827	6845
5.4	6864	6882	6901	6919	6938	6956	6974	6993	7011	7029

자 연 log

예. $\ln 220 = \ln 2.2 + 2 \ln 10 = 0.7885 + 2(2.30259) = 5.3937$

N	0	1	2	3	4	5	6	7	8	9
5.5	1.7047	7066	7084	7102	7120	7138	7156	7174	7192	7210
5.6	7228	7246	7263	7281	7299	7317	7334	7352	7370	7387
5.7	7405	7422	7440	7457	7475	7492	7509	7527	7544	7561
5.8	7579	7596	7613	7630	7647	7664	7681	7699	7716	7733
5.9	7750	7766	7783	7800	7847	7834	7851	7867	7884	7901
6.0	1.7918	7934	7951	7967	7984	8001	8017	8034	8050	8066
6.1	8083	8099	8116	8132	8148	8165	8181	8197	8213	8229
6.2	8245	8262	8278	8294	8310	8326	8342	8358	8374	8390
6.3	8405	8421	8437	8453	8469	8485	8500	8516	8532	8547
6.4	8563	8579	8594	8610	8625	8641	8656	8672	8687	8703
6.5	1.8718	8733	8749	8764	8779	8795	8810	8825	8840	8856
6.6	8871	8886	8901	8916	8931	8946	8961	8976	8991	9006
6.7	9021	9036	9051	9066	9081	9095	9110	9125	9140	9155
6.8	9169	9184	9199	9213	9228	9242	9257	9272	9286	9301
6.9	9315	9330	9344	9359	9373	9373	9402	9416	9430	9445
7.0	1.9459	9473	9488	9502	9516	9530	9544	9559	9573	9587
7.1	9601	9615	9629	9643	9657	9671	9685	9669	9713	9727
7.2	9741	9755	9769	9782	9796	9810	9824	9838	9851	9865
7.3	9879	9892	9906	9920	9933	9947	9961	9974	9988	*0001
7.4	2.0015	0028	0042	0055	0069	0082	0096	0109	0122	0136
7.5	2.0149	0162	0176	0189	0202	0215	0229	0212	0255	0268
7.6	0281	0295	0308	0321	0334	0347	0360	0373	0386	0399
7.7	0412	0425	0438	0451	0464	0477	0490	0503	0516	0528
7.8	0541	0554	0567	0580	0592	0605	0618	0631	0643	0656
7.9	0669	0681	0694	0707	0719	0732	0744	0757	0769	0782
8.0	2.0794	0807	0819	0832	0844	0857	0869	0882	0894	0906
8.1	0919	0931	0943	0956	0968	0980	0992	1005	1017	1029
8.2	1041	1054	1066	1078	1090	1102	1114	1126	1138	1150
8.3	1163	1175	1187	1199	1211	1223	1235	1247	1258	1270
8.4	1282	1294	1306	1318	1330	1342	1353	1365	1377	1389
8.5	2.1401	1412	1424	1436	1448	1459	1471	1483	1494	1506
8.6	1518	1529	1541	1552	1564	1576	1587	1599	1610	1622
8.7	1633	1645	1656	1668	1679	1691	1702	1713	1275	1736
8.8	1748	1759	1770	1782	1793	1804	1815	1827	1838	1849
8.9	1861	1872	1883	1894	1905	1917	1929	1939	1950	1961
9.0	2.1972	1983	1994	2006	2017	2028	2039	2050	2061	2072
9.1	2083	2094	2105	2116	2127	2138	2148	2159	2170	2181
9.2	2192	2203	2214	2225	2235	2246	2257	2268	2279	2289
9.3	2300	2311	2322	2332	2343	2354	2364	2375	2386	2396
9.4	2407	2418	2428	2428	2450	2460	2471	2481	2492	2502
9.5	2.2513	2523	2534	2544	2555	2565	2576	2586	2597	2607
9.6	2618	2628	2638	2649	2659	2670	2680	2690	2701	2711
9.7	2721	2732	2742	2752	2762	2773	2783	2793	2803	2814
9.8	2824	2834	2844	2854	2865	2875	2885	2895	2905	2915
9.9	2925	2935	2946	2956	2966	2976	2986	2996	3006	3016

지수함수와 쌍곡선함수 삼각함수

x	e^x	e^{-x}	$\sinh x$	$\cosh x$	$\tanh x$
0	1.0000	1.0000	.00000	1.0000	.00000
0.1	1.1052	.90484	.10017	1.0050	.09967
0.2	1.2214	.81873	.20134	1.0201	.19738
0.3	1.3499	.74082	.30452	1.0453	.29131
0.4	1.4918	.67032	.41075	1.0811	.37995
0.5	1.6487	.60653	.52110	1.1276	.46212
0.6	1.8221	.54881	.63665	1.1855	.53705
0.7	2.0138	.49659	.75858	1.2552	.60437
0.8	2.2255	.44933	.88811	1.3374	.66404
0.9	2.4596	.40657	1.0265	1.4331	.71630
1.0	2.7183	.36788	1.1752	1.5431	.76159
1.1	3.0042	.33287	1.3356	1.6685	.80050
1.2	3.3201	.30119	1.5095	1.8107	.83365
1.3	3.6693	.27253	1.6984	1.9709	.86172
1.4	4.0552	.24660	1.9043	2.1509	.88535
1.5	4.4817	.22313	2.1293	2.3524	.90515
1.6	4.9530	.20190	2.3756	2.5775	.92167
1.7	5.4739	.18268	2.6456	2.8283	.93541
1.8	6.0496	.16530	2.9422	3.1075	.94681
1.9	6.6859	.14957	3.2682	3.4177	.95624
2.0	7.3891	.13534	3.6269	3.7622	.96403
2.1	8.1662	.12246	4.0219	4.1443	.97045
2.2	9.0250	.11080	4.4571	4.5679	.97514
2.3	9.9742	.10026	4.9370	5.0372	.98010
2.4	11.023	.09072	5.4662	5.5569	.98367
2.5	12.182	.08208	6.0502	6.1323	.98661
2.6	13.464	.07427	6.6947	6.7690	.98903
2.7	14.880	.06721	7.4063	7.4735	.99101
2.8	16.445	.06081	8.1919	8.2527	.99263
2.9	18.174	.05502	9.0596	9.1146	.99396
3.0	20.086	.04979	10.018	10.068	.99505
3.1	22.198	.04505	11.076	11.122	.99595
3.2	24.533	.04076	12.246	12.287	.99668
3.3	27.113	.03688	13.538	13.575	.99728
3.4	29.964	.03337	14.965	14.999	.99777
3.5	33.115	.03020	16.543	16.573	.99818
3.6	36.598	.02732	18.285	18.313	.99851
3.7	40.447	.02472	20.211	20.236	.99848
3.8	44.701	.02237	22.339	22.362	.99900
3.9	49.402	.02024	24.691	24.711	.99918
4.0	54.598	.01832	27.290	27.308	.99933
4.1	60.340	.01657	30.162	30.178	.99945
4.2	66.686	.01500	33.336	33.351	.99955
4.3	73.700	.01357	36.843	36.857	.99963
4.4	81.451	.01228	40.719	40.732	.99970
4.5	90.017	.01111	45.003	45.014	.99975
4.6	99.484	.01005	49.737	49.747	.99980
4.7	109.95	.00910	54.969	54.978	.99983
4.8	121.51	.00823	60.751	60.759	.99986
4.9	134.29	.00745	67.141	67.149	.99989
5.0	148.10	.00674	74.203	74.210	.99991

삼각함수법

Deg.	Rad.	Sin	Cos	Tan	Cot		
0	0.0000	0.0000	1.0000	0.0000		1.5708	90
1	0.0175	0.0175	0.9998	0.0175	57.290	1.5533	89
2	0.0349	0.0349	0.9994	0.0349	28.636	1.5359	88
3	0.0524	0.0523	0.9986	0.0524	19.081	1.5184	87
4	0.0698	0.0698	0.9976	0.0699	14.301	1.5010	86
5	0.0873	0.0872	0.9962	0.0875	11.430	1.4835	85
6	0.1047	0.1045	0.9945	0.1051	9.5144	1.4661	84
7	0.1222	0.1819	0.9925	0.1228	8.1443	1.4486	83
8	0.1396	0.1392	0.9903	0.1405	8.1154	1.4312	82
9	0.1571	0.1564	0.9877	0.1584	6.3138	1.4137	81
10	0.1745	0.1736	0.9848	0.1763	5.6713	1.3963	80
11	0.1920	0.1908	0.9816	0.1944	5.1446	1.3788	79
12	0.2094	0.2079	0.9781	0.2126	4.7046	1.3614	78
13	0.2269	0.2250	0.9744	0.2309	4.3315	1.3439	77
14	0.2443	0.2419	0.9703	0.2493	4.0108	1.3265	76
15	0.2618	0.2588	0.9659	0.2679	3.7321	1.3090	75
16	0.2793	0.2756	0.9613	0.2867	3.4874	1.2915	74
17	0.2967	0.2924	0.9563	0.3057	3.2709	1.2741	73
18	0.3142	0.3090	0.9511	0.3249	3.0777	1.2566	72
19	0.3316	0.3256	0.9455	0.3443	2.9042	1.2392	71
20	0.3491	0.3420	0.9397	0.3640	2.7475	1.2217	70
21	0.3665	0.3584	0.9336	0.3839	2.6051	1.2043	69
22	0.3840	0.3746	0.9272	0.4040	2.4751	1.1868	68
23	0.4014	0.3907	0.9205	0.4245	2.3559	1.1694	67
24	0.4189	0.4067	0.9135	0.4452	2.2460	1.1519	66
25	0.4363	0.4226	0.9063	0.4663	2.1445	1.1345	65
26	0.4538	0.4384	0.8988	0.4877	2.0503	1.1170	64
27	0.4712	0.4540	0.8910	0.5095	1.9626	1.0996	63
28	0.4887	0.4695	0.8829	0.5317	1.8807	1.0821	62
29	0.5061	0.4848	0.8746	0.5543	1.8040	1.0647	61
30	0.5236	0.5000	0.8660	0.5774	1.7321	1.0472	60
31	0.5411	0.5150	0.8572	0.6009	1.6643	1.0297	59
32	0.5585	0.5299	0.8480	0.6249	1.6003	1.0123	58
33	0.5760	0.5446	0.8387	0.6494	1.5399	0.9948	57
34	0.5934	0.5592	0.8290	0.6745	1.4826	0.9774	56
35	0.6109	0.5736	0.8192	0.7002	1.4281	0.9599	55
36	0.6283	0.5878	0.8090	0.7265	1.3764	0.9425	54
37	0.6458	0.6018	0.7986	0.7536	1.3270	0.9250	53
38	0.6632	0.6157	0.7880	0.7813	1.2799	0.9076	52
39	0.6807	0.6293	0.7771	0.8098	1.2349	0.8901	51
40	0.6981	0.6428	0.7660	0.8391	1.1918	0.8727	50
41	0.7156	0.6561	0.7547	0.8693	1.1504	0.8552	49
42	0.7330	0.6691	0.7431	0.9004	1.1106	0.8378	48
43	0.7505	0.6820	0.7314	0.9325	1.0724	0.8203	47
44	0.7679	0.6947	0.7193	0.9657	1.0355	0.8029	46
45	0.7854	0.7071	0.7071	1.0000	1.0000	0.7854	45
		Cos	Sin	Cot	Tan	Rad.	Deg.

2. 미분공식

〈일반공식〉

1. $\frac{d}{dx}(c) = 0$
2. $\frac{d}{dx}[cf(x)] = cf'(x)$
3. $\frac{d}{dx}[f(x) + g(x)] = f'(x) + g'(x)$
4. $\frac{d}{dx}[f(x) - g(x)] = f'(x) - g'(x)$
5. $\frac{d}{dx}[f(x)g(x)] = f(x)g'(x) + g(x)f'(x)$ (Product Rule)
6. $\frac{d}{dx}\left[\frac{f(x)}{g(x)}\right] = \frac{g(x)f'(x) - f(x)g'(x)}{[g(x)]^2}$ (Quotient Rule)
7. $\frac{d}{dx}f(g(x)) = f'(g(x))g'(x)$ (Chain Rule)
8. $\frac{d}{dx}(x^n) = nx^{n-1}$ (Power Rule)

〈지수함수 · 로그함수〉

9. $\frac{d}{dx}(e^x) = e^x$
10. $\frac{d}{dx}(a^x) = a^x \ln a$
11. $\frac{d}{dx}\ln|x| = \frac{1}{x}$
12. $\frac{d}{dx}(\log_a x) = \frac{1}{x \ln a}$

〈삼각함수〉

13. $\frac{d}{dx}(\sin x) = \cos x$
14. $\frac{d}{dx}(\cos x) = -\sin x$
15. $\frac{d}{dx}(\tan x) = \sec^2 x$
16. $\frac{d}{dx}(\csc x) = -\csc x \cot x$
17. $\frac{d}{dx}(\sec x) = \sec x \tan x$
18. $\frac{d}{dx}(\cot x) = -\csc^2 x$

〈역삼각함수〉

19. $\frac{d}{dx}(\sin^{-1}x) = \frac{1}{\sqrt{1-x^2}}$
20. $\frac{d}{dx}(\cos^{-1}x) = -\frac{1}{\sqrt{1-x^2}}$
21. $\frac{d}{dx}(\tan^{-1}x) = \frac{1}{1+x^2}$
22. $\frac{d}{dx}(\csc^{-1}x) = -\frac{1}{x\sqrt{x^2-1}}$
23. $\frac{d}{dx}(\sec^{-1}x) = \frac{1}{x\sqrt{x^2-1}}$
24. $\frac{d}{dx}(\cot^{-1}x) = -\frac{1}{1+x^2}$

〈쌍곡선함수〉

25. $\frac{d}{dx}(\sinh x) = \cosh x$
26. $\frac{d}{dx}(\cosh x) = \sinh x$
27. $\frac{d}{dx}(\tanh x) = \text{sech}^2 x$
28. $\frac{d}{dx}(\text{csch}\, x) = -\text{csch}\, x \coth x$
29. $\frac{d}{dx}(\text{sech}\, x) = -\text{sech}\, x \tanh x$
30. $\frac{d}{dx}(\coth x) = -\text{csch}^2 x$

〈역쌍곡선함수〉

31. $\frac{d}{dx}(\sinh^{-1}x) = \frac{1}{\sqrt{1+x^2}}$
32. $\frac{d}{dx}(\cosh^{-1}x) = \frac{1}{\sqrt{x^2-1}}$
33. $\frac{d}{dx}(\tanh^{-1}x) = \frac{1}{1-x^2}$
34. $\frac{d}{dx}(\text{csch}^{-1}x) = -\frac{1}{|x|\sqrt{x^2+1}}$
35. $\frac{d}{dx}(\text{sech}^{-1}x) = -\frac{1}{x\sqrt{1-x^2}}$
36. $\frac{d}{dx}(\coth^{-1}x) = \frac{1}{1-x^2}$

3. 적분공식

〈일반공식〉

1. $\int u\,dv = uv - \int v\,du$

2. $\int u^n\,du = \dfrac{u^{n+1}}{n+1} + C, \quad n \neq -1$

3. $\int \dfrac{du}{u} = \ln|u| + C$

4. $\int e^u\,du = e^u + C$

5. $\int a^u\,du = \dfrac{a^u}{\ln a} + C$

6. $\int \sin u\,du = -\cos u + C$

7. $\int \cos u\,du = \sin u + C$

8. $\int \sec^2 u\,du = \tan u + C$

9. $\int \csc^2 u\,du = -\cot u + C$

10. $\int \sec u \tan u\,du = \sec u + C$

11. $\int \csc u \cot u\,du = -\csc u + C$

12. $\int \tan u\,du = \ln|\sec u| + C$

13. $\int \cot u\,du = \ln|\sin u| + C$

14. $\int \sec u\,du = \ln|\sec u + \tan u| + C$

15. $\int \csc u\,du = \ln|\csc u - \cot u| + C$

16. $\int \dfrac{du}{\sqrt{a^2 - u^2}} = \sin^{-1}\dfrac{u}{a} + C$

17. $\int \dfrac{du}{a^2 + u^2} = \dfrac{1}{a}\tan^{-1}\dfrac{u}{a} + C$

18. $\int \dfrac{du}{u\sqrt{u^2 - a^2}} = \dfrac{1}{a}\sec^{-1}\dfrac{u}{a} + C$

19. $\int \dfrac{du}{a^2 - u^2} = \dfrac{1}{2a}\ln\left|\dfrac{u+a}{u-a}\right| + C$

20. $\int \dfrac{du}{u^2 - a^2} = \dfrac{1}{2a}\ln\left|\dfrac{u-a}{u+a}\right| + C$

$\sqrt{a^2+u^2}\,(a>0)$을 포함한 모양

21. $\int \sqrt{a^2+u^2}\,du = \dfrac{u}{2}\sqrt{a^2+u^2} + \dfrac{a^2}{2}\ln\left(u + \sqrt{a^2+u^2}\right) + C$

22. $\int u^2\sqrt{a^2+u^2}\,du = \dfrac{u}{8}(a^2+2u^2)\sqrt{a^2+u^2} - \dfrac{a^4}{8}\ln\left(u + \sqrt{a^2+u^2}\right) + C$

23. $\int \dfrac{\sqrt{a^2+u^2}}{u}\,du = \sqrt{a^2+u^2} - a\ln\left|\dfrac{a+\sqrt{a^2+u^2}}{u}\right| + C$

24. $\int \dfrac{\sqrt{a^2+u^2}}{u^2}\,du = -\dfrac{\sqrt{a^2+u^2}}{u} + \ln\left(u + \sqrt{a^2+u^2}\right) + C$

25. $\int \dfrac{du}{\sqrt{a^2+u^2}} = \ln\left(u + \sqrt{a^2+u^2}\right) + C$

26. $\int \dfrac{u^2\,du}{\sqrt{a^2+u^2}} = \dfrac{u}{2}\sqrt{a^2+u^2} - \dfrac{a^2}{2}\ln\left(u + \sqrt{a^2+u^2}\right) + C$

27. $\int \dfrac{du}{u\sqrt{a^2+u^2}} = -\dfrac{1}{a}\ln\left|\dfrac{\sqrt{a^2+u^2}+a}{u}\right| + C$

28. $\int \dfrac{du}{u^2\sqrt{a^2+u^2}} = -\dfrac{\sqrt{a^2+u^2}}{a^2u} + C$

29. $\int \dfrac{du}{(a^2+u^2)^{3/2}} = \dfrac{u}{a^2\sqrt{a^2+u^2}} + C$

$\sqrt{a^2-u^2}\ (a>0)$을 포함한 모양

30. $\int \sqrt{a^2-u^2}\,du = \frac{u}{2}\sqrt{a^2-u^2} + \frac{a^2}{2}\sin^{-1}\frac{u}{a} + C$

31. $\int u^2\sqrt{a^2-u^2}\,du = \frac{u}{8}(2u^2-a^2)\sqrt{a^2-u^2} + \frac{a^4}{8}\sin^{-1}\frac{u}{a} + C$

32. $\int \frac{\sqrt{a^2-u^2}}{u}\,du = \sqrt{a^2-u^2} - a\ln\left|\frac{a+\sqrt{a^2-u^2}}{u}\right| + C$

33. $\int \frac{\sqrt{a^2-u^2}}{u^2}\,du = -\frac{1}{u}\sqrt{a^2-u^2} - \sin^{-1}\frac{u}{a} + C$

34. $\int \frac{u^2\,du}{\sqrt{a^2-u^2}} = -\frac{u}{2}\sqrt{a^2-u^2} + \frac{a^2}{2}\sin^{-1}\frac{u}{a} + C$

35. $\int \frac{du}{u\sqrt{a^2-u^2}} = -\frac{1}{a}\ln\left|\frac{a+\sqrt{a^2-u^2}}{u}\right| + C$

36. $\int \frac{du}{u^2\sqrt{a^2-u^2}} = -\frac{1}{a^2u}\sqrt{a^2-u^2} + C$

37. $\int (a^2-u^2)^{3/2}\,du = -\frac{u}{8}(2u^2-5a^2)\sqrt{a^2-u^2} + \frac{3a^4}{8}\sin^{-1}\frac{u}{a} + C$

38. $\int \frac{du}{(a^2-u^2)^{3/2}} = \frac{u}{a^2\sqrt{a^2-u^2}} + C$

$\sqrt{u^2-a^2}\ (a>0)$을 포함한 모양

39. $\int \sqrt{u^2-a^2}\,du = \frac{u}{2}\sqrt{u^2-a^2} - \frac{a^2}{2}\ln\left|u+\sqrt{u^2-a^2}\right| + C$

40. $\int u^2\sqrt{u^2-a^2}\,du = \frac{u}{8}(2u^2-a^2)\sqrt{u^2-a^2} - \frac{a^4}{8}\ln\left|u+\sqrt{u^2-a^2}\right| + C$

41. $\int \frac{\sqrt{u^2-a^2}}{u}\,du = \sqrt{u^2-a^2} - a\cos^{-1}\frac{a}{|u|} + C$

42. $\int \frac{\sqrt{u^2-a^2}}{u^2}\,du = -\frac{\sqrt{u^2-a^2}}{u} + \ln\left|u+\sqrt{u^2-a^2}\right| + C$

43. $\int \frac{du}{\sqrt{u^2-a^2}} = \ln\left|u+\sqrt{u^2-a^2}\right| + C$

44. $\int \frac{u^2\,du}{\sqrt{u^2-a^2}} = \frac{u}{2}\sqrt{u^2-a^2} + \frac{a^2}{2}\ln\left|u+\sqrt{u^2-a^2}\right| + C$

45. $\int \frac{du}{u^2\sqrt{u^2-a^2}} = \frac{\sqrt{u^2-a^2}}{a^2u} + C$

46. $\int \frac{du}{(u^2-a^2)^{3/2}} = -\frac{u}{a^2\sqrt{u^2-a^2}} + C$

$a+bu$를 포함한 모양

47. $\int \frac{u\,du}{a+bu} = \frac{1}{b^2}(a+bu-a\ln|a+bu|)+C$

48. $\int \frac{u^2\,du}{a+bu} = \frac{1}{2b^3}\left[(a+bu)^2-4a(a+bu)+2a^2\ln|a+bu|\right]+C$

49. $\int \frac{du}{u(a+bu)} = \frac{1}{a}\ln\left|\frac{u}{a+bu}\right|+C$

50. $\int \frac{du}{u^2(a+bu)} = -\frac{1}{au}+\frac{b}{a^2}\ln\left|\frac{a+bu}{u}\right|+C$

51. $\int \frac{u\,du}{(a+bu)^2} = \frac{a}{b^2(a+bu)}+\frac{1}{b^2}\ln|a+bu|+C$

52. $\int \frac{du}{u(a+bu)^2} = \frac{1}{a(a+bu)}-\frac{1}{a^2}\ln\left|\frac{a+bu}{u}\right|+C$

53. $\int \frac{u^2\,du}{(a+bu)^2} = \frac{1}{b^3}\left(a+bu-\frac{a^2}{a+bu}-2a\ln|a+bu|\right)+C$

54. $\int u\sqrt{a+bu}\,du = \frac{2}{15b^2}(3bu-2a)(a+bu)^{3/2}+C$

55. $\int \frac{u\,du}{\sqrt{a+bu}} = \frac{2}{3b^2}(bu-2a)\sqrt{a+bu}+C$

56. $\int \frac{u^2\,du}{\sqrt{a+bu}} = \frac{2}{15b^3}(8a^2+3b^2u^2-4abu)\sqrt{a+bu}+C$

57. $\int \frac{du}{u\sqrt{a+bu}} = \frac{1}{\sqrt{a}}\ln\left|\frac{\sqrt{a+bu}-\sqrt{a}}{\sqrt{a+bu}+\sqrt{a}}\right|+C, \quad \text{if } a>0$

$= \frac{2}{\sqrt{-a}}\tan^{-1}\sqrt{\frac{a+bu}{-a}}+C, \quad \text{if } a<0$

58. $\int \frac{\sqrt{a+bu}}{u}\,du = 2\sqrt{a+bu}+a\int\frac{du}{u\sqrt{a+bu}}$

59. $\int \frac{\sqrt{a+bu}}{u^2}\,du = -\frac{\sqrt{a+bu}}{u}+\frac{b}{2}\int\frac{du}{u\sqrt{a+bu}}$

60. $\int u^n\sqrt{a+bu}\,du = \frac{2}{b(2n+3)}\left[u^n(a+bu)^{3/2}-na\int u^{n-1}\sqrt{a+bu}\,du\right]$

61. $\int \frac{u^n\,du}{\sqrt{a+bu}} = \frac{2u^n\sqrt{a+bu}}{b(2n+1)}-\frac{2na}{b(2n+1)}\int\frac{u^{n-1}\,du}{\sqrt{a+bu}}$

62. $\int \frac{du}{u^n\sqrt{a+bu}} = -\frac{\sqrt{a+bu}}{a(n-1)u^{n-1}}-\frac{b(2n-3)}{2a(n-1)}\int\frac{du}{u^{n-1}\sqrt{a+bu}}$

삼각함수를 포함한 모양

63. $\int \sin^2 u\, du = \frac{1}{2}u - \frac{1}{4}\sin 2u + C$

64. $\int \cos^2 u\, du = \frac{1}{2}u + \frac{1}{4}\sin 2u + C$

65. $\int \tan^2 u\, du = \tan u - u + C$

66. $\int \cot^2 u\, du = -\cot u - u + C$

67. $\int \sin^3 u\, du = -\frac{1}{3}(2 + \sin^2 u)\cos u + C$

68. $\int \cos^3 u\, du = \frac{1}{3}(2 + \cos^2 u)\sin u + C$

69. $\int \tan^3 u\, du = \frac{1}{2}\tan^2 u + \ln|\cos u| + C$

70. $\int \cot^3 u\, du = -\frac{1}{2}\cot^2 u - \ln|\sin u| + C$

71. $\int \sec^3 u\, du = \frac{1}{2}\sec u \tan u + \frac{1}{2}\ln|\sec u + \tan u| + C$

72. $\int \csc^3 u\, du = -\frac{1}{2}\csc u \cot u + \frac{1}{2}\ln|\csc u - \cot u| + C$

73. $\int \sin^n u\, du = -\frac{1}{n}\sin^{n-1}u \cos u + \frac{n-1}{n}\int \sin^{n-2}u\, du$

74. $\int \cos^n u\, du = \frac{1}{n}\cos^{n-1}u \sin u + \frac{n-1}{n}\int \cos^{n-2}u\, du$

75. $\int \tan^n u\, du = \frac{1}{n-1}\tan^{n-1}u - \int \tan^{n-2}u\, du$

76. $\int \cot^n u\, du = \frac{-1}{n-1}\cot^{n-1}u - \int \cot^{n-2}u\, du$

77. $\int \sec^n u\, du = \frac{1}{n-1}\tan u \sec^{n-2}u + \frac{n-2}{n-1}\int \sec^{n-2}u\, du$

78. $\int \csc^n u\, du = \frac{-1}{n-1}\cot u \csc^{n-2}u + \frac{n-2}{n-1}\int \csc^{n-2}u\, du$

79. $\int \sin au \sin bu\, du = \frac{\sin(a-b)u}{2(a-b)} - \frac{\sin(a+b)u}{2(a+b)} + C$

80. $\int \cos au \cos bu\, du = \frac{\sin(a-b)u}{2(a-b)} + \frac{\sin(a+b)u}{2(a+b)} + C$

81. $\int \sin au \cos bu\, du = -\frac{\cos(a-b)u}{2(a-b)} - \frac{\cos(a+b)u}{2(a+b)} + C$

82. $\int u \sin u\, du = \sin u - u\cos u + C$

83. $\int u \cos u\, du = \cos u + u \sin u + C$

84. $\int u^n \sin u\, du = -u^n \cos u + n\int u^{n-1}\cos u\, du$

85. $\int u^n \cos u\, du = u^n \sin u - n\int u^{n-1}\sin u\, du$

86. $$\int \sin^n u \cos^m u\, du = -\frac{\sin^{n-1}u \cos^{m+1}u}{n+m} + \frac{n-1}{n+m}\int \sin^{n-2}u \cos^m u\, du$$
$$= \frac{\sin^{n+1}u \cos^{m-1}u}{n+m} + \frac{m-1}{n+m}\int \sin^n u \cos^{m-2}u\, du$$

역삼각함수를 포함한 모양

87. $\int \sin^{-1}u\, du = u\sin^{-1}u + \sqrt{1-u^2} + C$

88. $\int \cos^{-1}u\, du = u\cos^{-1}u - \sqrt{1-u^2} + C$

89. $\int \tan^{-1}u\, du = u\tan^{-1}u - \frac{1}{2}\ln(1+u^2) + C$

90. $\int u\sin^{-1}u\, du = \frac{2u^2-1}{4}\sin^{-1}u + \frac{u\sqrt{1-u^2}}{4} + C$

91. $\int u\cos^{-1}u\, du = \frac{2u^2-1}{4}\cos^{-1}u - \frac{u\sqrt{1-u^2}}{4} + C$

92. $\int u\tan^{-1}u\, du = \frac{u^2+1}{2}\tan^{-1}u - \frac{u}{2} + C$

93. $\int u^n \sin^{-1}u\, du = \frac{1}{n+1}\left[u^{n+1}\sin^{-1}u - \int \frac{u^{n+1}\, du}{\sqrt{1-u^2}}\right], \quad n \neq -1$

94. $\int u^n \cos^{-1}u\, du = \frac{1}{n+1}\left[u^{n+1}\cos^{-1}u + \int \frac{u^{n+1}\, du}{\sqrt{1-u^2}}\right], \quad n \neq -1$

95. $\int u^n \tan^{-1}u\, du = \frac{1}{n+1}\left[u^{n+1}\tan^{-1}u - \int \frac{u^{n+1}\, du}{1+u^2}\right], \quad n \neq -1$

지수함수·로그함수를 포함한 모양

96. $\int ue^{au}\,du = \frac{1}{a^2}(au - 1)e^{au} + C$

97. $\int u^n e^{au}\,du = \frac{1}{a}u^n e^{au} - \frac{n}{a}\int u^{n-1}e^{au}\,du$

98. $\int e^{au}\sin bu\,du = \frac{e^{au}}{a^2 + b^2}(a\sin bu - b\cos bu) + C$

99. $\int e^{au}\cos bu\,du = \frac{e^{au}}{a^2 + b^2}(a\cos bu + b\sin bu) + C$

100. $\int \ln u\,du = u\ln u - u + C$

101. $\int u^n \ln u\,du = \frac{u^{n+1}}{(n + 1)^2}[(n + 1)\ln u - 1] + C$

102. $\int \frac{1}{u\ln u}\,du = \ln|\ln u| + C$

쌍곡선함수를 포함한 모양

103. $\int \sinh u\,du = \cosh u + C$

104. $\int \cosh u\,du = \sinh u + C$

105. $\int \tanh u\,du = \ln\cosh u + C$

106. $\int \coth u\,du = \ln|\sinh u| + C$

107. $\int \operatorname{sech} u\,du = \tan^{-1}|\sinh u| + C$

108. $\int \operatorname{csch} u\,du = \ln|\tanh\frac{1}{2}u| + C$

109. $\int \operatorname{sech}^2 u\,du = \tanh u + C$

110. $\int \operatorname{csch}^2 u\,du = -\coth u + C$

111. $\int \operatorname{sech} u\tanh u\,du = -\operatorname{sech} u + C$

112. $\int \operatorname{csch} u\coth u\,du = -\operatorname{csch} u + C$

$\sqrt{2au - u^2}\ (a > 0)$을 포함한 모양

113. $\int \sqrt{2au - u^2}\,du = \frac{u - a}{2}\sqrt{2au - u^2} + \frac{a^2}{2}\cos^{-1}\left(\frac{a - u}{a}\right) + C$

114. $\int u\sqrt{2au - u^2}\,du = \frac{2u^2 - au - 3a^2}{6}\sqrt{2au - u^2} + \frac{a^3}{2}\cos^{-1}\left(\frac{a - u}{a}\right) + C$

115. $\int \frac{\sqrt{2au - u^2}}{u}\,du = \sqrt{2au - u^2} + a\cos^{-1}\left(\frac{a - u}{a}\right) + C$

116. $\int \frac{\sqrt{2au - u^2}}{u^2}\,du = -\frac{2\sqrt{2au - u^2}}{u} - \cos^{-1}\left(\frac{a - u}{a}\right) + C$

117. $\int \frac{du}{\sqrt{2au - u^2}} = \cos^{-1}\left(\frac{a - u}{a}\right) + C$

118. $\int \frac{u\,du}{\sqrt{2au - u^2}} = -\sqrt{2au - u^2} + a\cos^{-1}\left(\frac{a - u}{a}\right) + C$

119. $\int \frac{u^2\,du}{\sqrt{2au - u^2}} = -\frac{(u + 3a)}{2}\sqrt{2au - u^2} + \frac{3a^2}{2}\cos^{-1}\left(\frac{a - u}{a}\right) + C$

120. $\int \frac{du}{u\sqrt{2au - u^2}} = -\frac{\sqrt{2au - u^2}}{au} + C$

연습문제 해답

제 1 장

[연습문제 1.1]

2. $f(-7)=39$, $f(3)=6$, $f(6)=27$, $f(\pi)=\pi^2-3$, $f(0)=-3$, $f\left(-\frac{1}{5}\right)=-\frac{74}{25}$

3. $f[\mathbb{R}]=\mathbb{Z}$

4. n^m

[연습문제 1.2]

1. (1) $\{6, 27, 39\}$, $\{4, 31, 44\}$, $\{-2, 35, 44\}$

(2) $\{-\sqrt{3}, \sqrt{3}, 2, -2\}$, $\{0, \pm\sqrt{6}\}$, $\{\pm\sqrt{2}, \pm\sqrt{5}, \pm\sqrt{6}\}$

4. $X=[-1, 1]$, $Y=[-1, 1]$에 대하여 $f:X\to Y$를 $f(x)=x^2$로 정의하자.

(1) $B=\left[-\frac{1}{2}, 1\right]$, $f^{-1}(B)=\emptyset$

(2) $A=[0, 1]$, $f^{-1}(f(A))=f^{-1}([0, 1])=[-1, 1]\neq A$

(3) $B=[-1, 1]$, $f(f^{-1}(B))=f([-1, 1])=[0, 1]\neq B$

(4) $f(X)=[0, 1]\neq Y$

[연습문제 1.4]

1. $(g\circ f)(x)=g(f(x))=g(2x^3+1)=\sin(2x^3+1)$

$(f\circ g)(x)=f(g(x))=f(\sin x)=2\sin^3 x+1$

2. (1) $(g\circ f)(x)=g(f(x))=g(3x^3+4)=\sin(3x^3+4)$

(2) $(h\circ g)(x)=h(g(x))=h(\sin x)=\sin x^2-1$

(3) $\{h\circ(g\circ f)\}(x)=h((g\circ f)(x))=h(\sin(3x^3+4))=\sin^2(3x^3+4)-1$

(4) $\{(h\circ g)\circ f\}(x)=(h\circ g)(f(x))=(h\circ g)(3x^3+4)=\sin(3x^3+4)-1$

(5) $\{h\circ(g\circ f)\}(x)=\{(h\circ g)\circ f\}(x)=\sin^2(3x^3+4)-1$

$\therefore\ h\circ(g\circ f)=(h\circ g)\circ f$

제 2 장

[연습문제 2.1]

1. (1) $\sin(x+y)=\frac{84}{85}$ (2) $\cos(x+y)=\frac{77}{85}$ (3) $\sin 2y=\frac{240}{289}$

(4) $\cos 2y=\frac{-161}{289}$ (5) $\sin\frac{x}{2}=\frac{\sqrt{10}}{10}$ (6) $\tan\frac{x}{2}=\frac{1}{3}$

2. (1) $\frac{2}{\cos x}$ (2) 1

3. (1) $-\frac{3}{4}$ (2) $\frac{5}{4}$

[연습문제 2.2]

1. (1) $-\frac{\pi}{6}$ (2) $\frac{\pi}{3}$ (3) $-\frac{\pi}{3}$ (4) $-\frac{\pi}{6}$ (5) $\frac{\pi}{4}$ (6) $\frac{3\pi}{4}$

(7) $\frac{1}{2}$ (8) $\frac{119}{169}$ (9) 1 (10) $\frac{\pi}{2}$ (11) $\frac{\pi}{2}$

2. $\cos\theta=\frac{4}{5}$, $\tan\theta=\frac{3}{4}$, $\sec\theta=\frac{5}{4}$, $\csc\theta=\frac{5}{3}$

제 3 장

[연습문제 3.1]

1. (1) $x<-1$ 또는 $x>1$ (2) $2n\pi<x<(2n+1)\pi\,(n\in\mathbb{Z})$

(3) $x>-1$ (4) $\mathbb{R}$

2. (1) 3 (2) $6x$ (3) $\ln 2$

(4) $7x+1$ (5) $\frac{1}{2}$ (6) $-\frac{1}{2}$

4. (1) -1 (2) 0 또는 -1 (3) $\log_2 3$

(4) $\dfrac{\log_2 7-3}{1-\log_2\sqrt{7}}$ (5) $-\log_2 10$ (6) $\dfrac{3e^2+1}{2e^2-5}$

5. (1) $2A+3B$ (2) $\dfrac{1}{3}B$ (3) $\pi^2 B$

(4) $(e^{2n}+e^n+1)B$ (5) $e^B A$ (6) $3B-2A$

[연습문제 3.2]

1. (1) 0 (2) $\dfrac{e^2-1}{e^2+1}$ (3) $\dfrac{3}{4}$

(4) $\dfrac{e^3+e^{-3}}{2}$ (5) 0 (6) $\ln(1+\sqrt{2})$

2. $\cosh x=\dfrac{5}{3}$ $\tanh x=\dfrac{4}{25}$ $\operatorname{sech} x=\dfrac{3}{5}$ $\operatorname{csch} x=\dfrac{3}{4}$ $\coth x=\dfrac{25}{4}$

3. (1) $x+\dfrac{1}{x}$ (2) $\dfrac{x^2-x^2}{2}$ (3) e^{5x}

(4) e^{5x} (5) e^{-3x} (6) 0

제 4 장

[연습문제 4.1]

1. (1) 주어진 $\varepsilon>0$에 대하여
$0<|x-a|<\delta \Rightarrow |x-a|<\varepsilon$인 δ를 찾으면 되므로 $\delta=\varepsilon$을 택하면 된다.

(2) 주어진 $\varepsilon>0$에 대하여
$0<|x-a|<\delta \Rightarrow |f(x)-c|=|c-c|=0<\varepsilon$인 δ를 찾으면 되는데 δ는 양수이기만 하면 된다.

(3) 주어진 $\varepsilon>0$에 대하여
$0<|x-a|<\delta \Rightarrow |\sqrt{x}-\sqrt{a}|<\varepsilon$인 δ를 찾으면 된다. $x\geq 0$이므로 $\delta\leq a$이어야 한다.

한편 $|\sqrt{x}-\sqrt{a}|=\left|(\sqrt{x}-\sqrt{a})\cdot\dfrac{\sqrt{x}+\sqrt{a}}{\sqrt{x}+\sqrt{a}}\right|=\left|\dfrac{x-a}{\sqrt{x}+\sqrt{a}}\right|\leq|x-a|\cdot\dfrac{1}{\sqrt{a}}$이므로 δ는 a와 $\sqrt{a}\,\varepsilon$ 중 작은 값을 택하면 된다. 즉 $\delta=\min(a, \sqrt{a}\,\varepsilon)$을 택하면 된다.

[연습문제 4.2]

1. (1) 5 (2) 5 (3) 5

3. $g(x)$의 극한을 $\lim_{x \to c} g(x)$라 생각하자.

(i) 우선 $c \neq 2$, $c \neq 3$인 경우:

$$\lim_{x \to c} g(x) = g(c).$$

(ii) $c=2$인 경우:

$$\lim_{x \to 2+} g(x) = \infty, \quad \lim_{x \to 2-} g(x) = -\infty.$$

(iii) $c=3$인 경우:

$$\lim_{x \to 3+} g(x) = \lim_{x \to 3-} g(x) = \infty$$

이므로

$$\lim_{x \to 3} g(x) = \infty.$$

(iv) $c = \pm\infty$인 경우: 분모의 차수가 분자의 차수보다 크다. 따라서,

$$\lim_{x \to \infty} g(x) = \lim_{x \to -\infty} g(x) = 0.$$

[연습문제 4.3]

1. (1) $\lim_{x \to 0} x \sin\frac{1}{x} = 0$이므로 $a=0$이면 $x=0$에서 연속

$a \neq 0$이면 $x=0$에서 불연속

(2) $x \in \mathbb{R}$인 모든 x에 대하여 $|\sin x| \leq |x|$, $|\cos x| \leq 1$이기 때문에 $a \in \mathbb{R}$인 모든 a에 대하여 $|\sin x - \sin a| = \left|2\sin\frac{1}{2}(x-a)\cos\frac{1}{2}(x+a)\right| \leq |x-a|$이다.

따라서 $\varepsilon > 0$인 ε에 대하여 $\exists \delta = \varepsilon > 0$ s.t. $|x-a| < \varepsilon \Rightarrow |\sin x - \sin a| < \varepsilon$.

3. (1) $A = \frac{1}{3}$ (2) $A = 4$

4. 없다.

제 5 장

[연습문제 5.1]

1. P_n을 $P_n=\frac{2}{(2n+1)\pi}$이라면 $f(P_n)=\sin(2n+1)\frac{\pi}{2}=(-1)^n$

$\therefore$ $\lim_{n\to\infty}f(P_n)$은 존재하지 않는다.

$\therefore$ $\lim_{h\to 0}f(h)=\lim_{h\to 0}\sin\frac{1}{h}$의 값이 존재하지 않는다.

3. $f'_+(0)=0,\ f'_-(0)=1$

4. $f'(0)\lim_{h\to 0}\frac{f(0+h)-f(0)}{h}=\lim_{h\to 0}(h\sin\frac{1}{h})=0$

$\therefore$ $f'(0)$가 존재하므로 주어진 함수는 $x=0$에서 미분 가능

7. $x=0$

8. (1) -24 s/t (2) 1.25 s

9. (1) $y=-4x+18$ (2) $y=4x-\frac{23}{2}$

[연습문제 5.2]

1. (1) $-x^2\sin x$ (2) $-12\cos 3x\sin(\sin 3x)$

(3) $3\sec x(\tan^2x+1)$ (4) $2\sec^2x+\tan x(2\tan^2x+1)$

(5) $\frac{2\cos x}{(1-\sin x)^2}$ (6) $\frac{-x+a}{\sqrt{a^2-x^2}}$

4. (1) $\frac{x}{\sqrt{x^2-1}}$ (2) $\frac{-1}{2x\sqrt{x-1}}$

(3) $\frac{1}{x\{1+(\sin x)^2\}}$ (4) $\frac{1}{2}\sqrt{1+\operatorname{cosec} x}$

(5) $\sqrt{\frac{a-x}{a+x}}\ (a>x>-a)$

[연습문제 5.3]

1. (1) $(8x+12)\sin^3(x^2+3x)\cos(x^2+3x)$

(2) $-3\sin x\sin^2(\cos x)\cos(\cos x)$

(3) $-8x\cos x^2\cos^3(\sin x^2)\sin(\sin x^2)$

(4) $-2\cos 2x\sin(\sin 2x)\cos[\cos(\sin 2x)]$

3. 4

5. (1) $\frac{2}{3}$ (2) $\frac{1}{12}$ (3) $\frac{1}{21}$

(4) -2 (5) $-\frac{1}{4}$ (6) $-\frac{1}{4}$

7. $\frac{1}{22}$

[연습문제 5.4]

1. (1) $(\ln 5)5^x$ (2) $(5\ln 3)3^{5x-7}$

(3) $(\ln a)a^x\sin bx + ba^x\cos bx$ (4) $-\sin x(\cos x)^{\cos x}(\ln\cos x+1)$

3. (1) $x^x(\ln x+1)$ (2) $x^{\frac{2}{x}}\left(\frac{2-2\ln x}{x^2}\right)$

(3) $2\sqrt{2}(2x)^{\sqrt{2}-1}$ (4) $\ln 2\cdot 2^x+\ln 3\cdot 3^x$

5. $e^{\sin x\ln 2x}(\cos x\ln 2x+\frac{\sin x}{x})$

[연습문제 5.5]

1. (1) $\frac{2x}{\sqrt{x^4+1}}$ (2) $\frac{4}{1-16x^2}$

(3) $2x\left(\cosh^{-1}x^2+\frac{x^2}{\sqrt{x^2-1}}\right)$ (4) $-e^x\text{cosec}\, e^x$

3. (1) $2w\sinh^{-1}2w+\frac{2w^2}{\sqrt{4w^2+1}}$ (3) $\frac{2e^{2x}}{\sqrt{e^{4x}-1}}$

6. $\cosh x+\sinh x=e^x$임을 이용하여 증명

8. 1

[연습문제 5.7]

1. (1) $-\frac{x}{y}$ (3) $\frac{y+4\sqrt{xy}}{\sqrt{x}-x}$ (5) $\frac{8y-3x^2}{3y^2-8x}$

3. $2x+y=4$

5. $5x-7y+11=0$

7. $\sqrt{3}x-y+\frac{1}{2}\sqrt{3}=0,\ \sqrt{3}x+y+\frac{1}{2}\sqrt{3}=0$

9. $\frac{d^2y}{dx^2}=\frac{2xy^2-x^4}{y^3}$

[연습문제 5.8]

1. (1) $y'''=\frac{3}{8\sqrt{(1+x)^5}}$ (2) $y'''=4x(3-2x^2)e^{-x^2}$

(3) $y'''=a^3\sin(ax+\frac{3}{2}\pi)$ (4) $y'''=\frac{24x(1-x^2)}{(1+x^2)^4}$

3. $f^{(2k)}(0)=0,\ f^{(2k+1)}(0)=(-1)^k(2k)!$

5. $\frac{1}{\sqrt{2}},\ \frac{3}{4\sqrt{2}},\ \frac{27}{16\sqrt{2}},\ \frac{405}{64\sqrt{2}}$

6. $(-1)^n(n+2)!/6x^{n+3}$

7. -80

8. $\sin(x+\frac{n}{2}\pi)$

9. $\frac{(-1)^{n-1}(n-1)!}{x^n}$

10. $-2^{50}\cos 2x$

제 6 장

[연습문제 6.1]

1. (1) $dy=(2x-1)dx$ (2) $dy=-2(6x+1)(3x^2+x+1)^{-3}dx$

(3) $dy=-\frac{3}{2}(14x+3)(7x^2+3x-1)^{-\frac{5}{2}}dx$

3. (1) 4.021 (2) 5.9917

5. $\frac{4}{5}t(t^2-3)^{-\frac{3}{5}}dt$

6. $893.47\ ft^3$

7. $1.885\ \text{inch}^2$

[연습문제 6.2]

1. (1) $c=0$ (2) $c=-1$ (3) $c=1$ (4) $c=3-\sqrt{3}$

3.(1) $c=\frac{5}{2}$ (2) $c=e-1$

4. $f(0)=0$

8. 평균값 정리에 의하여 $|\sin b-\sin a|=|\cos c||b-a|$인 c가 $(a,\ b)$ 사이에 존재한다. 그런데 $|\cos c| \le 1$이므로 $|\sin b-\sin a| \le |b-a|$.

11. $c=\sqrt{ab}$

[연습문제 6.3]

1. (1) 극대값: $\frac{5}{27}$, 극소값: -1, 증가구간: $\left(-\infty,\ -\frac{1}{3}\right]$, $\left[1,\ +\infty\right]$, 감소구간: $\left[-\frac{1}{3},\ 1\right]$

(2) 극대값: 2, 극소값: -25, 증가구간: $(-\infty,\ 0]$, $[3,\ +\infty)$, 감소구간: $[0,\ 3]$

(3) 극대값: $\frac{1}{4}$, 극소값: 0, 증가구간: $[0,\ 1]$, $[2,\ \infty)$, 감소구간: $(-\infty,\ 0]$, $[1,\ 2]$

(4) 극대값: 4, 증가구간: $(-\infty,\ 2]$, 감소구간 $[2,\ 3]$

4. $a=6$, $b=9$

6. $r=\frac{2}{3}b$

[연습문제 6.4]

1. (1) 극소값: $f(1)=8$ (3) 극소값: $f(-2)=-2$

(3) 극대값: $f(27)=9$ (4) 극대값: $f(1)=2$, 극소값: $f(-1)=-2$

(5) 극값을 갖지 않는다. (6) 극대값: $f(1)=1$, 극소값: $f(0)=f(2)=0$

2. $f(0)=4$: 극소값

3. (1) $(-2,\ 0)$ (2) $(0,\ 0)$, $\left(-\frac{2}{3},\ -\frac{16}{27}\right)$

(3) 변곡점이 없다. (4) $(0,\ 0)$

(5) $(-1,\ -19)$, $(4,\ -499)$ (6) 변곡점이 없다.

6. 극대값: $f(0)=\frac{3}{4}$, 극소값: $f(-1)=f(1)=0$

[연습문제 6.5]

1. (1) 0　　(2) $\frac{1}{3}$　　(3) 2　　(4) ∞

2. $f(x)=2$

3. $y=1,\ y=-1$

4. $x=\pm 1$

6. $x=-1,\ y=0$

7. $x=3,\ y=2$

9. $y=2x+3$

[연습문제 6.6]

1. (1) 극대값 $f(-2)=4$, 극소값 $f(2)=4$

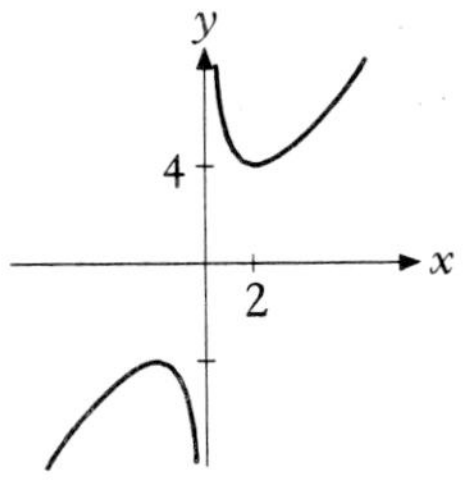

(3) 극대값 $f\left(\frac{1}{2}\right)=1$, 극소값 $f\left(-\frac{1}{2}\right)=-1$, 변곡점$\left(-\frac{\sqrt{3}}{2},\ -\frac{1}{2}\sqrt{3}\right)$, (0, 0), $\left(\frac{\sqrt{3}}{2},\ \frac{\sqrt{3}}{2}\right)$

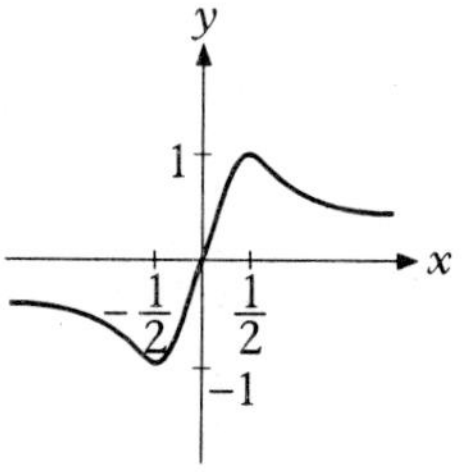

3. (1) 정의역은 모든 실수값

(2) y절편은 0, x절편은 $\frac{\pi}{2}$, $\frac{3}{2}\pi$

(3) 기함수도 우함수도 아니다.

(4) $f(x+2\pi)=f(x)$이므로 f는 주기 2π를 갖는 주기함수

(5) 점근선은 없다.

(6) $\left[0, \frac{\pi}{6}\right]$에서 증가, $\left[\frac{\pi}{6}, \frac{5\pi}{6}\right]$에서 감소

$\left[\frac{5\pi}{6}, \frac{3}{2}\pi\right]$에서 증가, $\left[\frac{3\pi}{2}, 2\pi\right]$에서 증가

(7) $f\left(\frac{\pi}{6}\right)=\frac{3\sqrt{3}}{2}$이 극대값 $f\left(\frac{5\pi}{\sqrt{6}}\right)=-\frac{-3\sqrt{3}}{2}$이 극소값

(8) 개형을 그리면 다음과 같다.

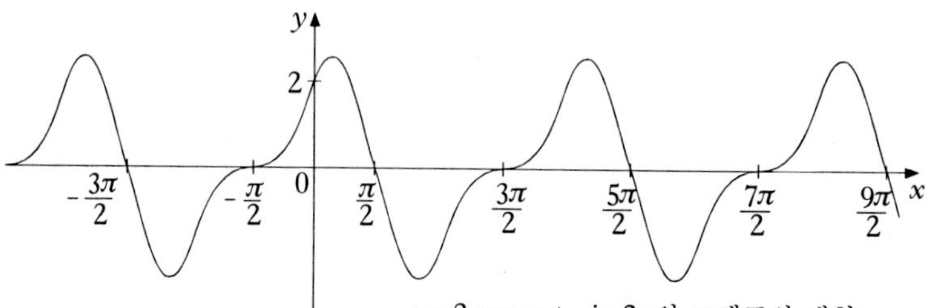

$y=2\cos x+\sin 2x$의 그래프의 개형

5. (1) 정의역; $x \neq \pm 2$인 모든 실수

(2) 그래프는 원점에서만 만난다.

(3) $f(x)=f(-x)$이므로 y축에 대칭

(4) $f'(x)=\frac{-8x}{(x^2-4)^2}$, $f''(x)=\frac{24x^2+32}{(x^2-4)^3}$이므로 $f'(x)=0$이면 $x=0$, $f''(x)=0$인 x는 없다.

(5) $x=2$, $x=-2$: 수직점근선

$y=1$: 수평점근선

(6)

	$f(x)$	$f'(x)$	$f''(x)$	
$x<-2$		$+$	$+$	f: 증가, 위로 오목
$x=-2$	존재하지 않음	존재하지 않음	존재하지 않음	
$-2<x<0$		$+$	$-$	f: 증가, 아래로 오목
$x=0$	0	0	$-$	극대값은 갖음
$0<x<2$		$-$	$-$	f: 감소, 아래로 오목
$x=2$	존재하지 않음	존재하지 않음	존재하지 않음	
$2<x$		$-$	$+$	f: 감소, 위로 오목

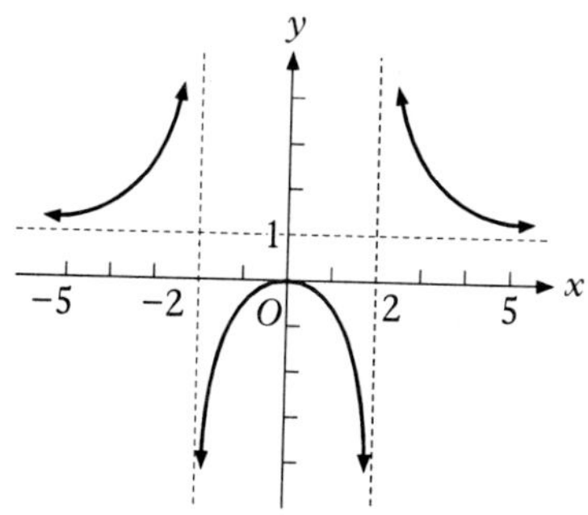

제 7 장

[연습문제 7.1]

1. (1) $\frac{1}{9}x^9+c$ (3) $\frac{2}{\sqrt{xt}}+c$

(5) $\frac{1}{2}x^2+\frac{1}{5}x^5+c$ (7) $4\tan x-\operatorname{cosec} x+c$

(9) $4y+\frac{4}{3}y^3+\frac{1}{5}y^5+c$

[연습문제 7.2]

1. (1) $\ln|\tan x|+c$ (3) $-2\cos\frac{x}{2}+c$

(5) $2\sqrt{1+e^x}+\ln\frac{\sqrt{1+e^x}-1}{\sqrt{1+e^x}+1}+c$

2. (1) $-\frac{\sqrt{16-x^2}}{16x}+c$ (3) $\frac{1}{2}\left(\sec^{-1}x-\frac{\sqrt{x^2-1}}{x^2}\right)+c$

3. (1) $-x\cos x+\sin x+c$ (3) $x\sin^{-1}x+\sqrt{1-x^2}+c$

(5) $\ln x\ln(\ln x)-\ln x+c$

4. (1) $I_n=\int\tan^n x\,dx=\int\tan^{n-2}x\tan^2x\,dx=\int\tan^{n-2}x(\sec^2x-1)dx$

$$=\int\tan^{n-2}x\sec^2x\,dx-I_{n-2}=\frac{\tan^{n-1}x}{n-1}-I_{n-2}$$

(2) $I=\frac{1}{b}e^{ax}\sin bx-\frac{a}{b}\int e^{ax}\sin bx\,dx$

$=\frac{e^{ax}}{b}\sin bx-\frac{a}{b}\left(-\frac{e^{ax}}{b}\cos bx+\frac{a}{b}\int e^{ax}\cos bx\,dx\right)$

$=\frac{1}{b}e^{ax}\sin bx+\frac{a}{b^2}e^{ax}\cos bx-\frac{a^2}{b^2}I.$

I에 대하여 풀면 $I=\frac{e^{ax}}{a^2+b^2}(a\cos bx+b\sin bx).$

[연습문제 7.3]

1. (1) $\frac{1}{4}\ln\left|\frac{x^2+x+1}{x^2-x+1}\right|+\frac{1}{2\sqrt{3}}(\tan^{-1}\frac{2x+1}{\sqrt{3}}+\tan^{-1}\frac{2x-1}{\sqrt{3}})+c$

(3) $\frac{1}{6}\ln\frac{(x-1)^2}{x^2+x+1}-\frac{1}{\sqrt{3}}\tan^{-1}\frac{2x+1}{\sqrt{3}}+c$

(5) $\frac{1}{2}\ln|x-1|-\frac{1}{4}\ln(x^2+1)-\frac{1}{2}\tan x^{-1}x+\frac{1}{2(x^2+1)}+c$

[연습문제 7.4]

1. (1) $2\sqrt{x}-3\sqrt[3]{x}+6\sqrt[6]{x}-6\ln|\sqrt[6]{x}+1|+c$

(3) $\frac{1}{4}x\sqrt[4]{(1+x^4)^3}+\frac{1}{16}\ln\frac{\sqrt[4]{1+x^4}-x}{\sqrt[4]{1+x^4}+x}+\frac{1}{8}\tan^{-1}\frac{\sqrt[4]{1+x^4}}{x}+c$

(5) $\frac{1}{8}(a+x^3)^{\frac{8}{3}}+c$

[연습문제 7.5]

1. (1) $\frac{1}{2}\sec x\tan x+\frac{1}{2}\ln|\sec x+\tan x|+c$

(3) $\frac{1}{5}\tan^5 x+\frac{1}{3}\tan^3 x+c$

(5) $\frac{1}{2}\sec x\tan x-\frac{1}{2}\ln|\sec x+\tan x|+c$

[연습문제 7.6]

1. $-\frac{x}{8}\sqrt{5-4x^2}+\frac{5}{16}\sin^{-1}\left(\frac{2x}{\sqrt{5}}\right)+c$

2. $-x^3\cos x+3x^2\sin x+6x\cos x-6\sin x+c$

3. $\frac{1}{3}(x^2+2x+4)^{3/2}-\frac{x+1}{2}\sqrt{x^2+2x+4}-\frac{3}{2}\ln(x+1+\sqrt{x^2+2x+4})+c$

제 8 장

[연습문제 8.1]

1. (1) $\frac{361}{16}$ (3) $\frac{\sqrt{3}+1}{4}\pi$

2. $|f|(x)=1$이므로 $|f|$는 구간 $[0, 1]$에서 적분가능하고 $\int_0^1 |f|(x)dx=1$

[연습문제 8.2]

1. (1) $b<c<a$

$$\begin{aligned}\int_a^b f(x)dx &= -\int_b^a f(x)dx \\ &= -\left(\int_b^c f(x)dx+\int_c^a f(x)dx\right) \\ &= -\int_b^c f(x)dx-\int_c^a f(x)dx \\ &= \int_c^b f(x)dx+\int_a^c f(x)dx \\ &= \int_a^c f(x)dx+\int_c^b f(x)dx\end{aligned}$$

(3) $a<b=c$

$$\begin{aligned}\int_a^b f(x)dx &= \int_a^b f(x)dx+0 \\ &= \int_a^b f(x)dx+\int_b^b f(x)dx \\ &= \int_a^b f(x)dx+\int_b^c f(x)dx\end{aligned}$$

2. (1) $c=\frac{1}{2}a$

3. (1) $g'(x)=4x+1$ (3) $g'(x)=4x^3\cdot\sec(x^4)$

4. (1) 0 (3) $\frac{1}{2}(e-\frac{1}{e}-2)$

[연습문제 8.3]

1. (1) $\frac{52}{9}$ (3) $\frac{8}{3}$

2. (1) $-\frac{\sqrt{2}}{2}$ (3) $-\frac{1}{2}$

3.
$$\begin{aligned}\int_{-a}^{a}f(x)dx&=\int_{-a}^{0}f(x)dx+\int_{0}^{a}f(x)dx\\&=-\int_{a}^{0}f(-x)dx+\int_{0}^{a}f(x)dx\\&=\int_{0}^{a}f(x)dx+\int_{0}^{a}f(x)dx=2\int_{0}^{a}f(x)dx\end{aligned}$$

[연습문제 8.4]

1. (1) ∞ (3) ∞ (5) $\frac{1}{2}\ln 2$

[연습문제 8.5]

1. (1) 3.284

2. (1) 0.746825

3. (1) 사다리꼴 공식: 1.913972
Simpson 공식: 1.934766

5. 20.7

제 9 장

[연습문제 9.1]

1. 36

3. $\frac{158}{3}$

5. $\frac{256}{5}$

7. 9

9. $\frac{16}{3}$

[연습문제 9.2]

1. $\frac{2\pi r^3}{3}$

3. $\frac{\pi}{3}(2r^3-r^2h-h^3)$

5. $\frac{64\pi}{15}$

7. $\frac{8}{3}\pi$

[연습문제 9.3]

1. $\frac{1}{243}(85\sqrt{85}-8)$

3. $\frac{1}{27}(13\sqrt{13}+80\sqrt{10}-16)$

[연습문제 9.4]

1. $C=\sqrt{7}\fallingdotseq 2.65$

[연습문제 9.5]

1. $M_x=16,\ M_y=15$

   $(\bar{x},\ \bar{y})=\left(\frac{8}{7},\ \frac{15}{14}\right)$

3. (1) $M_x=26\ \ M_y=27$

   $(\bar{x},\ \bar{y})=\left(\frac{27}{14},\ \frac{3}{7}\right)$

5. $(\bar{x},\ \bar{y})=\left(\frac{2}{3},\ 0\right)$

[연습문제 9.6]

1. 19600J

3. 90

제 10 장

[연습문제 10.1]

1. 3차원

2. $((a_1, a_2), (a_3, a_4, a_5)) \mapsto (a_1, a_2, a_3, a_4, a_5)$의 대응은 $\mathbb{R}^2 \times \mathbb{R}^3$에서 $\mathbb{R}^5$로의 일대일 대응이다.

[연습문제 10.2]

2. (1) $(1, 1)$ (2) $(0, 1)$

(3) $(\sqrt{3}, 3)$ (4) $(3, 4)$

3. (1)과 (6)은 동일, (2)와 (5)는 동일

5. 두 점 (r_1, θ_1)과 (r_2, θ_2) 사이의 거리: $\sqrt{r_1^2+r_2^2-2r_1r_2 \cos(\theta_2-\theta_1)}$

[연습문제 10.3]

1. (2) $r=\sin\theta \Leftrightarrow r^2=r\sin\theta \Leftrightarrow x^2+y^2=y \Leftrightarrow x^2+\left(y-\frac{1}{2}\right)^2=\left(\frac{1}{2}\right)^2$

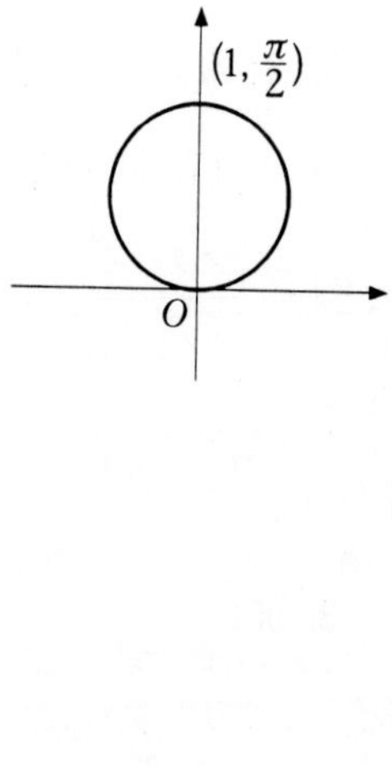

(3) $r=\theta/2,\ -4\pi \le \theta \le 4\pi$

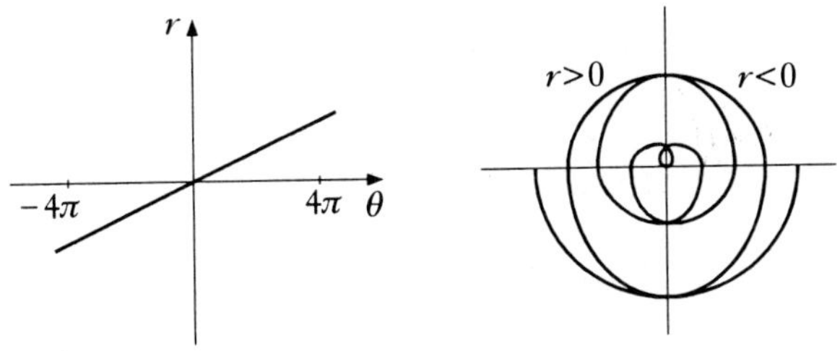

(4) $r=-2\sin\theta \Leftrightarrow r^2=-2r\sin\theta \Leftrightarrow x^2+y^2=-2y \Leftrightarrow x^2+y^2+2y+1=1 \Leftrightarrow x^2+(y+1)^2=1$

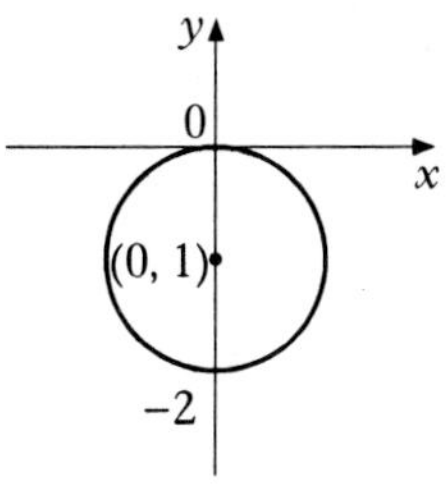

3. $r=\sin 2\theta$

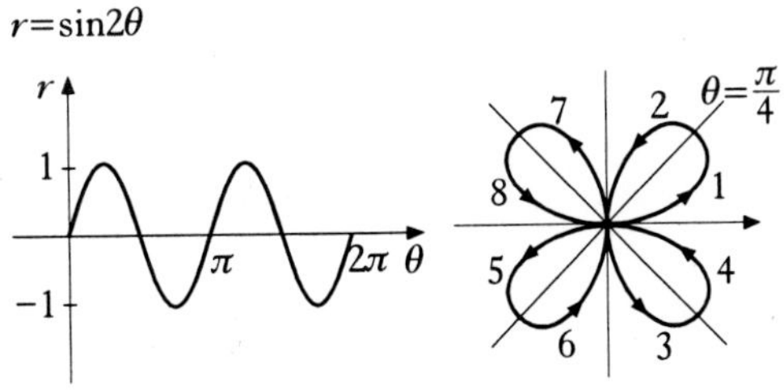

4. $r=2\cos 3\theta$

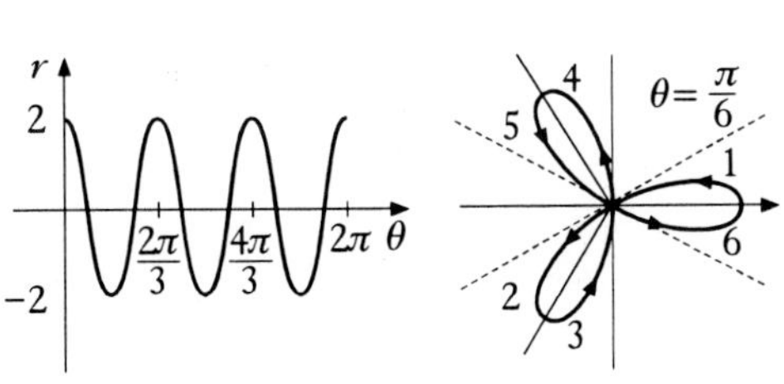

5. (2) $r=1-3\cos\theta$: 달팽이형(limacon)

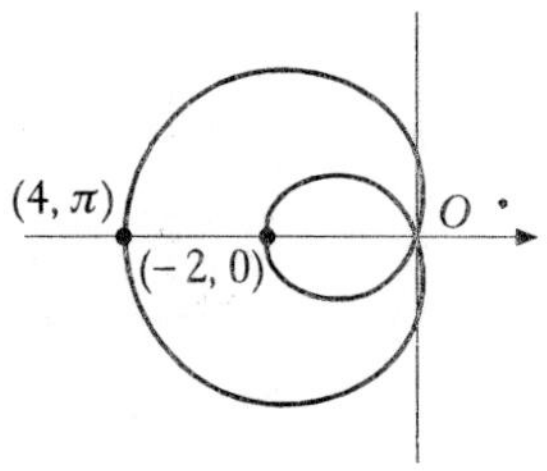

6. (1) $r=\dfrac{1}{\sin\theta} \Leftrightarrow r\sin\theta=1 \Leftrightarrow y=1$

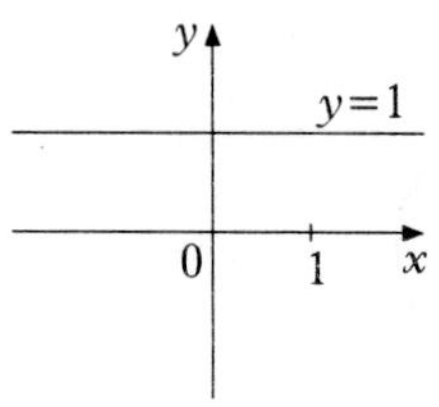

[연습문제 10.4]

1. (1) $\dfrac{\pi}{4}$

(2) $A=2\displaystyle\int_0^{\pi}\frac{1}{2}(2+\cos\theta)^2d\theta=\frac{9}{2}\pi$

(3) $A=\displaystyle\int_0^{2\pi}\frac{1}{2}(1+\sin\theta)^2d\theta=\frac{3}{2}\pi$

(4) $A=\displaystyle\int_0^{2\pi}\frac{1}{2}(\sin\theta-2)^2d\theta=\frac{9}{2}\pi$

2. $A=\dfrac{1}{2}\displaystyle\int_{-\frac{\pi}{3}}^{\frac{\pi}{3}}(3\cos\theta)^2-(1+\cos\theta)^2d\theta=\pi$

4. (1) $A=2\displaystyle\int_{-\frac{\pi}{4}}^{\frac{\pi}{4}}\frac{1}{2}\,a^2\cos 2\theta\,d\theta=a^2$

(2) $A=2\displaystyle\int_0^{\pi}\frac{1}{2}a^2(2-\cos\theta)^2d\theta=\frac{9}{2}\pi a^2$

(3) $A=4\displaystyle\int_0^{\frac{\pi}{2}}\frac{1}{2}a^2(1+\cos 2\theta)^2d\theta=\frac{3}{2}\pi a^2$

(5) $A=3\displaystyle\int_0^{\frac{\pi}{3}}\frac{1}{2}2a^2\sin 3\theta\,d\theta=2a^2$

6. (1) $A=2\displaystyle\int_0^{\frac{\pi}{4}}\frac{1}{2}\sin^2\theta\,d\theta=\frac{\pi}{8}-\frac{1}{4}$

(3) $A=2\displaystyle\int_0^{\frac{2}{3}\pi}\frac{1}{2}(1-\cos\theta)^2d\theta=\frac{7}{4}\pi-\frac{9}{8}\sqrt{3}$

7. (1) $A=\int_{\frac{7}{6}\pi}^{\frac{11}{6}\pi} \frac{1}{2}(1+2\sin\theta)^2 d\theta = \frac{1}{2}(2\pi-3\sqrt{3})$

(2) $A=\int_{\frac{2}{3}\pi}^{\frac{4}{3}\pi} \frac{1}{2}(2+4\cos\theta)^2 d\theta = 4\pi-6\sqrt{3}$

[연습문제 10.5]

1. (1) $y=x^2$

(4) $y=(2-x)^2+1$

(5) $x^{\frac{2}{3}}+y^{\frac{2}{3}}=2^{\frac{2}{3}}$

(6) $\left(\frac{2-x}{3}\right)^2+\left(\frac{y-3}{7}\right)^2=1$

2. $y=2(x-1)^2+1,\ y=8(s-1)^2+1$

3. $\begin{cases} x=2a\cos\theta-a\cos 2\theta \\ y=2a\sin\theta-a\sin 2\theta \end{cases}$

[연습문제 10.6]

1. $l=\int_0^{2\pi}\sqrt{(1-\cos t)^2+\sin^2 t}\,dt=8$

3. $4\sqrt{2}$

4. (1) $l=\int_0^{\sqrt{3}}\sqrt{1+t^2}\,dt$

$=\int_0^{\frac{\pi}{3}}\sec^3 u\,du$

$=\sqrt{3}+\frac{1}{2}\ln(2+\sqrt{3})$

(2) $l=\int_0^{2\pi}\sqrt{(e^t\sin t+e^t\cos t)^2+(e^t\cos t-e^t\sin t)^2}\,dt$

$=\sqrt{2}\,(e^{2\pi}-1)$

[연습문제 10.7]

1. (1) 원기둥좌표 $\left(2,\ \frac{\pi}{3},\ 0\right)$; 구면좌표 $\left(2,\ \frac{\pi}{2},\ \frac{\pi}{3}\right)$

(2) 원기둥좌표 $\left(\sqrt{2},\ \frac{5}{4}\pi,\ -1\right)$; 구면좌표 $\left(\sqrt{3},\ \frac{5}{4}\pi,\ \frac{5}{4}\pi\right)$

3. (2) $0 \le \rho \le \cos\phi,\ 0 \le \phi \le \frac{\pi}{4},\ 0 \le \theta \le 2\pi$

4. (1) 원기둥좌표 $r^2+z^2=16$

구면좌표 $\rho=4$

(2) 원기둥좌표 $r^2-z^2=16$

구면좌표 $\rho^2(\sin^2\phi-\cos^2\phi)=16$

(4) 원기둥좌표 $r^2=2z$

구면좌표 $\rho\sin^2\phi=2\cos\phi$

(6) 원기둥좌표 $r^2\sin^2\theta+z^2=1$

구면좌표 $\rho^2(\sin^2\phi\sin^2\theta+\cos^2\phi)=1$

제 11 장

[연습문제 11.1]

1. (1) 1/3　　(3) 1　　(5) 발산

2. $a_n=(-1)^n\frac{n}{2n-1}$(발산)

[연습문제 11.2]

(1) ∞　　(2) ∞

(3) 0　　(4) ∞

(5) 1　　(7) 0

(10) 1　　(12) 1　　(13) $\frac{1}{\sqrt{e}}$

[연습문제 11.3]

1. (1) 수렴하고 합은 4　　(2) 수렴하고 합은 $\frac{5-\sqrt{5}}{4}$　　(3) 수렴하고 합은 $\frac{37}{99}$

(4) 발산　　(5) 발산

3. $a_n=\frac{1}{4n^2-1}=\frac{1}{(2n-1)(2n+1)}=\frac{1}{2}\left(\frac{1}{2n-1}-\frac{1}{2n+1}\right)$이므로

$$S_n=\frac{1}{2}\left(\left(1-\frac{1}{3}\right)+\left(\frac{1}{3}-\frac{1}{5}\right)+\left(\frac{1}{5}-\frac{1}{7}\right)+\cdots+\left(\frac{1}{2n-1}-\frac{1}{2n+1}\right)\right)$$

$=\frac{1}{2}\left(1-\frac{1}{2n+1}\right)$

$\lim_{n\to\infty} S_n=\lim_{n\to\infty}\frac{1}{2}\left(1-\frac{1}{2n+1}\right)=\frac{1}{2}$ 이므로 $\sum_{n=1}^{\infty}\frac{1}{4n^2-1}$ 은 수렴하는 급수이다.

[연습문제 11.4]

(1) 수렴 (3) 수렴 (5) 발산 (7) 수렴 (9) 발산
(11) 수렴 (13) 수렴 (15) 발산 (17) 수렴 (19) 발산
(21) 수렴 (23) 발산 (25) 수렴 (27) 수렴 (29) 발산

[연습문제 11.5]

1. 수렴: (1), (2), (3), (5)
발산: (4), (6)

[연습문제 11.6]

1. (1) 절대수렴 (3) 절대수렴 (5) 조건수렴
(7) 절대수렴 (9) 절대수렴 (11) 절대수렴
(13) 조건수렴

[연습문제 11.7]

1. (1) $[-1,\ 1]$ (2) 모든 x (3) $(-1,\ 1)$ (4) $(-1,\ 1]$
(5) $[-1,\ 1]$ (6) $(-2,\ 2)$ (7) $[0,\ 2]$ (8) $(-3,\ 1)$
(9) $[-6,\ -4]$ (10) $\left(-1,\ \frac{1}{3}\right)$

2. $S(x)=\frac{a_0+a_1x+a_2x^2}{1-x^3},\ |x|<1$

[연습문제 11.8]

1. (1) $1-x+x^2-x^3+x^4-\cdots;\ r=1$
(3) $1+3x+6x^2+10x^3+15x^4+\cdots;\ r=1$
(4) $\frac{1}{2}+\frac{3}{4}x+\frac{9}{8}x^2+\frac{27}{16}x^3+\cdots;\ r=\frac{2}{3}$

(7) $1-x+\frac{x^2}{2!}-\frac{x^3}{3!}+\frac{x^4}{4!}-\frac{x^5}{5!}+\cdots$; $r=\infty$

[연습문제 11.9]

1. (1) $1+2(-x+x^2-x^3+x^4-x^5+\cdots)$; $r=1$

(5) $1+\frac{(2x)^2}{2!}+\frac{(2x)^4}{4!}+\cdots\frac{(2x)^{2n}}{(2n)!}+\cdots$; $r=\infty$

(7) $\sum_{n=0}^{\infty}(-1)^n\frac{\pi^{2n}}{(2n)!}x^{2n}$; $r=\infty$

2. $f(x)=\sum_{n=0}^{\infty}\frac{(-1)^n e^2}{n!}(x+2)^n$

[연습문제 11.10]

1. (1) $1-\frac{x^2}{2}-\frac{x^4}{8}-\frac{x^6}{16}-\frac{5}{128}x^8+\cdots$; $r=1$

(3) $1-3x+6x^2-10x^3+15x^4+\cdots$; $r=\infty$

2. $\sin^{-1}x=x+\frac{x^3}{6}+\frac{3x^5}{40}+\frac{5x^7}{112}+\cdots$

$$=x+\sum_{n=1}^{\infty}\frac{1\cdot3\cdot5\cdots(2n-1)}{(2n+2)2^n n!}x^{2n+1};\ r=1$$

3. 0.813

4. 0.21046

제 12 장

[연습문제 12.1]

1. (1) -1 (2) 1 (3) 15 (4) 31

2. (1) x^2-y^2+3 (2) $3x^3y^2+3$

6. (1) xy평면 (2) $\{(x,\ y)\,|\,x^2+y^2<1\}$

(3) $\{(x,\ y)\,|\,y\leq 2x+2\}$ (4) $\{(x,\ y)\,|\,x\neq y^2\}$

[연습문제 12.2]

1. (1) -827 (3) $-\frac{5}{2}$

2. (1) $\{(x, y) | x > -1\}$ (2) $\{(x, y) | x^2+y^2 < 25\}$

(3) xy평면 (4) $\{(x, y) | -1 \leq xy \leq 1\}$

5. 연속

[연습문제 12.3]

1. (1) $f_x=6$, $f_y=3$ (2) $f_x=3y+6$, $f_y=3x-2y$

(3) $f_x=2xy-3y^2$, $f_y=x^2-6xy+2z$, $f_z=2y$

3. $T_x(4, 3, 2)=8$, $T_y(4, 3, 2)=18$, $T_z(4, 3, 2)=-6$

5. $z_x(1, 2)=-4$, $z_y(1, 2)=-12$이므로 y축 방향이 가파르다.

7. (1) $dz=(12x^2-y^2)dx+(-2xy+3)dy$

(2) $dz=(\cos y-y\cos x)dx+(-x\sin y-\sin x)dy$

8. 0.088cm

[연습문제 12.4]

1. (1) $12t^{11}$

(2) $e^{3t}(3\sin 2t+2\cos 2t)+e^{2t}(3\cos 3t+2\sin 3t)$

3. (1) $-\frac{2xy^3}{3x^2y^2-\sin y}$ (3) $-\frac{ye^{xy}}{xe^{xy}+ye^y+e^y}$

[연습문제 12.5]

1. (1) $-5\sqrt{2}$ (3) $\frac{67}{8\sqrt{26}}$

3. 방향: $(2, 0, 1)$, 최대증가율: $\sqrt{5}$

6. (1) $\frac{(1-3r)e^{-3r}}{r}(x, y)$ (단, $r=\sqrt{x^2+y^2}$).

(2) $f(r)=\frac{3r^4}{4}$

[연습문제 12.6]

1. (1) $x+y-z=-5$ (3) $6x-6y-z=-3$

4. $(1, \frac{2}{3}, \frac{2}{3})$, $(-1, -\frac{2}{3}, -\frac{2}{3})$

5. $(3, -1, -14)$

[연습문제 12.7]

1. (1) 임계점: $(4, 1) \Rightarrow$ 안장점 (2) 임계점: $(2, 6) \Rightarrow$ 극소점

(3) 임계점: $(-1, -1)$, $(1, 1) \Rightarrow$ 극대점, $(0, 0) \Rightarrow$ 안장점

2. 가로 4m, 세로 4m, 높이 2m

제 13 장

[연습문제 13.1]

1. $t(b-a)(d-c)$

2. 적분 가능하지 않다.

[연습문제 13.2]

1. $\int_{-3}^{2}\int_{0}^{1} y^2 x\, dy\, dx = -\frac{5}{6}$

2. (1) $1-\ln 2$ (2) $\frac{1-\ln 2}{2}$

3. $-\frac{68}{3}$

4. (1) $\int_{1}^{e^2}\int_{\ln x}^{2} f(x, y)\,dy\,dx$ (3) $\int_{0}^{\frac{\pi}{2}}\int_{0}^{\sin x} f(x, y)\,dy\,dx$

(4) $\int_{0}^{\sqrt{2}}\int_{y^2}^{2} f(x, y)\,dx\,dy$

5. $\frac{e^8-1}{3}$

6. 27π

7. 170

8. 36π

[연습문제 13.3]

3. $\frac{1}{4}\pi$

4. $\frac{1}{6}\pi(5\sqrt{5}-1)$

5. $\frac{49}{32}\pi$

6. (1) $\frac{\pi}{8}$ (3) $\frac{\pi}{2}\left(1-\frac{1}{\sqrt{1+9^2}}\right)$ (4) $\frac{\pi}{4}(\sqrt{5}-1)$

7. $\frac{3}{2}\ln 3$

8. $1-\frac{1}{2}\sin 2$

9. $\frac{192}{5}\pi$

10. (3) $\frac{64}{9}\pi$ (4) $\frac{32(2\sqrt{2}-1)\pi}{15}$

11. (1) $\frac{8(10\sqrt{5}-19)}{3}\pi$ (3) $\frac{3}{\sqrt{2}}\pi$

13. $\frac{27}{4}\pi$

[연습문제 13.4]

1. (1) $\left(0, \frac{4(b^3-a^3)}{3\pi(b^2-a^2)}\right)$

3. (1) $M=\frac{a^4}{2}$, $\left(\frac{a}{3}, \frac{a}{2}, \frac{a}{2}\right)$ (3) $M=\frac{1}{6}$, $\left(0, \frac{16}{35}, \frac{1}{2}\right)$

제 14 장

[연습문제 14.1]

4. $F(x, y)=(2x, 2y)$

5. $\varphi(x, y)=3x+x^2y-y^3+c$ (c는 상수)

6. (1) $\nabla\times F=(0, 0, 0)$, $\nabla\cdot F=3$

(2) $\nabla\times F=(0, 0, 0)$, $\nabla\cdot F=0$

(3) $\nabla\times F=(x, xy, z-xz)$, $\nabla\cdot F=yz+1$

(4) $\nabla\times F=(0, 0, -2)$, $\nabla\cdot F=1$

8. (1) $\varphi(x, y)=x+x^4y^3+c$ (c는 상수)

(2) 존재하지 않는다

(3) 존재하지 않는다

(4) $\varphi(x, y)=e^{xy}+c$ (c는 상수)

[연습문제 14.2]

1. (1) -2π (2) $-\frac{14}{3}$

2. $\frac{27}{28}$

4. $-\frac{2}{3}$

6. (1) $\varphi(x, y)=x^2y+y+c$ (c는 상수)

(2) $\varphi(x, y)=2x^2y+c$ (c는 상수)

(3) $\varphi(X)=r+c$ (c는 상수)

(4) $\varphi(X)=\ln r+c$ (c는 상수)

9. $\frac{19}{2}$

[연습문제 14.3]

1. (1) 2π (2) 0 (3) a^2b (4) 0

3. $3\pi a^2$

5. (1) -2 (2) $-\frac{1}{3}$ (3) $-\frac{96}{5}$

[연습문제 14.4]

1. $A(S)=\iint_{x^2+y^2 \le 1} \sqrt{4x^2+4y^2+1}\, dA=\frac{\pi}{6}(5\sqrt{5}-1)$

3. $\iint_S F=0$

4. $\iint_{S_1} (2x,\ 2y,\ 3)\cdot(0,\ 0,\ -1)d\sigma+\iint_{S_2}(2x,\ 2y,\ 3)\cdot(-2x,\ -2y,\ -1)dx\,dy$
$=-12\pi+112\pi=100\pi$

5. 존재하지 않는다.

7. $A(S)=2\int_{x^2+y_2 \le a^2} 1\cdot d\sigma=2\int_{x^2+y_2 \le a^2}\sqrt{1+\frac{x^2}{a^2-(x^2+y^2)}+\frac{y^2}{a^2-(x^2+y^2)}}\,dx\,dy=4\pi a^2$

8. $A(S)=\int_{x^2+y_2 \le 3^2}\sqrt{4x^2+4y^2+1}\,dx\,dy=\frac{\pi}{6}(37\sqrt{37}-1)$

[연습문제 14.5]

1. $\int_C -y^3dx+x^3dy-z^3dz$
$=\iint_S \nabla\times(-y^3,\ x^3,\ -z^3)=\frac{3}{2}\pi$

2. (1) $(-2yz,\ -2zx,\ -2xy)$
(2) $(-x^2z,\ y^2+2xyz,\ -2yz)$
(3) $(0,\ 0,\ -\sin x)$
(4) $(\ln z+e^{-y},\ 0,\ -xe^y)$

3. $\iint_S \nabla\times F=\iint_S (z^2,\ 0,\ -y+3)$
$=\iint_D (z^2,\ 0,\ -y+3)\cdot(-x,\ -y,\ 1)dx\,dy$
$=3\pi$

6. (1) S의 경계는 공집합이므로, Stokes정리에 의하여
$\iint_S \nabla\times F=\int_\phi F=0$
(2) 곡면 S의 경계를 $C(t)$ $(a\le t\le b)$라고 두면,
$\iint_S \nabla\times F=\int_C F=\int_a^b F(C(t))\cdot C'(t)dt=\int_a^b 0\,dt=0$

[연습문제 14.6]

1. $\iint_S F = \iiint_V \nabla \cdot F \, dV = \iiint_V 3 \, dV = \frac{3}{2}\pi$

2. (1) $2xy + z^2 + x^2$

(2) $-x^2 y$

(3) $\cos x + 2z$

(4) $e^y + z \cdot e^y + \frac{y}{z}$

3. $\iint_S F = \iiint_V \nabla \cdot F \, dV = \iiint_V 4 \, dV = 32\pi$

5. $\nabla \cdot (\nabla f \times \nabla g) = \nabla \times (\nabla f) \cdot \nabla g - \nabla f \cdot \nabla \times (\nabla g)$

$= 0$

찾아보기

[ㄹ]

[ㅁ]

[ㅂ]

[ㅅ]

≪저자명(가나다순)≫

금상호 · 김영희 · 김원규 · 김정심
오원태 · 윤재헌 · 윤주한 · 은광식
이석종 · 이승온 · 임동일 · 정환엽
조완영 · 지운식 · 최대호 · 한재영

미적분학

2006년 3월 2일 1판 1쇄 발행
2007년 3월 2일 1판 2쇄 발행

저　자 / 충북대학교 수학교재편찬위원회
발행자 / 오판근
발행처 / 교우사
주　소 / 서울 동대문구 제기2동 148-19
전　화 / 925-2861, 929-4865
팩　스 / 925-2860
E-mail / kw2861 @ chollian. net
http: // www. kyowoo. co. kr
등록 / 1994. 3. 24 제6-0256호

ISBN 89-8172-579-9 (93410)

값 **24,000**원